도로교통공단 주관 국가자격시험 문제

기능강사 필기시험 총정리문제

기능·학과강사, 기능검정원 자격시험 응시요령

1 선발대상

(1) **기능강사** : 자동차운전전문학원 또는 자동차운전학원에서 운전에 필요한 기능교육을 담당하는 사람
(2) **학과강사** : 자동차운전전문학원 또는 자동차운전학원에서 운전에 필요한 학과교육을 담당하는 사람
(3) **기능검정원** : 자동차운전전문학원에서 기능검정(운전면허기능시험)을 실시하는 사람

2 응시원서 접수 및 시험 일시·장소

당해 연도 초에 시험 일정 공고

※ 상세한 시험일정은 안전운전 통합민원 홈페이지(https://www.safedriving.or.kr/main.do) 또는 도로교통공단 고객센터(1577-1120)를 통해 확인하시기 바랍니다.

3 제출서류 및 응시수수료

(1) 응시원서(소정양식), 칼라사진(3.5cm×4.5cm, 최근 6개월 이내 촬영) 2장
(2) 응시수수료 : 필기시험 15,000원, 기능시험(도로주행) 30,000원
(3) 기능검정원·기능강사·학과강사 자격증 사본 1부(자격증 소지자에 한함)
(4) 신분증명서(주민등록증, 여권, 자동차운전면허증 등)

4 응시자격(공통)

기능시험 응시전까지 도로교통법 제83조제2항에 규정된 제1종보통 운전면허 도로주행시험용 차량을 운전할 수 있는 운전면허(연습면허 제외) 소지자

5 응시 결격사항(도로교통법 제106조 및 107조 적용)

(1) **학과·기능강사**
도로교통법 제106조제3항 각 호에 해당되는 사람은 강사 시험에 응시할 수 없다.
- 기능교육에 사용되는 자동차를 운전할 수 있는 운전면허를 받은 날부터 2년이 지나지 아니한 사람

(2) **기능검정원**
도로교통법 제107조제3항 각 호에 해당되는 사람은 기능검정원 시험에 응시할 수 없다.
- 기능검정에 사용되는 자동차를 운전할 수 있는 운전면허를 받지 아니하거나 면허를 받은 날부터 3년이 지나지 아니한 사람

(3) **공통**
① 다음 각 목의 어느 하나에 해당하는 죄를 저질러 금고 이상의 형의 선고를 받고 그 집행이 끝나거나 집행이 면제된 날부터 2년이 지나지 아니한 사람 또는 그 집행유예기간 중에 있는 사람.
- 교통사고처리 특례법제3조제1항(업무상과실·중과실치상죄).
- 특정범죄 가중처벌 등에 관한 법률(도주차량운전자의 가중처벌, 위험운전 치사상죄, 어린이 보호구역에서 어린이 치사상의 죄)
- 성폭력범죄의 처벌 등에 관한 특례법 제2조에 따른 성폭력범죄(음행매개죄 등, 추행, 간음, 강간, 강제추행(미수범), 강간 등 상해·치상·치사, 강도강간(미수범), 특수강도 강간 등)
- 아동·청소년의 성보호에 관한 법률 제2조제2호에 따른 아동·청소년대상 성범죄(아동청소년에 대한 강간·강제추행, 예비음모, 장애 아동·청소년에 대한 간음, 13세 이상 16세 미만아동청소년에 대한 간음 등의 죄).

② 다음 사항 중 어느 하나에 해당되어 강사 및 기능검정원의 자격이 취소된 경우에는 그 자격이 취소된 날부터 3년이 지나지 아니한 사람
- 거짓이나 그 밖의 부정한 방법으로 강사 및 기능검정원 자격증을 발급받은 경우
- 교통사고처리특례법 제3조제1항 또는 특정범죄가중처벌 등에 관한 법률 제5조의 3, 제5조의 11제1항, 제5조의 13의 규정에 위반하여 금고 이상의 형(집행유예를 포함한다)을 선고받은 경우
- 강사(기능검정원)의 자격정지 기간 중에 교육(검정)을 한 경우
- 강사(기능검정원)의 자격증을 다른 사람에게 빌려 준 경우 등

(4) **학력** : 제한없음

6 시험과목

(1) **서류심사** : 응시자격 실시(결격사항 해당 여부)

(2) **필기시험(당일 08:40~12:40)**

구 분	학과강사	기능강사	기능검정원
1교시	교통안전수칙	교통안전수칙	교통안전수칙
2교시	전문학원 관계법령	전문학원 관계법령	전문학원 관계법령
3교시	학과교육 실시요령	기능교육 실시요령	기능검정 실시요령

(3) **기능시험**
① 도로교통법제83조 2항에 규정된 제1종보통운전면허 도로주행시험과 동일
② 필기시험 합격자에 한해 합격일로부터 1년 이내에 2번의 응시 기회부여 다만, 시험장장이 지정한 날에 미응시 또는 불참하는 경우 불합격으로 처리

(4) **시험의 일부면제**
기능강사·학과강사·기능검정원 중 어느 하나의 자격증을 받은 사람인 경우 1차 필기시험 중 "교통안전수칙" 및 "전문학원관계법령" 시험 면제

7 합격기준(공통)

(1) **필기시험**
각 과목당 50문제, 60분간 시험, 매 과목 100점 만점으로 전체 평균 70점 이상 득점 시 합격

(2) **기능시험**
제1종 보통운전면허 도로주행시험에서 85점 이상 득점한 자

8 합격자 발표

(1) **필기시험** : 필기시험 종료 후 즉시 발표
(2) **기능시험** : 기능시험 종료 후 즉시 발표

9 응시자 유의사항

(1) 응시 취소 시 응시수수료 반환은 도로교통법령의 규정에 준용
(2) 시험장장이 지정한 일시에 응시하지 않은 사람은 불참으로 불합격 처리
(3) 응시원서를 접수한 시험장 이외 시험장에서 시험응시 불가(신체장애인 제외)
(4) 응시원서는 자필로 기재하고, 착오 등으로 인한 불이익은 응시자의 책임
(5) 부정행위자는 불합격으로 하고, 당해 시험일로부터 2년간 응시자격 제한
(6) 응시자는 필기·기능시험 시간 20분 전까지 입실 완료
(7) 응시자는 신분증명서, 응시표, 컴퓨터용 흑색 수성 사인펜(필기시험)을 지참
(8) 최종합격자에 대한 연수교육 및 자격증 교부비용은 본인 부담

10 참고사항

(1) 도로교통공단에서는 자격증 취득자에 대하여 취업을 알선하거나 보장하지 않음
(2) 응시결격·시험진행 방법 등 도로교통법령 개정 시 개정법령 적용
(3) 응시자의 주소지와 관계없이 가까운 운전면허시험장에서 응시 가능

(4) 최종합격자 연수교육은 개별접수(문의처 : 033-749-5318)
(5) 기타 시험시행에 관한 자세한 사항은 도로교통공단 1577-1120으로 문의

전국 운전면허시험장 현황

지 역	운전면허 시험장	지 역	운전면허 시험장	전화번호
서 울	강 남	강 원	춘 천	◎ 면허시험처 033-749-5351, 5417 ◎ 고객상담처 1577-1120 ◎ 홈페이지 www.koroad.or.kr ◎ 연수교육 033-749-5318
서 울	도 봉	강 원	강 릉	
서 울	강 서	강 원	원 주	
서 울	서 부	강 원	태 백	
부 산	남 부	충 북	청 주	
부 산	북 부	충 북	충 주	
대 구	대 구	충 남	예 산	
인 천	인 천	전 북	전 북	
울 산	울 산	전 남	전 남	
울 산	울 산	전 남	광 양	
대 전	대 전	경 북	문 경	
경 기	용 인	경 북	포 항	
경 기	안 산	경 남	마 산	
경 기	의정부	제 주	제 주	

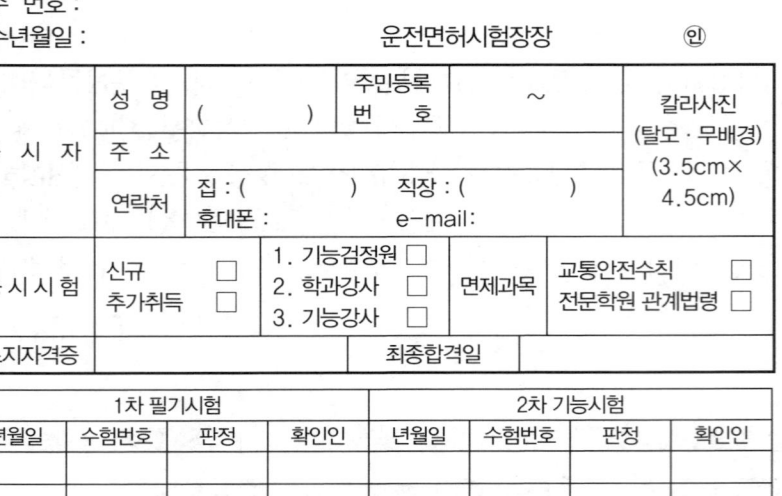

차 례

기능강사 자격시험 응시요령 ·················· 3

제1편 교통안전수칙 핵심요약정리
도로교통법의 목적 및 용어 ·················· 6
제1장 도로이용자가 지켜야 할 사항 8
제2장 보행자의 안전보행과 보행자 보호 등 9
제3장 교통신호기와 안전표지 등 10
제4장 자동차의 구조·점검 ·················· 13
제5장 자동차의 안전운전 17
제6장 안전운전에 필요한 지식 24
제7장 고속도로 등에서의 안전운행 26
제8장 특별한 상황에서의 안전운전 28
제9장 교통사고 처리특례와 처리방법 29
제10장 교통사고현장에서의 응급처치 ·················· 31
제11장 자동차의 등록 등 32
제12장 운전면허의 관리 ·················· 33

제2편 전문학원 관계법령 핵심요약정리
제1장 운전면허제도 ·················· 39
제2장 자동차운전학원 49
제3장 교통안전교육 64

제3편 기능교육 실시요령 핵심요약정리
제1장 운전교육에 필요한 기본지식 68
제2장 기능교육의 기본이념 ·················· 74
제3장 기능교육의 실제 78
제4장 자동차운전기법과 안전운전지식 ·················· 87

기능강사 시험직전 빨리 보는 최종 출제예상문제

제1편 교통안전수칙
제1회 출제예상문제 / 92 **제2회** 출제예상문제 / 96
제3회 출제예상문제 / 100 **제4회** 출제예상문제 / 104
제5회 출제예상문제 / 108

제2편 전문학원 관계법령
제6회 출제예상문제 / 112 **제7회** 출제예상문제 / 116
제8회 출제예상문제 / 120 **제9회** 출제예상문제 / 124
제10회 출제예상문제 / 128

제3편 기능교육 실시요령
제11회 출제예상문제 / 132 **제12회** 출제예상문제 / 136
제13회 출제예상문제 / 140

제1편 교통안전수칙 핵심요약정리

- 도로교통법에 있어서 **교통**이라 함은, 사람 또는 물건 등을 사람의 의사(意思)에 따라 도로상에 어떤 장소(場所)로 이동(移動)하는 것을 말한다.
- 사람이 자기 스스로 어떤 장소로 이동하는 행위(行爲)를 **통행**이라 하고, 사람 또는 물건을 어떤 장소로 이동시키는 행동을 **수송(輸送)** 또는 **운송(運送)** 이라 한다.

교통(交通)의 뜻

- 수송, 운송되는 사람을 **여객(旅客)**, 운송되는 물건을 **화물(貨物)**이라 한다. 교통이라 함은 즉, 사람의 통행 및 여객 또는 화물의 수송을 뜻하는 것이다.

도로교통법의 목적 및 용어

1 도로교통법의 목적(법 제1조)

도로에서 일어나는 교통상의 모든 위험과 장해를 방지하고 제거하여 안전하고 원활한 교통을 확보함을 목적으로 한다.

(주) **도로교통의 3대 요소** : ① 사람(보행자, 운전자) ② 자동차 ③ 도로

2 용어의 정의(법 제2조)

(1) 도로(법 제2조제1호)

① 「도로법」에 따른 도로　　② 「유료도로법」에 따른 유료도로
③ 「농어촌도로 정비법」에 따른 농어촌도로
④ 그 밖에 현실적으로 불특정 다수의 사람 또는 차마가 통행할 수 있도록 공개된 장소로서 안전하고 원활한 교통을 확보할 필요가 있는 장소

※ 1. **도로법에 따른 도로** : 고속국도, 일반국도, 특별시도(광역시도), 지방도, 시도, 군도, 구도
2. **유료도로법에 따른 유료도로** : 통행료를 징수하는 도로
3. **농어촌 도로** : 농어촌 지역 주민의 교통편익과 생산·유통활동 등에 공용되는 공로 중 법으로 고시된 도로
4. 그밖에 현재 특별하지 않은 여러 사람이나 차량이 통행되고 있는 개방된 곳 (공지, 해변, 광장, 공원, 유원지, 제방, 사도 등)

(2) 자동차전용도로(법 제2조제2호)

자동차만 다닐 수 있도록 설치된 도로

※ **자동차전용도로** : 오로지 자동차만 통행할 수 있는 도로로서 예를 들면 고속도로, 고가도로 등과 같이 자동차만 통행할 수 있는 자동차 전용의 도로이다.
(주) 서울의 올림픽대로, 서울시 외곽 순환도로, 한강 강변도로, 부산 동부 간선도로 등이 있다.

(3) 고속도로(법 제2조제3호)

자동차의 고속 운행에만 사용하기 위하여 지정된 도로

※ 고속도로는 경인, 경부, 중부, 영동, 중앙, 남해, 구마, 88올림픽, 서해안, 호남 고속도로 등이 있다.
(주) 고속도로는 이륜자동차(긴급차는 제외), 원동기장치자전거, 소형 특수차 등과 보행자는 통행이 금지된다.

(4) 차도(법 제2조제4호)

연석선(차도와 보도를 구분하는 돌 등으로 이어진 선), 안전표지 또는 그와 비슷한 인공구조물을 이용하여 경계를 표시하여 모든 차가 통행할 수 있도록 설치된 도로의 부분을 말한다.

(5) 중앙선(법 제2조제5호)

차마의 통행방향을 명확하게 구분하기 위하여 도로에 황색실선이나 황색점선 등의 안전표지로 표시한 선 또는 중앙분리대나 울타리 등으로 설치한 시설물을 말한다. 다만 가변차로가 설치된 경우에는 신호기가 지시하는 진행방향의 가장 왼쪽에 있는 황색점선을 말한다.

※ 중앙선 표시는 편도 1차로인 경우 황색실선 또는 황색점선으로 표시하고, 편도 2차로 이상의 경우에는 황색복선으로 설치한다. 고속도로의 경우는 황색복선 또는 황색실선과 점선을 복선으로 설치한다.

(6) 차로(법 제2조제6호)

차마가 한 줄로 도로의 정하여진 부분을 통행하도록 차선으로 구분한 차도의 부분

(7) 차선(법 제2조제7호)

차로와 차로를 구분하기 위하여 그 경계지점을 안전표지로 표시한 선

(7-2) 노면전차 전용로(법 제2조제7의2호)

도로에서 궤도를 설치하고, 안전표지 또는 인공구조물로 경계를 표시하여 설치한 「도시철도법」 제18조의2 제1항 각 호에 따른 도로 또는 차도를 말한다.

(8) 자전거도로(법 제2조제8호)

안전표지, 위험방지용 울타리나 그와 비슷한 인공구조물로 경계를 표시하여 자전거 및 개인형 이동장치가 통행할 수 있도록 설치된 「자전거 이용활성화에 관한 법률」 제3조 각 호의 도로를 말한다.

※ **자전거 도로의 구분** : ① 자전거 전용도로 ② 자전거 보행자 겸용도로 ③ 자전거 전용 차로, 자전거 우선도로를 말한다

(9) 자전거횡단도(법 제2조제9호)

자전거 및 개인형 이동장치가 일반도로를 횡단할 수 있도록 안전표지로 표시한 도로의 부분을 말한다.

(10) 보도(步道)(법 제2조제10호)

연석선, 안전표지나 그와 비슷한 인공구조물로 경계를 표시하여 보행자(유모차와 보행보조용 의자차·노약자용 보행기·실외이동로봇 등을 포함)가 통행할 수 있도록 한 도로의 부분을 말한다.

※ **보행보조용 의자차** : 수동 휠체어, 전동 휠체어 및 의료용 스쿠터의 기준에 적합한 것

(11) 길가장자리구역(법 제2조제11호)

보도와 차도가 구분되지 아니한 도로에서 보행자의 안전을 확보하기 위하여 안전표지 등으로 경계를 표시한 도로의 가장자리 부분

(12) 횡단보도(법 제2조제12호)

보행자가 도로를 횡단할 수 있도록 안전표지로 표시한 도로의 부분

※ 횡단보도는 도로에서 보행자의 도로횡단을 위하여 설치한다.

(13) 교차로(법 제2조제13호)

십자로, T자로나 그 밖에 둘 이상의 도로(보도와 차도가 구분되어 있는 도로에서는 차도)가 교차하는 부분

※ 교차로는 보도와 차도가 구분되어 있는 도로에서 차도가 교차하는 부분이다.

(13-2) 회전교차로(법 제2조제13의2호)

교차로 중 차마가 원형의 교통섬(차마의 안전하고 원활한 교통처리나 보행자 도로횡단의 안전을 확보하기 위하여 교차로 또는 차도의 분기점 등에 설치하는 섬 모양의 시설)을 중심으로 반시계방향으로 통행하도록 한 원형의 도로를 말한다.

(14) 안전지대(법 제2조제14호)

도로를 횡단하는 보행자나 통행하는 차마의 안전을 위하여 안전표지나 이와 비슷한 인공구조물로 표시한 도로의 부분을 말한다.

※ 안전지대에는 보행자용 안전지대와 차마용 안전지대 두 종류가 있다.
1. **보행자용 안전지대** : 노폭이 비교적 넓은 도로의 횡단보도 중간에 '교통섬'을 설치하여 횡단하는 보행자의 안전을 기한다.

2. 차마용 안전지대 : 광장, 교차로 지점, 노폭이 넓은 중앙지대에 안전지대 표시로 표시한다.

(15) 신호기(법 제2조제15호)
문자·기호 또는 등화를 사용하여 진행·정지·방향전환·주의 등의 신호를 표시하기 위하여 사람이나 전기의 힘으로 조작하는 장치

(16) 안전표지(법 제2조제16호)
주의·규제·지시 등을 표시하는 표지판이나 도로의 바닥에 표시하는 기호·문자 또는 선 등을 말한다.

(17) 차마(車馬)(법 제2조제17호)
차와 우마를 말한다.
① "차"란
㉮ 자동차 ㉯ 건설기계 ㉰ 원동기장치자전거 ㉱ 자전거
㉲ 사람 또는 가축의 힘이나 그 밖의 동력으로 도로에서 운전되는 것(철길이나 가설된 선을 이용하여 운전되는 것과 유모차와 보행보조용 의자차·노약자용 보행기·실외이동로봇 등을 제외한다)
② "우마"란 … 교통이나 운수에 사용되는 가축을 말한다.

(17의 2) 노면전차(법 제2조제17호의2)
「도시철도법」 제2조제2호에 따른 노면전차로서 도로에서 궤도를 이용하여 운행되는 차를 말한다.

(18) 자동차(법 제2조제18호, 자동차관리법 제3조 관련)
철길이나 가설된 선을 이용하지 아니하고 원동기를 사용하여 운전되는 차(견인되는 자동차도 자동차의 일부로 본다)로서,
① 「자동차관리법」에 따른 다음의 자동차(원동기장치자전거 제외)
㉮ 승용자동차   ㉯ 승합자동차
㉰ 화물자동차   ㉱ 특수자동차
㉲ 이륜자동차
② 「건설기계관리법」에 따른 다음의 건설기계
㉮ 덤프 트럭   ㉯ 아스팔트 살포기
㉰ 노상안정기   ㉱ 콘크리트 믹서 트럭
㉲ 콘크리트 펌프   ㉳ 천공기(트럭 적재식)
㉴ 콘크리트 믹서 트레일러 ㉵ 아스팔트 콘크리트 재생기
㉶ 도로 보수 트럭 ㉷ 3톤 미만의 지게차

(18의 2) 자율주행시스템(법 제2조제18호의2)
「자율주행자동차 상용화 촉진 및 지원에 관한 법률」 제2조제1항제2호에 따른 자율주행시스템을 말한다. 이 경우 그 종류는 완전 자율주행시스템, 부분 자율주행시스템 등 행정안전부령으로 정하는 바에 따라 세분할 수 있다.

(18의 3) 자율주행자동차(법 제2조제18호의3)
「자동차관리법」 제2조제1호의3에 따른 자율주행자동차로서 자율주행시스템을 갖추고 있는 자동차를 말한다.

(19) 원동기장치자전거(법 제2조제19호)
① 「자동차관리법」에 따른 이륜자동차 가운데 배기량 125cc 이하(전기를 동력으로 하는 경우에는 최고정격출력 11Kw 이하)의 이륜자동차
② 그밖에 125cc 이하(전기를 동력으로 하는 경우에는 최고정격출력 11Kw 이하)의 원동기를 단 차

(19의 2) 개인형 이동장치(법 제2조제19호의2)
제19호 ② 원동기장치자전거 중 시속 25km 이상으로 운행할 경우 전동기가 작동하지 아니하고 차체 중량이 30kg 미만인 것으로서 행정안전부령으로 정하는 것을 말한다.

(20) 자전거(법 제2조제20호)
「자전거 이용활성화에 관한 법률」 제2조제1호 및 제1호의2에 따른 자전거 및 전기자전거를 말한다.

(21) 자동차 등(법 제2조제21호)
자동차와 원동기장치자전거를 말한다.

(21의 2) 자전거 등(법 제2조제21호의2)
자전거와 개인형 이동장치를 말한다.

(21의 3) 실외이동로봇
"지능형 로봇 개발 및 보급 촉진법" 제2조제1호에 따른 지능형 로봇 중 행정안전부령으로 정하는 것을 말한다.

(22) 긴급자동차(법 제2조제22호)
다음의 자동차로서 그 본래의 긴급한 용도로 사용되고 있는 자동차를 말한다.
① 소방차 ② 구급차 ③ 혈액 공급차량
④ 그 밖에 대통령령으로 정하는 자동차(P.19 「긴급자동차」 참조)

(23) 어린이통학버스(법 제2조제23호)
다음의 각 목 시설 가운데 어린이(13세 미만인 사람)를 교육대상으로 하는 시설에서 어린이의 통학 등에 이용되는 자동차와 여객자동차 운수사업법에 따른 여객자동차운송사업의 한정면허를 받아 어린이를 여객대상으로 하여 운행되는 운송사업용 자동차를 말한다.
① 「유아교육법」에 따른 유치원 및 유아교육진흥원, 「초·중등교육법」에 따른 초등학교 및 특수학교, 대안학교, 외국인학교
② 「영유아보육법」에 따른 어린이 집
③ 「학원의 설립·운영 및 과외교습에 관한 법률」에 따라 설립된 학원 및 교습소
④ 「체육시설의 설치·이용에 관한 법률」에 따라 설립된 체육시설
⑤ 「아동복지법」에 따른 아동복지시설(아동보호전문기관은 제외)
⑥ 「청소년활동 진흥법」에 따른 청소년수련시설
⑦ 「장애인복지법」에 따른 장애인복지시설(장애인 직업재활시설은 제외)
⑧ 「도서관법」에 따른 공공도서관
⑨ 「평생교육법」에 따른 시·도평생교육진흥원 및 시·군·구평생학습관
⑩ 「사회복지사업법」에 따른 사회복지시설 및 사회복지관

(24) 주차(법 제2조제24호)
운전자가 승객을 기다리거나 화물을 싣거나 차가 고장나거나 그 밖의 사유로 차를 계속 정지상태에 두는 것 또는 운전자가 차에서 떠나서 즉시 그 차를 운전할 수 없는 상태에 두는 것

(25) 정차(법 제2조제25호)
운전자가 5분을 초과하지 아니하고 차를 정지시키는 것으로서 주차 외의 정지상태를 말한다.

(26) 운전(법 제2조제26호)
도로(주취운전, 과로운전, 교통사고 발생 시 조치불이행, 주정차 차량 손괴 후 인적 사항 미제공에 한하여 도로 외의 곳을 포함한다)에서 차마 또는 노면전차를 그 본래의 사용방법에 따라 사용하는 것(조종 또는 자율주행시스템을 사용하는 것을 포함한다)

(27) 초보운전자(법 제2조제27호)
처음 운전면허를 받은 날(2년이 지나기 전에 운전면허의 취소 처분을 받은 경우에는 그 후 다시 운전면허를 받은 날)부터 2년이 지나지 아니한 사람을 말한다. 이 경우 원동기장치자전거 면허만 받은 사람이 원동기장치자전거 면허 외의 운전면허를 받은 경우에는 처음 운전면허를 받은 것으로 본다.

(28) 서행(법 제2조제28호)

운전자가 차 또는 노면전차를 즉시 정지시킬 수 있는 정도의 느린 속도로 진행하는 것을 말한다.

(29) 앞지르기(법 제2조제29호)

운전자가 앞서가는 다른 차의 옆을 지나서 그 차의 앞으로 나가는 것을 말한다.

(30) 일시 정지(법 제2조제30호)

차 또는 노면전차의 운전자가 그 차 또는 노면전차의 바퀴를 일시적으로 완전히 정지시키는 것을 말한다.

(31) 보행자전용도로(법 제2조제31호)

보행자만 다닐 수 있도록 안전표지나 그와 비슷한 인공구조물로 표시한 도로를 말한다.

(31의 2) 보행자우선도로(법 제2조제31의2)

차도와 보도가 분리되지 아니한 도로로서 보행자의 안전과 편의를 보장하기 위하여 보행자 통행이 차마(「도로 교통법」제2조제17호에 따른 차마) 통행에 우선하도록 지정한 도로를 말한다. (「보행안전 및 편의증진에 관한 법률」제2조제3호)

(32) 자동차운전학원(법 제2조제32호)

자동차 등의 운전에 관한 지식·기능을 교육하는 시설로서 다음 각 목의 시설 외의 시설을 말한다.

① 교육 관계 법령에 따른 학교에서 소속 학생 및 교직원의 연수를 위하여 설치한 시설
② 사업장 등의 시설로서 소속 직원의 연수를 위한 시설
③ 전산장치에 의한 모의운전 연습시설
④ 지방자치단체 등이 신체장애인의 운전교육을 위하여 설치하는 시설 가운데 시·도 경찰청장이 인정하는 시설
⑤ 대가(代價)를 받지 아니하고 운전교육을 하는 시설
⑥ 운전면허를 받은 사람을 대상으로 다양한 운전경험을 체험할 수 있도록 하기 위하여 도로가 아닌 장소에서 운전교육을 하는 시설

(33) 모범운전자(법 제2조제33호)

무사고 운전자 또는 유공운전자 표시장을 받거나 2년 이상 사업용 자동차 운전에 종사하면서 교통사고를 일으킨 전력이 없는 사람으로서 경찰청장이 정하는 바에 따라 선발되어 교통안전 봉사활동에 종사하는 사람을 말한다.

(34) 음주운전 방지장치(법 제2조제33호)

술에 취한 상태에서 자동차 등을 운전하려는 경우 시동이 걸리지 아니 하도록 하는 것으로서 행정안전부령으로 정하는 것을 말한다.

제1장 도로이용자가 지켜야 할 사항

제1절 교통예절과 도덕

1 자동차 운전자의 올바른 가치관

운전자는 자신의 안전과 편리만을 생각할 것이 아니라, 다른 교통이나 연도주민에 대해서도 위험이나 폐를 끼치지 않도록 배려할 줄 아는 올바른 가치관을 가지고 운전해야 한다.

① 공익정신을 가져야 한다.
② 성실성과 책임감이 있어야 한다.

2 교통예절을 지킨다.

법과 질서를 지키려는 마음, 실수를 하면 용서를 구하는 마음, 자기의 행위에 대하여 책임을 질 줄 아는 마음 등이 교통예절이다.

3 양보하는 마음을 갖는다.

양보하는 마음이란 남에게 길을 비켜주는 마음, 자기의 생각이나 주장을 굽혀 남의 의견에 따르는 마음가짐이다.

4 다른 사람에게 폐가 되지 않는 운전을 한다.

차를 운전할 때에는 다른 사람에 불편을 주지 않도록 다음과 같은 배려가 필요하다. 소음과 매연을 발생시키거나 도로에 물건을 던지거나 물을 튀게 하거나 급차선 변경, 난폭운전, 지그재그운전, 신호무시질주 등으로 위험을 초래하는 행위는 모두 다른 사람에게 폐가 되는 행위로 삼가야 한다.

제2절 운전자의 준수사항과 의무

1 모든 차 또는 노면전차의 운전자 준수사항(법 제49조)

① 물이 고인 곳을 운행할 때에는 고인 물을 튀게 하여 다른 사람에게 피해를 주는 일이 없도록 할 것
② 다음 각 목의 어느 하나에 해당하는 경우에는 일시 정지할 것
　㉮ 어린이가 보호자 없이 도로를 횡단할 때, 어린이가 도로에 앉아 있거나 서 있을 때 또는 어린이가 도로에서 놀이할 때 등 어린이에 대한 교통사고의 위험이 있는 것을 발견한 경우
　㉯ 앞을 보지 못하는 사람이 흰색 지팡이를 가지거나 장애인보조견을 동반하는 등의 조치를 하고 도로를 횡단하고 있는 경우
　㉰ 지하도나 육교 등 도로 횡단시설을 이용할 수 없는 지체장애인이나 노인 등이 도로를 횡단하고 있는 경우
③ 자동차의 앞면 창유리와 운전석 좌우 옆면 창유리의 가시광선의 투과율이 낮아 교통안전 등에 지장을 줄 수 있는 다음의 기준 미만인 차를 운전하지 아니할 것(다만, 요인 경호용, 구급용 및 장의용 자동차는 제외)
　㉮ 앞면 창유리 : 70%
　㉯ 운전석 좌우 옆면 창유리 : 40%
④ 교통단속용 장비의 기능을 방해하는 장치를 한 차나 그 밖에 안전운전에 지장을 줄 수 있는 것으로서 다음의 기준에 적합하지 아니한 장치를 한 차를 운전하지 아니할 것. 다만, 자율주행자동차의 신기술 개발을 위한 장치를 장착하는 경우에는 그러하지 아니하다.
　㉮ 경찰관서에서 사용하는 무전기와 동일한 주파수의 무전기
　㉯ 긴급자동차가 아닌 자동차에 부착된 경광등, 사이렌 또는 비상등
⑤ 도로에서 자동차 등(개인형 이동장치는 제외한다. 이하 이 조에서 같다) 또는 노면전차를 세워둔 채로 시비·다툼 등의 행위를 하여 다른 차마의 통행을 방해하지 아니할 것
⑥ 운전자가 차 또는 노면전차를 떠나는 경우에는 교통사고를 방지하고 다른 사람이 함부로 운전하지 못하도록 필요한 조치를 할 것
⑦ 운전자는 안전을 확인하지 아니하고 차 또는 노면전차의 문을 열거나 내려서는 아니 되며, 동승자가 교통의 위험을 일으키지 아니하도록 필요한 조치를 할 것
⑧ 운전자는 정당한 사유 없이 다음에 해당하는 행위를 하여 다른 사람에게 피해를 주는 소음을 발생시키지 아니할 것
　㉮ 자동차 등을 급히 출발시키거나 속도를 급격히 높이는 행위
　㉯ 자동차 등의 원동기의 동력을 차 바퀴에 전달시키지 아니하고 원동기의 회전수를 증가시키는 행위
　㉰ 반복적이거나 연속적으로 경음기를 울리는 행위

⑨ 운전자는 승객이 차 안에서 안전운전에 현저히 장해가 될 정도로 춤을 추는 등 **소란행위**를 하도록 내버려두고 차를 운행하지 아니할 것
⑩ 운전자는 자동차 등 또는 노면전차의 **운전 중**에는 휴대용 전화(자동차용 전화 포함)를 사용하지 아니할 것. 다만, 다음 각 목의 어느 하나에 해당하는 경우에는 그러하지 아니하다.
  ㉮ 자동차 등 또는 노면전차가 정지하고 있는 경우
  ㉯ 긴급자동차를 운전하는 경우
  ㉰ 각종 범죄 및 재해신고 등 긴급한 필요가 있는 경우
  ㉱ 손으로 잡지 아니하고도 휴대용 전화(자동차용 전화 포함)를 사용할 수 있는 장치를 이용하는 경우
⑪ 자동차 등 또는 노면전차의 운전 중에는 방송 등 **영상물**을 수신하거나 재생하는 **장치**(영상표시장치)를 통하여 운전자가 운전 중 볼 수 있는 위치에 영상이 표시되지 아니하도록 할 것. 다만, 자동차 등 또는 노면전차가 **정지**하고 있거나 자동차 등 또는 노면전차에 장착 또는 거치하여 놓은 **영상표시장치에 다음의 영상이 표시되는 경우는 예외**
  ㉮ 지리안내 영상 또는 교통정보안내 영상
  ㉯ 국가비상사태 · 재난상황 등 긴급한 상황을 안내하는 영상
  ㉰ 운전을 할 때 자동차 등 또는 노면전차의 좌우 또는 전후방을 볼 수 있도록 도움을 주는 영상
⑫ 자동차 등 또는 노면전차의 운전 중(정지하고 있는 경우 또는 노면전차 운전자가 운전에 필요한 영상표시장치를 조작하고 있는 경우는 제외)에는 영상표시장치를 조작하지 아니할 것
⑬ 운전자는 자동차의 **화물 적재함**에 사람을 태우고 운행하지 아니할 것
⑭ 그 밖에 시 · 도 경찰청장이 교통안전과 교통질서 유지에 필요하다고 인정하여 지정 · 공고한 사항에 따를 것

2 특정 운전자의 준수사항(법 제50조)

① 자동차(이륜자동차는 제외)를 운전할 때에는 **좌석안전띠**를 매어야 하며, 모든 좌석의 **동승자**에게도 좌석안전띠(영유아인 경우에는 영유아보호용 장구를 장착한 후 좌석안전띠)를 매도록 하여야 한다.
② 이륜자동차와 원동기장치자전거(개인형 이동장치는 제외)의 운전자는 인명보호장구를 착용하고 운행하여야 하며 동승자에게도 착용하도록 하여야 한다.
③ 운송사업용 자동차, 화물자동차 및 노면전차 등의 운전자는 다음 중 어느 하나에 해당하는 행위를 하여서는 아니 된다.
  ㉮ 운행기록계가 설치되어 있지 아니하거나 고장 등으로 사용할 수 없는 운행기록계가 설치된 자동차를 운전하는 행위
  ㉯ 운행기록계를 원래의 목적대로 사용하지 아니하고 자동차를 운전하는 행위
  ㉰ 승차를 거부하는 행위(사업용 승합자동차와 노면전차의 운전자에 한정)
④ 사업용 승용자동차 운전자가 **합승행위**, 승차거부를 하거나 신고한 요금을 초과하는 요금을 받아서는 아니 된다.
⑤ 자전거 등의 운전자는 **약물의 영향** 등 정상적으로 운전하지 못할 우려가 있는 상태에서 운전하여서는 아니 된다.
⑥ 자전거 운전자는 밤에 도로를 통행할 때에는 **전조등과 미등**을 켜거나 **야광띠 등 발광장치**를 착용하여야 한다.
⑦ 완전 자율주행시스템에 해당하지 아니하는 자율주행시스템을 갖춘 자동차의 운전자는 자율주행시스템의 직접 운전 요구에 지체 없이 대응하여 조향장치, 제동장치 및 그 밖의 장치를 직접 조작하여 운전하여야 한다.(법 제50조의2제1항)
⑧ 운전자가 자율주행시스템을 사용하여 운전하는 경우에는 휴대전화 사용, 영상 표시 장치 수신 또는 영상표시 장치 조작 규정을 적용하지 않는다.(제2항)

3 운전자 등의 의무(법 제43조)

(1) 무면허 운전의 금지
운전면허를 받지 아니 하거나 운전면허의 효력이 정지된 경우에는 자동차 등(개인형 이동장치는 제외)을 운전하여서는 아니 된다.

(2) 술에 취한 상태에서의 운전금지(법 제44조)
혈중알코올농도가 0.03% 이상 술에 취한 상태에서 운전하여서는 아니 된다.

> **🚗 술에 취한 상태에서의 운전 시 벌칙(법 제148조의2)**
> (1) 주취운전 또는 주취측정 불응 2회 이상 위반한 사람(10년 내)
>   ① 주취측정불응 : 1년 이상 6년 이하의 징역이나 500만 원 이상 3천만 원 이하의 벌금
>   ② 혈중알코올농도 0.2% 이상인 사람 : 2년 이상 6년 이하의 징역이나 1천만 원 이상 3천만 원 이하의 벌금
>   ③ 혈중알코올농도 0.03% 이상 0.2% 미만인 사람 : 1년 이상 5년 이하의 징역이나 500만 원 이상 2천만 원 이하의 벌금
> (2) 주취측정에 불응한 경우 : 1년 이상 5년 이하의 징역이나 500만 원 이상 2천만 원 이하의 벌금
> (3) 주취운전을 위반한 경우 처벌
>   ① 혈중알코올농도 0.2% 이상 : 2년 이상 5년 이하의 징역이나 1천만 원 이상 2천만 원 이하의 벌금
>   ② 혈중알코올농도 0.08% 이상 0.2% 미만 : 1년 이상 2년 이하의 징역이나 500만 원 이상 1천만 원 이하의 벌금
>   ③ 혈중알코올농도 0.03% 이상 0.08% 미만 : 1년 이하의 징역이나 500만 원 이하의 벌금
> (4) 약물의 영향으로 정상적으로 운전하지 못할 우려가 있는 상태에서 자동차 등(노면전차 포함)을 운전한 경우 또는 음주측정을 위반하여 벌금 이상의 형의 선고를 받고 그 형이 확정된 날부터 10년 내에 다시 음주운전 또는 음주측정을 위반한 사람(형이 실효된 사람도 포함)은 다음 각 호의 구분에 따라 처벌 한다.(26년 4월 2일부터 시행)
>   ① 과로 · 질병 또는 약물(마약류 또는 행정안전부령으로 정한 것 포함)을 복용해 위반한 사람은 2년 이상 6년 이하의 징역이나 1천만 원 이상 3천만 원 이하의 벌금에 처한다.
>   ② 경찰공무원의 약물의 복용 여부 타액 간이시약검사에 불응하여 위1반한 사람은 1년 이상 6년 이하의 징역이나 500만 원 이상 3천만 원 이하의 벌금에 처한다.
> (5) 과로 · 질병 또는 약물(마약류 또는 행정안전부령으로 정한 것 포함)을 복용하고 운전을 하려 위반한 사람은 5년 이하의 징역이나 2천만 원 이하의 벌금에 처한다.
> (6) 경찰공무원의 약물(베라야염산염, 에리트로마이신)복용 측정을 위반한 자는 5년 이하의 징역이나 2천만 원 이하의 벌금에 처한다.

(3) 과로한 때 등의 운전금지(법 제45조)
과로 · 질병 또는 약물(마약, 대마 및 향정신성 의약품), 그밖의 사유로 정상적인 운전을 하지 못할 우려가 있는 상태에서 운전하여서는 아니 된다.(벌칙 : 3년 이하의 징역이나 1천만원 이하 벌금)

(4) 공동위험행위의 금지(법 제46조)
도로에서 2명 이상이 공동으로 2대 이상의 자동차 등을 정당한 사유 없이 앞뒤 또는 좌우로 줄지어 통행하면서 다른 사람에게 위해를 끼치거나 교통상의 위험을 발생하게 하여서는 아니 된다.
(벌칙 : 2년 이하의 징역이나 500만원 이하 벌금)

(5) 난폭운전 금지(법 제46조의3)
자동차 등(개인형 이동장치는 제외)의 운전자는 "신호 또는 지시 위반, 중앙선 침범, 속도의 위반, 횡단 · 유턴 · 후진 금지(고속도로 포함) 위반, 안전거리 미확보, 진로변경 금지 위반, 급제동 금지 위반, 앞지르기 방법(고속도로 포함) 또는 앞지르기의 방해금지 위반, 정당한 사유 없는 **소음 발생**" 중 둘 이상의 행위를 연달아 하거나, 하나의 행위를 지속 또는 반복하여 다른 사람에게 위협 또는 위해를 가하거나 교통상의 위험을 발생하게 하여서는 아니 된다.
(벌칙 : 1년 이하의 징역이나 500만원 이하 벌금)

제2장 보행자의 안전보행과 보행자 보호 등

제1절 보행자의 안전보행

1 보행자의 통행원칙(법 제8조제1항)

(1) 보행자는 보도와 차도가 구분된 도로 : 보도로 통행하여야 한다.(차도를 횡단하는 경우, 도로공사 등으로 보도의 통행이 금지된 경우나 그 밖의 부득이한 경우에는 제외)

(2) 보행자는 보도와 차도가 구분되지 아니한 도로 중 중앙선이 있는 도로 : 길가장자리 또는 길가장자리 구역으로 통행하여야 한다.

(3) 보행자는 다음 각 호의 어느 하나에 해당하는 곳에서는 도로의 전 부분으로 통행할 수 있다. 이 경우 보행자는 고의로 차마의 진행을 방해하여서는 아니 된다.
  ① 보도와 차도가 구분되지 아니한 도로 중 중앙선이 없는 도로 (일방통행인 경우에는 차선으로 구분되지 아니한 도로에 한정)
  ② 보행자우선도로

(4) 보행자 우측통행의 원칙 : 보행자는 보도에서는 우측 통행을 원칙으로 한다.

2 행렬 등의 통행원칙(법제9조).

(1) 학생의 대열과 그 밖의 보행자의 통행에 지장을 줄 우려가 있다고 인정하여 대통령령으로 정하는 사람이나 행렬(이하 "행렬 등"이라 한다)은 보행자의 보도 통행원칙에도 불구하고 차도로 통행할 수 있다. 이 경우 행렬 등은 차도의 우측으로 통행하여야 한다.

> 🚗 **대통령령으로 정하는 차도를 통행할 수 있는 사람이나 행렬(영제7조)**
> 1. 말, 소 등의 큰 동물을 몰고 가는 사람
> 2. 사다리, 목재나 그 밖에 보행자의 통행에 지장을 줄 우려가 있는 물건을 운반 중인 사람
> 3. 도로에서 청소나 보수 등의 작업을 하고 있는 사람
> 4. 군부대나 그 밖에 이에 준하는 단체의 행렬
> 5. 기(旗) 또는 현수막 등을 휴대한 행렬
> 6. 장의(葬儀) 행렬

(2) 도로의 중앙으로 통행할 수 있는 행렬(법제9조제2항).
  행렬 등은 사회적으로 중요한 행사에 따라 시가를 행진하는 경우에는 도로의 중앙을 통행할 수 있다.

(3) 경찰공무원은 도로에서 위험을 방지하고 교통의 안전과 원활한 소통을 확보하기 위하여 필요하다고 인정하는 때에는 행렬 등에 대하여 구간을 정하고 그 구간에서 행렬 등이 도로 또는 차도의 우측(자전거도로가 설치되어 차도에서는 자전거도로를 제외한 부분의 우측을 말한다)으로 붙어서 통행할 것을 명하는 등 필요한 조치를 할 수 있다.

3 보행자 우선도로(법 제28조의2)

시·도 경찰청장(경찰서장)은 보행자를 보호하기 위하여 필요하다고 인정하는 경우에는 통행속도를 20km 이내로 제한할 수 있다.

4 보행자의 도로 횡단방법(법 제10조)

(1) 보행자는 횡단보도, 지하도, 육교 등으로 횡단하여야 한다.(지체장애인의 경우에는 그러하지 아니하다)

(2) 횡단보도가 설치되어 있지 아니한 도로에서는 가장 짧은 거리로 횡단하여야 한다.

(3) 보행자는 차의 바로 앞이나 뒤로 횡단하여서는 아니 된다.(신호기 또는 경찰공무원의 신호나 지시에 따른 경우는 예외)

(4) 안전표지 등으로 횡단이 금지되어 있는 도로를 횡단하여서는 아니 된다.

제2절 운전자의 보행자 보호(법 제27조)

① 모든 차 또는 노면전차의 운전자는 보행자(자전거 등에서 내려서 자전거 등을 끌거나 들고 통행하는 자전거 등의 운전자 포함)가 횡단보도를 통행하고 있거나 통행하려고 하는 때에는 보행자의 횡단을 방해하거나 위험을 주지 아니하도록 그 횡단보도 앞(정지선이 설치되어 있는 곳에서는 그 정지선)에서 일시 정지하여야 한다(제1항).

② 모든 차 또는 노면전차의 운전자는 교통정리를 하고 있는 교차로에서 좌회전이나 우회전을 하려는 경우 신호기 또는 경찰 공무원 등의 신호나 지시에 따라 도로를 횡단하는 보행자의 통행 방해 금지하여서는 아니된다(제2항).

③ 모든 차의 운전자는 교통정리를 하고 있지 아니하는 교차로 또는 그 부근의 도로를 횡단하는 보행자의 통행 방해 금지하여서는 아니된다(제3항).

④ 모든 차의 운전자는 도로에 설치된 안전지대에 보행자가 있는 경우, 차로가 설치되지 아니한 좁은 도로에서 보행자의 옆을 지나는 경우 안전한 거리를 두고 서행하여야 한다(제4항).

⑤ 모든 차 또는 노면전차의 운전자는 보행자가 횡단보도가 설치되어 있지 아니한 도로를 횡단하고 있을 때에는 안전거리를 두고 일시정지하여 보행자가 안전하게 횡단할 수 있도록 조치하여야 한다(제5항).

⑥ 모든 차의 운전자는 다음 각 호의 어느 하나에 해당하는 곳에서 보행자 옆을 지나는 경우에는 안전한 거리를 두고 서행해야 하며, 보행자의 통행에 방해가 될 때에는 서행하거나 일시 정지하여 보행자가 안전하게 통행할 수 있도록 조치하여야 한다(제6항).
  ㉮ 보도와 차도가 구분되지 아니한 도로 중 중앙선이 없는 도로
  ㉯ 보행자 우선 도로
  ㉰ 도로 외의 곳

⑦ 모든 차 또는 노면전차의 운전자는 어린이 보호 구역 내 설치된 횡단보도 중 신호기가 설치되지 아니한 횡단보도(정지선이 설치된 경우에는 그 정지선을 말함) 앞에서는 보행자의 횡단 여부와 관계없이 일시 정지하여야 한다(제7항).

제3절 어린이통학버스의 특별보호(법 제51조)

(1) 정지 중의 어린이통학버스 측방 통과 시의 방법

어린이통학버스가 도로에 정차하여 어린이(13세 미만)나 영유아(6세 미만)가 타고 내리는 중임을 표시하는 점멸등의 장치를 작동 중일 때에는,

① 어린이통학버스가 정차한 차로와 그 차로의 바로 옆 차로로 통행하는 차의 운전자는 어린이통학버스에 이르기 전에 일시 정지하여 안전을 확인한 후 서행하여야 한다.

② 중앙선이 설치되지 아니한 도로와 편도 1차로인 도로에서는 반대방향에서 진행하는 차의 운전자도 어린이통학버스에 이르기 전에 일시 정지하여 안전을 확인한 후 서행하여야 한다.

(2) 통행 중인 어린이통학버스를 뒤따르는 때 앞지르기 금지

모든 차의 운전자는 어린이나 영유아를 태우고 있다는 표시를 한 상태로 도로를 통행하는 어린이통학버스를 앞지르지 못한다.

(3) 어린이통학버스 운영자의 의무(법 제53조)

① 어린이통학버스를 운영하는 자는 어린이통학버스에 어린이나 영유아를 태울 때에는 성년인 사람 중 어린이통학버스를 운영하는 자가 **지명한 보호자**를 함께 태우고 운행하여야 한다. (제3항)

② 동승한 보호자는 어린이나 영유아가 승차 또는 하차하는 때에는 자동차에서 내려서 어린이나 영유아가 **안전하게 승·하차**하는 것을 확인한다.(제3항)

③ 운행 중에는 어린이나 영유아가 좌석에 앉아 좌석안전띠를 매고 있도록 하는 등 **어린이 보호에 필요한 조치**를 하여야 한다.

④ 어린이통학버스를 운전하는 사람은 어린이통학버스 운행을 마친 후 어린이나 **영유아가** 모두 **하차**하였는지를 확인하여야 한다. (제4항)

⑤ 어린이통학버스를 운전하는 사람이 어린이나 영유아의 하차 여부를 확인할 때에는 어린이나 영유아의 하차를 확인할 수 있는 장치(어린이 하차 확인장치)를 작동하여야한다.(제5항)

제3장 교통신호기와 안전표지 등

제1절 교통신호기

1 신호 또는 지시에 따를 의무(법 제5조)

도로를 통행하는 보행자와 차마 또는 노면전차의 운전자는 교통안전시설이 표시하는 신호 또는 지시와 **교통정리를 하는 경찰공무원**(의무경찰을 포함) 또는 경찰보조자(경찰공무원을 보조하는 사람)의 신호 또는 지시를 따라야 한다.

※ **경찰공무원을 보조하는 사람의 범위(영 제6조)**
1. 모범운전자
2. 군사훈련 및 작전에 동원되는 부대의 이동을 유도하는 군사경찰
3. 본래의 긴급한 용도로 운행하는 소방차·구급차를 유도하는 소방공무원

2 신호등의 종류·배열·신호순서(규칙 제7조, 별표3~5)

신호등의 종류, 등화의 배열순서 및 신호등의 신호(표시)순서는 다음과 같다.

신호등의 종류		등화의 배열 순서	신호(표시)순서
차량등	가로형 사색등	Ⓐ 적·황·녹색화살·녹 Ⓑ	① 녹 → ② 황 → ③ 적 및 녹색화살 → ④ 적 및 황 → ⑤ 적
차량등	가로형 삼색등	적·황·녹	① 녹 → ② 황 → ③ 적
	버스 삼색등	적·황·녹	① 녹 → ② 황 → ③ 적
보행등	2색등	적·녹	① 녹 → ② 녹색점멸 → ③ 적
자전거 신호등	3색등	적·황·녹	① 녹 → ② 황 → ③ 적
	2색등	적·녹	① 녹 → ② 적

(주) 교차로와 교통여건상 특별히 필요하다고 인정되는 장소에서는 신호의 순서를 달리하거나 녹색화살표시 및 녹색등화를 동시에 표시할 수 있다.

3 신호의 종류와 뜻(규칙 제6조, 별표2)

(1) 차량 신호등

① 원형 등화

신호의 종류	신호의 뜻
① 녹색의 등화	1. 차마는 직진 또는 우회전할 수 있다. 2. 비보호 좌회전표지 또는 비보호 좌회전표시가 있는 곳에서는 좌회전할 수 있다.
② 황색의 등화	1. 차마는 정지선이 있거나 횡단보도가 있을 때에는 그 직전이나 교차로의 직전에 정지하여야 하며, 이미 교차로에 차마의 일부라도 진입한 경우에는 신속히 교차로 밖으로 진행하여야 한다. 2. 차마는 우회전할 수 있고 우회전하는 경우에는 보행자의 횡단을 방해하지 못한다.
③ 적색의 등화	1. 차마는 정지선, 횡단보도 및 교차로의 직전에서 정지해야 한다. 2. 차마는 우회전하려는 경우 정지선, 횡단보도 및 교차로의 직전에서 정지한 후 신호에 따라 진행하는 다른 차마의 교통을 방해하지 않고 우회전할 수 있다. 3. 제2호에도 불구하고 차마는 우회전 삼색등이 적색의 등화인 경우 우회전 할 수 없다.
④ 황색등화의 점멸	차마는 다른 교통 또는 안전표지의 표시에 주의하면서 진행할 수 있다.
⑤ 적색등화의 점멸	차마는 정지선이나 횡단보도가 있을 때에는 그 직전이나 교차로의 직전에 일시 정지한 후 다른 교통에 주의하면서 진행할 수 있다.

② 화살표 등화

신호의 종류	신호의 뜻
① 녹색화살표 등화	차마는 화살표시 방향으로 진행할 수 있다.
② 황색화살표 등화	화살표시 방향으로 진행하려는 차마는 정지선이 있거나 횡단보도가 있을 때에는 그 직전이나 교차로의 직전에 정지하여야 하며, 이미 교차로에 차마의 일부라도 진입한 경우에는 신속히 교차로 밖으로 진행하여야 한다.
③ 적색화살표 등화	화살표시 방향으로 진행하려는 차마는 정지선, 횡단보도 및 교차로의 직전에서 정지하여야 한다.
④ 황색화살표 등화 점멸	차마는 다른 교통 또는 안전표지의 표시에 주의하면서 화살표시 방향으로 진행할 수 있다.
⑤ 적색화살표 등화 점멸	차마는 정지선이나 횡단보도가 있을 때에는 그 직전이나 교차로의 직전에 일시 정지한 후 다른 교통에 주의하면서 화살표시 방향으로 진행할 수 있다.

(2) 사각형 등화(차량 가변등) : 가변차로에 설치

신호의 종류		신호의 뜻
① 녹색화살표시의 등화(하향)	↓	차마는 화살표로 지정한 차로로 진행할 수 있다.
② 적색×표 표시의 등화	✗	차마는 ×표가 있는 차로로 진행할 수 없다.
③ 적색×표 표시 등화의 점멸	✗	차마는 ×표가 있는 차로로 진입할 수 없고, 이미 진입한 경우에는 신속히 그 차로 밖으로 진로를 변경한다.

제1절 교통안전표지와 도로안전시설

1 교통안전표지의 종류 (규칙 제8조 제1항 등)

(1) 주의표지
도로의 상태가 위험하거나 도로 또는 그 부근에 위험물이 있는 경우에 필요한 안전조치를 할 수 있도록 도로사용자에게 알리는 표지

(+자형교차로 표지)   (철길건널목 표지)

(2) 규제표지
도로교통의 안전을 위하여 각종 제한·금지 등의 규제를 하는 경우에 이를 도로사용자에게 알리는 표지

(통행금지)   (차중량제한 표지)

(3) 지시표지
도로의 통행방법, 통행구분 등 도로교통의 안전을 위하여 필요한 지시를 하는 경우에 도로사용자가 이에 따르도록 알리는 표지

(일방통행 표지)   (우회로 표지)

(4) 보조표지
주의표지·규제표지·지시표지 등의 주기능을 보충하여 도로사용자에게 알리는 표지

08:00-20:00   (어린이보호)
(시간 표지)   (횡단보도 표지)

4 신호기의 신호가 다를 때 (법 제5조 제2항 등)

도로를 통행하는 보행자와 모든 차마의 운전자는 교통안전시설이 표시하는 신호 또는 지시와 교통정리를 하는 국가경찰공무원 등의 신호나 지시가 다른 경우에는 교통정리를 하는 국가경찰공무원 등의 신호 또는 지시에 따라야 한다.

(6) 노면전차 신호등 : 노면전차 전용궤도 또는 전용차로에 설치

신호의 종류	신호의 뜻
황색의 가로막대 등화	노면전차가 직진 또는 좌회전·우회전할 수 있다.
황색의 가로막대 등화의 점멸	노면전차가 다른 교통 또는 안전표지의 표시에 주의하면서 진행할 수 있다.
황색의 사선막대 등화	노면전차가 정지선이나 횡단보도가 있을 때에는 그 직전이나 교차로의 직전에 정지하여야 한다.
백색의 가로막대 등화	노면전차가 정지할 수 있다.
백색의 세로막대 등화	노면전차가 직진 또는 좌회전·우회전할 수 있는 등의 신호를 예비하고 있다.

(3) 보행 신호등 : 횡단보도에 설치

녹색 등화	녹색등화의 점멸	적색 등화
보행자는 횡단보도를 횡단할 수 있다.	보행자는 횡단을 시작하여서는 아니되고, 횡단하고 있는 보행자는 신속하게 횡단을 완료하거나 그 횡단을 중지하고 보도로 되돌아와야 한다.	보행자는 횡단보도를 횡단하여서는 아니된다.

(4) 자전거 신호등

① 자전거 주행 신호등

신호의 종류	신호의 뜻
녹색의 등화	자전거 등은 직진 또는 우회전할 수 있다.
황색의 등화	1. 자전거 등은 정지선이 있거나 횡단보도가 있을 때에는 그 직전이나 교차로의 직전에 정지하여야 하며, 이미 교차로에 차마의 일부라도 진입한 경우에는 신속히 교차로 밖으로 진행하여야 한다. 2. 자전거 등은 우회전할 수 있고 우회전하는 경우에는 보행자의 횡단을 방해하지 못한다.
적색의 등화	1. 자전거 등은 정지선, 횡단보도 및 교차로의 직전에서 정지하여야 한다. 2. 자전거 등은 우회전하려는 경우 정지선, 횡단보도 및 교차로의 직전에서 일시정지한 후 신호에 따라 진행하는 다른 차마의 교통을 방해하지 않고 우회전할 수 있다. 3. 제2호에도 불구하고 자전거 등은 우회전 삼색등이 적색의 등화인 경우 우회전할 수 없다.
황색등화의 점멸	자전거 등은 다른 교통 또는 안전표지의 표시에 주의하면서 진행할 수 있다.
적색등화의 점멸	자전거 등은 정지선이나 횡단보도가 있을 때에는 그 직전이나 교차로의 직전에 일시정지한 후 다른 교통에 주의하면서 진행할 수 있다.

② 자전거 횡단 신호등

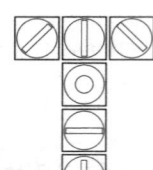

신호의 종류	신호의 뜻
녹색의 등화	자전거 등은 자전거횡단도를 횡단할 수 있다.
황색의 등화	자전거 등은 횡단을 중지하고 그 횡단보도 전에 정지하거나 신속하게 횡단을 종료하여야 하며, 자전거 등의 횡단을 시작하여서는 아니되고, 횡단하고 있는 자전거는 신속하게 횡단을 종료하거나 그 횡단을 중지하고 진행하던 차도 또는 자전거도로로 되돌아와야 한다.
적색의 등화	자전거 등은 자전거횡단도를 횡단하여서는 아니된다.

(5) 버스 신호등 : 중앙버스전용차로에 설치

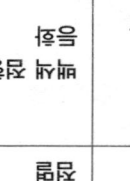

신호의 종류	신호의 뜻
녹색의 등화	버스전용차로에 있는 차마는 직진할 수 있다.
황색의 등화	버스전용차로에 있는 차마는 정지선이 있거나 횡단보도가 있을 때에는 그 직전이나 교차로의 직전에 정지하여야 하며, 이미 교차로에 차마의 일부라도 진입한 경우에는 신속히 교차로 밖으로 진행하여야 한다.
적색의 등화	버스전용차로에 있는 차마는 정지선, 횡단보도 및 교차로의 직전에서 정지하여야 한다.
황색등화의 점멸	버스전용차로에 있는 차마는 다른 교통 또는 안전표지의 표시에 주의하면서 진행할 수 있다.
적색등화의 점멸	버스전용차로에 있는 차마는 정지선이나 횡단보도가 있을 때에는 그 직전이나 교차로의 직전에 일시정지한 후 다른 교통에 주의하면서 진행할 수 있다.

(5) 노면표시

주의·규제·지시 등의 내용을 노면에 기호·문자·선으로 도로 사용자에게 알리는 표시

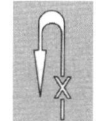 
(유턴금지 표시) (일시 정지 표시)

2 도로(안내) 표지의 종류(도로표지규칙 제3조)

(1) 경계표지

특별시·광역시·특별자치시·도 또는 시·군·읍·면 사이의 행정구역의 경계를 나타내는 표지이다. (면계표지, 군계표지, 도계표지)

(도 경계 표지)

(2) 이정표지

목표지까지의 거리를 나타내는 표지이다.

(3지명 이정 표지)

(3) 방향표지

목표지까지의 방향 또는 방면을 나타내는 표지이다.(방향예고표지, 방향표지)

(2지명 방향 표지)

(4) 노선표지

주행노선 또는 분기노선을 나타내는 표지이다.

(분기점 표지)

(5) 안내 표지

① 도로정보 안내표지 : 양보차로표지, 오르막차로표지, 유도표지, 예고표지, 보행인표지, 지점표지, 출구감속유도표지, 자동차전용도로표지, 시종점표지, 돌아가는길표지 및 고속국도 유도표지
② 도로시설 안내표지 : 휴게소표지, 주차장표지, 시설물(하천, 교량, 터널, 비상주차장, 정류장, 도로관리기관 및 긴급제동시설)표지, 긴급신고표지 및 매표소표지
③ 그 밖의 안내표지 : 관광지표지, 아시안하이웨이안내표지, 공공시설표지 및 도로관리청이 안내를 위하여 필요하다고 인정하여 국토교통부장관과 협의하여 설치한 표지

🚗 도로표지의 색채(도로표지규칙 제8조)

① 도로표지의 바탕색 : 녹색(특별시·특별자치시 또는 광역시의 주 간선도로에 설치하는 도로표지로서 비 도시지역의 도로와의 연결 등 도로표지의 원활한 기능발휘를 위하여 특별시장·특별자치시장 또는 광역시장이 특히 필요하다고 인정하는 도로표지는 녹색으로 한다)
② 다음 각 목의 도로표지 색 : 청색.
  ㉠ 도시지역의 도로 중 고속국도·일반국도 및 자동차전용도로 외의 도로에 설치하는 경계표시·이정표지·방향표지 및 노선표지.
  ㉡ 도로정보 및 시설 안내표지 중 휴게소표지·유도표지·보행인 표지·주차장표지·시설물표지·긴급신고표지·자동차전용도로표지 및 매표소표지(자동요금징수차로 예고표지만 해당)
③ 관광지표지 : 갈색   ④ 도로표지의 글자 및 기호의 색 : 백색
⑤ 도로표지에 노선번호를 표시하는 경우
  ㉠ 특별시도·광역시도 또는 시·도 경우 : 백색바탕에 청색글자
  ㉡ 고속국도·일반국도의 경우 : 청색바탕에 백색글자
  ㉢ 지방도의 경우 : 황색바탕에 청색글자
  ㉣ 아시안 하이웨이의 경우: 백색바탕에 흑색글자
⑥ 고속국도에 진출입번호를 표시하는 경우 : 흑색바탕에 백색글자
⑦ 도로명 안내표지의 바탕색 : 녹색과 청색을 함께 쓸 수 있다

※ 도로별 노선상징 마크

일반 국도 일반 시도 고속도로 자동차전용 시도 지방도 국가지원지방도

제4장 자동차의 구조·점검

제1절 자동차의 구조

1 자동차의 구성과 외관의 명칭

자동차는 2만여 개의 부품으로 이루어져 있으나 크게 나누어 보면, 차체(보디)와 차대(섀시)로 구분된다.

(1) 차체(Body : 보디)

차체는 차대 위에 얹혀 자동차의 외부모형을 구성하는 부분이다. 용도에 따라 승용자동차, 승합자동차, 화물자동차, 승용 겸 화물자동차 등으로 분류된다.

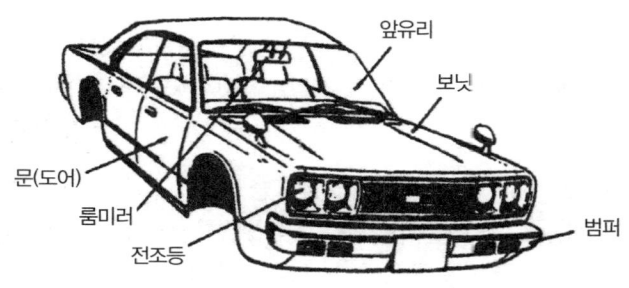
(차체)

(2) 차대(Chassis : 섀시)

차대는 자동차의 골격이 되는 부분으로서 차를 주행시키기 위하여 다음과 같은 구성품으로 되어 있다.

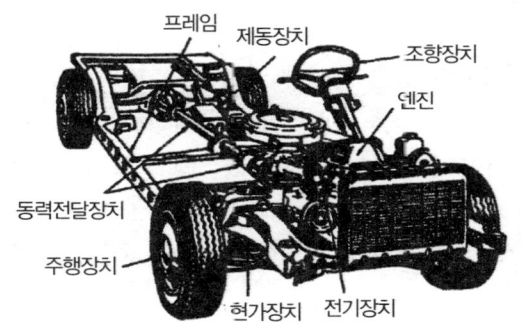
(차대)

① 프레임(차틀) : 차대를 구성하는 기본골격
② 엔진 : 자동차에서 동력을 발생시키는 부분(원동기)
③ 윤활장치 : 엔진내부 각 마찰부에 오일을 공급하여 엔진작동을 원활하게 하는 장치
④ 냉각장치 : 엔진의 소손·마모방지를 위하여 공기·물로 과열된 엔진을 냉각시키는 장치
⑤ 연료장치 : 연료를 혼합기로 만들어 엔진의 실린더내로 공급하는 장치
⑥ 전기장치 : 자동차의 시동·점화·점등 등에 필요한 전기를 발전·축전·공급하는 장치
⑦ 동력전달장치 : 엔진에서 발생한 동력을 차륜까지 전달하는 장치
⑧ 조향장치 : 자동차의 진행방향을 좌우로 자유로이 변경시키는 장치
⑨ 제동장치 : 자동차의 속도를 늦추거나 정지시키는 장치
⑩ 현가장치 : 노면으로부터 받는 충격을 흡수하여 승차감을 좋게 하는 장치
⑪ 주행장치 : 엔진에서 발생한 동력을 최종적으로 바퀴에 전달시켜 주행하게 하는 장치

2 동력발생장치

(1) 기관(엔진)의 작동 원리

기관의 실린더 내에 혼합기를 흡입·압축한 후 점화 플러그의

전기불꽃으로 혼합가스를 연소시켜 **폭발·배기**하는 과정에서, 실린더 내의 피스톤이 **상하운동**을 하면서 **동력**을 발생시켜 자동차를 주행시킨다.

(2) 기관(엔진)의 구성
실린더, 피스톤, 커넥팅 로드, 크랭크축, 밸브 개·폐 기구 등으로 구성되어 있다.

(3) 엔진의 종류
① 4행정 엔진과 2행정 엔진(사이클에 의한 분류)
 ㉮ 4행정 엔진 : 크랭크축 2회전(720°)에 흡입·압축·폭발·배기 4행정을 완료하여 동력을 발생시키는 엔진
 ㉯ 2행정 엔진 : 크랭크축 1회전(360°)에 피스톤이 2행정(흡입과 압축·폭발과 배기)을 완료하여 동력을 발생시키는 엔진
② 가솔린 엔진·디젤 엔진 및 액화가스 엔진(연료에 따른 분류)
 ㉮ 가솔린 엔진 : 가솔린을 공기와 안개상태로 혼합하여 실린더 내에 흡입·압축·점화·연소시켜 동력을 발생시키는 엔진
 ㉯ 디젤 엔진 : 공기만을 실린더 내에 흡입·압축·고온으로 만든 곳에 경유를 분사시켜 동력을 발생시키는 엔진
 ㉰ 액화가스(LPG) 엔진 : 가솔린 엔진에서 연료장치만을 개조하여 가솔린 대신 액화석유가스(LPG)를 연료로 하여 동력을 발생시키는 엔진
③ SOHC 엔진과 DOHC 엔진(캠축 형식에 의한 분류)
 ㉮ SOHC 엔진 : 실린더 당 흡·배기 밸브가 1개씩 있는 엔진
 ㉯ DOHC 엔진 : 실린더 당 흡·배기 밸브가 2개씩으로 많은 혼합가스를 흡입하고 연소 후 신속히 배출함으로써 엔진출력을 증대시킬 수 있는 엔진

3 연료장치
연료장치는 연료 탱크 내의 **연료를 연료 펌프**에 의하여 기화기까지 압송하고, 기화기는 연소하기 쉬운 **혼합기**로 만들어 이를 실린더 내에 흡입되도록 하는 장치이다.

(1) 연료장치의 구성
연료장치는 연료 탱크, 연료 필터, 기화기 등으로 구성되어 있다.
※ 최근에는 기화기(카뷰레터) 대신 「전자제어 연료분사방식」이 보급되어 있으며, 자동차 제작회사에 따라 EGI, EFI, MPI, TBI 등으로 서로 다르게 불려지고 있다. 이 방식은 엔진 출력을 향상시키고 미연소로 인한 배기가스 문제해결에 커다란 효과가 있다.

(2) 연료의 종류
휘발유, 경유, LPG, CNG(액화천연가스) 등이 있다.

4 윤활장치
윤활장치는 엔진 내부의 각 **마찰부에 오일을 공급**하여 엔진의 작동을 원활하게 하고 **마찰손실**과 부품의 **마멸을 최소화**하기 위한 장치

(1) 윤활장치의 구성
① 오일 펌프 : 오일 팬 내의 오일을 엔진 각부에 압송한다.
② 유압 조정기 : 엔진에 공급되는 오일을 일정 압력으로 유지시킨다.
③ 오일 여과기(오일 클리너) : 오일 필터를 설치하여 오일내의 수분이나 불순물을 제거시킨다.
④ 오일 팬 : 엔진 오일을 저장한다.

(2) 윤활유(엔진 오일)
① 윤활유의 기능
 ㉮ 마찰감소와 마멸방지 : 회전부분과 미끄럼운동 부분의 마찰을 적게 하여 마멸을 줄인다.
 ㉯ 냉각작용 : 엔진 각부의 운동과 마찰에 의해 발생되는 열을 흡수하는 방열작용을 한다.

 ㉰ 세척작용 : 마멸된 금속분말 또는 연소 생성물 등의 불순물을 제거하여 연소실 내부를 깨끗하게 한다.
 ㉱ 충격완화 및 소음방지 작용 : 엔진의 모든 운동부에서 발생하는 충격을 흡수하고 마찰 등의 소음을 감소시킨다.
 ㉲ 방청작용 : 엔진 내부 금속부분의 산화 및 부식 등을 방지하여 금속부를 보존한다.
② 윤활유의 분류
 ㉮ 윤활유의 점도와 온도에 따른 분류 : SAE(미국 자동차기술협회)
  • 겨울 : SAE 20번 사용   • 여름 : SAE 30~40번 사용
  ※ 최근에는 SAE 10W~40W 등 4계절용으로 사용되는 오일이 보급되고 있다.
 ㉯ 사용조건에 따른 분류 : API(미국석유협회)
  • ML : 가벼운 조건에 사용
  • MM : 약간 가혹한 조건에 사용
  • MS : 고속 및 가장 가혹한 조건에 사용

5 냉각장치

(1) 냉각장치의 구성
방열기, 냉각 팬, 냉각 벨트, 워터 재킷, 온도 조절기 등으로 구성되어 있다.

(2) 냉각수와 부동액
① 냉각수
 ㉮ 산·알칼리성이 없는 순수한 물 사용(증류수 또는 수돗물)
 ㉯ 겨울철에는 부동액을 사용
 ㉰ 냉각수 양은 보조 탱크를 통해 수위를 확인하고 가급적 라디에이터 캡을 열고 확인하는 것이 좋다.
 ㉱ 라디에이터 연결 고무 부분에 대한 균열 및 변형·누수부분을 확인 점검한다.
② 부동액 : 에틸렌글리콜, 메탄올, 글리세린 등이 있으며 현재는 에틸렌글리콜을 주로 사용한다.

6 동력전달장치
동력전달장치는 자동차 엔진에서 발생한 **동력**을 자동차 **바퀴**까지 전달하여 자동차를 주행시키는 장치로서 클러치, 변속기, 추진축, 자재이음, 차동장치, 차축 등으로 구성되어 있다.

◆ 동력전달방식
① FR방식(Front engine Rear wheel drive) : 엔진은 앞에 있고 **뒷바퀴**에 의하여 **구동**되는 방식이다. 중간에 추진축이 있기 때문에 실내의 바닥 면에 볼록한 돌기가 생기며 축의 중량이 증가하는 단점이 있으나 엔진실에 조향장치와 구동장치가 같이 있지 않아 여유 공간이 있고 무게가 앞뒤로 배분되는 장점이 있다.
② FF방식(Front engine Front wheel drive) : 엔진은 앞에 있고 앞바퀴에 의해 **구동**되는 방식이다. 주로 중형급 이하의 승용차에 세계적으로 선택되고 있다. 커브길과 미끄러운 길에서 조향성이 양호하고 추진축이 없어 실내공간이 넓다는 장점이 있으나 조향장치와 구동장치가 같이 있어 구조상으로 복잡하고 바퀴간의 하중분포가 균일하지 않다는 단점이 있다.
③ RR방식(Rear engine Rear wheel drive) : 「폭스바겐」처럼 엔진은 뒤에 있고 뒷바퀴에 의하여 구동되는 방식으로 실내공간이나 구동력 측면에서 유리하나 트렁크 공간이 작고 하중분포가 뒤쪽에 쏠리는 단점이 있다.
④ 4WD방식(4Wheel drive) : 4바퀴 모두에 엔진의 동력이 전달되는 방식으로서 주로 **비포장도로**나 산간지역을 통행하는 지프나

일부 화물차에 적용되고 있다. 필요에 따라「트랜스퍼 케이스」라는 전환장치를 장착하여 2WD 또는 4WD의 굴림 방식으로 변환시킬 수 있는 타임방식과 전환할 수 없는 풀타임 방식이 있다.

7 전기장치

전기장치는 자동차의 시동·점화·점등 등에 필요한 전기를 발전·축전하여 필요 시 각 전기장치에 전기적 에너지를 공급하는 장치이며 **축전지, 점화장치, 시동장치, 충전장치, 부속장치** 등으로 구성되어 있다.

◆ **시동장치**

엔진은 자력으로 시동할 수 없으므로 시동 모터를 이용하여 엔진을 회전시켜 시동한다.

① **시동장치의 작동** : 시동 스위치를 돌리면 배터리 전류에 의해 시동 전동기가 회전되며, 피니언 기어가 링 기어를 회전시켜 엔진이 시동된다.

② **시동방법** : 5~10초 동안 회전시켜 시동한다. 안 되면 10~15초 쉬었다가 다시 시동한다. 시동되었는데 스위치를 계속 돌리면 시동 전동기 피니언 기어가 파손된다.

③ **시동 시 주의사항**
　㉮ 겨울철 시동 시 : LPG차는 초크 버튼을 사용(디젤 엔진은 예열장치 사용)한다.
　㉯ 엔진 시동 시 : 키 스위치 연속 사용은 5~6초 이내로 한다 (시동 모터 보호).
　㉰ 야간 시동 시 : 전조등을 끄고 시동한다(배터리 전력 소모방지).

8 조향장치

조향장치는 조향 핸들 조작으로 **앞바퀴의 방향**을 틀어 자동차의 진행방향을 조종하는 장치로서 **조향 핸들, 조향축, 충격흡수식 조작기구** 등으로 구성된다.

◆ **앞바퀴 정렬**

앞바퀴 정렬은 조향 핸들의 **조작안전과 복원성**을 좋게 하며 타이어의 마모를 최소화하기 위하여 다음의 요소로 구성한다.

① **토인(Toe-in)** : 앞바퀴를 위에서 보았을 때 **앞쪽이 뒤쪽보다 좁은 상태**
　㉮ 캠버에 의하여 앞바퀴가 밖으로 벌어지는 것을 방지한다.
　㉯ 타이어의 이상마모를 방지한다.
　㉰ 바퀴를 용이하게 회전시킬 수 있어 핸들 조작이 용이하다.

② **캠버(Camber)** : 앞바퀴를 앞에서 보았을 때 위쪽이 아래쪽보다 밖으로 기울어진 상태
　㉮ 앞바퀴가 하중을 받았을 때 아래로 벌어지는 것을 방지한다.
　㉯ 핸들조작을 가볍게 한다.

③ **캐스터(Caster)** : 옆에서 보았을 때 차축과 연결되는 킹 핀의 중심선이 약간 뒤로 기울어진 상태
　㉮ 앞바퀴에 직진성을 부여하여 차의 롤링을 방지한다.
　㉯ 선회 시 핸들의 복원성을 좋게 한다.

④ **킹 핀각** : 킹 핀이 캠버와 반대로 위쪽이 안으로 기울어져 있는 상태
　㉮ 핸들을 가볍게 한다.
　㉯ 핸들의 복원성을 좋게 한다.

9 제동장치

제동장치는 주행 중에 자동차의 속도를 늦추거나 정지시키는 장치로서 풋 브레이크, 핸드 브레이크, 엔진 브레이크가 있다.

(1) **제동장치의 구성**

① **풋 브레이크**

주행 중 발로 조작하는 주 브레이크로서 브레이크 페달을 밟으면 브레이크 페달의 바로 앞에 있는 마스터 실린더 내의 피스톤이 작동하여 브레이크액이 압축되고, 압축된 브레이크액은 파이프를 따라 휠 실린더로 전달된다. 휠 실린더의 피스톤에 의해 브레이크 라이닝을 밀어주면 타이어와 함께 회전하는 드럼을 잡아 차가 멈추게 된다. 최근 뒷바퀴에는 드럼 브레이크 방식을 앞바퀴에는 디스크 브레이크 방식을 많이 사용한다.

　㉮ 유압식 : 브레이크 페달을 밟으면 마스터 실린더 내의 유압이 휠 실린더 내의 피스톤을 밀어 브레이크 슈를 외측으로 확장시켜 브레이크 슈에 접착되어 있는 라이닝이 드럼을 압착하여 바퀴의 회전을 정지시키는 방식으로 가장 많이 사용되는 형식이다.
　㉯ 공기식 : 압축공기의 압력으로 제동한다.

② **핸드 브레이크**

핸드 브레이크는 주차 시 또는 풋 브레이크 이상 시 사용하는 제동장치로서 손으로 브레이크 레버를 당기면 와이어 또는 로드가 뒷바퀴 브레이크 슈를 확장하여 좌·우의 **뒷바퀴가 고정되는 기계식 제동방식**이다.

③ **엔진 브레이크**

액셀레이터 페달을 밟았다 놓거나 고단기어에서 저단기어로 바꾸게 되면 엔진 브레이크가 작동하며 속도가 떨어지게 된다. 이것은 마치 구동바퀴에 의해 엔진이 역으로 회전하는 것과 같이 되어 그 회전저항으로 제동력이 발생하는 것이다. 엔진 브레이크는 눈이나 비가 온 후 미끄러운 길이나 급한 내리막길 등에서 사용한다.

④ **ABS(Antilock brake system)**

빙판이나 빗길 등 **미끄러운** 노면에서 제동 시 바퀴를 로크(Lock)시키지 않음으로써 핸들의 조절이 가능하고 가능한 최단거리로 정지시킬 수 있도록 채택된 첨단 안전장치이다.

(2) **브레이크 조작 상 주의사항**

① 페달을 사전에 천천히 **여러 번 나누어 밟는다**.
② 위급한 경우 이외에는 **급브레이크 사용을 삼간다**.
③ 고속주행 중 감속할 때는 먼저 엔진 브레이크로 늦춘 후 풋 브레이크를 사용한다.
④ 물이 고인 곳을 지나면 브레이크 드럼에 물이 들어가 제동이 나빠지므로 주의한다.
⑤ 차를 출발할 때에는 핸드 브레이크를 완전히 풀고 주행한다.
⑥ 긴 내리막길에서는 엔진 브레이크를 주로 사용하고 풋 브레이크는 보조로 사용한다.

10 현가장치

현가장치는 차체에 스프링을 설치하여 **노면으로부터 받는 충격을 흡수**하여 승차감을 좋게 하고 차체를 보호하는 역할을 한다. 차축식과 독립식이 있으며 **스프링, 쇽 업소버**로 구성되어 있다.

11 주행장치

주행장치는 엔진에서 발생한 동력이 최종적으로 바퀴에 전달되어 노면 위를 달리게 하는 장치로서 **휠과 타이어**로 구성되어 있다.

제2절 자동차의 제원

1 크기

① **전장(Overall length)** : 자동차의 중심면과 접지면에 평행하게 측정했을 때 후미등을 포함한 **최대 길이**

② 전폭(Overall width) : 자동차의 중심면과 직각으로 측정했을 때의 **최대 너비**

③ 전고(Overall height) : 공차상태에서의 접지면에서 **최고부까지의 높이**

④ 축거(Wheel base) : 앞·뒤 차축의 중심거리, 전륜 또는 후륜이 2축인 것은 그 중간점에서 측정

⑤ 윤거(Thread) : 좌·우 타이어 중심 간의 수평거리, 복륜인 경우는 중심면에서 측정

⑥ 최저 지상고(Ground clearance) : 접지면에서 자동차의 가장 낮은 부분까지의 높이로서 **공차상태에서 12cm 이상**이 되어야 하는데 일반적으로 리어 액슬 하우징 밑면 또는 프론트 액슬 밑면이 해당된다.

⑦ 앞 오버항(Front overhang) : 앞바퀴의 중심을 지나는 수직면에서 자동차의 맨 앞부분까지의 수평거리, 범퍼나 견인장치 등 자동차에 부착된 것이 **모두 포함**된다.

⑧ 뒤 오버항(Rear overhang) : 뒷바퀴의 중심을 지나는 수직면에서 자동차의 맨 뒷부분까지의 수평거리, 범퍼나 견인장치 등 자동차에 부착된 것이 **모두 포함**된다.

⑨ 최소 회전반경(Turning radius) : 자동차의 조향 핸들을 최대로 꺾은 상태에서 저속으로 선회할 때 제일 바깥쪽 바퀴의 접지면 중심이 그리는 반경으로 소형차는 6m, 기타 자동차는 12m를 초과해서는 안 된다.

⑩ 내륜차(內輪差) : 자동차가 회전할 때 **안쪽 앞바퀴와 안쪽 뒷바퀴의 진행 흔적이 서로 다르게 되는데**, 이 안쪽 앞바퀴와 안쪽 뒷바퀴의 **회전 반경 차이를 내륜차**라고 한다. 소형차보다는 대형차의 내륜차가 크기 때문에 일반 승용차에서는 별로 느껴지지 않는 내륜차를 대형차에서는 좀더 확실하게 느낄 수 있다.

⑪ 외륜차(外輪差) : 자동차가 회전을 할 때 **바깥쪽 앞바퀴와 바깥쪽 뒷바퀴의 회전 반경 차이를 외륜차**라고 한다. 또한 후진을 하면서 회전을 할 때에 차량의 앞부분을 보면 외륜차를 분명히 알 수 있고 후진을 위해 핸들을 돌릴 때에도 외륜차를 생각하면서 조심 운전을 해야 한다.

2 중량

① 차량 중량 : 공차상태에서 연료, 냉각수 및 윤활유를 만재한 자동차의 중량을 말한다. 예비타이어, 예비부품 및 공구, 기타 휴대품은 제외한다.

② 차량 총중량 : 공차상태의 자동차에 승차정원의 인원이 승차하거나, 최대적재량의 물품이 적재된 상태의 자동차 중량을 말한다. 승차정원 1인(13세 미만은 1.5명을 승차정원 1인으로 본다)의 중량은 65kg으로 계산한다.

③ 축중 : 자동차가 수평상태에 있을 때 1개의 차축에 연결된 모든 바퀴의 윤하중을 합한 것이다.

④ 윤하중 : 자동차가 수평상태에 있을 때 1개의 바퀴가 수직으로 지면을 누르는 중량을 말한다.

3 성능

① 공기 저항 계수(CD : Coefficient of Drag) : 차량의 크기와 모양에 따라 차량 주위로 흐르는 공기의 흐름 등에 의한 바람의 저항을 말하는데 이 값이 적을수록 공기 저항이 낮다. 일반적으로 0.25에서 0.50 정도의 값을 갖는다.

② 마력(HP : Horse Power) : 엔진의 출력을 나타내는데 1마력은 75kg 물체를 1초 동안에 1m 들어 올릴 수 있는 힘의 크기를 말한다.

4 타이어의 밸런스(휠 밸런스)

타이어에 평형이 잡혀 있지 않으면 원심력에 의해 진동이 발생하고 타이어의 편마모 및 조향 핸들에 떨림이 생긴다.

① 정적 밸런스 : 상·하의 진동을 가져오며 「**트램핑현상**」이라 한다.

② 동적 밸런스 : 좌·우의 진동을 가져오며 「**시미현상**」이라한다.

제3절 자동차의 점검

1 운전 전 점검사항

(1) 엔진 룸의 점검

평탄한 곳에 정지 후 엔진 시동을 끄고 5분 정도 지난 후 보닛(Bonnet)을 열고 엔진 오일, 냉각수, 브레이크액, 팬 벨트, 축전지 등을 점검한다.

① 엔진 오일량과 질의 점검 및 교환

㉮ 엔진 옆에 꽂힌 오일 레벨 게이지를 뽑아내어 묻은 오일을 닦은 후 다시 꼽는다.

㉯ 오일 레벨 게이지를 다시 뽑아 오일이 묻은 곳을 확인한다.

㉰ 오일 레벨 게이지의 F와 L 사이가 적정하나 오일량 감소를 감안 F 가까이 채운다.

㉱ 이때 오일색에 의한 질을 진단 후 점도가 나쁠 때에 교환한다.
  • 우유색 : 냉각수 혼입
  • 검은색 : 카본 등 연소생성물의 혼입으로 심한 오염상태

※ 엔진 오일 교환 시 주의사항
  1. 동일 등급의 오일로 교환   2. 반드시 오일 필터를 함께 교환
  3. 한 번에 많이 넣기보다 양을 확인하면서 조금씩 넣는다.
  4. 엔진 길들이기 과정에는 1,000~1,500km, 길들이기 끝난 후에는 5,000~10,000km마다 교환

② 냉각수의 점검과 보충

㉮ 매일 점검해야 하며 자동차를 **평탄한 장소**에 두고 엔진이 정상 작동온도일 때 공회전 상태로 보조 탱크의 **냉각수량이 F와 L 사이**에 있는가 확인하여 부족 시는 F선까지 보충한다.

㉯ 가능하면 라디에이터 캡을 열어보아서 냉각수량을 확인

㉰ 이 때 라디에이터와의 연결부위인 상·하 두 개의 고무가 변형되지 않았는지, 이음새가 새지 않았는지 확인

㉱ 냉각수가 부족한 때에는 산성이나 알칼리성이 없는 물(증류수, 수돗물)로 보충, 겨울에는 냉각수에 **부동액**을 넣어 사용

③ 브레이크액의 점검 조치

㉮ 유압식 제동장치는 브레이크액이 동력전달의 매개역할을 하므로 **항상 적정량 유지**

㉯ 마스터 실린더에 붙어있거나 호스로 연결된 반투명 플라스틱 용기에 들어있는 브레이크액 점검(플라스틱 용기의 아래·위 표시선 중간에 있으면 정상이나 감소를 감안 더 채운다)

㉰ 브레이크액이 현저히 감소하면 제동력 상실로 대형사고 위험이 있으므로 그 원인을 찾아내어 정비 후 운행

④ 축전지액의 점검과 보충

㉮ 축전지 바깥 플라스틱 통 측면에 위(Upper) 아래(Lower) 표시선 중간에 전해액이 있으면 정상이나 감소를 감안해 더 채운다.

㉯ 축전지액이 부족하면 **증류수로 보충**하고 40,000km 주행 시마다 축전지 교환

㉰ MF배터리는 투시창을 통해 배터리 상태를 확인할 수 있다.
  • 초록색 : 양호한 상태
  • 검정 : 배터리 점검이 필요한 상태
  • 흰색 : 수명이 다되어 교체해야 하는 상태

(2) 자동차 차체 주변 점검
① 타이어 점검
- ㉮ 타이어 공기압이 현저히 줄지 않았는지 눈으로 확인(규정 압력유지)
  - ㉠ 공기압이 높으면 타이어의 접지면이 작기 때문에 중앙부분이 마모되고 제동거리가 길어지고 미끄러지기 쉽다.
  - ㉡ 공기압이 낮으면 타이어의 트레드부분의 마모가 크고 핸들이 무거우며 타이어가 균열되어 파손되고 고속 시 사고 원인이 된다.
  - ㉢ 좌우 타이어의 공기압이 균등하지 않으면 공기압이 낮은 쪽으로 핸들을 빼앗긴다.
- ㉯ 타이어 마모상태의 과 마모(트레드 깊이 1.6mm 미만) 여부 확인
- ㉰ 타이어의 편 마모방지 및 수명연장을 위하여 1만km 주행 시마다 타이어 위치교환(전·후구간)
- ㉱ 타이어 면이 부분적으로 갈라지거나 찢어지지 않았는지 확인

② 차체 밑에 냉각수나 오일이 떨어졌는지 여부 점검차에는 5개의 저장용기가 있는데 이곳과 이음부에서 새는지 여부 확인조치
- ㉮ 오일 팬 : 엔진 오일
- ㉯ 라디에이터 : 냉각수
- ㉰ 연료탱크 : 연료
- ㉱ 배터리 : 전해액
- ㉲ 리저브 탱크 : 브레이크액, 와셔액 등

③ 각종 등화장치 점검 후 파손되거나 불이 안 들어오면 수리
- ㉮ 전조등
- ㉯ 방향지시등
- ㉰ 제동등
- ㉱ 미등
- ㉲ 번호등
- ㉳ 실내등
- ㉴ 안개등

④ 차체 외관이 긁히거나 손상된 곳 유무 점검정비

(3) 운전석 내 점검
① 유격점검
- ㉮ 조향 핸들 : 조향 핸들을 좌우로 돌리면서 다른 부분과 접촉되는 부분이 없는가, 앞 타이어가 움직이기 직전까지 조향 핸들을 돌린 거리인 조향 핸들 유격이 적절한가를 확인(유격거리 : 일반 승용차의 경우 20~30mm가 적정)
- ㉯ 브레이크 페달 : 브레이크 페달을 가볍게 눌렀을 때 유격은 10~25mm가 적당하고 끝까지 밟았을 때 바닥에서 50mm 이상 여유가 있어야 한다.
- ㉰ 클러치 페달 : 클러치 페달의 유격은 20~30mm가 적당하다.

② 각종 계기판 점검
- ㉮ 엔진 시동을 걸고 5초 정도 경과 후 운전석 계기판 경고등에 불이 들어왔는지 확인
- ㉯ RPM(공회전) 계기 바늘이 정상을 가리키고 있는지 확인
- ㉰ 연료량, 주행속도, 냉각수 온도 등의 계기판의 결함여부 점검

③ 각종 스위치의 점검
- ㉮ 전원 스위치, 시동 스위치, 점등 스위치 등의 작동여부 확인
- ㉯ 경음기, 방향지시기의 정상여부 확인
- ㉰ 미등, 전조등의 점등여부 확인

2 운행 중 점검사항
자동차 운전 중에는 주로 운전자 감각에 의한 점검이 이루어져야 하며 주요 점검사항은 다음과 같다.
① 자동차의 어느 부분에서 이상한 소리가 나는지 여부
② 이상한 냄새가 나는지 여부
③ 계기판·경고등에 불이 들어오는지 여부
④ 냉각수·온도계기는 정상을 가리키고 있는지 여부
⑤ 브레이크·액셀레이터·핸들 조작 시 이상한 감각이 느껴지지 않는지 여부

3 운행 후 점검사항
목적지에 도착하면 안전한 장소에 주차시킨 후 다음 사항을 점검한다.
① 핸드 브레이크의 정확한 작동여부 확인
② 언덕길 주차 시 굄목 삽입이나 기어변속 실시여부 확인
③ 각종 전기장치 스위치를 끈 후 다시 한 번 확인
④ 문(Door)의 잠긴 상태 확인
⑤ 차체 외관과 타이어 상태 확인

제5장 자동차의 안전운전

제1절 차마 및 노면전차의 통행방법

1 차마의 통행방법(법 제13조)

(1) 차도 통행의 원칙과 예외(제1항, 제2항)
① 차마의 운전자는 보도와 차도가 구분된 도로에서는 차도로 통행하여야 한다.
② 차마의 운전자가 도로 외의 곳(주유소·차고·주차장 등)으로 출입할 때에는 보도를 횡단하여 통행할 수 있다. 보도를 횡단하기 직전에 일시 정지하여 좌측과 우측부분 등을 살핀 후 보행자의 통행을 방해하지 아니하도록 횡단하여야 한다.

(2) 우측통행의 원칙(제3항)
차마의 운전자는 도로(보도와 차도가 구분된 도로에 있어서는 차도를 말한다)의 중앙(중앙선이 설치되어 있는 경우에는 그 중앙선) 우측부분을 통행하여야 한다.

(3) 우측통행의 예외(중앙이나 좌측을 통행할 수 있는 경우)(제4항)
차마의 운전자는 다음 중 어느 하나에 해당하는 경우에는 도로의 중앙이나 좌측 부분을 통행할 수 있다.
① 도로가 일방통행인 경우
② 도로의 파손, 도로공사 그 밖의 장애로 도로 우측부분을 통행할 수 없는 경우
③ 도로의 우측부분의 폭이 6m가 되지 아니하는 도로에서 다른 차를 앞지르려는 경우. 다만, 그 도로의 좌측부분을 확인할 수 없는 경우, 반대방향의 교통을 방해할 우려가 있는 경우, 안전표지 등으로 앞지르기를 금지하거나 제한하고 있는 경우에는 그러하지 아니하다.
④ 도로 우측부분의 폭이 그 차마의 통행에 충분하지 아니한 경우
⑤ 가파른 비탈길의 구부러진 곳에서 교통의 위험을 방지하기 위해 시·도 경찰청장이 필요하다고 인정하여 구간 및 통행방법을 지정하고 있는 경우에 그 지정에 따라 통행하는 경우

(4) 안전지대 등 진입금지(제5항)
차마의 운전자는 안전지대 등 안전표지에 의하여 진입이 금지된 장소에 들어가서는 아니된다.

(5) 차로에 따라 통행할 의무(법 제14조제2항)
차마의 운전자는 차로가 설치되어 있는 도로에서는 이 법이나 이 법에 따른 명령에 특별한 규정이 있는 경우를 제외하고는 그

차로를 따라 통행하여야 한다. 다만, 시·도 경찰청장이 통행방법을 따로 지정한 경우에는 그 방법으로 통행하여야 한다.

(6) 차로에 따른 통행구분(규칙 제16조제1항 및 제39조제1항)

① 도로의 중앙에서 오른쪽으로 둘 이상의 차로(전용차로가 설치되어 운용되고 있는 도로에서는 전용차로를 제외)가 설치된 도로 및 일방통행도로에 있어서는 그 차로에 따른 통행차의 기준에 따라 통행하여야 한다.

차로에 따른 통행차량의 기준(규칙 제16조, 별표9)

도로	차로구분		통행할 수 있는 차종
고속도로 외의 도로	왼쪽 차로		승용자동차 및 경형·소형·중형 승합자동차
	오른쪽 차로		대형승합자동차, 화물자동차, 특수자동차, 법 제2조제18호나목에 따른 건설기계, 이륜자동차, 원동기장치자전거(개인형 이동장치는 제외)
고속도로	편도 2차로	1차로	앞지르기를 하려는 모든 자동차. 다만, 차량통행량 증가 등 도로상황으로 인하여 부득이하게 시속 80킬로미터 미만으로 통행할 수밖에 없는 경우에는 앞지르기를 하는 경우가 아니라도 통행할 수 있다.
		2차로	모든 자동차
	편도 3차로 이상	1차로	앞지르기를 하려는 승용자동차 및 앞지르기를 하려는 경형·소형·중형 승합자동차. 다만, 차량통행량 증가 등 도로상황으로 인하여 부득이하게 시속 80킬로미터 미만으로 통행할 수밖에 없는 경우에는 앞지르기를 하는 경우가 아니라도 통행할 수 있다.
		왼쪽 차로	승용자동차 및 경형·소형·중형 승합자동차
		오른쪽 차로	대형 승합자동차, 화물자동차, 특수자동차, 법 제2조제18호나목에 따른 건설기계

[비고]
1. 위 표에서 사용하는 용어의 뜻은 다음 각 목과 같다.
  가. **"왼쪽 차로"**란 다음에 해당하는 차로를 말한다.
    1) **고속도로 외의 도로의 경우** : 차로를 반으로 나누어 1차로에 가까운 부분의 차로. 다만, 차로수가 홀수인 경우 가운데 차로는 제외한다.
    2) **고속도로의 경우** : 1차로를 제외한 차로를 반으로 나누어 그 중 1차로에 가까운 부분의 차로. 다만, 1차로를 제외한 차로의 수가 홀수인 경우 그 중 가운데 차로는 제외한다.
  나. **"오른쪽 차로"**란 다음에 해당하는 차로를 말한다.
    1) **고속도로 외의 도로의 경우** : 왼쪽 차로를 제외한 나머지 차로
    2) **고속도로의 경우** : 1차로와 왼쪽 차로를 제외한 나머지 차로
2. 모든 차는 위 표에서 지정된 차로보다 **오른쪽에 있는 차로로 통행**할 수 있다.
3. 앞지르기를 할 때에는 위 표에서 지정된 차로의 **왼쪽 바로 옆 차로로 통행**할 수 있다.

② 모든 차의 운전자는 통행하고 있는 차로에서 느린 속도로 진행하여 다른 차의 정상적인 통행을 방해할 우려가 있는 때에는 통행하던 차로의 오른쪽 차로로 통행하여야 한다.

③ 차로의 순위는 도로의 중앙선쪽에 있는 차로부터 1차로로 한다(일방통행도로에서는 도로의 왼쪽부터 1차로로 한다).

(7) 차로의 너비보다 넓은 차의 통행허가(법 제14조제3항, 규칙 제17조제3항)

① 차의 너비가 차로의 너비보다 넓어 교통의 안전이나 원활한 소통에 지장을 줄 우려가 있는 경우 그 차의 운전자는 도로를 통행하여서는 아니 된다. 다만, 출발지를 관할하는 경찰서장의 허가를 받은 경우에는 그러하지 아니하다.

② 통행허가를 받은 운전자는 그 길이와 폭의 양 끝에 너비30cm, 길이 50cm 이상의 빨간 헝겊으로 된 표지를 달아야 하며, 밤에 운행하는 경우에는 반사체(야광)로 된 표지를 달아야 한다.

(8) 전용차로 설치

① 전용차로 설치(법 제15조제1항)
  시장 등은 원활한 교통을 확보하기 위하여 특히 필요한 경우에는 시·도 경찰청장이나 경찰서장과 협의하여 도로에 전용차로를 설치할 수 있다.

② 전용차로의 종류·통행할 수 있는 자동차 등(영 제9조제1항, 별표1)
  ㉮ 고속도로 전용차로를 통행할 수 있는 차량 : 9인승 승용자동차 및 승합자동차(승용차 또는 12인승 이하의 승합자동차는 6인 이상이 승차한 경우에 고속도로 전용차로를 통행할 수 있다)
  ㉯ 버스전용차로를 통행할 수 있는 차량(고속도로 외의 도로)
    ㉠ 36인승 이상의 대형승합자동차
    ㉡ 36인승 미만의 시내·시외·농어촌 사업용 승합자동차
    ㉢ 어린이 통학버스(신고필증 교부 차에 한함)
    ㉣ 노선을 지정하여 운행하는 16인승 이상 통학·통근용승합자동차
    ㉤ 국제행사 참가인원 수송의 승합자동차(기간 내에 한함)
    ㉥ 25인승 이상의 외국인 관광객 수송용 승합자동차
  ㉰ 다인승 전용차로를 통행할 수 있는 차량
    ㉠ 3인 이상 승차한 승용자동차
    ㉡ 3인 이상 승차한 승합자동차

③ 차마의 전용차로 통행금지(영 제10조)
  전용차로로 통행할 수 있는 차가 아니면 전용차로로 통행하여서는 아니 된다. 다만, 다음의 경우에는 그러하지 아니한다.
  ㉮ 긴급자동차가 본래의 긴급한 용도로 운행되고 있는 경우
  ㉯ 택시가 승객을 태우거나 내려주기 위하여 일시 통행하는 경우(택시운전자는 승객이 타거나 내린 즉시 전용차로를 벗어나야 한다).
  ㉰ 도로의 파손·공사 등 장애로 전용차로가 아니면 통행할 수 없는 경우

(9) 노면전차 전용로의 설치 등(법 제16조)

① 시장 등은 교통을 원활하게 하기 위하여 노면전차 전용도로 또는 전용차로를 설치하려는 경우에는 「도시철도법」 제7조제1항에 따른 도시철도사업계획의 승인 전에 다음 각 호의 사항에 대하여 시·도 경찰청장과 협의하여야 한다. 사업 계획을 변경하려는 경우에도 또한 같다.
  ㉮ 노면전차의 설치 방법 및 구간
  ㉯ 노면전차 전용로 내 교통안전시설의 설치
  ㉰ 그 밖에 노면전차 전용로의 관리에 관한 사항

② 노면전차의 운전자는 제1항에 따른 노면전차 전용도로 또는 전용차로로 통행하여야 하며, **차마의 운전자는** 노면전차 전용도로 또는 전용차로를 다음 각 호의 경우를 제외하고는 통행하여서는 아니 된다.
  ㉮ 좌회전, 우회전, 횡단 또는 회전하기 위하여 궤도부지를 가로지르는 경우
  ㉯ 도로, 교통안전시설, 도로의 부속물 등의 보수를 위하여 진입이 불가피한 경우
  ㉰ 노면전차 전용차로에서 긴급자동차가 그 본래의 긴급한 용도로 운행되고 있는 경우

2 자전거 등의 통행방법

(1) 자전거 등의 도로통행(법 제13조의2)

① 자전거 도로가 설치되어 있는 곳(제1항)
  자전거 등의 운전자는, 자전거 도로가 따로 있는 곳에서는 그 자전거 도로로 통행하여야 한다.

② 자전거 도로가 설치되지 아니한 곳(제2항)
  자전거 등의 운전자는, 자전거 도로가 설치되지 아니한 곳에서는 도로 우측 가장자리에 붙어서 통행하여야 한다.

③ 길가장자리 구역을 통행(제3항)

안전표지로 자전거 등의 통행을 금지한 구간을 제외하고 길가장자리 구역을 통행할 수 있다. 이 경우 보행자의 통행에 방해가 될 때에는 서행하거나 일시 정지하여야 한다.

(2) 자전거 등의 보도통행

① 보도를 통행할 수 있는 경우(법 제13조의2제4항)

자전거 등의 운전자는 다음에 해당하는 경우에는 보도를 통행할 수 있다. 이 경우 보도 중앙으로부터 차도 쪽 또는 안전표지로 지정된 곳으로 서행하여야 하며, 보행자의 통행에 방해가 될 때에는 일시 정지하여야 한다.
  ㉮ 어린이, 노인, 그 밖의 신체 장애인이 자전거를 운전하는 경우(전기자전거의 원동기를 끄지 아니하고 운전하는 경우는 제외)
  ㉯ 안전표지로 자전거 통행이 허용된 경우
  ㉰ 도로의 파손, 도로공사 그 밖의 장애 등으로 도로를 통행할 수 없는 경우

② 나란히(병진) 통행금지(법 제13조의2제5항)

자전거의 운전자는 안전표지로 통행이 허용된 경우를 제외하고 2대 이상이 나란히 차도를 통행하여서 아니 된다.

(3) 자전거 등의 도로횡단(법 제13조의2제6항, 제15조의2제2·3항)

① 보행자의 횡단보도로 횡단하는 경우

자전거 등의 운전자가 횡단보도를 이용하여 도로를 횡단할 때에는 자전거 등에서 내려서 자전거 등을 끌거나 들고 보행하여야 한다.

② 자전거횡단도로 횡단하는 경우
  ㉮ 자전거의 운전자가 자전거를 타고 자전거 횡단도가 따로 있는 도로를 횡단할 때에는 자전거 횡단도를 이용하여야 한다.
  ㉯ 차마의 운전자는 자전거 등이 자전거 횡단도를 통행하고 있을 때에는 자전거 등의 횡단을 방해하거나 위험하게 하지 아니하도록 그 자전거 횡단도 앞(정지선이 설치되어 있는 곳에서는 그 정지선)에서 일시 정지하여야 한다.

3 긴급자동차(법 제2조제22호)

(1) 긴급자동차의 정의

소방차, 구급차, 혈액 공급차량, 그 밖에 다음의 대통령령으로 정하는 자동차로서 그 본래의 긴급한 용도로 사용되고 있는 자동차를 말한다.

① 대통령령으로 정하는 긴급자동차(영 제2조제1항)
  ㉮ 경찰용 자동차 중 범죄수사, 교통단속, 그 밖의 긴급한 경찰업무수행에 사용되는 자동차
  ㉯ 국군 및 주한 국제연합군용 자동차 중 군 내부의 질서유지나 부대이동을 유도하는 데 사용되는 자동차
  ㉰ 수사기관 자동차 중 범죄수사를 위하여 사용되는 자동차
  ㉱ 다음의 시설 또는 기관의 자동차 중 도주자의 체포 또는 수용자·보호관찰대상자의 호송·경비를 위하여 사용되는 자동차
    ㉠ 교도소·소년교도소·구치소
    ㉡ 소년원 또는 소년분류심사원
    ㉢ 보호관찰소
  ㉲ 국내외 요인에 대한 경호업무수행에 공무로 사용되는 자동차

② 사용하는 사람 또는 기관 등의 신청에 의해 시·도 경찰청장이 지정하는 긴급자동차(영 제2조제1항)
  ㉮ 전기사업, 가스사업, 그 밖의 공익사업 기관에서 응급작업에 사용되는 자동차
  ㉯ 민방위업무를 수행하는 기관에서 긴급예방 또는 복구출동에 사용되는 자동차
  ㉰ 도로관리를 위하여 응급작업에 사용되거나 운행이 제한되는 자동차를 단속하기 위하여 사용되는 자동차
  ㉱ 전신·전화의 수리공사 등 응급작업에 사용되는 자동차
  ㉲ 긴급한 우편물 운송에 사용되는 자동차
  ㉳ 전파감시 업무에 사용되는 자동차

③ 긴급자동차로 보는 자동차(영 제2조제2항)
  ㉮ 경찰용 긴급자동차에 의하여 유도되고 있는 자동차
  ㉯ 국군 및 주한 국제연합군용의 긴급자동차에 의하여 유도되고 있는 국군 및 주한 국제연합군의 자동차
  ㉰ 생명이 위급한 환자 또는 부상자나 수혈을 위한 혈액을 운반 중인 자동차

(2) 긴급자동차의 준수사항(법 제29조제6항, 영 제3조)

① 긴급자동차(긴급자동차로 보는 자동차 제외)는 다음 사항을 준수하여야 한다. 다만, 속도위반 자동차를 단속하는 긴급자동차와 경호업무수행에 공무로 사용되는 자동차는 그러하지 아니하다.
  ㉮ 자동차 안전기준에서 정한 긴급자동차의 구조를 갖출 것
  ㉯ 사이렌을 울리거나 경광등을 켤 것

② 긴급자동차의 운전자는 다음의 경우를 제외하고 경광등을 켜거나 사이렌을 작동하여서는 아니 된다.
  ㉮ 소방차가 화재예방 및 구조·구급활동을 위하여 순찰하는 경우
  ㉯ 소방차 등이 그 본래의 긴급한 용도와 관련된 훈련에 참여하는 경우
  ㉰ 범죄수사, 교통단속 등 자동차가 범죄예방 및 단속을 위하여 순찰하는 경우

③ 긴급자동차로 보는 자동차는 전조등 또는 비상표시등을 켜거나 그 밖의 적당한 방법으로 긴급한 목적으로 운행되고 있음을 표시하여야 한다.

(3) 긴급자동차의 우선 통행 및 특례(법 제29조, 제30조)

① 도로의 중앙이나 좌측부분을 통행 할 수 있다.
② 정지하여야 할 경우에도 불구하고 긴급하고 부득이한 경우에는 정지하지 아니할 수 있다.
③ 법정 운행속도나 제한속도를 준수하지 않고 통행할 수 있다.
④ 앞지르기 금지에 관한 규정을 적용받지 않고 통행할 수 있다.
⑤ 끼어들기 금지의 규정을 적용받지 않고 통행할 수 있다.
⑥ 긴급자동차 운전자는 교통의 안전에 특히 주의하면서 통행하여야 한다.

(4) 긴급자동차가 접근할 때 피양방법(법 제29조)

① 교차로나 그 부근에서 피양방법(제4항)

교차로나 그 부근에서 긴급자동차가 접근하는 경우에는 차마와 노면전차의 운전자는 교차로를 피하여 일시 정지하여야 한다.

② 그 밖의 곳에서의 피양방법(제5항)

모든 차와 노면전차 운전자는 교차로나 그 부근 외의 곳에서 긴급자동차가 접근한 경우에는 긴급자동차가 우선 통행할 수 있도록 진로를 양보하여야 한다.

제2절 안전한 속도와 안전거리

1 속도의 준수(법 제17조)

자동차 등(개인형 이동장치는 제외)과 노면전차의 운전자는 도로를 통행하는 경우
① 안전표지로써 규제되어 있는 제한속도보다 빠르게 운전하여서는 아니 된다.
② 안전표지로써 속도가 제한되어 있지 않은 도로에서는 법정 최고속도보다 빠르게 운전하거나 최저속도보다 느리게 운전하여서는 아니 된다. 다만, 교통이 밀리거나 그 밖의 부득이한 사유로 최저속도보다 느리게 운전할 수 밖에 없는 경우에는 그러하지 아니하다.

2 자동차 등과 노면전차의 법정속도(규칙 제19조)

자동차 등과 노면전차가 도로를 통행하는 경우의 운행속도

(1) 일반도로의 법정속도(규칙 제19조제1항제1호)
① 편도 2차로 이상의 도로 : 80km/h 이내
② 편도 1차로의 도로(지정한 노선 또는 구간 포함) : 60km/h 이내
③ 주거지역·상업지역 및 공업지역 내의 도로 : 50km/h 이내

(2) 자동차전용도로(차로의 수가 많고 적음에 관계없이 동일함)
① 최고속도는 90km/h   ② 최저속도는 30km/h
※ 고속도로의 법정속도 : 27p 참조

(3) 비, 바람, 안개, 눈 등 악천후 시 감속 운행 속(규칙 제19조제2항)

도로의 상태	감속 운행 속도
1. 비가 내려 노면이 젖어 있는 경우 2. 눈이 20mm 미만 쌓인 경우	최고 속도의 $\frac{20}{100}$
1. 폭우·폭설·안개 등으로 가시거리가 100m 이내인 경우 2. 노면이 얼어붙은 경우 3. 눈이 20mm 이상 쌓인 경우	최고 속도의 $\frac{50}{100}$

※ 미끄러운 도로를 운행 시는 타이어 공기압을 낮추고 운행하면 효과적이다.

(4) 견인차가 아닌 자동차로 다른 자동차를 견인하는 때의 속도(고속도로 제외)(규칙 제20조)
① 총중량 2,000kg 미만인 차를 총중량이 그의 3배 이상인 차로 견인하는 경우 매시 30km 이내
② 위 ①항 외의 견인하는 경우에는 매시 25km 이내
③ 대형차가 대형차, 승용차가 승용차를 견인 시는 매시 25km 이내
④ 고속도로에서는 견인자동차가 아니면 다른 자동차를 견인할 수 없다.
⑤ 이륜차가 이륜차 및 원동기자전거는 견인할 수 없다.

(5) 제한하는 속도(규칙 제19조제3항)
경찰청장이나 시·도 경찰청장은 도로에서 일어나는 위험을 방지하고 교통의 안전과 원활한 소통을 확보하기 위하여 필요하다고 인정하는 경우에는 다음 구분에 따라 구역이나 구간을 지정하여 속도를 제한할 수 있다.
① 경찰청장 : 고속도로
② 시·도 경찰청장 : 고속도로를 제외한 도로

3 안전거리(차와 차 사이의 거리)의 확보(법 제19조)

(1) 앞차의 뒤를 따르는 때(제1항)
모든 차의 운전자는 같은 방향으로 가고 있는 앞차의 뒤를 따르는 경우에는 앞차가 갑자기 정지하게 되는 경우 그 앞차와의 충돌을 피할 수 있는 필요한 거리를 확보하여야 한다.

(2) 자전거 옆을 지날 때(제2항)
자동차 등의 운전자는 같은 방향으로 가고 있는 자전거 등의 운전자에 주의하여야 하며, 그 옆을 지날 때에는 자전거 등과의 충돌을 피할 수 있는 필요한 거리를 확보하여야 한다.

(3) 급제동의 금지(제4항)
모든 차의 운전자는 위험방지나 그 밖의 부득이한 경우가 아니면 운전하는 차를 갑자기 정지시키거나 속도를 줄이는 등의 급제동을 하여서는 아니 된다.

4 서행 및 서행하여야 할 장소(법 제31조제1항)

(1) 서행의 정의(법 제2조제28호)
운전자가 차 또는 노면전차를 즉시 정지시킬 수 있는 정도의 느린 속도로 진행하는 것을 말한다.

(2) 서행하여야 할 장소
① 교통정리를 하고 있지 아니하는 교차로
② 도로가 구부러진 부근
③ 비탈길의 고갯마루 부근
④ 가파른 비탈길의 내리막
⑤ 시·도 경찰청장이 필요하다고 인정하여 안전표지로 지정한 곳
※ 관련 법령 : 법 제18조제3항, 법 제24조제1항, 법 제27조, 법 제49조제1항제2호, 법 제51조

5 일시 정지 및 일시 정지하여야 할 장소(법 제31조제2항)

(1) 일시 정지의 정의(법 제2조제30호)
차 또는 노면전차의 운전자가 그 차 또는 노면전차의 바퀴를 일시적으로 완전히 정지시키는 것을 말한다.

(2) 일시 정지하여야 할 장소
① 교통정리를 하고 있지 아니하고 좌우를 확인할 수 없거나 교통이 빈번한 교차로
② 철길건널목을 건너가고자 할 때
③ 보행자가 횡단보도를 횡단하고 있는 때
④ 도로 외의 곳 출입 시, 주차장 등에서 도로에 진입하고자 할 때
⑤ 정차 중인 어린이 통학버스 옆을 지날 때
⑥ 어린이, 앞을 보지못하는 사람, 지체장애인 등이 차도를 횡단하는 때
⑦ 시·도 경찰청장이 필요하다고 인정하여 안전표지로 지정한 곳
※ 관련 법령 : 법 제18조제3항, 법 제24조제1항, 법 제27조, 법 제49조제1항제2호, 법 제51조

제3절 진로변경 및 앞지르기

1 진로변경

(1) 진로변경 금지(법 제19조제3항)
모든 차의 운전자는 차의 진로를 변경하려는 경우에 그 변경하려는 방향으로 오고 있는 다른 차의 정상적인 통행에 장애를 줄 우려가 있는 때에는 진로를 변경하여서는 아니 된다.

(2) 차의 신호(법 제38조)
① 모든 차의 운전자는, 좌회전·우회전·횡단·유턴·서행·정지 또는 후진하거나, 같은 방향으로 진행하면서 진로를 바꾸려고 하는 경우와 회전교차로에 진입하거나 회전교차로에서 진출하는 경우에는 손이나 방향지시기 또는 등화로써 그 행위가 끝날 때까지 신호를 하여야 한다.

② 진로변경 시에는 뒤차와 충돌을 피하기 위하여 진로변경을 하려는 지점으로부터 30m 이상(고속도로에서는 100m 이상) 앞에서 신호를 조작한 후 진로를 변경하는 것이 안전하다.(영 별표2)

(3) 운전자의 수신호 방법(영 별표2)
① 좌회전, 횡단, 유턴 또는 같은 방향으로 진행하면서 진로를 왼쪽으로 바꾸려는 때 : 왼팔을 수평으로 펴서 차체의 왼쪽 밖으로 내밀거나, 오른팔을 차체의 오른쪽 밖으로 내밀어 팔꿈치를 굽혀 수직으로 올린다.
② 우회전 또는 같은 방향으로 진행하면서 진로를 오른쪽으로 바꾸려는 때 : 오른팔을 수평으로 펴서 차체의 오른쪽 밖으로 내밀거나, 왼팔을 차체의 왼쪽 밖으로 내어 팔꿈치를 굽혀 수직으로 올린다.
③ 서행 : 팔을 차체 밖으로 내어 45° 밑으로 펴서 위아래로 흔든다.
④ 정지 : 팔을 차체 밖으로 내어 45° 밑으로 편다.
⑤ 후진 : 팔을 차체 밖으로 내어 45° 밑으로 펴서 손바닥을 뒤로 향하게하여 그 팔을 앞뒤로 흔든다.
⑥ 회전교차로에 진입하려는 때 : 왼팔을 수평으로 펴서 차체의 왼쪽 밖으로 내밀거나, 오른팔을 차체의 오른쪽 밖으로 내어 팔꿈치를 굽혀 수직으로 올린다.
⑦ 회전교차로에서 진출하려는 때 : 오른팔을 수평으로 펴서 차체의 오른쪽 밖으로 내밀거나, 왼팔을 차체 왼쪽 밖으로 내어 팔꿈치를 굽혀 수직으로 올린다.
⑧ 앞지르기를 시키고자 할 때 : 팔을 차체의 왼쪽 밖으로 내어 수평으로 펴서 앞뒤로 흔든다.

(4) 제한선상에서의 진로변경 금지(법 제14조제5항)
차마의 운전자는 안전표지(진로변경 제한선 표시)가 설치되어 특별히 진로변경이 금지된 곳에서는 차마의 진로를 변경하여서는 아니 된다. 다만, 도로의 파손이나 도로공사 등으로 인하여 장애물이 있는 경우에는 그러하지 아니하다.

(5) 횡단·유턴(U-Turn)·후진 금지(법 제18조제1항, 제2항)
① 보행자나 다른 차마의 정상적인 통행을 방해할 우려가 있는 경우에는, 차마를 운전하여 도로를 횡단하거나 유턴 또는 후진하여서는 아니 된다.
② 시·도 경찰청장은 도로에서 위험을 방지하고, 교통의 안전과 원활한 소통을 확보하기 위하여 특히 필요하다고 인정하는 때에는 도로의 구간을 지정하여 차마의 횡단이나 유턴 또는 후진을 금지할 수 있다.
※ 일반도로에서는 유턴금지장소가 아니면 다른 교통에 방해가 되지 않는 한 유턴할 수 있다. 다만, 유턴은 유턴 허용 지점에서만 하여야 한다.

2 진로양보 의무

(1) 느린 속도로 가고자 하는 경우(법 제20조제1항)
모든 차(긴급자동차를 제외한다)의 운전자는 뒤에서 따라오는 차보다 느린 속도로 가려는 경우에는 도로의 우측 가장자리로 피하여 진로를 양보하여야 한다. 다만, 통행구분이 설치된 도로의 경우에는 그러하지 아니하다.

(2) 서로 마주보고 진행하는 경우(법 제20조제2항)
좁은 도로에서 긴급자동차 외의 자동차가 서로 마주보고 진행하는 때에는 다음 각 호의 구분에 따른 자동차가 도로의 우측 가장자리로 피하여 진로를 양보하여야 한다.
① 비탈진 좁은 도로에서는 올라가는 자동차가 양보
② 비탈진 좁은 도로 외의 좁은 도로에서 사람을 태웠거나 물건을 실은 자동차와 동승자가 없고 물건을 싣지 아니한 자동차가 서로 마주보고 진행하는 경우에는 동승자가 없고 물건을 싣지 아니한 자동차가 양보

(3) 끼어들기의 금지(법 제23조)
모든 차의 운전자는 법령에 따른 명령 또는 경찰공무원의 지시에 따르거나 위험방지를 위하여 정지하거나 서행하고 있는 다른 차 앞으로 끼어들지 못한다.

3 앞지르기(추월)

(1) 앞지르기의 정의(법 제2조제29호)
앞서가는 다른 차의 좌측 옆을 지나서 그 차의 앞으로 나가는 것을 말한다.

(2) 앞지르기 방법(법 제21조제3항)
모든 차의 운전자는, 다른 차를 앞지르려고 하는 때에는 앞차의 좌측으로 통행하여야 한다. 이 때 앞지르려고 하는 자동차는 다음 사항을 확인하여야 한다.
① 반대방향의 교통
② 앞차 앞쪽의 교통에도 충분한 주의
③ 앞차의 속도와 진로
④ 그 밖의 도로상황에 따라 방향지시기·등화 또는 경음기를 사용하는 등 앞지르기 종료 시까지 안전한 속도와 방법으로 앞지르기를 하여야 한다.

(3) 앞지르기의 방해 금지(법 제21조제4항)
모든 차의 운전자는 앞지르기를 하는 차가 앞지르기 방법에 따라 앞지르기를 하는 때에는 속도를 높여 경쟁하거나 그 차의 앞을 가로막는 등 앞지르기를 방해하여서는 아니 된다.

(4) 앞지르기 금지시기(법 제22조제1항, 제2항)
모든 차의 운전자는 다음의 경우에는 앞차를 앞지르지 못한다.
① 앞차의 좌측에 다른 차가 앞차와 나란히 가고 있는 경우
② 앞차가 다른 차를 앞지르고 있거나 앞지르려고 하는 경우
③ 앞 차가 다음 사유로 정지하거나 서행하는 경우
　㉮ 법에 따른 명령
　㉯ 경찰공무원의 지시
　㉰ 위험방지를 위하여

(5) 앞지르기 금지장소(법 제22조제3항)
모든 차의 운전자는 다음의 곳에서는 다른 차를 앞지르지 못한다.
① 교차로·터널 안 또는 다리 위
② 도로의 구부러진 곳
③ 비탈길의 고갯마루 부근 또는 가파른 비탈길의 내리막
④ 시·도 경찰청장이 필요하다고 인정하여 안전표지로 지정한 곳

제4절 교차로 통행방법

1 교차로에서 우·좌회전 방법

(1) 우회전 방법(법 제25조제1항)
우회전하려는 경우에는 교차로에 이르기 전 30m 이상 지점부터 우측 방향지시기를 조작하며 미리 도로의 우측 가장자리를 서행하면서 우회전하여야 한다. (보행자와 자전거 등에 주의)

(2) 좌회전 방법(법 제25조제2항)
좌회전을 하려는 경우에는 교차로에 이르기 전 30m 이상 지점

부터 좌측 방향지시기를 조작하며 미리 도로의 중앙선을 따라 서행하면서 교차로 중심 안쪽을 이용하여 좌회전하여야 한다. 다만, 시·도 경찰청장이 교차로 상황에 따라 특히 필요하다고 인정하여 지정한 곳에서는 교차로의 중심 바깥쪽을 통과할 수 있다.

(3) 좌·우회전하는 차의 진행방해 금지(법 제25조제4항)

좌회전이나 우회전하기 위하여 손이나 방향지시기 또는 등화로써 신호를 하는 차가 있는 경우에 그 뒤차의 운전자는 앞차의 진행을 방해하여서는 아니 된다.

(4) 교차로 안에 정차금지(법 제25조제5항)

신호기로 교통정리를 하고 있는 교차로에 들어가려는 경우에는 진행하려는 진로의 앞쪽에 있는 차 또는 노면전차의 상황에 따라 교차로(정지선이 설치되어 있는 경우에는 그 정지선을 넘은 부분)에 정지하게 되어 다른 차 또는 노면전차의 통행에 방해가 될 우려가 있는 경우에는 그 교차로에 들어가서는 아니 된다.

(5) 교차로 진입 전 일시 정지 또는 양보의무(법 제25조제6항)

교통정리를 하고 있지 아니하고 일시 정지나 양보를 표시하는 안전표지가 설치되어 있는 교차로에 들어가려고 할 때에는 다른 차의 진행을 방해하지 아니 하도록 일시 정지하거나 양보하여야 한다.

❷ 회전 교차로 통행 방법(제25조의2)

① 모든 차의 운전자는 회전 교차로에서는 반시계 방향으로 통행하여야 한다.
② 모든 차의 운전자는 회전 교차로에 진입하려는 경우에는 서행하거나 일시 정지하여야 하며, 이미 진행하고 있는 다른 차가 있는 때에는 그 차에 진로를 양보하여야 한다.
③ 제1항 및 제2항에 따라 회전 교차로 통행을 위하여 손이나 방향지시기 또는 등화로써 신호를 하는 차가 있는 경우 그 뒤차의 운전자는 신호를 한 앞차의 진행을 방해하여서는 아니 된다.

❸ 교통정리가 없는 교차로에서의 양보운전(법 제26조)

① 교차로에 이미 먼저 진입한 차에 진로양보(제1항)
② 폭 좁은 도로의 차는 폭 넓은 도로 차에 진로양보(제2항)
③ 순위가 같은 좌측도로의 차는 우측도로 차에 진로양보(제3항)
④ 좌회전하고자 하는 차는 직진 또는 우회전 차에 진로양보(제4항)

제5절   주차 및 정차

(1) 도로에서 정차·주차할 때(법 제34조, 영 제11조②)

① 모든 차의 운전자는 도로에서 정차하거나 주차할 때에는 다른 교통에 방해가 되지 아니하도록 하여야 한다. 다만, 각 호의 어느 하나에 해당하는 경우에는 그러하지 아니하다.
  ㉠ 안전 표지 또는 경찰공무원(의무경찰 포함), 제주자치경찰 공무원(자치 경찰공무원 포함), 모범운전자, 군사경찰, 소방공무원의 지시에 따르는 경우.
  ㉡ 고장으로 인하여 부득이하게 주차하는 경우.
② 도로 또는 노상주차장에 정차하거나 주차하려고 하는 차의 운전자는 차를 우측 가장자리에 정차하는 등 정차 또는 주차의 방법·시간과 금지사항을 지켜야 한다.

(2) 정차방법(영 제11조①)

① 모든 차의 운전자는 도로에서 정차할 때에는 차도의 오른쪽 가장자리에 정차하여야 한다.
② 보도와 차도의 구별이 없는 도로에서는 도로의 오른쪽 가장자

리로부터 중앙으로 50cm 이상 거리를 두어야 한다.
③ 여객자동차의 운전자는 승객을 태우거나 내려주기 위하여 정류소 또는 이에 준하는 장소에서 정차하였을 때에는 승객이 타거나 내린 즉시 출발하여야 하며 뒤따르는 다른 차의 정차를 방해하지 아니할 것.

(3) 경사진 곳에서의 정차·주차방법(법 제34조의 3, 영 제11조③)

자동차의 운전자는 경사진 곳에 정차하거나 주차(도로 외의 경사진 곳에서 정차하거나 주차하는 경우를 포함)하려는 경우 자동차의 주차 제동장치를 작동한 후에 다음의 조치를 해야 한다.
① 경사의 내리막 방향으로 바퀴에 고임목, 고임돌, 그 밖의 고무, 플라스틱 등 자동차의 미끄럼 사고를 방지할 수 있는 것을 설치할 것.
② 조향장치를 도로의 가장자리(자동차에서 가까운 쪽을 말함) 방향으로 돌려놓을 것.

❸ 주차·정차의 금지

(1) 주차·정차를 금지하는 곳(법 제32조)

① 교차로, 횡단보도, 건널목이나 보도와 차도가 구분된 도로의 보도
② 교차로의 가장자리나 도로의 모퉁이로부터 5m 이내인 곳
③ 안전지대가 설치된 도로에서는 그 안전지대의 사방으로부터 각각 10m 이내인 곳
④ 버스여객자동차의 정류지임을 표시하는 기둥이나 표지판 또는 선이 설치된 곳으로부터 10m 이내인 곳
⑤ 건널목의 가장자리 또는 횡단보도로부터 10m 이내인 곳
⑥ 다음 각 목의 곳으로부터 5m 이내인 곳
  ㉮ 소방용수시설 또는 비상소화장치가 설치된 곳
  ㉯ 소방시설로서 대통령령으로 정하는 시설이 설치된 곳
  ※ 대통령령으로 정하는 시설 : 옥내소화전설비(호스릴옥내소화전설비 포함)·스프링클러설비 등·물분무 등 소화설비의 송수구, 소화용수설비, 연결송수관설비·연결살수설비·연소방지설비의 송수구 및 무선통신보조설비의 무선기기접속단자
⑦ 시·도 경찰청장이 필요하다고 인정하여 지정한 곳

(2) 주차만 금지하는 곳(법 제33조)

① 터널 안 및 다리 위
② 다음 각 목의 곳으로부터 5m 이내인 곳
  ㉮ 도로공사를 하고 있는 경우에는 그 공사 구역의 양쪽 가장자리
  ㉯ 다중이용업소의 영업장이 속한 건축물로 소방본부장의 요청에 의하여 시·도 경찰청장이 지정한 곳
③ 시·도 경찰청장이 필요하다고 인정하여 지정한 곳

❹ 주차·정차 위반에 대한 조치

(1) 운전자 등이 현장에 있을 때의 조치(법 제35조제1항, 제2항)

① 경찰공무원은 주·정차 위반 운전자에게 주차방법을 변경하거나 이동할 것을 명할 수 있다.
② 시·군·구 단속공무원은 그 차의 운전자 또는 관리책임이 있는 사람에게 대하여 주차방법을 변경하거나 그 곳으로부터 이동할 것을 명할 수 있다.

(2) 운전자 등이 현장에 없을 때의 조치 : 부득이 견인하는 경우 (영 제13조)

① 「견인대상차량」 표지를 그 차의 보기 쉬운 곳에 부착한다.
② 그 차가 있던 곳에 차의 사용자 또는 운전자가 알 수 있도록 견인한 취지와 그 차의 보관 장소를 표시하여야 한다.

③ 견인한 때로부터 24시간이 경과하여도 인수하지 아니한 때에는 해당 차의 보관장소 등을 사용자 또는 운전자에게 등기우편으로 **통지**하여야 한다.

④ 견인하여 보관하고 있는 차의 사용자 또는 운전자의 성명·주소를 알 수 없을 때에는 보관한 날로부터 **14일간** 보관한 경찰서 게시판에 공고하고, 열람부를 작성, 비치하여 열람할 수 있도록 하여야 한다.

⑤ 차의 반환에 필요한 조치 또는 공고를 하였음에도 불구하고 차의 사용자나 운전자가 조치 또는 공고를 한 날부터 **1개월 이내**에 그 반환을 요구하지 아니한 때에는 그 차를 매각하거나 폐차할 수 있다.

⑥ 주차위반 차의 이동·보관·공고·매각 또는 폐차 등에 들어간 비용은 그 차의 사용자가 부담한다. 이 경우 그 비용의 징수에 관하여는 "행정 대집행법" 제5조(비용납부 명령서) 및 제6조(비용징수)를 적용한다.

⑦ 차를 매각하거나 폐차한 경우 그 차의 이동·보관·공고·매각 또는 폐차 등에 들어간 비용을 충당하고 남은 금액이 있는 경우에는 그 금액을 그 차의 사용자에게 지급하여야 한다. 다만, 그 차의 사용자에게 지급할 수 없는 경우에는 "공탁법"에 따라 그 금액을 공탁하여야 한다.

(3) 보관한 차의 반환 등(영 제15조제1항)

경찰서장, 도지사 또는 시장 등은 견인하여 보관한 차를 반환할 때에는 그 차의 사용자 또는 운전자로부터 그 차의 견인·보관 또는 공고 등에 든 비용을 징수하고, 범칙금 납부통고서 또는 과태료 납부고지서를 발급한 후 행정안전부령으로 정하는 인수증을 받고 차를 반환하여야 한다.

5 주·정차 위반에 대한 시장 등의 과태료 부과 및 납부

(1) 과태료 부과대상차 표지의 부착(영 제88조제2항)

과태료 부과대상차 표지(과태료 또는 범칙금부과 및 견인대상자 표지 포함)를 부착하고 사진촬영, 증인확보 등 충분한 증거자료를 갖추고 과태료 납부고지서를 등기우편으로 송부하거나 교부한다.

(2) 의견진술 기회 부여

표지부착일로부터 10일 이상 유예기간을 두어 구두 또는 서면으로 의견진술 기회를 부여하고 사유가 정당한 때는 과태료를 부과하지 아니한다.

(3) 과태료 미납 시 징수절차(영 제88조제6항, 제7항)

고지서를 받은 날부터 **60일 이내**에 납부하여야 하며, 미납 시는 국세 또는 지방세법 체납처분(자동차세 납부고지서와 함께)의 예에 의하여 미납과태료의 납부를 고지할 수 있다.

※ 천재지변이나 그 밖의 부득이한 사유로 납부할 수 없는 때에는 그 사유가 없어진 날부터 **5일 이내** 납부하여야 한다.

(4) 이의제기

처분에 이의가 있는 사람은 처분을 받은 날로부터 **60일 이내**에 시·도 경찰청장 또는 시장 등에게 이의를 제기할 수 있다.

제6절 차와 노면전차의 등화

1 밤 등에 켜야 할 등화(법 제37조, 영 제19조)

모든 차 또는 노면전차의 운전자는 밤, 안개가 끼거나 비 또는 눈이 올 때, 터널 안의 도로에서 차를 운행하거나 고장 그 밖의 부득이한 사유로 정차 또는 주차하는 경우 다음 차와 노면전차의 구분에 따라 등화를 켜야 한다.

도로에서 차 또는 노면전차를 운행할 때 켜야 하는 등화의 종류는 다음과 같다.

① **자동차** : 자동차안전기준에서 정하는 전조등·차폭등·미등·번호등과 실내조명등(실내조명등은 승합자동차와 여객자동차 운송사업용 승용자동차에 한한다)
② **원동기장치자전거** : 전조등 및 미등
③ **견인되는 차** : 미등·차폭등 및 번호등
④ **노면전차** : 전조등, 차폭등, 미등 및 실내조명등
⑤ ①~④ 외의 차 : 시·도 경찰청장이 정하여 고시하는 등화

2 정차·주차하는 때의 등화(영 제19조제2항)

차 또는 노면전차가 도로에서 정차·주차할 때 켜야 하는 등화의 종류는 다음과 같다.
① **자동차(이륜자동차 제외)** : 미등 및 차폭등
② **이륜자동차 및 원동기장치자전거** : 미등(후부반사기를 포함)
③ **노면전차** : 차폭등 및 미등
④ ①~③ 외의 차 : 시·도 경찰청장이 정하여 고시하는 등화

3 밤에 마주보고 진행하는 경우 등의 등화조작(영 제20조)

(1) 서로 마주보고 진행할 때의 경우(제1항제1호)
① 전조등의 밝기를 줄이거나 불빛의 방향을 아래로 향하게 하거나 잠시 전조등을 끌 것(마주보고 진행하는 차 또는 노면전차의 교통을 방해할 염려가 없는 때에는 예외)
② 마주 오는 차의 전조등 불빛 때문에 보행자가 보이지 않게 되는 **증발현상**이 발생하므로 감속한다.

(2) 앞의 차 또는 노면전차의 바로 뒤를 따라갈 때의 경우(제1항제2호)
① 전조등 불빛의 방향을 아래로 향하게 한다.
② 전조등 불빛의 밝기를 함부로 조작하여 앞차 또는 노면전차의 운전을 방해하지 않는다.

(3) 밤에 교통이 빈번한 곳에서 운행할 때의 등화 조작(제2항)
전조등 불빛을 계속 아래로 유지하여야 한다.

(4) 전조등의 불빛을 아래로 비추고 운전할 경우
① 대향차와 마주보고 진행할 때
② 앞차의 바로 뒤를 따라갈 때
③ 교통이 빈번한 장소에서 운행할 때

(5) 전조등의 불빛을 위로 비추고 운전하여야 할 경우
커브길이나 시야가 좋지 않은 교차로에서는 2~3회 정도 상향·하향으로 변환 또는 점멸하여 자기 차의 접근위치를 알린다.

4 이상기후일 때의 운행과 야간 운행

(1) 안개 낀 때의 운전(가시거리가 100m 이내 : 50% 감속)
① 전조등(안개등)을 켜고 앞차의 미등, 가드레일, 중앙선을 기준으로 서행한다.
② 충분한 안전거리를 유지하고, 노상주차, 급브레이크, 급감속을 않도록 한다.

(2) 비올 때의 운전(20~50% 감속 운행)
① 제동거리가 길어지므로 안전거리를 충분히 유지하고 운전하여야 한다.(노면이 젖어있는 경우 : 20% 감속 운행)
② 고속으로 주행하면 하이드로 플레닝 즉, 수막현상이 일어나 미끄러지게 되므로 도로상태에 따라 최고속도의 20~50%를 감속 운행한다.

(3) 눈 올 때(빙판길)의 운전
① 정지거리가 길어지므로 최고속도의 20~50% 감속 운행하여야 한다.(폭우·폭설·가시거리가 100m 이내 : 50% 감속 운행)

② 눈길 · 빙판길에서는 엔진 브레이크를 사용하며 서행하여야 한다.(눈이 20mm 이상 쌓인 경우 : 50% 감속 운행)

제7절 철길건널목 통행방법과 고장 시 조치요령

1 철길건널목 통과방법(법 제24조)

(1) 일시 정지와 안전확인(제1항)
① 모든 차 또는 노면전차의 운전자는 철길건널목 앞에서 일시 정지하여 안전을 확인 후 통과하여야 한다.
   ※ 안전확인 방법
   1. 건널목 직전 일시 정지 (멈춘다)
   2. 좌우를 확인 (본다)
   3. 기차의 접근소리 확인 (듣는다)
② 신호기가 있는 경우와 간수의 신호에 따르는 때에는 정지하지 않고 통과할 수 있다.

(2) 경보기, 차단기에 의한 진입금지(제2항)
건널목의 차단기가 내려져 있거나 내려지려고 하는 경우 또는 경보기가 울리고 있는 동안에는 진입해서는 아니 된다.

2 건널목에서 고장 시 조치요령(제3항)
① 즉시 승객을 대피시킨다.
② 비상신호기 등을 사용하거나 그 밖의 방법으로 철도공무원이나 경찰공무원에게 그 사실을 알려야 한다.
③ 건널목 이외의 곳으로 이동조치한다.

제8절 승차인원 및 적재중량(안전기준)

1 승차인원, 적재중량 및 적재용량

(1) 승차인원(영 제22조제1호)
자동차의 승차인원은 승차정원 이내일 것(고속버스 · 화물자동차는 정원범위 내).
   ※ 승차정원은 자동차 등록증에 기재된 인원(고속버스는 일반도로에서도 정원범위 내)

(2) 화물자동차의 적재중량(영 제22조제3호)
적재중량(등록증에 기재된 최대적재중량)의 110% 이내

(3) 화물자동차의 적재용량(영 제22조제4호)
① 높이는 지상 4m(도로구조의 보전과 통행의 안전에 지장이 없다고 인정하여 고시한 도로 노선의 경우 4.2m)
   ※ 소형 3륜차는 지상으로부터 2.5m, 이륜차는 지상으로부터 2m
② 길이는 자동차 길이의 10분의 1을 더한 길이
   ※ 이륜차는 승차장치의 길이 또는 적재장치의 길이에 30cm를 더한 길이
③ 너비는 자동차의 후사경으로 뒤쪽을 확인할 수 있는 범위(후사경의 높이보다 화물을 낮게 적재한 경우에는 그 화물을, 후사경의 높이보다 화물을 높게한 경우에는 뒤쪽을 확인할 수 있는 범위)

2 안전기준을 넘는 승차 및 적재의 허가(영 제23조)

(1) 허가권자
출발지 관할경찰서장(도착지 관할경찰서장이 아님)

(2) 허가할 수 있는 경우
① 전신 · 전화 · 전기공사 · 수도공사, 제설작업 및 그밖의 공익을 위한 공사 또는 작업을 위한 부득이 화물자동차의 승차정원을 넘어서 운행하려는 경우

② 분할 할 수 없어 안전기준을 적용할 수 없는 화물 수송의 경우
③ 허가를 받은 경우 : 화물의 양 끝에 너비 30cm, 길이 50cm의 빨간 헝겊(밤에는 반사체) 표지를 부착하여야 한다.

3 정비불량차의 운전 금지(법 제40조)

(1) 정비불량차
자동차 관리법, 건설기계 관리법 등에 의한 장치가 정비되어 있지 않은 차

(2) 정비불량차의 조치(법 제41조)
① 경미한 때 : 경찰 공무원은 정지시키고, 등록증 또는 면허증 제시 요구한 후, 응급조치 또는 조건을 정하여 운전을 계속하게 할 수 있다.(제1항, 제2항)
② 매우 불량한 때 : 등록증을 보관하고 운전정지 명령할 수 있다. 필요 시 10일을 초과하지 아니하는 범위 이내의 정비기간을 정하고 차의 사용을 정지시킬 수 있다.(제3항)
③ 일시 정지를 명한 때에는 「정비불량 표지」를 차의 앞면 유리에 부착하고 정비 명령서를 교부한다.(영 제24조제1항)

(3) 정비불량 자동차 등의 정비확인(영 제25조)
운전정지처분을 받은 자동차 등의 운전자 또는 관리자는, 필요한 정비를 한 후 정비명령서를 제출하여 관할 시 · 도 경찰서장(관할경찰서장)의 정비확인을 받아야 한다.
   ※ 시 · 도 경찰청장은 정비명령서에 의한 필요한 정비가 되었음을 확인한 때에는 보관한 자동차등록증을 지체 없이 반환하여야 한다.

제6장 안전운전에 필요한 지식

제1절 사람의 감각과 판단능력

1 시각(視覺)의 특성

(1) 시력(視力)
물체를 확실히 볼 수 있는 것은 주시점 부근의 극히 좁은 범위로 그 부분 이외의 것은 잘 보이지 않기 때문에 운전 중에는 한 곳만을 오래 집중 주시하지 말고 전방을 넓게 전체를 고루 살펴보아야 한다.

(2) 동체시력(動體視力)
① 동체시력 : 움직이는 물체를 보거나 자신이 움직이면서 물체를 보는 것
② 동체시력은 정지하고 있을 때의 시력에 비해 많이 떨어지며, 속도가 빠를수록 시력이 감퇴되어 그만큼 위험한 상황의 발견이 늦어지게 된다.

(3) 시야(視野)
① 시야란 사람이 눈의 위치를 바꾸지 않고 멀리 바라볼 수 있는 범위
② 보통 정지 시의 시야는 한쪽 눈으로 좌우 각각 160°, 두 눈이면 200° 정도
③ 이때 색깔을 완전히 확인할 수 있는 범위는 더욱 좁아 좌우 각각 35° 정도

(4) 시력(視力)과 피로(疲勞)
피로가 심하면 그 영향은 눈에서부터 가장 뚜렷하게 나타나서 주의력이 산만해지고 동체시력이 현저히 저하되므로 피로한 상태에서의 운전은 위험하다.

(5) 명·암순응(明·暗順應)
① 명순응 : 어두운 장소에서 갑자기 밝은 장소로 이동하면 잠깐 동안 아무것도 볼 수 없다가 곧 눈이 순응하면서 조금씩 볼 수 있게 되는 현상
② 암순응 : 밝은 장소에서 갑자기 어두운 장소로 이동하면 잠깐 동안 아무것도 볼 수 없다가 곧 눈이 순응하면서 조금씩 볼 수 있게 되는 현상

(6) 현혹(眩惑)
야간에 마주 오는 차의 불빛을 직접적으로 받으면 한순간 시력을 잃어버리는 현상

2 속도와 거리판단 능력

(1) 속도감각
속도 감각은 주변 환경의 흐름 등을 통하여 눈으로 얻어지는 것이나 이에 따른 사람의 속도 판단은 반드시 정확한 것이 아니다.

(2) 속도감
좁은 도로에서는 실제 속도보다 빠르게 느껴지나, 차로가 많은 고속도로와 같이 주변이 트인 곳에서는 느리게 느껴진다.

(3) 거리판단 능력
거리의 판단에 있어서도 정확하지 못하고 사람에 따라 큰 차이가 있으며, 특히 밤이나 안개 속에서는 거리 판단이 더욱 어렵다.

3 운전자의 감각·판단에 영향을 주는 조건

(1) 속도
고속도로 등 주위가 트이면 속도가 느리게 느껴진다.

(2) 차의 크기
같은 거리라도 큰 차는 가깝게 보이고, 작은 차는 멀어 보인다.

(3) 야간
주변이 어두워 잘 보이지 않기 때문에 속도감을 덜 느끼게 된다.

(4) 그 밖의 음주, 피로, 질환 등은 판단하는데 착오를 일으킬 확률이 높다.

4 자동차의 제동

달리는 자동차가 위험을 인지하고 브레이크 페달을 밟아 멈추기(정지)까지에는 일련의 과정을 거치게 되는데, 이를 단계별로 나누면 다음과 같다.

(1) 지각반응시간과 공주거리
운전자가 위험을 인지하고 브레이크를 밟아 브레이크가 듣기 시작하기까지 걸리는 시간을 지각반응시간이라 하며, 지각반응시간 동안 자동차가 주행하여오던 속도대로 달린 거리를 공주거리라 한다.

(2) 제동거리
운전자가 브레이크를 밟아 브레이크가 듣기 시작하여 자동차가 정지할 때까지 달린 거리이며, 주행속도가 빠르거나 노면이 미끄러울수록 길어진다.

(3) 정지거리
정지거리는 공주거리와 제동거리를 합한 거리이다.

제2절 음주(알코올) 운전금지

1 술에 취한 상태에서의 운전금지(법 제44조)
① 누구든지 술이 취한 상태에서 자동차 등, 노면전차 또는 자전거를 운전하여서는 아니 된다.(제1항)
② 운전이 금지되는 술이 취한 상태의 기준은 혈중알코올농도 0.03% 이상이다.(제4항)

2 알코올(Alcohol)이 인체에 미치는 영향
① 알코올이 대뇌를 침해하여 이성과 판단력을 떨어뜨리고 준법의식을 약화시킨다.
② 음주량의 증가와 함께 혈중알코올농도가 차츰 짙어지게 되면 지각, 운동기능이 낮아짐과 동시에 반응동작의 지연과 시력의 약화로 교통안전 표지나 장애물, 대향차 등의 발견이 늦어지거나 못 보게 되고 적시 적절한 운전조작도 어려워지게 될 뿐만 아니라 대담해진다.
③ 특히, 감정의 불안으로 판단력과 자제력을 잃고 행동조절이 불가능해진다.
※ 혈액 속의 알코올은 간장에서 **1시간에 10cc씩 산화**되며, 적은 양은 호흡과 소변, 땀으로 배출된다.

제3절 과로, 약물(마약·대마 등) 복용한 때 등의 운전금지

1 과로한 때의 운전금지(법 제45조)
자동차 등(개인형 이동장치는 제외) 또는 노면전차의 운전자는 술에 취한 상태 외에 과로, 질병 또는 약물(마약, 대마 및 향정신성 의약품과 그 밖의 행정안전부령으로 정하는 것)의 영향과 그 밖의 사유로 정상적으로 운전하지 못할 우려가 있는 상태에서 자동차 등 노면전차를 운전하여서는 아니 된다.(벌칙 : 3년 이하의 징역이나 1,000만 원 이하의 벌금)

(1) 피로가 몸에 미치는 영향
① 시야가 좁아지고 감각이 둔해진다.
② 판단력과 예측능력이 저하된다.
③ 의사결정이나 반응시간이 지연된다.
④ 운전자세가 나빠진다.
⑤ 동작의 타이밍이 늦거나 빨라진다.

(2) 피로가 운전에 미치는 영향
① 위험상태를 무시하거나 인식하는 것을 태만히 한다.
② 눈부심에 약하다.
③ 다른 차와의 거리감이나 속도감이 틀린다.
④ 마음이 초조하고 규칙을 무시하거나 화를 잘 낸다.
⑤ 운전조작이 난폭해진다.

2 약물복용 운전의 금지(법 제45조)

(1) 약물복용이 운전에 미치는 영향
약물인 각성제, 진정제, 신경 안정제, 마약 등을 복용하면 졸음이나 주의력, 판단력을 둔화시키는 부작용을 일으킬 수 있으므로 운전을 하지 않도록 한다.(벌칙 : 3년 이하의 징역이나 1,000만 원 이하의 벌금)

(2) 약물과 술을 동시에 복용할 때의 위험
약물과 술을 동시에 복용하면 대뇌와 중추신경에 치명적인 영향을 주어 사고력, 판단력, 자제력, 지각반응능력을 잃게 되어 대형 교통사고의 원인이 된다.

운전에 영향을 미치는 약물의 종류

종 류	증 세
마약	• 중추신경을 진정시키는 작용으로 졸음과 함께 정신집중이 되지 않고 시력장애 또는 나른함을 느끼게 된다. • 일시적인 쾌감, 도취감, 무감동을 일으킨다. • 습관성이 있기 때문에 사용을 중지하면 극심한 고통이 뒤따른다.
대마초 (마리화나)	습관성이 있고 극심한 흥분과 공포에 빠지게 하거나 환각을 일으키는데 차츰 졸음이 오면서 나중에는 혼수상태가 된다.
항히스타민제	감기, 알레르기성 질환에 사용되는 약물로 중추신경의 진정작용과 함께 부주의, 혼란, 졸음 등의 부작용을 일으키며 사람에 따라 환각증세가 나타나기도 한다.
히로뽕	처음에는 신경자극과 함께 작업능률이 높아지는 경향을 보이지만 나중에는 두통, 어지럼, 집중력 감퇴와 함께 극심한 피로를 일으킨다.
트랭퀼라이저	근육 긴장을 풀어주거나 정신불안의 해소 등 진정작용을 하지만 많이 사용하면 졸음과 함께 어지럼, 시력감퇴현상이 생기며 습관성 중독증상을 일으킨다.
카페인 성분의 약물	신경을 흥분시켜 일시적으로 졸음과 피로를 덜 수 있으나 멍한 상태에서 주의력 집중이 되지 않고 더욱 피로해진다.
시너 · 본드 냄새	졸음과 어지럼, 집중력이 감퇴되며, 심하면 혼수, 인사불성, 환각증세가 나타나기도 한다.
진정제, 신경안정제	주로 대뇌의 지각, 운동 중추의 병적 흥분을 억제하는 효과의 약물수면제로 복용하는 경우 정상적인 기능마저 상실한다.

제4절 자동차 공해방지 및 경제운전

1 자동차 공해방지

자동차는 주행 중 배기관에서 배출되는 매연과 유해가스로 인하여 대기오염은 물론 소음과 진동 등 심각한 피해를 주고 있다.

(1) 배출가스 등
① 자동차에서 발생되는 배출가스는 엔진에서 발생한 블로바이 가스(Blowby Gas)와 연료 탱크에서 발생하는 연료 증발가스, 그리고 배기 파이프에서 공기 중에 방출되는 배기가스가 있다.
② 자동차 엔진에서 연료가 완전히 연소되지 못하면 일산화탄소(CO), 탄화수소(HC), 그리고 질소산화물(NOx)이 발생되고, 이 가스는 배기 파이프를 통해 배출되면서 공기를 오염시키고 인체에 해를 끼친다.

(2) 소음 · 진동 등
① 차는 배기소음이나 타이어 소음을 내는 것 외에 도로주변에 진동을 준다.
② 차의 속도가 빠를수록, 차의 중량이 무거울수록 심하게 된다.
③ 제한속도나 적재제한 등을 지키는 것은 물론 급출발, 급가속, 급브레이크 조작 등을 삼가고 가능한 한 불필요한 운행을 자제하여야 한다.

2 경제운전(에너지 절약)

(1) 주행방법과 경제속도
① 자동차의 경제속도는 일반도로에서는 시속 60~70km가 적당하다. 그러나 교통량이 복잡한 시내에서는 시속 40km 정도가 적합하다.
② 고속도로에서는 시속 80km 정도가 경제속도로 적당하다.

(2) 연료절약 방법
① 급출발, 급가속, 급제동 등을 하지 않는다.
※ 급출발 10회로 100cc, 급가속 10회로 50cc 소모 증가

② 주행 시는 가속 페달을 천천히 밟아 가속하고, 주행속도는 정속주행을 한다.
③ 가속할 때에는 천천히 점진적으로 가속 페달을 밟는다.
④ 출발 전에 운행경로를 미리 파악하여 가장 짧은 거리와 차가 정체되지 않은 도로를 선택하여 운전한다(지도를 휴대한다).
⑤ 트렁크 등에 불필요한 짐을 줄여 하중으로 인한 연료소모를 줄인다.
※ 10kg 적재하고 50km 주행 시 80cc 정도 추가 소모
⑥ 가급적 고단기어를 선택하여 정속주행한다.
⑦ 가능한 규정속도를 지키며 주행한다.
※ 고속도로에서 100km 이상 과속하면 6% 정도의 연료가 더 소모된다.
⑧ 연비가 좋은 자동차를 선택한다(소형차 사용).
⑨ 에너지 효율등급이 높은 차를 사용한다(1~5등급).
⑩ 가능한 한 냉 · 난방기기를 사용하지 않는다.
※ 여름에 에어컨 사용 시 연료 소모는 15~20% 증가한다.
⑪ 타이어의 공기압력을 규정압력으로 유지하고 운행한다.
⑫ 자동차를 최고 성능상태에서 운전하기 위하여 공기 청정기의 청소 및 교환, 윤활유 교환, 냉각수 교환, 타이어 공기압 등을 점검한다.

제7장 고속도로 등에서의 안전운행

제1절 고속도로 운행전 준비사항

1 도로 및 교통상황 사전파악
① 휴식을 취할 장소와 시간 등을 결정하는 여유 있는 운행계획의 수립
② 라디오, TV 등을 통해 기상상태, 교통정체, 사고여부 등을 미리 파악

2 자동차의 사전점검
① 전조등, 방향지시등, 제동등, 각종 점등장치의 정상여부
② 냉각수, 유리닦기액의 적정 여부 및 새는지 여부
③ 연료량, 엔진오일, 변속기 오일, 브레이크액의 적정여부 및 새는지 여부
④ 타이어 공기압의 적정 여부

3 화물의 적재상태 점검
① 화물의 추락방지를 위해 적재상태를 수시 확인
② 화물 덮개도 안전한지 확인

제2절 고속도로의 통행구분과 통행방법

1 고속도로의 통행구분(칙 제39조)
자동차의 운전자는 고속도로 등에서 자동차의 고장 등 부득이한 사정이 있는 경우를 제외하고 다음의 차로에 따라 통행하여야 하며, 갓길로 통행하여서는 아니 된다. 다만, 긴급자동차와 고속도로 등의 보수 · 유지 등의 작업을 하는 자동차를 운전하는 때에는 그러하지 아니하다.

(1) 차로에 따른 통행차량 기준(고속도로)(규칙 별표9)

편도 2차로	1차로	앞지르기를 하려는 모든 자동차. 다만, 차량통행량 증가 등 도로상황으로 인하여 부득이하게 시속 80킬로미터 미만으로 통행할 수밖에 없는 경우에는 앞지르기를 하는 경우가 아니라도 통행할 수 있다.
	2차로	모든 자동차
편도 3차로 이상	1차로	앞지르기를 하려는 승용자동차 및 앞지르기를 하려는 경형·소형·중형 승합자동차. 다만, 차량통행량 증가 등 도로상황으로 인하여 부득이하게 시속 80킬로미터 미만으로 통행할 수밖에 없는 경우에는 앞지르기를 하는 경우가 아니라도 통행할 수 있다.
	왼쪽 차로	승용자동차 및 경형·소형·중형 승합자동차
	오른쪽 차로	대형 승합자동차, 화물자동차, 특수자동차, 법 제2조 제18호나목에 따른 건설기계

[비고] 위 표에서 사용하는 용어의 뜻은 다음 각 목과 같다.
1. "왼쪽 차로"의 의미
   ① 고속도로 외의 도로의 경우 : 차로를 반으로 나누어 1차로에 가까운 부분의 차로. 다만, 차로 수가 홀수인 경우 가운데 차로는 제외한다.
   ② 고속도로의 경우 : 1차로를 제외한 차로를 반으로 나누어 그 중 1차로에 가까운 부분의 차로. 1차로를 제외한 차로의 수가 홀수인 경우 그 중 가운데 차로는 제외한다.
2. "오른쪽 차로"의 의미
   ① 고속도로외의 도로 경우 : 왼쪽 차로를 제외한 나머지 차로
   ② 고속도로의 경우 : 1차로와 왼쪽 차로를 제외한 나머지 차로
3. 모든 차는 위 표에서 **지정된 차로보다 오른쪽**에 있는 **차로로** 통행할 수 있다.
4. **앞지르기를** 할 때에는 위 표에서 **지정된 차로의 왼쪽 바로 옆 차로로** 통행할 수 있다.
5. 도로의 진출입 부분에서 진출입하는 때와 정차 또는 주차한 후 출발하는 때의 **상당한 거리 동안은 이 표의 기준에 따르지 아니할 수 있다.**

(2) 고속도로의 차로
① 주행차로 : 고속도로에서 주행 시에 통행하는 차로
② 앞지르기 차로 : 앞지르기할 때 통행하는 차로, 그 밖에 부득이한 경우 통행
③ 가속차로 : 주행차로에 진입하기 위하여 속도를 높이는 차로
④ 감속차로 : 고속도로 이탈 시 감속하는 차로
⑤ 오르막차로 : 화물의 적재 등 완속차가 오르막을 오를 때 이용하는 차로

2 고속도로 전용도로 통행금지(법 제15조제3항)
① 전용차로를 통행할 수 있는 차가 아니면 전용차로를 통행하여서는 아니 된다.
② 고속도로 버스전용차로로 통행할 수 있는 차량(영 별표1)
   ㉮ **9인승 이상 승용자동차 및 승합자동차**(승용자동차 또는 12인승 이하 승합자동차는 6인 이상이 승차한 경우로 한정한다)
   ㉯ **긴급자동차**가 그 본래의 긴급한 용도로 운행 중인 경우
   ㉰ 도로의 파손 등으로 **전용차로가 아니면 통행할 수 없는 경우**

제3절 고속도로에서의 속도와 안전거리

1 고속도로에서의 속도
고속도로에서는 법정속도 또는 구간별 제한속도를 반드시 지켜야 한다. 최고속도보다 빠르게 운전하거나 최저속도보다 느리게 운전하여서는 아니 된다.

고속도로에서의 속도(규칙 제19조)

편도 2차로 이상 고속도로	승용차, 승합차 화물차(적재중량 1.5톤 이하)	최고 100km/h 최저 50km/h
	화물차(적재중량 1.5톤 초과) 위험물 운반차 및 건설기계, 특수차	최고 80km/h 최저 50km/h
편도 1차로 고속도로	모든 자동차	최고 80km/h 최저 50km/h
경부(천안~양재)·서해안·논산천안, 중부 고속도로 등 (경찰청 고시)	승용차, 승합차 화물차(적재중량 1.5톤 이하)	최고 120km/h 최저 50km/h
	화물차(적재중량 1.5톤 초과)	최고 90km/h
	위험물 운반차 및 건설기계, 특수차	최저 50km/h

2 고속도로에서의 안전거리 확보(법 제19조)
① 앞차의 뒤를 따르는 경우 앞차가 갑자기 정지하는 경우 그 앞차와의 충돌을 피할 수 있는 필요한 거리를 확보하여야 한다.
② 차의 진로를 변경하려는 경우에는 그 변경하려는 방향으로 오고 있는 다른차의 정상적인 통행에 장애를 줄 우려가 있는 때에는 진로를 변경하여서는 아니 된다.
③ 위험방지, 그 밖의 부득이한 경우가 아니면 운전하는 차를 갑자기 정지시키거나 속도를 줄이는(급감속) 등의 급제동을 하여서는 아니 된다.
   ※ 시속 100km에는 100m, 시속 80km에는 80m의 안전거리 확보가 필요하고, 노면이 비에 젖어 있거나 타이어가 낡았을 경우에는 2배 정도 확보해야 한다.
④ 다른 차를 앞지르려고 하는 모든 차의 운전자는 반대방향의 교통과 앞차 앞쪽의 교통에도 주의를 충분히 기울여야 하며, 앞차의 속도·진로와 그 밖의 도로상황에 따라 방향지시기·등화 또는 경음기를 사용하는 등 안전한 속도와 방법으로 앞지르기를 하여야 한다.(법제21조 제3항)

제4절 고속도로 주행 시 주의사항

1 고속도로 진입 시 우선순위 및 주의사항

(1) 고속도로 진입 우선순위(법 제65조)
① 자동차(긴급자동차 제외)의 운전자는 고속도로에 들어가려고 하는 경우에는 그 고속도로를 통행하고 있는 다른 자동차의 통행을 방해하여서는 아니 된다.(제1항)
② 긴급자동차 외의 자동차운전자는 긴급자등차가 고속도로에 들어가는 때에는 그 진입을 방해하여서는 아니 된다.(제2항)

(2) 고속도로 진입 시의 주의사항
① 일반도로에서 고속도로로 진입할 경우 시속 40km 이하의 속도로 가속차로까지 접근한다.
② 가속차로에 들어서기 전 본선차로의 교통상황과 안전여부를 확인한 다음 왼쪽 방향지시등을 켜고 충분한 가속과 함께 안전하게 주행차로로 진입한다.
③ 주행차로로 일단 진입하게 되면 다른 차로 등의 흐름에 합류할 수 있도록 주행속도를 조절한다.
④ 고속도로를 주행 중인 차량은 가속차로에서 주행차로로 진입하려는 차량이 있는지 여부를 살펴 진입하려는 차량이 있는 때에는 적절한 감속 등 속도를 조절하여 안전하게 진입할 수 있도록 도와주어야 한다.

2 고속도로에서의 금지사항(법 제60조, 제62조~제64조)
① 갓길 통행금지 등
② 횡단·유턴·후진금지
③ 자동차 이외의 차마 및 보행자의 통행금지
④ 고속도로 등에서의 정차 및 주차의 금지
   자동차의 운전자는 고속도로 등에서 차를 정차 또는 주차시켜서 아니 된다. 다만, 다음 경우에는 그러하지 아니하다.

㉮ 법령의 규정 또는 경찰공무원(자치경찰공무원을 제외한다)의 지시에 따르거나 위험방지를 위하여 일시정차·주차시키는 경우

㉯ 정차 또는 주차할 수 있도록 **안전표지를 설치한 곳**이나 정류장에서 정차 또는 주차시키는 경우

㉰ 고장이나 그 밖의 부득이한 사유로 길가장자리(갓길)에 정차 또는 주차시키는 경우

㉱ **통행료를** 지불하기 위하여 통행료를 받는 곳에서 정차하는 경우

㉲ 도로관리자가 도로 등을 보수·유지 또는 순회하기 위하여 정차 또는 주차시키는 경우

㉳ 경찰용 긴급자동차가 범죄수사·교통단속 그 밖의 **경찰임무** 수행을 위하여 정차 또는 주차시키는 경우

㉴ 소방차가 고속도로 등에서 화재진압 및 인명구조·구급 등 **소방활동, 소방지원활동 및 생활안전활동을** 수행하기 위하여 정차 또는 주차시키는 경우

㉵ 경찰용 긴급자동차 및 소방차를 제외한 긴급자동차가 사용목적을 달성하기 위하여 정차 또는 주차시키는 경우

㉶ **교통정체나 부득이한 사유로 움직일 수 없는 때**에 일시 정차 또는 주차시키는 경우

3 고속도로에서 일반도로로 나갈 때의 주의사항

① 고속도로를 나갈 때는 사전에 목적지의 방향과 출구를 예고하는 안내표지에 유의하고, 1km 전방에서부터 **우측차로로 차로를 변경**하여야 한다.

② 출구로 접근할 때에는 감각에 의존하지 말고 반드시 **속도계를 확인**하고, 브레이크 페달을 가볍게 여러 번 밟아 안전한 속도로 서서히 감속하여야 한다.

③ 일반도로로 나오면 빠르게 일반도로에 적응하도록 유의하여야 한다.

4 고속도로에서 자동차 고장 시 조치요령(규칙 제40조)

① 도로 우측가장자리 또는 길가장자리에 주차

② 고장자동차의 표지

㉮ 낮에는 후방에서 접근하는 자동차의 운전자가 확인할 수 있는 위치에 **고장자동차의 표지(안전삼각대)를 설치**

㉯ 밤에는 후방에서 접근하는 자동차의 **운전자가 확인할 수 있는 위치에 고장자동차의 표지(안전삼각대)를 설치**한 후, 자동차 후방 도로상에 사방 **500m 지점**에서 식별할 수 있는 적색의 섬광신호, 전기제등 또는 불꽃신호를 설치하여야 한다.

③ 사고 또는 차의 고장 시 피난 및 차량의 이동

㉮ 피난 : 고속도로에 그대로 있는 것은 위험하므로 필요한 위험방지조치를 한 후, 차에 남아 있지 말고 안전한 장소로 대피

㉯ **차량의 이동** : 차의 고장으로 인하여 운전을 할 수 없게 된 때에는, 2차적인 사고방지를 위하여 비상전화로 견인차를 부르는 등 신속한 **차량 이동조치**

제8장 특별한 상황에서의 안전운전

제1절 위험한 장소에서의 운전

1 언덕길 또는 산길운전

① 오르막길 중간에서 앞차의 뒤에 멈출 때에는 너무 접근하여 세우지 않도록 한다. 이유는 앞차가 출발할 때 뒤로 밀리면서 충돌할 위험이 있기 때문이다.

② 가파른 오르막길 중간에서 정지하였다가 출발할 때 핸드 브레이크를 보조로 사용하면 뒤로 미끄러지는(후진) 것을 방지할 수 있다.

③ 언덕길 정상부근을 오를 때에는 항상 서행하고, 절대 앞지르기 해서는 아니 된다.

④ 내리막길에서는 올라갈 때와 같은 기어(자동변속기 차량은 변속레버를 2 또는 L에 놓는다)의 상태에서 엔진 브레이크를 사용하고 앞차와 충분한 안전거리를 유지한다.

⑤ 긴 내리막길에서 풋 브레이크만을 사용하면 베이퍼 록 현상 등 매우 위험하므로 엔진 브레이크를 주로 사용하고, 풋 브레이크는 보조로 사용하는 것이 안전하다.

⑥ 내리막길에서는 가속력이 작용하기 때문에 급핸들이나 급브레이크 조작을 하게 되면 매우 위험하므로 서행으로 내려간다.

2 도로 모퉁이 또는 커브 길 운전

① 도로 모퉁이나 커브 길을 주행할 때에는 그 앞의 **직선도로부분**에서 충분히 속도를 줄이고 안전을 확인하며 서행 운전해야 한다.

② 도로 모퉁이나 커브 길에서는 **도로의 중앙을 넘어가지 않도록** 하고, 반대 방향차가 중앙선을 넘어올지도 모른다는 것을 염두에 두고 방어운전 해야 한다.

③ 차가 커브 구간을 돌아갈 때에는 앞바퀴보다 뒷바퀴가 더 안쪽으로 돌기 때문에 뒷바퀴가 길 안쪽에 있는 **보행자나 자전거를 충격하지 않도록 조심**한다.

④ 도로 폭이 넓은 급커브 지점에서는 완만한 커브 길로 착각하기 쉽기 때문에 조심해야 한다.

3 주택가 골목길 운전

① 주택가 골목길은 폭이 좁고 어린이를 비롯한 **보행자나 차**의 왕래가 빈번하기 때문에 항상 서행해야 한다.

② 움직이는 공이나 자전거, 장난감 뒤에는 반드시 어린이가 달려나온다는 것을 예측하고 즉시 차를 정지시킬 수 있는 마음가짐으로 운전해야 한다.

③ 위험스럽게 느껴지는 **자동차, 자전거, 손수레, 사람 또는 그림자** 등을 발견하였을 때에는 그 움직임을 계속 주시하고 눈을 떼지 않도록 한다.

제2절 야간의 안전운전

1 시계와 속도

① 야간에는 시야가 좁아져 도로상의 보행자나 자전거 등의 발견이 늦어지고 속도감이 둔화되므로 감속 운전해야 한다.

② 해가 뜨기 직전이나 지고 난 후에는 먼저 미등을 켜고 조금 어두워지기 시작하면 **야간등화(전조등)를 켜야** 한다.

③ 보행자와 자동차의 통행이 빈번한 시가지에서는 항상 전조등이 비추는 방향을 하향으로 하고 운전해야 한다.

④ 주간이라도 터널 안이나 짙은 안개, 구름, 폭우, 폭설 등으로 전방 100m 이내의 물체 확인이 어려운 때에는 야간에 켜는 등화를 켜야 한다.

2 마주 오는 차의 불빛과 시선

① 전조등 불빛의 착란으로 보행자의 신체일부 또는 전체가 보이지 않는 현상(증발 현상)이 발생하므로 감속과 함께 보행자 움직임에서 시선을 떼지 않도록 한다.

② 시선은 가급적 먼 곳을 보도록 하여 장애물을 빨리 발견하여야 하며, 마주 오는 차의 전조등 불빛으로 눈이 부실 때에는 시선을 약간 오른쪽으로 돌려야 한다.
③ 야간에는 검은색 계통의 복장을 한 보행자의 발견이 늦어지거나 어려우며, 술 취한 보행자의 행동은 예측하기 어렵다는 점에 특히 유념하여야 한다.
④ 전방이나 좌·우 확인이 어려운 신호등 없는 교차로나 커브길 직전에서는 전조등 불빛을 2~3번 상향과 하향으로 변환하여 자기 차의 접근을 알려야 한다.

3 앞차의 제동등에 주의
① 앞차의 제동등이 켜지면 뒤따라가는 차도 감속이나 정지할 준비를 하여야 한다.
② 앞차의 급핸들이나 급제동 조작은 위험한 상황을 뜻하기 때문에 대비하여야 한다.

제3절 악천후 시의 운전

1 비 오는 날의 안전운전
① 도로는 미끄럽고 라이닝과 드럼 사이에 물기가 들어가 제동거리가 길어지므로 속도를 늦추고 차간거리를 길게 해야 한다.
② 와이퍼가 움직이는 부분만으로 전방 확인이 가능하므로 그만큼 시야가 좁아지기 때문에 조심해야 한다.
③ 창유리가 흐려지므로 에어컨이나 흐림 방지장치를 작동하거나 걸레로 닦아 시계를 좋게 해야 한다.
④ 비가 많이 와서 시계가 나쁠 때에는 주간에도 전조등을 켠다.

2 안개 낀 날의 안전운전
① 운전자가 확인할 수 있는 시야와 시계의 범위가 좁고 짧아지기 때문에 안개등을 켠 상태에서 속도를 낮추어 감속 운전하여야 한다.
② 짙은 안개로 전방 100m 이내의 물체 확인이 어려운 때에는 안개등과 함께 야간 등화를 켜고 중앙선, 차선, 가드레일과 앞차의 미등을 기준으로 감속 운행한다.

3 눈길이나 빙판길 안전운전
① 스노 타이어 또는 체인 착용
② 급출발·급제동·급핸들 조작금지
③ 빙판길에서 출발할 때에는 2단 기어와 반 클러치 사용
④ 앞차가 지나간 자국을 따라 통행
⑤ 언덕길은 1단 또는 2단 기어로 운행
⑥ 정지 시 브레이크 페달을 여러 번 나누어 제동

4 강풍이나 돌풍 시의 안전운전
① 바람이 심하게 부는 때에는 감속과 함께 핸들을 양손으로 꽉 잡고 주행방향이나 속도변화에 신중히 대처하는 운전을 하도록 하여야 한다.
② 산길이나 높은 고지대, 터널 입구와 출구, 다리 위 등에서는 갑자기 돌풍이 부는 때가 있으므로 감속과 함께 양손으로 핸들을 꽉 잡고 운전해야 한다.

제9장 교통사고 처리특례와 처리방법

제1절 교통사고 발생 시 조치요령

교통사고라 함은 차의 교통으로 인하여 사람을 사상하거나 물건을 손괴한 것을 말하며, 교통사고를 일으킨 때에는 그 차 또는 노면전차의 운전자나 그 밖의 승무원은 즉시 정차하여 사상자를 구호하는 등 필요한 조치를 하여야 한다.

1 교통사고 발생 시 차 또는 노면전차 운전자 등의 조치
① 즉시 정차하여 다음 각 호의 조치를 한다.
　㉮ 사상자를 구호하는 등 필요한 조치를 한다.
　㉯ 피해자에게 인적사항(성명, 전화번호, 주소 등) 제공
② 경찰공무원에게 다음 각 호의 사항을 신고한다.
　㉮ 사고가 일어난 곳(사고 장소)
　㉯ 사상자 수 및 부상 정도
　㉰ 손괴한 물건 및 손괴 정도
　㉱ 그 밖의 조치사항 등
③ 긴급자동차 등 긴급을 요할 때 동승한 승차자가 신고한다. 다만, 운행 중인 차만이 손괴된 것이 분명하고 도로에서의 위험방지와 원활한 소통을 위하여 필요한 조치를 한 때에는 신고하지 않아도 된다.
④ 경찰공무원의 지시에 따른다.

2 사고 발생 시의 조치·방해 금지(법 제55조)
교통사고가 일어난 경우 그 차 또는 노면전차의 승차자는 운전자와 승무원이 행하는 조치와 신고행위를 방해하여서는 아니 된다.

제2절 교통사고 처리의 특례

1 교통사고 처리특례법의 목적(법 제1조)
업무상 과실 또는 중대한 과실로 교통사고를 일으킨 운전자에 관한 형사처벌 등의 특례를 정함으로써 교통사고로 인한 피해의 신속한 회복을 촉진하고 국민생활의 편익을 증진함을 목적으로 한다.

2 교통사고 처벌의 특례(법 제4조제1항)
피해자와 합의(불벌의사)하거나 종합보험 또는 공제에 가입된 경우 다음에 해당하는 죄는 특례의 적용을 받아 형사처벌을 하지 않는다(공소권 없음).
① 업무상 과실치상죄(12개 중요 법규 위반은 제외)
② 중과실치상죄(12개 중요 법규 위반은 제외)
③ 다른 사람의 건조물 또는 재물을 손괴한 사고
※ 다만 원인행위에 대하여는 도로교통법으로 통상처리 한다.

3 특례적용 제외자(법 제3조제2항)
피해자가 처벌을 원하지 않고, 종합보험 또는 공제에 가입되어도 다음의 경우에는 특례의 적용을 받지 못하고 형사처벌을 한다(공소권 있음).
① 교통사고로 사람을 치사(사망)한 경우
② 교통사고 야기 후 피해자 구호조치 없이 도주하거나 피해자를 사고 장소로부터 옮겨 유기 도주한 경우와 같은 죄를 범하고 음주측정 요구에 불응한 때(채혈측정을 요구하거나 동의한 때는 제외)
③ 다음 12개 중요 교통 법규 위반으로 사람을 다치게 한 사고
　㉮ 신호 또는 통행금지 및 일시 정지 위반 사고

⑭ 중앙선침범 또는 고속도로에서 횡단·유턴·후진 위반 사고
⑮ 제한속도를 매시 20km 초과하여 운전한 경우의 사고
⑯ 앞지르기 방법·앞지르기 금지 또는 끼어들기 금지 위반 사고
⑰ 철길건널목 통과방법 위반 사고
⑱ 횡단보도에서의 보행자 보호의무 위반 사고
⑲ 무면허 운전 또는 운전금지 중에 운전한 경우의 사고
⑳ 음주 및 약물복용 운전한 경우의 사고
㉑ 보도 침범 및 횡단방법 위반 사고
㉒ 승객 추락방지 의무 위반 사고
㉓ 어린이 보호구역에서 어린이 신체를 상해한 경우의 사고
㉔ 자동차의 화물이 떨어지지 아니하도록 필요한 조치를 하지 아니하고 운전한 경우

④ 보험 또는 공제계약의 무효 또는 해지 등 보험지급 의무가 없게 된 때

제3절 교통사고 운전자의 책임

운전자가 교통사고를 일으키면 형사상·행정상·민사상의 책임을 지게 된다.

1 형사상의 책임(징역, 금고, 벌금)

① 업무상과실 또는 중과실로 사람을 사상한 때(특례법 제3조 제1항) : 5년 이하의 금고 또는 2천만 원 이하의 벌금에 처한다.
② 다른 사람의 건조물·재물을 손괴한 때(도로교통법 제151조) : 2년 이하의 금고 또는 5백만 원 이하의 벌금에 처한다.
③ 교통사고 야기 후 구호조치 불이행한 때(도로교통법 제148조) : 5년 이하의 징역 또는 1천 5백만 원 이하의 벌금에 처한다.
④ 교통사고 야기 도주한 때(특정범죄가중처벌에 관한 법률 제5조의 3)
  ㉮ 단순도주 후 피해자 치사 : 무기 또는 5년 이상 징역
  ㉯ 단순도주 후 피해자 치상 : 1년 이상 유기징역 또는 500만 원 이상 3천만 원 이하의 벌금
  ㉰ 유기 후 도주로 피해자 사망 : 사형, 무기 또는 5년 이상 징역
  ㉱ 유기 후 도주로 피해자 치상 : 3년 이상 징역
⑤ 음주 또는 약물의 영향 운전을 할 때(특정범죄가중처벌에 관한 법률 제5조의 11)
  ㉮ 상해사고 : 1년 이상 15년 이하의 징역 또는 1천만 원 이상 3천만 원 이하의 벌금
  ㉯ 사망사고 : 무기 또는 3년 이상의 징역

2 행정상의 책임(운전면허의 취소, 정지)

(1) 운전면허의 취소
① 교통사고 야기 도주
② 주취운전 인명피해 교통사고 야기
③ 1회의 위반·사고 또는 누산벌점이 1년간 121점, 2년간 201점, 3년간 271점 이상 된 때
(2) 벌점부과(벌점 40점 이상부터 벌점 1점을 1일로 산정하여 면허 정지처분)
① 사망 1명마다 벌점 90점
② 중상 1명마다 벌점 15점
③ 경상 1명마다 벌점 5점
④ 부상신고 1명마다 2점
⑤ 원인행위(법규 위반)에 대한 벌점부과
⑥ 조치 불이행에 따른 벌점부과

3 민사상의 책임(손해배상)

① 교통사고가 일어나면 차량이 파손되는 등의 물적 피해와 사람이 죽거나 다치는 등의 인적 피해가 발생하게 되며, 사고를 일으킨 운전자와 차량의 소유자는 이 모든 피해를 배상하여야 할 책임이 있다.
② 피해를 배상하는 법적 근거는 민법상 손해배상의 특례로서 제정된 자동차손해배상보장법에 의해 이루어진다. 운전자가 책임보험과 종합보험에 가입된 상태에서는 가입된 보험회사에서 보상책임을 지게 된다.

제4절 보험금의 지급

피보험자(보험회사 측)와 피해자간의 손해배상에 관한 합의여부에 불구하고 피해자의 치료비에 대하여 통상비용의 전액과 기타 손해에 따른 지급기준액을 우선 지급하여야 한다.

1 우선 지급할 치료비의 통상비용 범위

① 진찰료
② 입원료
③ 처치·투약·수술 등 치료비용
④ 의지·의치·안경·보청기·보철구 등의 비용
⑤ 호송·전원·퇴원 및 통원에 필요한 비용
⑥ 환자의 식대·간병료 및 기타 비용(보험약관에 따름)

2 치료비 외에 우선 지급할 손해배상지급기준액

① 부상의 경우 : 보험약관에서 정한 지급기준에 의하여 산출한 위자료 전액과 휴업손해액의 100분의 50에 해당하는 금액
② 후유장애의 경우 : 보험약관에서 정한 지급기준에 의하여 산출한 위자료 전액과 상실수익액의 100분의 50에 해당하는 금액
③ 대물손해의 경우 : 보험약관에서 정한 지급기준에 의하여 산출한 대물배상액의 100분의 50에 해당하는 금액
④ 위자료가 중복되는 경우에는 보험회사의 약관이 정하는 지급기준에 따라 지급한다.

3 자동차보험의 종류 및 가입사실 증명

(1) 자동차손해배상책임보험에 가입(강제보험)
① 자동차를 소유한 사람이 의무적으로 가입해야 하는 보험
② 교통사고 시 타인에 대한 손해를 보상
③ 사고발생 시 차량 소유자, 운전자 부모, 배우자, 자녀 등의 피해는 보상 불가
(2) 자동차 종합보험(임의보험) : 특례를 적용받을 수 있는 보험
① 책임보험으로 보상할 수 있는 최고한도액을 초과하는 손해 보상
② 대인, 대물, 자손, 자차 등의 차량손해가 일괄적으로 되어 있음
(3) 특례를 적용받는 보험의 종류
자가용 자동차종합보험, 업무용 자동차종합보험, 사업용 자동차종합보험 등
※ 사업용 자동차책임보험은 자동차종합보험과 다르므로 혼동하지 않도록 할 것
(4) 보험 또는 공제조합 가입사실 증명원
보험 또는 공제조합 가입사실 증명원은 보험사업자 또는 공제사업자가 서면으로 증명하여야 한다.
① 위의 증명원을 허위로 작성 시 : 3년 이하의 징역 또는 1천만 원 이하 벌금(허위로 작성된 문서의 그 목적을 알고 있는 사용자는 동일하게 처벌)

② 위의 증명원 발급을 정당한 사유 없이 발급치 아니한 때 : 1년 이하 징역 또는 300만 원 이하 벌금

제10장 교통사고 현장에서의 응급처치

제1절 응급처치법의 정의

교통사고로 인한 부상자나 갑작스런 질병으로 인한 환자가 발생하였을 때 구급차나 의사가 교통사고 현장에 도착하여 의료서비스를 하기 전까지 운전자나 동승자가 적극적이고 임시적인 적절한 처치와 보호를 하는 방법을 말한다.

제2절 응급처치의 일반적 순서

응급처치는 부상자의 이동, 부상자의 관찰, 부상자의 체위관리, 부상상태에 따른 응급처치 등의 순서로 실시한다.

1 부상자의 이동
① 부상자를 구출하여 안전한 장소에 안전한 방법으로 이동시킨다.
② 목뼈 등 골절환자에 대하여는 특히 조심해야 한다.

2 부상자의 체위관리
① 의식 있는 부상자는 직접 물어보면서 가장 편안하다고 하는 자세로 눕힌다.
② 의식이 없는 부상자는 기도를 개방하고 수평자세로 눕힌다.
③ 얼굴색이 창백한 경우는 하체를 높게 한다.
④ 토하고자 하는 부상자는 머리를 옆으로 돌려준다.
⑤ 가슴에 부상을 당하여 호흡을 힘들게 하는 부상자는 호흡하기가 쉽도록 예외로서 부상자의 머리와 어깨를 높여 눕힌다.

3 부상자의 관찰과 조치

부상자의 상태	관찰방법	필요한 조치
의식상태	• 말을 걸어본다. • 팔을 꼬집어본다. • 눈동자를 확인해 본다.	- 의식이 있을 때 : "괜찮다, 별일 없다. 구급차가 곧 온다"고 하면서 안심시킨다. - 의식이 없을 때 : 기도를 확보한다.
호흡상태	• 가슴이 뛰는지 살핀다. • 뺨을 부상자의 입과 코에 대본다. • 맥을 짚어 본다.	- 호흡이 없을 때 : 인공호흡 실시 - 맥박이 없을 때 : 인공호흡과 심장 마사지 실시
출혈상태	어느 부위에서 어느 정도 출혈인지 살펴본다.	지혈 조치한다.
구토상태	입 속에 오물이 있는지를 확인한다.	기도 확보한다.
신체상태	• 신체의 일부가 변형되었는지 본다. • 국부에 강한 통증을 호소하고 있지 않은지를 본다.	- 변형이 있을 때 움직이지 않게 한다. - 강한 통증의 호소 시 원인을 확인 조치한다. - 부상부위 등을 확인한 후 의사에게 고지한다.

4 부상에 따른 응급처치

(1) 심폐소생술
심폐소생술은 부상자의 의식이 분명치 않다든지 호흡정지 · 심장정지(산소공급이 중단된 상태)나 이와 비슷한 상태에 놓여졌을 때에 호흡이나 순환기를 다른 사람의 도움으로 회생시켜 부상자의 생명을 구하는 처치방법을 말한다.

심폐소생술의 구체적인 방법으로는 기도확보, 인공호흡, 심장마사지 등 3가지가 있다.

① 기도확보
  ㉮ 기도확보는 공기가 입이나 코로 들어가 폐에 도달하기까지의 통로(기도)를 확보(개방)하는 것을 말한다.
  ㉯ 기도확보는 의식장애가 있거나 호흡이 정지된 경우나 숨은 쉬나 가슴의 움직임이 부자연스럽거나 이상한 소리가 들리는 경우 실시한다.
  ㉰ 기도확보 방법은 우선 머리를 뒤로 젖히고, 입 안에 피나 토한 음식물 등이 목구멍을 막고 있으면 손가락으로 긁어낸다.
  ㉱ 눕히는 방법은 우선 한쪽 무릎을 세우고, 세운 무릎을 땅에 붙이도록 하여 옆으로 눕힌다. 다만, 의식이 없고 호흡이 아주 곤란한 때는 상반신을 높게 하여 눕힌다.

② 인공호흡
  ㉮ 인공호흡이 필요한 경우
    ㉠ 기도를 확보하고 맥박이 뛰고 있는데도 호흡을 하지 아니하는 경우
    ㉡ 기도를 확보하였다고 해도 가슴의 움직임이 없는 경우
    ㉢ 가슴이 움직이고 있으나 불규칙적이고 숨소리가 들리지 않는 경우
  ㉯ 인공호흡 방법
    ㉠ 머리를 뒤로 젖히고 턱을 끌어올려 기도를 개방시킨 상태에서 엄지와 검지로 부상자의 코를 부드럽게 잡아 막는다.
    ㉡ 입을 크게 벌려 공기를 많이 들어 마신 후 부상자의 입에 자기의 입을 공기가 새지 않도록 밀착시킨 후 부상자의 입으로 공기를 불어넣는다.
    ㉢ 가슴 상승이 눈으로 확인될 정도로 1초간의 인공호흡을 2회 실시한다.
    ㉣ 공기를 불어넣어 줌으로써 가슴이 크게 부풀어 오르게 되고, 막고 있던 코오·입을 떼면 부상자는 자연스럽게 숨을 쉬게 된다.

③ 심장 마사지
  ㉮ 심장 마사지가 필요한 경우 : 의식이 없고 호흡을 하지 않는 부상자에 대한 인공호흡을 실시하기 전 또는 실시 중에 맥박을 확인하여 맥박이 뛰지 않는 즉시 심장 마사지를 실시한다.
  ㉯ 심장 마사지 실시 방법
    ㉠ 부상자를 딱딱하고 평평한 바닥위에 머리와 심장이 같은 높이가 되게 수평으로 눕힌다.
    ㉡ 부상자의 흉골 아래쪽 끝의 검상돌기 위에 양손을 대고 팔꿈치가 구부러지지 않게 팔을 곧게 펴고 어깨가 손과 수직이 되도록 한 후 상체의 무게로 부상자의 흉골을 똑바로 누른다.
    ㉢ 압박할 때마다 흉골을 약 5cm(2인치) 정도씩 누르고 1분에 100~120회 정도 부드럽게 실시한다.
    ㉣ 흉부압박과 불어넣기 비율은 30회 압박과 2회 불어넣기를 한 주기로 하여 실시한다.

(2) 지혈법
부상자가 피를 흘리고 있는 때에는 지혈을 하며 지혈법에는 직접 압박지혈법, 간접 압박지혈법, 지혈대법 등 세 가지가 있다.
① 직접 압박지혈법(출혈이 적을 때)
  출혈 부위를 직접 거즈나 깨끗한 헝겊이나 손수건을 접어 상

처 바로 위에 대고 직접 누르고 붕대를 단단히 감아주는 방법으로 가장 확실한 지혈법이다.

② 간접 압박지혈법(출혈이 심할 때)

직접 압박을 해도 계속 출혈이 있는 경우 손상부위와 심장사이에서 뼈가 가까이 지나는 곳의 동맥을 압박하여 피의 흐름을 차단하는 방법으로 직접 압박과 동시에 실시한다.

③ 지혈대법

직접 압박지혈법과 간접 압박지혈법으로도 출혈이 계속되는 경우에는 지혈대를 사용한다. 지혈대는 출혈부위보다 심장에 가까운 곳의 손발을 묶어 지혈한다. 지혈대는 30분 이상 지속적으로 사용하지 않도록 하고 지혈대의 보기 쉬운 곳에 지혈대 사용 시간과 부위를 기록해 두는 것이 좋다.

제11장　자동차의 등록 등

제1절　자동차의 구입 및 등록

1 자동차의 신규등록(자동차관리법 제8조)

신규로 자동차에 관한 등록을 하려는 자는 신청서에 자동차의 소유권 및 출처를 증명하는 서류와 검사 사실을 증명하는 서류를 첨부하여 등록관청에 제출하여야 한다.

(1) 신규등록 신청(자동차관리법 제7조, 제27조)

① 자동차를 새로 구입하면 임시운행 허가기간 10일 이내에 소유자의 **사용본거지**를 관할하는 등록관청(시·군·구)에 신규등록을 하여야 한다.

② 등록신청은 소유자가 직접 하거나 **자동차 판매회사**가 대행한다.

※ 이륜차는 사용신고만 하면 된다.

(2) 자동차 등록번호판 및 자동차 등록증의 비치(자동차관리법 제10조)

자동차의 등록을 마친 사람은 자동차에 자동차 등록번호판을 부착 후 봉인해야 하며, 등록관청의 허가나 다른 법률에 특별한 규정이 없는 한 이를 뗄 수 없다.

※ 자동차 등록번호판은 지정된 위치 앞뒤에 부착하고, 분실 시 재교부 받아야 한다. 미부착 또는 미봉인 자동차 운행 시 과태료(영 별표2) : 1차 위반 – 50만 원, 2차 위반 – 150만 원, 3차 위반 – 250만 원

(3) 자동차의 등록증 비치

자동차 등록을 마치게 되면 자동차 등록증을 교부받게 되는데, 사용자는 그 등록증을 항상 자동차 안에 비치하여야 한다.

2 자동차의 변경등록(자동차관리법 제11조)

자동차 등록원부에 기재된 사항에 변경(소유자의 주소·성명 또는 차대번호·원동기의 형식·장치·용도 및 사용본거지의 변동, 시·도간의 사용본거지의 변경도 포함)이 있을 때 하는 등록을 말한다.

(1) 변경등록의 신청

① 자동차 소유자는 변경등록 사유가 발생한 날부터 30일 이내에 등록관청에 신청하여야 한다.

② 자동차 사용자의 주민등록지가 당해 자동차의 사용본거지인 경우에는 「주민등록법」에 의한 전입신고를 한 때에 변경등록 신청한 것으로 본다.

※ 자동차 소유주가 변경 등록(자동차 등록원부의 기재 사항이 변경된 경우)을 신청하지 않은 경우의 과태료
① 신청 지연기간이 90일 이내인 경우 : 2만 원
② 신청 지연기간이 90일 초과 174일 이내인 경우 : 2만 원에 91일째부터 계산하여 3일 초과 시 마다 1만 원을 더한 금액

③ 신청 지연기간이 175일 이상인 경우 : 30만 원

(2) 시·도간의 변경등록 신청

소유자가 자동차의 사용본거지를 다른 시·도로 변경한 때에는 변경한 날부터 30일 이내에 신청서에 사용본거지를 확인할 수 있는 서류(주민등록표등본·주민등록증 사본 등, 법인의 경우에는 법인등기부등본) 및 자동차 등록증, 자동차 등록 번호판을 첨부하여 변경된 사용본거지를 관할하는 등록관청에 신청하여야 한다.

3 자동차의 이전등록(자동차관리법 제12조, 자동차등록령 제26조)

(1) 등록된 **자동차를 양수받은 자**는 시·도지사에게 자동차소유권의 **이전등록**을 신청하여야한다.

(2) **자동차 매매업을 등록한 자**는 자동차의 **매도** 또는 **매매의 알선**을 한 경우에는 산 사람을 갈음하여 **이전등록**을 신청하여야 한다. 다만, 자동차 매매업자 사이에 **매매** 또는 **매매의 알선**을 한 경우와 **산 사람이 직접 이전 등록**을 하는 경우에는 그러하지 아니하다.

(3) 자동차를 양수받는 자가 다시 제3자에게 양도하려는 경우에는 **양도 전에 자기명의로 이전등록**을 하여야 한다.

(4) 자동차를 양수한 자가 **이전등록을 신청하지 아니한 경우**에는 그 **양수인에 갈음하여** 양도자(이전등록을 신청할 당시 **자동차등록원부에 기재된 소유자**를 말한다)가 **신청할 수 있다.**

(5) 이전등록을 신청 받은 **시·도지사는 등록을 수리(受理)하여야** 한다.

매매, 증여, 상속 등으로 자동차의 소유권을 이전하는 경우 자동차를 양수 받는 사람은 관할 등록관청에 소유권 이전등록을 신청하여야 한다.

① 매매의 경우 : 매수한 날부터 15일 이내
② 증여의 경우 : 증여받은 날부터 20일 이내
③ 상속의 경우 : 상속받은 날부터 6개월 이내
④ 기타 사유로 인한 경우 : 사유가 발생한 날부터 15일 이내

4 자동차의 말소등록(자동차관리법 제13조)

① 등록 자동차가 폐차·멸실·차령의 초과, 면허·등록·인가 또는 신고가 실효되거나 취소된 경우 등으로 자동차의 소유자가 하는 등록을 말한다.

② 자동차를 폐차하면 그로부터 1개월 이내에 관할관청에 자동차 등록증, 번호판을 반납하고 말소등록을 해야 한다.

③ 도난 자동차의 등록을 말소하고자 하는 경우는 관할 경찰서장의 도난신고 확인서를 첨부하여야 한다.

※ 폐차 : 자동차의 장치를 그 성능을 유지할 수 없도록 압축·파쇄·용해하는 것
※ 중고자동차 : 자동차(이륜자동차 제외)를 취득한 때로부터 사실상 그 성능을 유지할 수 없을 때까지의 자동차
※ 말소등록 신청을 하지 않은 경우의 벌칙 : 1개월 이내 등록 신청을 못한 경우 (자동차관리법 시행령 별표2)
① 신청 지연기간이 10일 이내인 경우 : 5만 원
② 신청 지연기간이 10일 초과 54일 이내인 경우 : 5만 원에 11일째부터 계산하여 1일마다 1만 원을 더한 금액
③ 신청 지연기간이 55일 이상인 경우 : 50만 원

제2절　자동차의 검사

1 신규검사(자동차관리법 제43조)

차량을 신규로 등록하고자 할 때 실시하는 검사이다.

※ 신조차는 예비검사증으로 대신한다.

2 정기검사(계속검사)

① 신규검사 이후 일정기간마다 자동차 등록증에 기재된 검사유효기간에 정기적으로 실시하는 검사이다.

※ 자동차정기검사의 유효기간(자동차관리법 시행규칙 별표15의2)

구분		검사 유효기간
비사업용 승용자동차		2년(신조차로서 신규검사를 받은 것으로 보는 자동차의 최초 검사유효기간은 5년)
사업용 승용자동차		1년(신조차로서 신규검사를 받은 것으로 보는 자동차의 최초 검사 유효기간은 2년)
경형·소형 및 비사업용 화물자동차	차령이 4년 이하인 경우	2년
	차령이 4년 초과인 경우	1년
경형·소형의 사업 및 비사업용 승합자동차	차령이 4년 이하인 경우	2년
	차령이 4년 초과인 경우	1년
중형·대형의 사업용 승합자동차	차령이 8년 이하인 경우	1년
	차령이 8년 초과인 경우	6개월
중형·대형의 비사업용 화물자동차	차령이 5년 이하인 경우	1년
	차령이 5년 초과인 경우	6개월
사업용 중형 화물자동차	차령이 5년 이하인 경우	1년
	차령이 5년 초과인 경우	6개월
특수 자동차	차령이 5년 이하인 경우	1년
	차령이 5년 초과인 경우	6개월

※ 자동차종합검사의 대상과 유효기간(자동차종합검사의 시행 등에 관한 규칙 제8조)

검사 대상		적용 차령	검사 유효기간
승용자동차	비사업용	차령이 4년 초과인 경우	2년
	사업용	차령이 2년 초과인 경우	1년
경형·소형의 승합 및 화물자동차	비사업용	차령이 3년 초과인 경우	1년
	사업용	차령이 2년 초과인 경우	1년
사업용 대형화물자동차		차령이 2년 초과인 경우	6개월
사업용 대형승합자동차		차령이 2년 초과인 경우	차령 8년까지는 1년, 이후부터는 6개월
중형 승합자동차	비사업용	차령이 3년 초과인 경우	차령 8년까지는 1년, 이후부터는 6개월
	사업용	차령이 2년 초과인 경우	차령 8년까지는 1년, 이후부터는 6개월
그 밖의 자동차	비사업용	차령이 3년 초과인 경우	차령 8년까지는 1년, 이후부터는 6개월
	사업용	차령이 2년 초과인 경우	차령 8년까지는 1년, 이후부터는 6개월

② 자동차등록증 이면에 기재된 검사유효기간 만료일 전후 각각 31일 이내 검사를 받아야 한다.

※ 정기 또는 종합검사를 받지 않은 경우의 과태료
 ① 검사 지연기간이 30일 이내인 경우 : 4만 원
 ② 검사 지연기간이 30일 초과 114일 이내인 경우 : 4만 원에 31일째부터 계산하여 3일 초과 시 마다 2만 원을 더한 금액
 ③ 검사 지연기간이 115일 이상인 경우 : 60만 원

제12장 운전면허의 관리

제1절 운전면허증 등

1 운전면허 등(법 제80조제1항)

자동차 등을 운전하려는 사람은 시·도 경찰청장으로부터 운전면허를 받아야 한다. 다만, 배기량 125cc 이하(전기를 동력으로 하는 경우 최고 정격 출력 11kw 이하)의 원동기를 단 차 중 개인형 이동장치 또는 교통약자가 최고속도 20km 이하로만 운행될 수 있는 차를 운전하는 경우에는 제외

2 임시 운전증명서 등(법 제91조)

(1) 임시 운전증명서 교부대상(제1항)
 ① 운전면허증을 받은 사람이 잃어버리거나 헐어 못쓰게 되어 재발급 신청한 경우
 ② 적성검사 또는 운전면허증 갱신발급 신청을 하거나 수시적성검사를 신청한 경우
 ③ 운전면허의 취소 또는 정지처분 대상자가 운전면허증을 제출한 경우

(2) 임시 운전증명서 등(제2항)
 임시 운전증명서는 그 유효기간 중 운전면허증과 같은 효력이 있다.

(3) 임시 운전증명서의 유효기간(규칙 제88조제2항)
 임시 운전증명서의 유효기간은 20일 이내로 하되, 운전면허의 취소 또는 정지처분대상자의 경우에는 40일 이내로 할 수 있다. 다만, 필요하다고 인정하는 때에는 그 유효기간을 1회에 한하여 20일의 범위 이내에서 연장할 수 있다.

3 운전면허증의 휴대 및 제시 의무(법 제92조)

(1) 운전면허증의 휴대의무(제1항)
 자동차등(개인형 이동장치는 제외)을 운전하는 때에는 다음 어느 하나에 해당하는 운전면허증 등을 지니고 있어야 한다.
 ① 운전면허증, 국제운전면허증 또는 상호인정외국면허증이나 건설기계조종사면허증
 ② 운전면허증 등에 갈음하는 다음의 증명서
  ㉮ 임시운전증명서
  ㉯ 범칙금 납부통고서 또는 출석지시서
  ㉰ 시·군공무원이 전용차로 위반 및 주차 위반을 단속하며 발급한 고지서

(2) 운전면허증의 제시의무(제2항)
 운전자는 운전 중에 경찰공무원으로부터 운전면허증 또는 이에 갈음하는 증명서의 제시를 요구하거나 운전자의 신원 및 운전면허 확인을 위해 질문할 때에는 이에 응하여야 한다.

제2절 국제운전면허증

1 국제운전면허증 또는 상호인정외국면허증에 의한 자동차 등의 운전(법 제96조)

① 외국의 권한 있는 기관에서 국제운전면허증 또는 상호인정외국면허증을 발급받은 사람은 국내에 입국한 날부터 1년 동안 그 국제운전면허증 또는 상호인정외국면허증으로 자동차등을 운전할 수 있다. (제1항)

② 운전할 수 있는 자동차의 종류는 그 국제운전면허증 또는 상호인정외국면허증에 기재된 것으로 한정한다.

③ 사업용 자동차를 운전할 수 없다. 다만, 대여사업용 자동차를 임차하여 운전하는 경우에는 그러하지 아니하다. (제2항)

④ 운전면허 결격사유에 해당하는 사람은 그 기간 중 자동차등을 운전하여서는 아니 된다. (제3항)

2 국제운전면허증의 자동차 등 운전금지(법 제97조)

(1) 국제운전면허증 또는 상호인정외국면허증의 운전을 금지하는 경우(제1항)

① 적성검사를 받지 아니하였거나 적성검사에 불합격한 경우

② 운전 중 고의 또는 과실로 교통사고를 일으킨 경우

③ 국내운전면허가 취소되거나 효력이 정지된 후 정지기간이 지나지 아니한 경우

④ 자동차 등의 운전에 관하여 도로교통법 또는 처분을 위반한 경우

(2) 국제운전면허증 또는 상호인정외국면허증의 제출(제2항)

자동차 등의 운전이 금지된 사람은 지체 없이 국제운전면허증 또는 상호인정외국면허증에 의한 운전을 금지한 시·도 경찰청장에게 그 국제운전면허증 또는 상호인정외국면허증을 제출하여야 한다.

(3) 국제운전면허증 또는 상호인정외국면허증의 반환(제3항)

시·도 경찰청장은 금지기간이 끝난 경우 또는 금지처분을 받은 사람이 그 금지기간 중에 출국하는 경우에는 그 사람의 반환청구가 있으면 지체 없이 보관 중인 국제운전면허증 또는 상호인정외국면허증을 돌려주어야 한다.

3 국제운전면허증의 발급 등(법 제98조)

① 운전면허를 받은 사람이 국외에서 운전을 하기 위하여 「도로교통에 관한 협약」에 따른 국제운전면허증을 발급받으려면 시·도 경찰청장에게 신청하여야 한다. (제1항)

② 발급받은 국제운전면허증의 유효기간은 발급받은 날부터 1년으로 한다. (제2항)

③ 발급받은 국제운전면허증은 이를 발급받은 사람의 국내운전면허의 효력이 없어지거나 취소된 때에는 그 효력을 잃는다. (제3항)

④ 발급받은 국제운전면허증은 이를 발급받은 사람의 국내운전면허의 효력이 정지된 때에는 그 정지기간 동안 그 효력이 정지된다.

⑤ 시·도 경찰청장은 국제운전면허증을 발급받으려는 사람이 납부하지 아니한 범칙금 또는 과태료가 있는 경우 국제운전면허증의 발급을 거부할 수 있다. 다만, 범칙금 납부기간 또는 납부기간 중에 있는 경우에는 그러하지 아니하다. (법 제98조의2)

제3절　면허증 갱신과 정기적성검사

1 운전면허증 갱신기간(법 제87조)

운전면허를 받은 사람은 다음 기간 이내에 시·도 경찰청장으로부터 운전면허증을 갱신하여 발급받아야 한다. (제1항)

① 최초의 운전면허증 갱신기간 : 운전면허 시험에 합격한 날로부터 기산하여 10년(운전면허시험 합격일에 65세 이상 75세 미만인 사람은 5년, 75세 이상인 사람은 3년, 한쪽 눈을 보지 못하는 사람으로서 제1종 운전면허 중 보통면허를 취득한 사람은 3년)이 되는 날이 속하는 해의 1월 1일부터 12월 31일까지

② 그 이후의 운전면허증 갱신기간 : 직전의 운전면허증 갱신일부터 기산하여 매 10년(직전의 운전면허증 갱신일에 65세 이상 75세

미만인 사람은 5년, 75세 이상인 사람은 3년, 한쪽 눈을 보지 못하는 사람으로서 제1종 운전면허 중 보통면허를 취득한 사람은 3년)이 되는 날이 속하는 해의 1월 1일 부터 12월 31일까지

2 운전면허증의 보관·파기(영제52조의2)

① 시·도경찰청장, 경찰서장 및 한국도로교통공단은 다음 각 호의 어느 하나에 해당하는 경우 그 운전면허증이 분실되거나 훼손되지 않도록 보관해야 한다.

　1 운전면허증을 발급 받았거나 발급 받으려는 사람이 운전면허증의 발급, 조건부 운전면허증의 발급, 운전면허증의 재발급 또는 운전면허증의 갱신과 정기 적성검사에 따라 운전면허증의 발급을 신청한 후 찾아가지 아니한 경우.

　2 분실된 운전면허증을 습득한 경우

② 시·도경찰청장, 경찰서장 및 한국도로교통공단은 다음 각 호의 어느 하나에 해당하는 경우 보관중인 운전면허증을 지체 없이 파기해야 한다.

　1 운전면허증을 발급받았거나 발급받으려는 사람이 사망한 경우.

　2 운전면허증을 발급받은 사람이 법제86조(분실 재교부 또는 헐어못쓰게 된 경우)운전면허증을 재 발급받은 경우

　3 법제93조(운전면허의 취소·정지)에 따라 운전면허가 취소된 경우.

　4 운전면허증을 발급받았거나 발급받으려는 사람이 다음 각 목의 어느 하나에 해당하는 날부터 3년이 되는 날까지 운전면허증을 찾아가지 않은 경우.

　　가. 제1항 제1호의 경우: 운전면허증을 발급한 날.

　　나. 제1항 제2호의 경우: 운전면허증을 보관한 날.

　　다. 법 제95조제3항(운전면허증의 반납)에 따라 운전면허증을 보관한 경우 : 운전면허효력 정지기간이 끝나는 날.

③ 시·도경찰청장, 경찰서장 및 한국도로교통공단은 제2항에 따라 운전면허증을 파기한 경우 행정안전부령으로 정하는 운전면허증 파기대장에 그 사실을 기록해야 한다.

3 정기적성검사를 받아야 할 사람(제2항)

① 다음에 해당하는 사람은 운전면허증 갱신기간에 도로교통공단이 실시하는 정기적성검사를 받아야 한다.

　㉮ 제1종 운전면허를 받은 사람

　㉯ 제2종 운전면허를 받은 사람 중 갱신기간에 70세 이상인 사람

② 다음에 해당하는 사람은 운전면허증을 갱신받을 수 없다. (제3항)

　㉮ 교통안전교육을 받지 아니한 사람

　㉯ 정기적성검사를 받지 아니하거나 이에 합격하지 못한 사람

4 운전면허증 갱신 발급 및 정기적성검사의 연기 등(영 제55조)

① 운전면허증을 갱신하여 발급(정기적성검사 포함) 받아야 하는 사람이 다음 사유로 운전면허증 갱신 기간 동안에 발급 받을 수 없을 때에는 갱신기간 이전에 미리 운전면허증을 받거나 운전면허증 갱신 발급 연기신청서에 연기사유를 증명할 수 있는 서류를 첨부하여 제출하여야 한다.

　㉮ 해외에 체류 중이거나 재해 또는 재난을 당한 경우(영 제57조)

　㉯ 질병이나 부상을 입어 거동이 불가능한 경우

　㉰ 법령의 규정에 의하여 신체의 자유를 구속당한 경우

　㉱ 군복무 중(의무경찰 또는 의무소방원으로 전환복무 중인 경우를 포함, 사병으로 한정한다)이거나 그 밖에 사회통념상 부득이하다고 인정할 만한 상당한 이유가 있는 경우

② 정기적성검사의 연기를 받은 사람은 그 사유가 없어진 날부터 3개월 이내에 운전면허증을 갱신발급 받아야 한다.(제3항)

5 수시적성검사(국제운전면허 소지자 포함)

① 운전면허를 받은 사람(국제운전면허증 또는 상호인정외국면허증을 받은 사람 포함)이 안전운전에 장애가 되는 후천적 신체장애 등 다음 사유에 해당되는 경우에는 도로교통공단이 실시하는 수시적성검사를 받아야 한다.(법 제88조제1항, 영 제56조제1항)

㉮ 정신질환자·뇌전증환자·마약·대마·향정신성의약품 또는 알코올중독 등 정신적 또는 다리·머리·척추 등 안전운전에 장애가 되는 신체장애 등 상당한 이유가 있는 경우

㉯ 후천적 신체장애 등에 관한 개인정보가 경찰청장에 통보된 경우

② 도로교통공단은 수시적성검사를 받아야 하는 사람에게 그 사실을 등기우편 등으로 통지하여야 한다.(영 제56조제2항)

③ 통지를 받은 사람은 도로교통공단이 정하는 날부터 3개월 이내에 수시적성검사를 받아야 한다.(영 제56조제3항)

④ 수시적성검사의 통지를 받고도 수시적성검사를 실시하지 못할 사유가 있는 때에는 증명할 수 있는 서류를 첨부하여 주소지 도로교통공단에 연기신청을 할 수 있으며, 연기사유가 없어진 날부터 3개월 이내에 수시적성검사를 받아야 한다.

6 수시 적성검사의 연기 등(영제57조 제1항. 제2항, 제3항)

① 수시적성검사대상자는 다음 각 호의 어느 하나에 해당하는 사유로 수시적성검사기간 동안에 수시적성검사를 받을 수 없을 때에는 행정안전부령으로 정하는 바에 의하여 수시 적성검사 기간 이전에 미리 적성검사를 받거나 수시 적성검사 연기신청서에 연기사유를 증명할 수 있는 서류를 첨부하여 한국도로교통공단에 제출하여야 한다.
1 해외에 체류 중인 경우.
2 재해 또는 재난을 당한 경우.
3 질병이나 부상으로 인하여 거동이 불가능한 경우.
4 법령에 따라 신체의 자유를 구속당한 경우.
5 군 복무 중(병역법)에 따라 의무경찰 또는 의무소방원으로 전환복무 중인 경우를 포함하고, 사병으로 한정한다.
6 그 밖에 사회통념상 부득이하다고 인정할 만한 상당한 이유가 있는 경우.

② 한국도로교통공단은 위의 제1항에 따른 신청사유가 타당하다고 인정될 때에는 수시 적성검사를 그 기간 이전에 실시하거나 1년 이내의 범위에서 한 차례만 연기할 수 있다.

③ 제2항에 따라 수시 적성검사를 연기 받은 사람은 그 사유가 없어진 날부터 3개월 이내에 수시적성검사를 받아야 한다.

제4절 운전면허의 취소·정지

시·도 경찰청장은 운전면허(연습운전면허 제외)를 받은 사람에 대하여 행정안전부령이 정하는 기준에 따라 운전면허를 취소하거나 1년 이내의 범위에서 운전면허의 효력을 정지시킬 수 있다.(법 제93조제1항)

1 운전면허의 취소처분기준(규칙 별표28)

위반 사항	처분
1. 교통사고를 일으키고 구호조치를 하지 아니한 때	취소
2. 술에 취한 상태에서 운전한 때 • 술에 취한 상태의 기준(혈중알코올농도 0.03% 이상)을 넘어서 운전을 하다가 교통사고로 사람을 죽게 하거나 다치게 한 때 • 혈중알코올농도 0.08% 이상의 상태에서 운전한 때 • 술에 취한 상태의 기준을 넘어 운전하거나 술에 취한 상태의 측정에 불응한 사람이 다시 술에 취한 상태(혈중알코올농도 0.03% 이상)에서 운전한 때	
3. 술에 취한 상태의 측정에 불응한 때	
4. 다른 사람에게 운전면허증 대여한 경우(빌려준 경우와 빌려서 사용한 경우) (도난, 분실 제외)	
5. 운전면허 결격사유에 해당	
6. 약물을 사용한 상태에서 자동차 등을 운전한 때	
6의2. 공동위험행위(구속된 때)	
6의3. 난폭운전(구속된 때)	
6의4. 최고속도보다 100km/h를 초과한 속도로 3회 이상 운전한 때	
7. 정기적성검사 불합격 또는 기간 만료일 다음 날부터 1년 경과	
8. 수시적성검사 불합격 또는 기간 경과	
9. 삭제 〈2011.12.9〉	
10. 운전면허 행정 처분 기간 중 운전행위	
11. 허위 또는 부정한 수단으로 운전면허를 받은 경우	
12. 등록 또는 임시운행 허가를 받지 아니한 자동차를 운전한 때	
12의2. 자동차 등을 이용하여 형법상 특수상해 등을 행한 때(보복운전)	
13. 삭제 〈2018. 9. 28.〉	
14. 삭제 〈2018. 9. 28.〉	
15. 다른 사람을 위하여 운전면허시험에 응시한 때	
16. 운전자가 단속 경찰공무원 등에 대한 폭행(형사 입건된 때)	
17. 연습면허 취소사유가 있었던 경우	
18. 음주 운전 방지장치 부착 조건부 운전면허를 받은 운전자 등이 준수사항을 위반한 경우. ① 음주 운전 방지장치 부착 조건부 운전면허를 받은 운전자가 음주운전 방지 장치가 설치된 자동차 등을 시.도경찰청에 등록하지 않고 운전한 경우 ② 음주 운전 방지장치 부착 조건부 운전면허를 받은 운전자가 음주운전 방지장치가 설치되지 않거나 설치기준에 부합하지 않은 음주운전 방지 장치가 설치된 자동차 등을 운전한 경우 ③ 음주 운전 방지장치 부착 조건부 운전면허를 받은 운전자는 음주운전 방지장치가 해체·조작 또는 그 밖의 방법으로 효용이 떨어진 것을 알면서 해당 자동차를 등을 운전한 경우	

2 운전면허의 정지처분기준(규칙 별표28)

위반 사항	벌 점
1. 속도위반(100km/h 초과)	100
2. 술에 취한 상태의 기준을 넘어서 운전한 때(혈중알코올농도 0.03% 이상 0.08% 미만)	
2의2. 자동차 등을 이용하여 형법상 특수상해 등(보복운전)을 하여 입건된 때	
3. 속도위반(80km/h 초과 100km/h 이하)	80
3의2. 속도위반(60km/h 초과 80km/h 이하)	60

제1장 도로교통법 핵심요약정리

제5절 범칙행위 처리에 관한 특례

범칙	범칙행위
40	4. 차로 위반(군용차량 대형승합차 또는 다인승전용차로 통행위반은 제외), 3종 전용차로 통행위반, 3종 이상 이동운행, 보호구역에서의 통행방법 위반
	4의2. 운전면허증 휴대의무위반
	4의3. 신호위반으로 응시하였을 때
	5. 안전거리 미준수, 앞지르기 방법 또는 다른 자동차의 정상적인 통행에 장해를 주는 방법으로 끼어들기
	6. 도로에서의 자동차 일시정지
	7. 통행구간 허가용 위반기관 60명이 정자명령 사람하여 조치하지 아니할 때
	8. 통행수단 위반(중앙선 침범위반 위반)
	9. 속도위반(40km/h 초과 60km/h 이하)
	10. 횡단보도 보행자 보호의무 위반
30	10의2. 승객의 차 안에서 주사위 하행위 방지 조치 위반
	10의3. 어린이통학버스 안전운행기준 위반
	10의4. 어린이통학버스 운전자의 의무위반(좌석안전띠를 매도록 하지 아니한 운전자 제외)
	11. 고속도로, 자동차전용도로, 고가도로 등
	12. 고속도로, 자동차전용도로 방향으로 통행하기
	13. 운전면허증 등의 제시의무 위반 또는 운전자 신분확인을 위한 질문에 불응
	14. 최저 속도 위반
	15. 속도위반(20km/h 초과 40km/h 이하)
	15의2. 속도위반(어린이보호구역 안에서 오전 8시부터 오후 8시 사이에 20km/h 이하)
	16. 앞지르기 금지시기
15	16의2. 적재 제한 위반 또는 적재물 추락 방지 위반
	17. 운전 중 휴대용 전화 사용
	17의2. 운전 중 운전자가 볼 수 있는 위치에 영상 표시
	17의3. 운전 중 영상표시장치 조작
	18. 운행기록계 미설치 자동차 운전금지 등의 위반
	19. 삭제 (2014.12.31.)
	20. 돌리개조각이 있는, 모든 통행구분 위반
	21. 차로통행 준수의무 위반, 지정차로 통행위반(진로변경금지장소에서의 진로변경 포함)
10	22. 일반도로 전용차로 통행위반
	23. 안전거리기본 미확보(진로변경방법 위반 포함)
	24. 진로변경
	25. 급제동 금지 위반(긴급자동차 제외)
	26. 끼어들기 중 위반
	27. 서행의무 위반
	28. 일시정지 위반, 다른 차의 끼어들기 출발 방지
	29. 자동차주행속력지시기 조작사항
	30. 휴대, 훈련용 · 조깅조깅 등이 그 밖에 위험하거나 사람에게 피해를 끼칠 우려
	31. 운전중에 휴대하고 있지 아니하여 하는 물품을 휴대

(주) 1. 범칙행위 일시기준이 65 인가계 65세이상인 경우에 해당한다.
2. 표 중 위의 경우 그 위반에 대한 이름이 100명이 이상 50년 이상 사람 등의 경우에 대한 경우에 대한 범칙 등 그 경우에만 해당한다. 다만, 다른 사람과의 형태는 인정하지 아니한 경우 모든 위반자는 해당 사항에 따른다.
3. 위 표에서 이동이동자로부터 오전 8시부터 오후 8시 사이에 위반의 모든 사항이 있는 자에 대해 해당 등의 이사람에 대해 해당한다.
4. 제25조에는 분당부동 및 제27조제6조에 따른 범칙사 및 신호와 지시에 따라야 할 이외의 해당하는 과실은 : 해당 종이 없이 다만과 달러에 따라 가중한다. 단만 범칙금 2배
가. 제13조제2호, 제16호, 제14조, 제15조 또는 제17조제5항에 중 어느 반칙행위 : 120명
나. 제1호부터 제3호, 제15호 또는 제17조제5항에 중 어느 반칙행위에 8시부터 오후 8시 사이에 다음 어느 하나에 해당하는 반칙행위를 한 운전자에 대해 각각에 해당하는 반칙에 해당한다.
3. 위 표의 경우 이모동자로부터 오전 8시부터 오후 8시까지 사이에 위와 같이 위반의 모든 사항이 인정하지 아니한다.
2. 제7호, 제10호, 제10조, 제11조, 제13호, 제14조, 제16조, 제20조부터 제23조까지, 제20조까지 및 제30조까지, 제27호 등 해당하지 아니한다.
가. 제13조제12호, 제16호, 제14조, 제15조 또는 제17조제5항에 중 어느 반칙행위 : 해당 종이 없이 다만에 이탈하여 과실에 가중한다. 단만 범칙금 2배
4. 제25조에는 분당부동 및 제27조제6조에 따른 범칙사 및 신호와 지시에 따라 일정 이상 이 수 있는 등에는 과태료를 감경하지 않는다.

3. 자동차 등이 이용 범칙 및 자동차 등의 정지·정차 시 공전금지의

행정처분 기준 (규칙 별표28)

(1) 최소처분 기준

위반 사항	벌점
자동차 등을 다음 각 호의 어느 하나에 해당하는 방법으로 사용 등이 다음을 통하여 · 점용 · 가용 · 점속 등의 위반 · 방법위반 · 결권 · 혼적행위 또는 이를 이용한 이동 · 이용 · 다른 규정의 위반행위 · 교육계획에서 허가한 사항을 경과한 경우 · 다른 사람의 이용이 필요한 정사원가, 다른 사람의 사용 등이 규정에 가용하기 · 다른 사람의 이사정사원가, 다른 사람의 사용 등 이사정사원가 · 결사 등을 가용한 사용 등 규정을 경우에만 해당	정지
2. 다른 사람의 자동차 등을 훔치거나 빼앗은 경우	정지

(2) 정지처분 기준

위반 사항	벌점
1. 자동차 등을 다음 각 호의 어느 하나에 해당하는 방법으로 사용 등의 경우 · 사정 · 인증 · 추월 · 권설 · 통신 · 이용 · 다른 사람의 이사정사원가 · 결사 · 권설의 공급의 성행의 이용 · 다른 사람의 이사정사원가, 다른 사람의 사용 등 이사정사원가 · 결사 등을 가용한 사용 등 규정을 경우에만 해당	100
2. 다른 사람의 자동차 등을 통해 · 사용한 경우	100

(3) 공전금지의 해당 처분 기준 (규칙 별표28, 제5호)

※ 다른 불법에 따라 정지 공전 · 가용하지 · 실형 경우 공전 시,

위반 사항	내용	정지 기간
1	도로교통법의 이용 관련 규정에 사람의 사용 위반자 · 제93조제1항 (아동 및 청소년 포함)	100일

4. 교통법규 위반자에 대한 사고강의에 따른 범칙감경

가감 1년이내 : 90명, 중상 1명마다 : 15명, 경상 1명마다 : 5명, 부상 1명마다 : 2명

5. 공전면허증 기원의 정지

① 공전면허증 40명 이상이 되면 1일을 1일로 실정 경계이를
② 누설공전은 3년간 누설감리한다.
③ 공전면허증 40명 이상이 될 경우 결활되라 한번 뒤 사고강의이 원 결활 공공활도 이용 경계지 경계이를
④ 공전경가법을 실가방원이 한 공전사에게 40명이 특례감사 실정
하여
※ 공전면허증의 내역대와 경계는 위반이 정확하지 아니한 때 사입제한되다.

고등학생들의 교통사고 부상자 등 수험용 사고인명자가 예상되어 한성 한 20년 년동안 아들의 비교적 자동의 많은 것으로 국가기간에 대한 대상 등이 같은 친자직 사고 문제에서 아름다움이 사고분석분 중지 않는 게시되다.

1 범칙행위·범칙자 및 범칙금

(1) 범칙행위(법 제162조)
범칙행위라 함은 벌금 20만 원 이하의 위반 행위를 말한다.

(2) 범칙자(법 제162조제2항)
범칙행위를 한 사람으로서 다음 중 어느 하나에 해당하지 아니하는 사람을 말한다.
① 범칙행위 당시 운전면허증 등 또는 이를 갈음하는 증명서를 제시하지 못하거나 경찰공무원의 운전자 신원 및 운전면허 확인을 위한 질문에 응하지 아니한 운전자
② 범칙행위로 교통사고를 일으킨 사람. 다만, 업무상과실치상죄·중과실치상죄 또는 주의를 게을리하거나 중대한 과실로 다른 사람의 건조물이나 그 밖의 재물을 손괴한 경우 그 죄에 대한 벌을 받지 아니하게 된 사람은 제외한다.

(3) 범칙금(영 별표8)

범 칙 행 위	승합	승용
• 속도위반(60km/h 초과) • 어린이통학버스 운전자의 의무 위반(좌석안전띠를 매도록 하지 않은 경우는 제외) • 인적 사항 제공의무 위반(주·정차된 차 손괴한 경우에 한정)	13만	12만
• 속도위반(40km/h 초과 60km/h 이하) • 승객의 차 안 소란행위 방치 운전 • 어린이통학버스 특별보호 위반	10만	9만
• 안전표지가 설치된 곳에서의 정차·주차 금지 위반 • 승차정원을 초과하여 동승자를 태우고 개인형 이동장치를 운전	9만	8만
• 신호·지시 위반 • 중앙선 침범, 통행구분 위반 • 횡단·유턴·후진 위반 • 속도위반(20km/h 초과 40km/h 이하) • 앞지르기 방법 위반 • 앞지르기 금지 시기·장소 위반 • 철길건널목 통과방법 위반 • 회전교차로 통행방법 위반 • 횡단보도 보행자 횡단 방해(신호 또는 지시에 따라 도로를 횡단하는 보행자의 통행 방해와 어린이 보호구역에서의 일시정지 위반 포함) • 보행자전용도로 통행 위반(보행자전용도로 통행방법 위반 포함) • 긴급자동차에 대한 양보·일시 정지 위반 • 긴급한 용도나 그 밖에 허용된 사항 외에 경광등이나 사이렌 사용 • 승차 인원 초과, 승객 또는 승하차자 추락 방지조치 위반 • 어린이·앞을 보지 못하는 사람 등의 보호 위반 • 운전 중 휴대용 전화 사용 • 운전 중 운전자가 볼 수 있는 위치에 영상 표시 • 운전 중 영상표시장치 조작 • 운행기록계 미설치 자동차 운전 금지 등의 위반 • 고속도로·자동차전용도로 갓길 통행 • 고속도로버스전용차로·다인승전용차로 통행 위반	7만	6만
• 통행 금지·제한 위반 • 일반도로 전용차로 통행 위반 • 노면전차 전용로 통행 위반 • 고속도로·자동차전용도로 안전거리 미확보 • 앞지르기의 방해 금지 위반 • 교차로 통행방법 위반 • 회전교차로 진입·진행방법 위반 • 교차로에서의 양보운전 위반 • 보행자의 통행 방해 또는 보호 불이행 • 정차·주차 금지 위반 • 주차금지 위반 • 정차·주차방법 위반 • 경사진 곳에서의 정차·주차방법 위반	5만	4만
• 정차·주차 위반에 대한 조치 불응 • 적재 제한 위반, 적재물 추락 방지 위반 또는 영유아나 동물을 안고 운전하는 행위 • 안전운전의무 위반 • 도로에서의 시비·다툼 등으로 인한 차마의 통행 방해 행위 • 급발진, 급가속, 엔진 공회전 또는 반복적·연속적인 경음기 울림으로 인한 소음 발생 행위 • 화물 적재함에의 승객 탑승 운행 행위 • 개인형 이동장치 인명보호 장구 미착용 • 자율주행자동차 운전자의 준수사항 위반 • 고속도로 지정차로 통행 위반 • 고속도로·자동차전용도로 횡단·유턴·후진 위반 • 고속도로·자동차전용도로 정차·주차 금지 위반 • 고속도로 진입 위반 • 고속도로·자동차전용도로에서의 고장 등의 경우 조치 불이행	5만	4만
• 혼잡 완화조치 위반 • 차로통행 준수의무 위반, 지정차로 통행 위반, 차로 너비보다 넓은 차 통행 금지 위반(진로 변경 금지 장소에서의 진로 변경을 포함) • 속도위반(20km/h 이하) • 진로 변경방법 위반 • 급제동 금지 위반 • 끼어들기 금지 위반 • 서행의무 위반 • 일시 정지 위반 • 방향전환·진로변경 및 회전교차로 진입·진출 시 신호 불이행 • 운전석 이탈 시 안전 확보 불이행 • 동승자 등의 안전을 위한 조치 위반 • 시·도 경찰청 지정·공고 사항 위반 • 좌석안전띠 미착용 • 이륜자동차·원동기장치자전거(개인형 이동장치 제외) 인명보호 장구 미착용 • 등화점등 불이행·발광장치 미착용(자전거 운전자는 제외) • 어린이통학버스와 비슷한 도색·표지 금지 위반	3만	3만
• 최저속도 위반 • 일반도로 안전거리 미확보 • 등화 점등·조작 불이행(안개가 끼거나 비 또는 눈이 올때는 제외) • 불법부착장치 차 운전(교통단속용 장비의 기능을 방해하는 장치를 한 차의 운전은 제외) • 사업용 승합자동차 또는 노면전차의 승차 거부 • 택시의 합승(장기 주차·정차하여 승객을 유치한 경우에 한정)·승차거부·부당요금징수행위 • 운전이 금지된 위험한 자전거 등의 운전	2만	2만
• 돌, 유리병, 쇳조각, 그 밖에 도로에 있는 사람이나 차마를 손상시킬 우려가 있는 물건을 던지거나 발사하는 행위 • 도로를 통행하고 있는 차마에서 밖으로 물건을 던지는 행위	5만	
• **특별교통안전교육의 미이수** : 과거 5년 이내에 음주운전 금지를 1회 이상 위반하였던 사람으로서 다시 같은 조를 위반하여 운전면허효력 정지처분을 받게 되거나 받은 사람이 그 처분기간이 끝나기 전에 특별교통안전교육을 받지 않은 경우	15만	
• 위 '특별교통안전교육의 미이수'항목 외의 경우	10만	
• 경찰관의 실효된 면허증 회수에 대한 거부 또는 방해	3만	

※ 승합(승합·4톤 초과 화물, 특수·건설기계), 승용(승용·4톤 이하 화물)

2 범칙금 통고 및 납부

(1) 범칙금의 통고처분(법 제163조)
경찰서장 또는 제주특별자치도지사는 범칙자로 인정되는 사람에 대하여 이유를 명시한 범칙금 납부통고서로 범칙금을 납부할 것을 통고할 수 있다. 다만, 다음 각 호의 어느 하나에 해당하는 사람에 대하여는 그러하지 아니하다.
① 성명 또는 주소가 확실하지 아니한 사람
② 달아날 우려가 있는 사람

③ 범칙금 납부통고서를 받기 거부한 사람

(2) 범칙금의 납부(법 제164조)

① 범칙금 납부통고서를 받은 사람은 10일 이내에 경찰청장이 지정하는 국고은행, 지점, 대리점, 우체국 또는 제주특별자치도지사가 지정하는 금융기관이나 그 지점에 범칙금을 납부하여야 한다. 다만, **천재지변이나 그 밖의 부득이한 사유로 말미암아 그 기간 이내에 범칙금을 납부할 수 없는 때에는 부득이한 사유가 없어지게 된 날부터 5일 이내에 납부**하여야 한다.

② 납부기간 이내에 범칙금을 납부하지 아니한 사람은 납부기간이 만료되는 날의 다음 날부터 20일 이내에 통고받은 범칙금에 100분의 20을 더한 금액을 납부하여야 한다.

(3) 범칙금 통고처분 불이행자의 처리

① 범칙금납부통고 : 10일 이내 납부

② 미납 시 범칙금의 100분의 20을 가산납부통고(즉시 통고) : 납부마감일부터 20일 이내 납부

③ 미납 시 즉결심판출석통지서에 범칙금 100분의 50을 가산납부통고(출석일 10일전 통고) : 납부마감일 30일 이내 납부 시 즉심면제(미납 시 납부마감일부터 40일 이내 즉심처리)

④ 즉심 불응 시 즉결심판최고통지서에 범칙금의 100분의 50 가산납부최고 : 납부 시 즉심 면제, 미납 시 납부마감일 60일 이내 즉심회부

⑤ 최고에도 즉심 불응 시 : 운전면허 일시 정지처분(벌점 40점 부과)

3 과태료 부과 대상차량

다음 위반 행위가 사진·비디오 테이프 등으로 입증되는 경우「고지서」또는「통고처분」을 할 수 없는 때 고용주 등에 과태료를 부과할 수 있는 차량과 과태료는 다음과 같다.

과태료 금액표(시행령 별표6)

위 반 행 위		승합	승용
시·도 경찰청장이 과태료를 부과할 수 있는 경우	※제한속도 준수 위반 — 60km/h 초과	14만	13만
	40km/h~60km/h	11만	10만
	20km/h~40km/h	8만	7만
	20km/h 이하	4만	4만
시·도 경찰청장이 과태료를 부과할 수 있는 경우	• 중앙선 침범 위반 • 고속 도로 갓길·고속 도로 전용차로 통행금지 위반 • 회전 교차로에서 반시계 방향으로 통행하지 않은 차	10만	9만
	• 신호 또는 지시 위반 • 보·차도가 구분된 도로에서 보도 침범 • 긴급 자동차에 대한 일시 정지 또는 진로 양보 위반 • 보행자의 횡단을 방해하거나 일시 정지 위반 • 안전표지에 의하여 진입이 금지된 장소에 진입 위반 • 앞지르기 금지 시기 및 장소를 위반한 차 • 운전 중 휴대전화 사용, 영상표시장치 조작 및 운전자가 볼 수 있는 위치에 영상을 표시한 차 • 고속도로에서 앞지르기 통행방법 미준수	8만	7만
	• 차마의 통행 금지 및 제한 위반 • 교차로 정지선 침범 • 교차로 통행방법 위반 • 서행, 일시정지, 진로 양보 등의 통행 방법을 위반하여 회전 교차로에 진입한 차 • 적재물 추락방지 위반 • 고속도로에서 지정차로 통행 위반	6만	5만
	• 끼어들기 금지 위반 • 차로에 따라 통행하지 않는 차(지정차로 포함) • 방향전환, 진로변경 및 회전교차로 진입·진출 시 신호 불이행	4만	4만

위 반 행 위		승합	승용
시·도 경찰청장이 과태료를 부과할 수 있는 경우	• 좌석안전띠를 매도록 아니한 운전자(13세 이상) • 정기 또는 수시 적성 검사를 받지 아니한 사람 • 어린이통학버스 안에서 신고증명서를 갖추지 아니한 운영자	3만	
	• 승차자의 인명보호장구 착용을 하지 아니한 운전자 • 고인 물 등을 튀게 하여 피해를 준 운전자 • 창유리의 암도기준을 위반한 운전자 • 고속도로 등에서의 준수사항 위반한 운전자 • 운전면허증 갱신기간 이내 갱신하지 아니한 사람	2만	
	• 어린이나 유아의 좌석안전띠를 매도록 하지 아니한 운전자(13세 미만 경우)	6만	
시장 등이 과태료를 부과할 수 있는 경우	• 일반도로의 전용차로 통행금지 위반	6만	5만
	• 주·정차 위반 차의 고용주 등 (2시간 이상 주·정차 때)	5만 (6만)	4만 (5만)

(주) 위 표에서 승합이란? 승합, 4톤 초과 화물, 특수 및 건설 기계 / 승용이란? 승용, 4톤 이하

4 어린이 보호 구역 및 노인·장애인 보호 구역에서의 범칙 금액 및 과태료

해당 보호구역에서 오전 8시부터 오후 8시까지 다음 위반 행위에 해당하는 경우의 범칙금 및 과태료 기준은 다음에 의한다.

어린이 보호 구역 및 노인·장애인 보호 구역에서의 범칙금액 및 과태료(영 별표10), (영 별표7)

위 반 사 항(범칙행위)		범칙금(운전자)		과태료(소유주)	
		승합	승용	승합	승용
• 신호 또는 지시에 따를 의무 위반		13만	12만	14만	13만
• 횡단보도 보행자 횡단 방해		13만	12만	–	–
• 속도위반	60km/h 초과	16만	15만	17만	16만
	40km/h~60km/h	13만	12만	14만	13만
	20km/h~40km/h	10만	9만	11만	10만
	20km/h 이하	6만	6만	7만	7만
• 통행금지·제한 위반		9만	8만	–	–
• 보행자 통행 방해·보호 불이행		9만	8만	–	–
• 주정차 금지 위반	어린이	13만	12만	13만(14만)	12만(13만)
	노인·장애인	9만	8만	9만(10만)	8만(9만)

(주) 괄호 안은 같은 장소에서 2시간 이상 주·정차 경우에 적용

제2편 자동차운전전문학원 관계법령 핵심요약정리

제1장 운전면허제도

제1절 자동차운전면허

1 운전면허의 구분(법 제80조제1·2항)

① 자동차 등을 운전하려는 사람은 시·도 경찰청장으로부터 운전면허를 받아야 한다. 다만, 배기량 125cc(전동기의 경우 최고정격출력 11kw) 이하의 원동기를 단 차 중 개인형 이동장치 또는 교통약자가 최고속도 20km 이하로만 운행될 수 있는 차를 운전하는 경우에는 그러하지 아니하다.

② 운전면허의 범위 구분은 다음과 같다.

제1종 운전면허	① 대형면허 ② 보통면허 ③ 소형면허 ④ 특수면허(대형견인면허, 소형견인면허, 구난차면허)
제2종 운전면허	① 보통면허 ② 소형면허 ③ 원동기장치자전거면허
연습운전면허	① 제1종 보통연습면허 ② 제2종 보통연습면허

2 운전면허 구분에 따라 운전할 수 있는 차량(규칙 별표18)

면허구분			운전할 수 있는 차량
제1종	대형면허		1. 승용자동차 2. 승합자동차 3. 화물자동차 4. 〈삭제〉 5. 건설기계 　가. 덤프트럭, 아스팔트살포기, 노상안정기 　나. 콘크리트믹서트럭, 콘크리트펌프, 천공기(트럭 적재식) 　다. 콘크리트믹서트레일러, 아스팔트콘크리트재생기 　라. 도로보수트럭, 3톤 미만의 지게차, 트럭지게차 6. 특수자동차[대형견인차, 소형견인차 및 구난차(이하 "구난차 등"이라 한다)는 제외한다] 7. 원동기장치자전거
	보통면허		1. 승용자동차 2. 승차정원 15명 이하의 승합자동차 3. 〈삭제〉 4. 적재중량 12톤 미만의 화물자동차 5. 건설기계(도로를 운행하는 3톤 미만의 지게차로 한정한다) 6. 총중량 10톤 미만의 특수자동차(구난차 등은 제외한다) 7. 원동기장치자전거
	소형면허		1. 3륜화물자동차 2. 3륜승용자동차 3. 원동기장치자전거
	특수면허	대형견인차	1. 견인형 특수자동차 2. 제2종 보통면허로 운전할 수 있는 차량
		소형견인차	1. 총중량 3.5톤 이하의 견인형 특수자동차 2. 제2종 보통면허로 운전할 수 있는 차량
		구난차	1. 구난형 특수자동차 2. 제2종 보통면허로 운전할 수 있는 차량
제2종	보통면허		1. 승용자동차 2. 승차정원 10명 이하의 승합자동차 3. 적재중량 4톤 이하의 화물자동차 4. 총중량 3.5톤 이하의 특수자동차(구난차 등은 제외한다) 5. 원동기장치자전거
	소형면허		1. 이륜자동차(측차부를 포함한다) 2. 원동기장치자전거
	원동기장치 자전거면허		원동기장치자전거
연습면허	제1종 보통		1. 승용자동차 2. 승차정원 15명 이하의 승합자동차 3. 적재중량 12톤 미만의 화물자동차
	제2종 보통		1. 승용자동차 2. 승차정원 10명 이하의 승합자동차 3. 적재중량 4톤 이하의 화물자동차

(주) 1. 「자동차관리법」 제30조에 따라 자동차의 형식이 변경승인되거나 같은 법 제34조에 따라 자동차의 구조 또는 장치가 변경승인된 경우에는 다음의 구분에 따른 기준에 따라 이 표를 적용한다.
　가. 자동차의 형식이 변경된 경우 : 다음의 구분에 따른 정원 또는 중량 기준
　　1) 차종이 변경되거나 승차정원 또는 적재중량이 증가한 경우 : 변경승인 후의 차종이나 승차정원 또는 적재중량
　　2) 차종의 변경 없이 승차정원 또는 적재중량이 감소된 경우 : 변경승인 전의 승차정원 또는 적재중량
　나. 자동차의 구조 또는 장치가 변경된 경우 : 변경승인 전의 승차정원 또는 적재중량
2. 별표9(주) 제6호 각 목에 따른 위험물 등을 운반하는 적재중량 3톤 이하 또는 적재용량 3천리터 이하의 화물자동차는 제1종 보통면허가 있어야 운전을 할 수 있고, 적재중량 3톤 초과 또는 적재용량 3천리터 초과의 화물자동차는 제1종 대형면허가 있어야 운전할 수 있다.
3. 피견인자동차는 제1종 대형면허, 제1종 보통면허 또는 제2종 보통면허를 가지고 있는 사람이 그 면허로 운전할 수 있는 자동차(「자동차관리법」 제3조에 따른 이륜자동차는 제외한다)로 견인할 수 있다. 이 경우 총 중량 750킬로그램 초과하는 3톤 이하의 피견인자동차를 견인하기 위해서는 견인하는 자동차를 운전할 수 있는 면허와 소형견인차면허 또는 대형견인차면허를 가지고 있어야 하고, 3톤을 초과하는 피견인자동차를 견인하기 위해서는 견인하는 자동차를 운전할 수 있는 면허와 대형견인차면허를 가지고 있어야 한다.

3 운전면허 조건 등(규칙제54조).

(1) 조건의 구분(제1항, 제2항)

① 한국도로교통공단은 실시한 적성검사(수시 적성검사 포함) 결과가 운전면허에 조건을 붙여야 하거나 변경이 필요하다고 판단되는 경우에는 그 내용을 시·도경찰청에게 통보하여야 한다(제1항).

② 제1항에 따라 한국도로교통공단으로부터 통보를 받은 시·도경찰청장이 운전면허를 받을 사람 또는 적성검사를 받은 사람에게 붙이거나 바꿀 수 있는 조건은 다음 각 호의 구분과 같다.
　가 자동차등의 구조를 한정하는 조건(규칙제54조제1항제1호~제3호)
　　㉠ 자동변속기장치 자동차만을 운전하도록 하는 조건
　　㉡ 삼륜 이상의 원동기장치자전거(다륜형 원동기장치자전거)만을 운전하도록 하는 조건.
　　㉢ 가속페달 또는 브레이크를 손으로 조작하는 장치, 오른쪽 방향지시기 또는 왼쪽 엑셀레이터를 부착하도록 하는 조건
　　㉣ 신체장애 정도에 적합하게 제작·승인된 자동차만을 운전하도록 하는 조건
　나 의수·의족·보청기 등 신체상의 장애를 보완하는 보조수단을 사용하도록 하는 조건
　다 청각장애인이 운전하는 자동차에는 청각장애인표지와 충분한 시야를 확보할 수 있는 볼록거울을 별도로 부착하도록 하는 조건.

(2) 조건의 부과기준(규칙제54조제3항)

조건의 부과기준은 별표20과 같다. 다만 운전면허를 받은 사람 또는 적성검사를 받은 사람의 신체상의 상태 또는 운전능력에 따라 2 이상의 조건을 병합하여 부과할 수 있다.

※ [별표20] 「신체상태에 따라 받을 수 있는 운전면허 및 조건부 부과기준」 생략 (별표)

(3) 조건부과에 따른 조치(규칙제54조제4항 · 제5항 · 제6항)

① 시 · 도경찰청장이 운전에 필요한 조건을 붙이거나 바꾼 때에는 그 내용을 한국도로교통공단에 통보하고, 그 통보를 받은 한국 도로교통공단은 운전면허의 조건이 부과되거나 변경되는 사람에게 조건부과(변경)통지서에 따라 그 내용을 통지하여야 한다.

② 한국 도로교통공단은 시 · 도경찰청장으로부터 통보를 받은 때에는 그 사람의 [운전면허증]과 [자동차운전면허대장] [정기적성검사대장] [수시적성검사대장]에 그 내용을 기재하여야 한다.

③ 시 · 도경찰청장은 조건을 바꾸거나 해지하려는 경우에는 적성 및 기능에 관한 시험에 합격한 사람에 한정하여 이를 할 수 있다.

4 연습운전면허

(1) 연습운전면허의 효력(법 제81조)

연습운전면허는 그 면허를 받은 날부터 1년 동안 효력을 가진다. 다만, 연습운전면허를 받은 날부터 1년 이전이라도 연습운전면허를 받은 사람이 제1종 보통면허 또는 제2종 보통면허를 받은 경우 연습운전면허는 그 효력을 잃는다.

(2) 연습운전면허를 받은 사람의 준수사항(규칙 제55조)

① 운전면허(연습하고자 하는 자동차를 운전할 수 있는 운전면허에 한한다)를 받은 날부터 2년이 경과된 사람(소지하고 있는 운전면허의 효력이 정지기간 중인 사람을 제외한다)과 함께 승차하여 그 사람의 지도를 받아야 한다.

② 「여객자동차 운수사업법」 또는 「화물자동차 운수사업법」에 따른 사업용 자동차를 운전하는 등 주행연습 외의 목적으로 운전하여서는 아니 된다.

③ 주행연습 중이라는 사실을 다른 차의 운전자가 알 수 있도록 연습중인 자동차에 「주행연습」 표지(규칙 별표21)를 붙여야 한다.

5 운전면허의 결격사유(법 제82조)

(1) 운전면허를 받을 수 없는 사람(제1항)

① 18세 미만(원동기장치자전거의 경우에는 16세 미만)인 사람

② 교통상의 위험과 장해를 일으킬 수 있는 정신질환자 또는 뇌전증 환자로서 - 치매, 정신분열병, 분열형 정동장애, 양극성 정동장애, 재발성 우울장애 등의 정신질환 또는 정신 발육지연, 뇌전증 등으로 인하여 정상적인 운전을 할 수 없다고 해당 분야 전문의가 인정하는 사람

③ 듣지 못하는 사람(제1종 운전면허 중 대형 · 특수 면허에 해당), 앞을 보지 못하는 사람(한쪽 눈만 보지 못하는 사람의 경우에는 제1종 운전면허 중 대형면허, 특수면허만 해당)이나 다리, 머리, 척추, 그 밖의 신체장애로 인하여 앉아 있을 수 없는 사람

④ 양쪽 팔의 팔꿈치관절 이상을 잃은 사람이나 양쪽 팔을 전혀 쓸 수 없는 사람. 다만, 본인의 신체장애 정도에 적합하게 제작된 자동차를 이용하여 정상적인 운전을 할 수 있는 경우에는 그러하지 아니하다.

⑤ 교통상의 위험과 장해를 일으킬 수 있는 마약 · 대마 · 향정신성의약품 또는 알코올 관련장애 등으로 인하여 정상적인 운전을 할 수 없다고 해당분야 전문의가 인정하는 사람

⑥ 제1종 대형면허 또는 제1종 특수면허를 받으려는 경우로서 19세 미만이거나 자동차(이륜자동차 제외)의 운전경험이 1년 미만인 사람

⑦ 대한민국의 국적을 가지지 아니한 사람 중 외국인 등록을 하지 아니한 사람이나 국내 거소신고를 하지 아니한 사람

(2) 일정기간 운전면허를 받을 수 없는 사람(제2항)

응 시 제 한 사 유	응시제한 기간
• 무면허운전 또는 운전면허결격사유에 해당하는 사람이 자동차 등을 운전한 경우에는 그 위반한 날(운전면허효력정지기간에 운전하여 취소된 경우에는 그 취소 된 날)부터 1년(원동기장치자전거면허를 받으려는 경우에는 6개월, 공동위험행위금지를 위반한 경우에는 그 위반한 날부터 1년), 다만 사람을 사상한 후 사고발생 시의 조치 및 신고를 하지 아니한 경우 에는 그 위반한 날부터	위반한날 · 취소된 날 부터 1년 위반한날부터 5년
• 음주운전 · 음주측정거부 · 과로운전 · 공동위험행위금지(무면허운전 · 운전면허결격사유자 포함)를 위반하여 운전을 하다가 사람을 사상한 후 주호조치 및 신고를 아니한 경우. • 음주운전 · 음주측정거부 · 약물운전 또는 약물측정거부를 위반(무면허운전 · 운전면허결격사유자 포함)하여 운전을 하다가 사람을 사망에 이르게 한 경우, • 술에 취한 상태에 있다고 인정할 만한 상당한 이유가 있는 사람이 자동차 등을 운전하다가 사람을 사상한 후 사고 발생 시의 조치 및 신고를 하지 아니하고 음주측정방해행위를 한 경우(무면허 운전 또는 운전면허결격사유자 포함). • 술에 취한 상태에 있다고 인정할 만한 상당한 이유가 있는 사람이 자동차 등을 운전하다가 사람을 사망에 이르게 하고 음주측정방해행위를 한 경우.	취소된 날 또는 위반한 날부터 5년
• 무면허운전 금지. 음주운전 금지. 과로한 때 등의 금지. 공동위험행위의 금지 규정에 따른 사유가 아닌 다른 사유로 사람을 사상한 후 구호조치 및 신고를 하지 아니한 경우.	취소된 날부터 4년
• 음주운전 · 음주측정거부 · 음주측정방해행위(무면허운전 · 운전면허결격사유자 포함)자가 2회 이상 위반한 경우. • 자동차등을 이용하여 범죄행위를 하거나, 다른 사람의 자동자 등을 훔치거나 빼앗은 사람이 무면허운전을 위반한 경우.	취소된 날 또는 위반한 날부터 3년. 위반한 날부터 3년.
• 음주운전 · 음주운전측정거부 또는 음주운전자가 음주측정방해행위(추가로 음주 또는 의약품 복용)를 2회 이상 위반(무 면허운전 또는 운전면허결격사유자 운전 포함)하여 운전을 하다가 교통사고를일으킨 경우. • 음주운전.음주측정거부를 위반(무면허운전 · 운전면허결격사유자운전 포함)하여 운전을 하다가 교통사고를 일으킨 경우. • 술에 취한 상태에 있다고 인정할 만한 상당한 이유가 있는 사람이 자동차 등을 운전하여 교통사고를 일으키고 음주측정방해행위를 한 경우. • 과로 · 질병 또는 약물운전(약물의 영향으로 정상적으로 운전하지 못할 우려가 있는 상태에서 운전한 경우에 한함) 또는 약물 운전측정을 2회 이상 위반(무면허 운전 또는 운전면허결격사유위반자 포함)한 경우. • 과로 · 질병 또는 약물운전(약물의 영향으로 인하여 정상적으로 운전하지 못할 우려가 있는 상태에서 운전한 경우에 한정) 또는 약물운전측정(무면허 운전 또는 운전면허결격사유위반자 포함)을 하다가 교통사고를 위반한 경우. • 공동위험행위금지를 2회 이상(무면허운전 · 운전면허결격사유자운전 포함)위반한 경우.	취소된 날 또는 위반한 날 부터 2년
• 운전면허를 받을 수 없는 사람이 운전면허를 받거나, 운전면허효력정지기간 중 운전면허증 또는 운전면허증을 갈음하는 증명서를 발급 받은 경우와 다른 사람의 자동차 등을 훔치거나, 빼앗은 경우와 다른 사람이 부정하게 운전면허를 받도록하기 위하여 운전면허시험에 대신 응시 한 경우. • 무면허운전 또는 운전면허결격사유자가 자동차운전을 3회 이상 위반한 경우	위반한 날 부터 2년
• 적성검사를 받지 아니하거나 그 적성검사에 불합격하여 운전면허가 취소된 사람. • 제1종 운전면허를 받은 사람이 적성검사에 불합격되어 다시 제2종 운전면허를 받으려는 사람.	기간제한 없음
• 운전면허 효력 정지처분을 받고 있는 경우.	그 정지 기간
• 국제운전면허증 또는 상호인정외국면허증으로 운전하는 운전자가 운전금지 처분을 받은 경우.	그 금지 기간
• 음주운전 방지장치부착 조건부 운전면허.	음주 운전 방지를 부착하는 기간(조건부운전면허는 제외)

제2절 운전면허시험

1 운전면허시험의 절차 등

운전면허시험은 자동차 등의 운전에 관하여 특정인에게 일반적 금지를 해제시켜 주기 위한 요건으로서 운전능력유무에 대한 판정을 하는 절차를 말한다.

(1) 운전면허시험 과목 등(법 제83조)
① 운전면허시험은 한국도로교통공단(원동기장치자전거는 경찰서장)이 다음 각 호의 사항에 대하여 운전면허의 구분에 따라 실시한다.
  ㉮ 자동차 등(개인형 이동장치는 제외)의 운전에 필요한 적성
  ㉯ 자동차 등 및 도로교통에 관한 법령에 대한 지식
  ㉰ 자동차 등의 관리방법과 안전운전에 필요한 점검의 요령
  ㉱ 자동차 등의 운전에 필요한 기능
  ㉲ 친환경 경제운전에 필요한 지식과 기능
② 운전면허를 받을 수 없는 사람은 운전면허시험에 응시할 수 없다.
③ 자동차 등의 운전에 필요한 기능에 관한 운전면허시험에 응시하고자 하는 사람은 그 시험에 응시하기 전 교통안전교육 또는 자동차운전 전문학원에서의 학과교육을 받아야 한다.

(2) 운전면허시험의 공고(규칙 제56조)
경찰서장 또는 한국도로교통공단은 운전면허시험을 실시하려는 경우에는 시험일 20일 전에 자동차운전면허시험 실시공고에 의하여 공고하여야 한다. 다만, 월 4회 이상 실시하는 경우에는 월별로 일괄하여 공고할 수 있다.

(3) 운전면허시험의 응시(규칙 제57조)
① 운전면허시험에 응시하려는 사람은 자동차운전면허시험 응시원서에 다음 각 호의 서류를 첨부하여 경찰서장 또는 한국도로교통공단에 제출하고, 신분증명서를 제출하여야 한다. 다만 신청인이 원하는 경우에는 신분증명서 제시를 갈음하여 전자적 방법으로 지문정보를 대조하여 본인 확인을 할 수 있다. (제1항)
  ㉮ 사진(신청일부터 6개월 내에 배경 없이 촬영한 상반신 컬러사진 3장).
  ㉯ 병력신고서(제1종 대형 및 특수운전면허시험에 응시경우만)
  ㉰ 질병·신체에 관한 신고서(제1종 및 제2종 보통면허시험 응시)
② 신청을 받은 경찰서장 또는 한국도로교통공단은 행정정보의 공동이용을 통하여 다음 각 호의 정보를 확인해야 한다. (제2항)
  ㉮ 운전면허시험을 신청한 날부터 2년 이내에 실시한 신청인의 건강검진 결과 내역 또는 병역판정 신체검사 결과 내역 중 적성검사를 위하여 필요한 시력 또는 청력에 관한 정보.
  ㉯ 신청인이 외국인 또는 재외동포인 경우 외국인등록사실증명 중 국내 체류지에 관한 정보나 국내거소신고사실증명 중 대한민국 안의 거소에 관한 정보.
  ㉰ 신청인이 군복무 중 자동차 등에 상응하는 군의 차를 운전한 경험이 있는 사람인 경우 병적증명서 중 지방병무청장이 발급하는 군 운전경력 및 무사고 확인서.
③ 연습운전면허시험에 응시하려는 사람은 제1종 보통연습면허 및 제2종 보통연습면허를 동시에 신청할 수 없다. (제3항)

(4) 응시원서의 접수 등(규칙 제58조)
① 한국도로교통공단(또는 경찰서장)은「응시원서」를 접수한 때에는 그 사실을「응시원서접수대장」에 기록하고, 시험 일자를 지정한 후「운전면허시험 응시표」를 응시자에게 발급하여야 한다.
②「자동차운전면허시험 응시원서」의 유효기간은 최초의 필기시험일부터 1년간으로 하되, 제1종 보통 연습면허 또는 제2종 보통 연습면허를 받은 때에는 그 연습운전면허의 유효기간으로 한다.
③「운전면허시험 응시표」를 발급받은 사람이 그「운전면허시험 응시표」를 잃어버리거나 헐어 못쓰게 된 때에는 그 지역을 관할하는 경찰서장 또는 도로교통공단이 지정하는 장소에서「운전면허시험 응시표」를 재발급받을 수 있다.

2 시험의 과목 및 내용

(1) 운전면허시험의 순서
운전면허시험의 순서는 운전면허의 종류에 따라 다소 차이는 있으나 통상 제1종·제2종 보통면허시험의 경우는 다음 순으로 실시한다.
• 적성검사(신체검사) → 학과시험 → 장내기능시험 → (연습운전면허 취득) → 도로주행시험

(2) 적성검사(신체검사서에 의한다)(영 제45조)
① 시력(교정시력 포함)
  ㉮ 제1종 : 두 눈을 동시에 뜨고 잰 시력이 0.8 이상(두 눈의 시력이 각각 0.5 이상) 다만, 한쪽 눈을 보지 못하는 사람이 보통면허를 취득하려는 경우에는 다른 쪽 눈의 시력이 0.8 이상이고 수평시야가 120도 이상이며, 수직시야가 20도 이상이고, 중심시야 20도 내 암점 또는 반맹이 없어야 한다.
  ㉯ 제2종 : 두 눈을 동시에 뜨고 잰 시력이 0.5 이상(한쪽 눈을 보지 못하는 사람은 다른쪽 눈의 시력이 0.6 이상)
② 붉은색, 녹색, 노란색을 구별할 수 있을 것
③ 청력(제1종 중 대형·특수에 한함) : 55데시벨의 소리를 들을 수 있을 것
※ 보청기를 사용 시 40데시벨의 소리를 들을 것
④ 조향장치나 그 밖의 장치를 뜻대로 조작할 수 없는 등 정상적인 운전을 할 수 없다고 인정되는 신체상 또는 정신상의 장애가 없을 것. 다만, 보조수단이나 신체장애 정도에 적합하게 제작·승인된 자동차를 사용하여 정상적인 운전을 할 수 있다고 인정되는 경우에는 그러하지 아니하다.

(3) 학과시험(필기시험)(영 제46조)
① 학과시험 내용
  ㉮ 자동차 등 및 도로교통에 관한 법령에 더한 지식
    ㉠ 법 및 법에 따른 명령에 규정된 사항
    ㉡「교통사고 처리특례법」및 같은 법에 의한 명령에 규정된 사항
    ㉢「자동차관리법」및 같은 법에 따른 경령에 규정된 사항 중 자동차 등의 등록과 검사에 관한 사항
    ㉣ 교통안전수칙과 교통안전교육에 관한 지침 규정된 사항
  ㉯ 자동차 등의 관리방법과 안전운전에 필요한 점검요령에 관한 시험(영 제47조)
    ㉠ 자동차 등의 기본적인 점검요령
    ㉡ 경미한 고장의 분별
    ㉢ 운전장치의 관리방법(유류절약 운전 방법 등을 포함한다)
    ㉣ 교통안전수칙과 교통안전교육에 관한 지침에 규정된 사항
② 학과시험의 출제비율(규칙 제63조)
  ㉮ 도로교통법령에 관한 시험 : 95퍼센트
  ㉯ 자동차 등의 점검요령 등에 관한 시험 : 5퍼센트
③ 학과시험의 합격기준(영 제50조제2항)
  ㉮ 제1종 운전면허 : 100점 만점에 70점 이상
  ㉯ 제2종 운전면허 : 100점 만점에 60점 이상
  ㉰ 원동기장치자전거면허 : 100점 만점에 60점 이상
※ 학과시험에 있어서 신체장애인 또는 글을 알지 못하는 사람으로서 학과시험이 곤란하다고 인정되는 사람은 구술시험으로 학과시험을 실시할 수 있다.

④ 학과시험 합격자 발표(규칙 제64조)
㉮ 학과시험의 합격자 발표는 특별한 사정이 없는 한 **시험당일**에 하여야 한다.
㉯ 학과시험의 합격자를 발표하는 때에는 **기능시험의 일시 및 장소**를 합격자에게 알려주어야 한다.
㉰ 학과시험의 합격자 발표는 일정한 장소에 합격자의 **수험번호**를 게시함으로써 본인에 대한 **통지**에 대신할 수 있다.
⑤ 학과시험 합격의 효력
㉮ 학과시험에 합격한 사람에 한하여 **기능시험**에 응시할 수 있다.
㉯ 학과시험 합격사실의 유효기간은 합격한 **날부터 1년** 내에 실시하는 운전면허시험에 한하여 그 합격한 학과시험을 면제한다.

(4) 장내기능시험(영 제48조)
① 장내기능시험의 과제(제1항)
㉮ 운전장치를 조작하는 능력
㉯ 교통법규에 따라 운전하는 능력
㉰ 운전 중의 지각 및 판단능력
② 장내기능시험 및 도로주행시험에 사용되는 자동차의 종별(규칙 제70조제1항)
㉮ 기능시험 또는 도로주행시험에 사용되는 자동차 등의 종별은 다음과 같다.(규칙 제70조제1항)
  ㉠ 제1종 대형면허의 경우 : 다음의 승차정원 30명 이상의 승합자동차
    • 차량길이 1천15센티미터 이상
    • 차량너비 246센티미터 이상
    • 축간거리 480센티미터 이상
    • 최소회전반경 798센티미터 이상
  ㉡ 제1종 보통연습면허 및 제1종 보통면허의 경우 : 다음의 화물자동차
    • 차량길이 465센티미터 이상
    • 차량너비 169센티미터 이상
    • 축간거리 249센티미터 이상
    • 최소회전반경 520센티미터 이상
  ㉢ 제1종 소형면허의 경우 : 3륜화물자동차
  ㉣ 제1종 특수면허 중 대형견인차면허의 경우 : 다음 견인자동차 또는 피견인자동차
    견인자동차 : 기준 없음
    피견인자동차
    • 차량길이 : 1천 200센티미터 이상
    • 차량너비 : 240센티미터 이상
    • 축간거리 : 890센티미터 이상
  ㉤ 제1종 특수면허 중 소형견인차면허의 경우 : 다음 견인자동차 또는 피견인자동차
    견인자동차 : ㉡에 따른 자동차
    피견인자동차
    • 차량길이 : 385센티미터 이상
    • 차량너비 : 167센티미터 이상
    • 연결장치에서 바퀴까지 거리 : 200센티미터 이상
    • 차량무게 : 총중량 750킬로그램 이상
  ㉥ 제1종 특수면허 중 구난차면허의 경우 : 다음 견인자동차와 피견인자동차
    견인자동차
    • 차량길이 : 643센티미터 이상

• 차량너비 : 219센티미터 이상
• 축간거리 : 379센티미터 이상
• 피견인자동차 : ㉡에 따른 자동차
  ㉦ 제2종 보통연습면허의 경우 : 다음의 승용자동차(일반형 또는 승용 겸 화물형에 한한다) 또는 3톤 이하의 화물자동차(외관이 일반형 승용자동차와 유사한 밴형에 한한다)
    • 차량길이 397센티미터 이상
    • 차량너비 156센티미터 이상
    • 축간거리 234센티미터 이상
    • 최소회전반경 420센티미터 이상
  ㉧ 제2종 보통면허의 경우 : ㉦의 기준에 해당하는 승용자동차(일반형에 한한다)
  ㉨ 제2종 소형면허의 경우 : 이륜자동차(200cc 이상에 한한다)
  ㉩ 원동기장치자전거 면허의 경우 : 배기량 49cc 이상인 이륜의 원동기장치자전거(다륜형 원동기장치자전거만을 운전하는 조건의 면허의 경우에는 삼륜 또는 사륜의 원동기장치자전거)
㉯ 제1종 보통연습면허 및 제2종 보통연습면허의 기능시험에 있어서 응시자가 소유하거나 타고 온 차가 자동차의 구조 및 성능이 ㉮항에 따른 기준에 적합한 경우에는 그 차로 응시하게 할 수 있다.
㉰ 경찰서장 또는 한국도로교통공단은 조향장치나 그 밖의 장치를 뜻대로 조작할 수 없는 등 정상적인 운전을 할 수 없다고 인정되는 신체장애인에 대하여는 차의 구조 및 성능이 ㉮항에 따른 기준에 적합하고, 자동변속기, 수동 가속 페달, 수동 브레이크, 좌측 보조 액셀러레이터, 우측 방향지시기 또는 핸들 선회장치 등이 장착된 자동차 등으로 **기능시험 또는 도로주행시험에 응시**하게 할 수 있다. 다만, 제2종 운전면허(제2종 보통연습면허를 포함한다)를 받으려는 사람에 대한 기능시험 또는 도로주행시험에 있어서는 그 응시자가 운전하려는 자동차 등의 구조 · 성능과 같은 자동차 등으로 응시하게 할 수 있다.
③ 장내기능시험 채점방법(영 제48조)
장내기능시험은 **전자채점기**로 채점한다.
④ 장내기능시험 불합격자의 처리
장내기능시험에 불합격한 사람은 **불합격한 날부터 3일**이 지난 후에 다시 장내기능시험에 응시할 수 있다.
⑤ 장내기능시험 실시
적성시험에 합격한 사람에 대하여 장내기능시험 코스에서 운전하게 함으로써 이를 실시한다.
⑥ 기능시험 코스의 종류 · 형상 및 구조(요약)(규칙 별표23)
㉮ 제1종 대형 면허 : 출발, 굴절, 곡선, 방향전환, 평행주차, 기어변속, 교차로, 횡단보도, 철길건널목, 경사로, 종료코스(11개 코스)
㉯ 제1종 및 제2종 보통연습면허 : 출발, 경사로, 가속, 직각주차, 신호교차로, 종료(6개 코스)
㉰ 제2종 소형 · 원동기장치자전거 면허 : 굴절, 곡선, 좁은 길, 연속진로 전환(4개 코스)
㉱ 대형견인차 면허 : 대형견인차 코스(1개 코스)
㉲ 소형견인차 및 구난차 면허 : 굴절, 곡선, 방향전환 코스(3개 코스)

※ 장내기능시험의 채점 및 합격기준(규칙 제66조)
장내기능시험의 운전면허 종류별 **채점 및 합격기준**은 다음과 같으며, 장내 기능시험관이 **전자채점방식**으로 채점한다.

1. 제1종 대형면허(규칙 별표24)
가. 채점기준

시 험 항 목	감점기준	감 점 방 법
(1) 굴절 코스의 전진·통과	5	• 지정시간(2분) 초과 시마다, 검지선 접촉시마다
(2) 곡선 코스의 전진·통과	5	• 지정시간(2분) 초과 시마다, 검지선 접촉시마다
(3) 방향전환 코스의 전·후진	5	• 확인선 미접촉, 지정시간(2분) 초과 시마다, 검지선 접촉 시마다
(4) 평행주차 코스의 주차	10 / 5	• 전·후 확인선 미접촉 시 또는 전진으로 진입 • 지정시간(2분) 초과 시마다, 검지선 접촉시마다
(5) 기어변속 코스의 전진(자동변속장치 자동차의 경우는 제외)	10	• 기어변속을 하지 아니하고 통과 시 또는 속도 매시 20km 미만 시
(6) +형 교차로 통과	5	• 좌·우회전 시 방향지시등을 켜지 아니할 때마다, 정지신호 시에 정지 불이행 시, 교차로 내에서 20초 이상 이유 없이 정차한 때 • 신호 위반 시마다
(7) 횡단보도 일시 정지	5	• 횡단보도 앞에서 일시 정지 불이행 시 • 앞범퍼가 정지선으로부터 1m 이전 또는 정지선을 침범하여 정지
(8) 철길건널목 일시 정지	5	• 철길건널목 앞에서 일시 정지 불이행 시 • 앞범퍼가 정지선으로부터 1m 이전 또는 정지선을 침범하여 정지
(9) 경사로에서의 정지 및 출발	10	• 경사로 정지검지구역 내에 정지 후 출발 시 후방으로 50cm 이상 밀린 때
(10) 출발 및 출발시 방향지시등작동	5	• 출발지시가 있는 때부터 20초 이내 출발하지 못한 때, 도로 중앙으로 진입 시 방향지시등을 켜지 아니한 때, 진입 후 끄지 아니한 때
(11) 종료 시 방향지시등 작동	5	• 종료지점 도로 우측 가장자리에 진입 시 방향지시등을 켜지 아니한 때
(12) 돌발사고 시 급정지 및 출발	10	• 돌발등이 켜짐과 동시 2초 이내 정지하지 못하거나 정지 후 3초 이내에 비상점멸등을 작동하지 아니한 때 또는 출발 시 비상점멸등을 끄지 아니한 때
(13) 전체 지정시간 초과(지정속도 유지)	1	• 전체 지정시간 초과 매 5초마다, 지정 속도 매시 20km 초과 시(기어변속 코스를 제외한다)
(14) 시동상태 유지	5	• 시동을 꺼뜨릴 때마다, 4,000RPM 이상 엔진 회전 시마다
(15) 좌석안전띠착용	5	• 출발 시부터 종료 시까지(평행주차코스, 방향전환코스 후진도 포함) 좌석안전띠를 착용하지 아니한 때

나. 합격기준
각 시험 항목별 감점기준에 따라 감점한 결과 100점 만점에 80점 이상을 얻은 때. 다만, 다음의 경우에는 실격으로 한다.
(1) 특별한 사유없이 출발선에서 30초 이내 출발하지 못한 때
(2) 경사로 코스·굴절 코스·곡선 코스·방향전환 코스·기어변속 코스(자동변속장치 자동차의 경우는 제외) 및 평행주차 코스를 어느 하나라도 이행하지 아니한 때
(3) 특별한 사유없이 교차로 내에서 30초 이상 정차한 때
(4) 시험 중 안전사고를 일으키거나 단 1회라도 차로를 벗어난 때
(5) 경사로 정지구간 이행 후 30초를 초과하여 통과하지 못한 때 또는 경사로 정지구간에서 후진하여 앞범퍼가 경사로 사면을 벗어난 때

2. 제1종 보통연습면허 및 제2종 보통연습면허
가. 감점기준
1) 기본조작

시 험 항 목	감점기준	감 점 방 법
가) 기어변속	5	• 시험관이 주차 브레이크를 완전히 정지 상태로 조작하고, 응시생에게 시동을 켜도록 지시하였을 때, 응시생이 정지 상태에서 시험관의 지시를 받고 기어변속(클러치 페달조작을 포함한다)을 하지 못한 경우
나) 전조등 조작	5	• 정지 상태에서 시험관의 지시를 받고 전조등을 조작하지 못한 경우(하향, 상향 각 1회씩 전조등 조작시험을 실시한다)
다) 방향지시등 조작	5	• 정지 상태에서 시험관의 지시를 받고 방향지시등을 조작하지 못한 경우
라) 앞유리창닦이기 (와이퍼) 조작	5	• 정지 상태에서 시험관의 지시를 받고 앞유리창닦이기(와이퍼)를 조작하지 못한 경우

※ 비고 : 기본조작 시험항목은 가)~라) 중 일부만을 무작위로 실시한다.

2) 기본주행 등

시 험 항 목	감점기준	감 점 방 법
가) 차로 준수	15	• 나)~차)까지 과제수행 중 차의 바퀴 중 어느 하나라도 중앙선, 차선 또는 길가장자리구역선을 접촉하거나 벗어난 경우
나) 돌발상황에서 급정지	10	• 돌발등이 켜짐과 동시에 2초 이내에 정지하지 못한 경우 • 정지 후 3초 이내에 비상점멸등을 작동하지 않은 경우 • 출발 시 비상점멸등을 끄지 않은 경우
다) 경사로에서의 정지 및 출발	10	• 경사로 정지검지구역 내에 정지한 후 출발할 때 후방으로 50센티미터 이상 밀린 경우
라) 좌회전 또는 우회전	5	• 진로변경 때 방향지시등을 켜지 않은 경우
마) 가속코스	10	• 가속구간에서 시속 20킬로미터를 넘지 못한 경우
바) 신호교차로	5	• 교차로에서 20초 이상 이유 없이 정차한 경우
사) 직각주차	10	• 차의 바퀴가 검지선을 접촉한 경우 • 주차브레이크를 작동하지 않을 경우 • 지정시간(120초) 초과 시(이후 120초 초과 시마다 10점 추가 감점)
아) 방향지시등 작동	5	• 출발시 방향지시등을 켜지 않은 경우 • 종료시 방향지시등을 켜지 않은 경우
자) 시동상태 유지	5	• 가)부터 아)까지 및 차)의 시험항목 수행 중 엔진시동 상태를 유지하지 못하거나 엔진이 4천RPM이상으로 회전할 때마다
차) 전체 지정시간(지정속도 유지) 준수	3	• 가)부터 자)까지의 시험항목 수행 중 별표 23 제1호의2 비고 제6호다목1)에 따라 산정한 지정시간을 초과하는 경우 5초마다 • 가속구간을 제외한 전 구간에서 시속 20킬로미터를 초과할 때마다

나. 합격기준
1) 각 시험항목별 감점기준에 따라 감점한 결과 100점 만점에 80점 이상을 얻은 경우 합격으로 한다.
2) 1)에도 불구하고 다음의 어느 하나에 해당하는 경우에는 실격으로 한다.
 (1) 점검이 시작될 때부터 종료될 때까지 좌석안전띠를 착용하지 않은 경우
 (2) 시험 중 안전사고를 일으키거나 차의 바퀴가 하나라도 연석에 접촉한 경우
 (3) 시험관의 지시나 통제를 따르지 않거나 음주, 과로 또는 마약·대마 등 약물 등의 영향으로 정상적인 시험 진행이 어려운 경우

(4) 특별한 사유 없이 출발지시 후 출발선에서 30초 이내 출발하지 못한 경우

(5) 경사로에서 정지하지 않고 통과하거나, 직각주차에서 차고에 진입해서 확인선을 접촉하지 않거나, 가속코스에서 기어변속을 하지 않는 등 각 시험코스를 어느 하나라도 시도하지 않거나 제대로 이행하지 않은 경우

(6) 경사로 정지구간 이행 후 30초를 초과하여 통과하지 못한 경우 또는 경사로 정지구간에서 후방으로 1미터 이상 밀린 경우

(7) 신호 교차로에서 신호 위반을 하거나 앞 범퍼가 정지선을 넘어간 경우

3. 제2종 소형면허 및 원동기장치자전거 면허

가. 채점기준

시 험 항 목	감점기준	감 점 방 법
(1) 굴절코스 전진	10	• 검지선을 접촉한 때마다 또는 발이 땅에 닿을 때마다
(2) 곡선코스 전진	10	• 검지선을 접촉한 때마다 또는 발이 땅에 닿을 때마다
(3) 좁은 길 코스 통과	10	• 검지선을 접촉한 때마다 또는 발이 땅에 닿을 때마다
(4) 연속 진로전환 코스 통과	10	• 검지선을 접촉한 때마다, 발이 땅에 닿을 때마다 또는 라바콘을 접촉한 때마다

나. 합격기준

각 시험 항목별 감점기준에 따라 감점한 결과 100점 만점에 90점 이상을 얻은 때. 다만, 다음의 경우에는 실격으로 한다.
(1) 특별한 사유없이 20초 이내 출발하지 못한 때
(2) 시험과제를 어느 하나라도 이행하지 아니한 때
(3) 시험 중 안전사고를 일으키거나 코스를 벗어난 때

4. 특수면허

가. 채점기준

시 험 항 목		감점기준	감 점 방 법
대형 견인차 면허	(1) 피견인차 연결	10	• 연결방법이 미숙하거나, 연결시간 5분 초과 시마다
	(2) 방향전환 코스 견인 통과	20	• 확인선을 미접촉하거나 지정시간 5분 초과 시마다 또는 검지선 접촉 시마다
	(3) 피견인차 분리	10	• 분리방법이 미숙하거나 분리시간 5분 초과 시마다

시 험 항 목		감점기준	감 점 방 법
소형 견인차 면허	(1) 굴절코스 견인 통과	10	• 지정시간 3분 초과 시마다 또는 검지선 접촉 시마다
	(2) 곡선 코스 견인 통과	10	• 지정시간 3분 초과 시마다 또는 검지선 접촉 시마다
	(3) 방향전환코스 견인 통과	10	• 확인선을 미접촉하거나 지정시간 3분 초과 시마다 또는 검지선 접촉 시마다
구난 차 면허	(1) 피견인차 연결	10	• 연결방법이 미숙하거나 또는 연결시간 5분 초과 시마다
	(2) 굴절 코스 견인 통과	10	• 지정시간 3분 초과 시마다 또는 검지선 접촉 시마다
	(3) 곡선 코스 견인 통과	10	• 지정시간 3분 초과 시마다 또는 검지선 접촉 시마다
	(4) 피견인차 분리	10	• 분리방법이 미숙하거나 분리시간 5분 초과 시마다
	(5) 방향전환코스 견인 통과	10	• 확인선을 미접촉하거나, 지정시간 3분 초과 시마다 또는 검지선 접촉 시마다

나. 합격기준

각 시험 항목별 감점기준에 따라 감점한 결과 100점 만점에 90점 이상을 얻은 때. 다만, 다음의 경우에는 실격으로 한다.
• 특별한 사유 없이 20초 이내 출발하지 못한 때
• 시험과제를 어느 하나라도 이행하지 아니한 때
• 시험 중 안전사고를 일으키거나 코스를 벗어난 때

(5) 도로주행시험(영 제49조)

① 도로주행시험 응시자격

㉮ 제1종 보통면허시험은 제1종 보통연습면허를 받은 사람을 대상으로 하고, 제2종 보통면허시험은 제2종 보통연습면허를 받은 사람을 대상으로 한다. (제2항)

㉯ 도로주행시험에 불합격한 사람은 불합격한 날부터 3일이 지난 후에 다시 도로주행시험에 응시 할 수 있다. (제4항)

② 도로주행시험의 과제(제1항)

도로에서 자동차운전능력이 있는지에 대한 시험(도로주행시험)은 다음 사항에 대하여 실시한다.

㉮ 도로에서 운전장치를 조작하는 능력

㉯ 도로에서 교통법규에 따라 운전하는 능력

③ 도로주행시험 실시

도로주행시험은 연습운전면허를 받은 사람에 대하여 다음 기준에 적합한 도로를 운행하게 함으로서 이를 실시한다.

도로주행시험을 실시하기 위한 도로의 기준(규칙 별표25)

실시항목		설정기준	내용	허용범위

1. 총 주행거리		5km 이상	• 주행여건이 양호한 도로
			  - 교통량에 비해 폭이 넓은 도로
			  - 보행자 및 차마의 통행이 비교적 일정한 도로
			  - 교통안전시설이 정비된 도로
			• 기능시험장의 구간을 총 주행거리의 일부로 포함 가능	

2. 지시속도에 의한 주행		1구간 400m	• 시속 40km 이상의 속도로 주행할 수 있는 도로	도로 사정에 따라 300~500미터 내외로 도로주행구역을 설정할 수 있음
3. 차로변경		1회 이상	• 차로 변경이 가능한 편도 2차로 이상의 도로	
4. 방향전환	가. 좌회전(유턴 포함) 또는 우회전	1회	• 교통정리 중인 교차로 또는 교통정리 중이진 않으나 좌·우 방향이 분명한 교차로	도로주행시험 코스 내의 다른 교차로에서 각각 실시할 수 있으며, 반경 5킬로미터 이내에 신호교차로가 없는 경우에는 기능시험장 내의 교차로 이용이 가능
	나. 직진			
5. 횡단보도 일시 정지 및 통과		1회	• 교통안전표지가 설치된 횡단보도	교차로 또는 횡단보도가 있는 도로에서 실시하며, 반경 5킬로미터 이내에 횡단보도가 없는 경우에는 기능시험장의 횡단보도 이용이 가능

※ 비고 : 운전면허시험장 별로 4개 이상의 노선을 확보하여야 한다.

④ 도로주행시험 시험항목 채점기준 및 합격기준(규칙 제68조)
　도로주행시험의 채점은 도로주행시험용 자동차에 같이 탄 면허시험관이 **전자채점기에 직접 입력**하거나 **전자채점기로 자동채점**하는 방식으로 한다. 다만, 전자채점기의 **고장** 등으로 곤란한 경우에는「**도로주행시험채점표**」에 의거 채점하며, 채점기준 및 합격기준은 다음과 같다.

가. 시험항목 및 채점기준(규칙 별표26)

시험항목	세부항목		감점	채점요령
가. 출발 전 준비(3)	차문 닫힘 미확인(1)	출발 때 자동차문을 완전히 닫지 않은 채 각종 장치를 조작하는 경우	5	• 시험시간 동안 채점하며, 차량이 출발할 때 자동차문을 완전히 닫지 않았거나 주행 중에 자동차문이 열린 경우에 채점
	출발 전 차량 점검 및 안전 미확인(2)	차량승차 전·후에 차량주변의 안전을 직접 확인하지 않은 경우	7	• 시험시간 동안 채점하며, 차량 승차 전에 주변의 안전을 확인하고 승차 후에는 운전석에서 후사경 등을 이용하여 전·후·좌·우의 안전을 직접 고개를 숙이거나 돌려서 눈으로 확인하지 않은 경우에 채점
	주차 브레이크 미해제(3)	주차브레이크를 해제하지 않고 출발한 경우	10	• 시험시간 동안 채점하며, 주차 브레이크를 해제하지 않은 상태에서 차량을 출발시킨 경우 채점
나. 운전자세(2)	정지 중 기어 미중립(4)	신호 또는 차량정체 등으로 10초 이상 정차할 때에 기어를 넣거나 기어가 들어가 있고 클러치 페달과 브레이크 페달을 동시에 밟고 있는 경우(자동변속기 차량으로 도로주행시험을 볼 때에는 신호 또는 차량정체 등으로 10초 이상 정차할 때에 변속레버를 중립위치로 두지 아니한 경우를 말한다)	5	• 시험시간 동안 채점하며, 신호대기 등으로 차량이 10초 이상 정지하고 있는 상태에서 기어를 넣거나 기어가 들어가 있음에도 클러치페달과 브레이크 페달을 동시에 밟고 있는 경우 채점(자동변속기의 경우에는 신호대기 등으로 차량이 10초 이상 정지하고 있는 상태에서 변속레버를 중립위치에 두지 않은 경우 채점)
다. 출발 (10)	20초 내 미출발(5)	통상적으로 출발하여야 할 상황인데도 기기조작 미숙 등으로 20초 이내에 출발하지 아니한 경우	10	• 시험시간 동안 채점하며, 신호대기 등으로 차량이 일시정지 하였다가 다시 출발할 때 기기조작 미숙 등으로 출발이 20초 이상 늦어진 경우 채점
	10초 내 미시동(6)	엔진시동 정지 후 약 10초 이내에 시동을 걸지 못하는 경우	7	• 시험시간 동안 채점하며, 기기조작 미숙 등으로 시동이 정지된 경우로써 10초 이내에 다시 시동을 걸지 못한 경우 채점
	주변 교통 방해(7)	진행신호 중에 기기조작 미숙으로 출발하지 못하거나 불필요한 지연출발로 다른 차의 교통을 방해한 경우	7	• 시험시간 동안 채점하며, 진행신호에 따라 출발하려다가 기기조작 미숙 등으로 그 신호 중에 출발하지 못하거나 불필요한 지연출발로 다른 차의 교통을 방해한 경우 채점
	엔진 정지(8)	엔진시동 상태에서 기기조작 미숙으로 엔진이 정지된 경우	7	• 시험시간 동안 채점하며, 엔진시동 상태에서 기기의 조작 미숙으로 엔진이 정지(위험을 방지하기 위하여 부득이 급정지하거나 차량 고장으로 엔진시동이 정지된 경우는 제외한다)된 경우 채점
	급조작·급출발(9)	엔진의 지나친 공회전 또는 기기 등을 급조작하여 급출발하는 경우	7	• 시험시간 동안 채점하며, 기기 등의 조작이 능숙하지 못하거나 급조작하여 급출발을 하는 경우 또는 지나친 공회전이 생기는 경우 채점
	심한 진동(10)	기기 등의 조작불량으로 인한 심한 차체의 진동이 있는 경우	5	• 시험시간 동안 채점하며, 기기 등의 조작이 능숙하지 못하여 차에 심한 진동이 발생한 경우 채점
	신호 안함(11)	도로 가장자리에서 정차하였다가 출발할 때 방향지시등을 켜지 않고 차로에 진입한 경우	5	• 시험시간 동안 채점하며, 도로 가장자리(출발지점을 포함한다)에 정차하였다가 출발하여 차로에 진입할 때 방향지시등을 켜지 않고 진입하는 경우 채점
	신호 중지(12)	도로가장자리에서 정차하였다가 출발 후 차로에 진입할 때 차로변경이 끝나기 전에 방향지시등을 끈 경우	5	• 시험시간 동안 채점하며, 도로 가장자리(출발지점을 포함한다)에 정지된 차를 운전하여 차로에 진입할 때 차로에 완전히 진입하기 전에 방향지시등을 소등한 경우 채점
	신호 계속(13)	도로 가장자리에서 정지하였다가 출발하여 차로변경이 끝났음에도 방향지시등을 계속켜고 있는 경우	5	• 시험시간 동안 채점하며, 도로 가장자리(출발지점을 포함한다)에 정지된 차를 운전하여 차로에 진입이 완료되었음에도 방향지시등을 소등하지 않고 계속해서 신호를 하는 경우 채점
	시동장치 조작 미숙(14)	엔진의 시동이 걸려 있는 상태에서 시동을 걸기 위하여 다시 시동장치를 조작하는 경우	5	• 시험시간 동안 채점하며, 엔진시동이 걸려 있는 상태임에도 시동을 걸기 위하여 시동키를 돌리는 등 시동장치를 조작하는 경우 채점
라. 가속 및 속도 유지(3)	저속(15)	교통상황에 따른 통상속도보다 낮은 경우	5	• 시험시간 동안 채점하며, 주변 교통상황에 따라 주행을 하여야 함에도 불구하고 주변 교통상황에 맞게 주행하지 못하고 저속 주행하는 경우 채점
	속도 유지 불능(16)	교통상황에 따른 통상속도를 유지할 수 없는 경우	5	• 시험시간 동안 채점하며, 주변 교통상황에 따를 때 내야 하는 통상속도를 유지하지 못하거나 가속과 제동을 반복하는 경우 채점
	가속 불가(17)	부적절한 기어변속으로 교통상황에 맞는 속도로 주행하지 않은 경우	5	• 시험시간 동안 채점하며, 주변 교통상황에 따를 때 내야 하는 통상속도를 내는 과정에서 그 속도에 맞는 기어변속을 하지 못한 채 저속기어에서 가속만 하는 경우 채점

제5장 자동차운전전문학원 학과교육 행정처분

시행항목	세부항목	점수	채점요령
아. 제동 및 정지(4)	제동방법 (18)	5	1) 교통상황에 따라 안전하고 부드럽게 정지하지 아니한 경우 2) 주·정차시에 주차브레이크를 사용하지 않은 경우 또는 엔진브레이크를 사용해야 할 곳에서 사용하지 아니한 경우(자동변속기 차량 등 기기의 특성상 사용하지 않는 경우는 제외한다) • 시험시간 동안 채점항목이며, 채점항목에 따라 점수의 합계가 누적되어 감점됨
	제동력 (19)	5	제동할 때 차체의 흔들림이 심한 경우, 또는 급제동하는 경우	• 시험시간 동안 채점항목이며, 교통상황에 따라 채점이 몇 번이고 동일한 점수로 감점 채점됨
	미끄럼 (20)	5	빗길 때 시속 20킬로미터 이상의 속도로 주행하는 경우	• 시험시간 동안 채점항목이며, 채점항목의 사항이 있을 때에는 몇 번이고 동일한 점수로 감점 채점되고, 수동변속기 차량의 경우에는 빗길 때 기어변속 등 운전조작 등 운전조작 미숙이 있는 경우 감점 채점됨
자. 주행능력(1)	가속능력 (21)	7	양호하거나 차량을 운행할 때 교통상황 등으로 인하여 그 차의 속도 등이 맞지 아니한 경우	• 시험시간 동안 채점항목이며, 이행하지 아니하여 소극적으로 이행할 때마다 가중 감점함
차. 자세 인지(2)	조종조작 미숙(22)	7	1) 핸들조작이 과도하여 차체의 흔들림이 심한 경우 2) 공전지나치게 방치할 때 지나치게 높거나 낮은 경우 3) 주행 중에 이유없이 속도를 줄이거나 고정시키는 경우 4) 장애물이 있거나 신호등이 없는 차도에서 차로를 변경할 경우 5) 도로의 가장자리나 차량과 바람직하게 선행하는 경우 6) 정차를 조정할 때마다 정지기기 감점이 초과할 때	• 시험시간 동안 채점항목이며, 채점항목의 안전조치, 심한정도, 수행도에 따라 채점이 어렵거나, 채점기준이 속도에 따라 동점 기준에 이른 경우 따라오거나 기준이 부적절하게 적용되거나 소극적으로 행동될 경우
	미숙인 (23)	7	1) 진행방향에서 신호나 신호 등이 이루어지지 않거나 같은 정상 행동을 하는 아니한 경우 2) 수동변속기 차량에서 기어변경과 출발이 부드럽게 이루어지지 않는 경우	• 시험시간 동안 채점항목이며, 수반적으로 채점이 몇 번이고 동일한 점수로 그 행동에 따라 다수 이행이 이행하지 아니하거나 주행이 부적절할 경우
	시간지연 (24)	7	앞 차와 거리가 10m 이내일 때 그 차를 정지, 통과, 진로변경 등이 되지 아니한 경우	• 시험시간 동안 채점항목이며, 채점항목에 따른 경우 속도 등은 횡단보도이나 이에 따르지 않을 경우 감점의 이유에 사용되는
카. 통행 구분(4)	서행조심 수행장소 (25)	7	통행장소에서 서행하여 2차로 차량(승용자동차 등) 및 내리는 도로에서 그 차로에 따른 적정속도로 주행하는 경우	• 시험시간 동안 채점항목이며, 채점항목에 따라 몇 번이고 가중 감점됨
	양보기간 등 하다(26)	7	1) 시외중심차로의 이상 차로에서 자동차 등의 양보가지를 안 한 경우 2) 양보자동차를 이용하여 주의의 승용차 추월하여 가까운 자동차 등의 기호를 받지 않거나 진행하거나 불편을 주고 진행하거나 경우 3) 양보기간를 이용하지 않는 경우 또는 차로 변경을 위한 신호를 방해하는 경우 4) 양보기간 다른 자동차 있는 경우의 앞이나 끼어들기를 하지 아니한 경우 5) 양보기간 다른 자동차 있는 경우의 그 속도가 양보기간 불능하나 6) 자동차 등 다른 자동차의 이동(반대)차 방법으로 통행이 한 경우 7) 통행(이동)이나 방향전환 양상하여 정지나 서행하지 않고 진행하는 경우 가) 고가도로 및 터널 안 나) 교차로 및 그 부근 다) 비탈길 또는 급경사로의 정상 부근 및 구부러진 근처 라) 인근차에 접근한 대로 속도를 낮추지 않거나 안전한 거리를 유지하지 아니한 경우 마) 어린이보호구역으로 시속 30미터 이내의 안전 아) 시·도경찰청장이 안전표지로 지정한 곳	• 시험시간 동안 채점항목이며, 채점항목에 따라 자동차 등이 해당기관에서 발행하거나 가로에 따라 이행된 경우 문제 없음 해당 경우 감점 채점됨
	지시표기 되기 (27) 위반	7	1) 도로의 좌측부분을 정상적이나 이탈하지 않는 경우 2) 장애물(정차 중) 이외 차로나 인접동차 추월하기 위하여 이에 따르지 아니한 경우	• 시험시간 동안 채점항목이며, 정지할 경우 양보의 자동차로 지정한 차량의 차량
	차로유지 미숙 (28)	5	1) 지시표기를 이용하여 가·감속 진로의 동로 및 형식 진로의 이상이 있는 경우 2) 안전지대 등 노면에 차마가 통행하거나 들어가지 안 한 경우 3) 장거리까지 교속의 자동차 전파가 발생하거나 통행하지 않는 경우	• 시험시간 동안 채점항목이며, 채점항목에 따라 자동차 등의 이상이 있는 인지에 따라 여과 발생한 경우 감점 채점됨 채점(장거리 경우에는 적용하지 않는다)

시험항목	세부항목		감점	채점요령
자. 진로 변경(8)	진로 변경 시 안전 미확인(29)	진로를 변경하려는 경우(유턴을 포함한다)에 고개를 돌리는 등 적극적으로 안전을 확인하지 않은 경우	10	• 시험시간 동안 채점하며, 통행차량에 대한 안전을 고개를 돌리거나 후사경 등으로 적극적으로 확인하지 않고 진로를 변경하거나 회전한 경우 채점
	진로 변경신호 불이행(30)	진로변경 때 변경신호를 하지 않은 경우	7	• 시험시간 동안 채점하며, 진로를 변경할 때 진로를 변경하려는 방향으로 해당 방향지시등을 켜지 않은 경우 채점
	진로변경 30미터 전 미신호(31)	진로변경 30미터 앞쪽 지점부터 변경 신호를 하지 않은 경우	7	• 시험시간 동안 채점하며, 진로를 변경할 때 안전 확보를 위해 진로변경 30미터 앞쪽지점부터 진로를 변경하려는 방향으로 해당 방향지시등을 켜지 않은 경우 채점
	진로변경 신호 미유지(32)	진로변경이 끝날 때까지 변경 신호를 계속하지 않은 경우	7	• 시험시간 동안 채점하며, 진로변경이 끝날 때까지 방향지시등을 유지하지 못하는 경우 채점
	진로변경 신호 미중지(33)	진로변경이 끝난 후에도 변경 신호를 중지하지 않은 경우	7	• 시험시간 동안 채점하며, 안전하게 진로변경을 하고도 방향지시등을 끄지 않고 10미터 이상 계속해서 주행하는 경우 채점
	진로변경 과다(34)	다른 통행차량 등에 대한 배려 없이 연속해서 진로를 변경하는 경우	7	• 시험시간동안 채점하며, 뒤쪽이나 옆쪽 교통의 안전을 무시하고 연속적으로 2차로 이상 진로변경을 하는 경우 채점
	진로변경 금지 장소에서의 진로변경(35)	1) 진로변경이 금지된 교차로, 횡단보도 등에서 진로를 변경하는 경우 2) 유턴할 수 있는 구간에서 차량이 중앙선을 밟거나 넘어가서 유턴한 경우	7	• 시험시간 동안 채점하며, 교차로, 횡단보도 등 진로변경이 금지된 장소에서 진로변경을 하거나 차량이 중앙선을 밟거나 넘어간 상태에서 유턴하는 경우 채점
	진로변경 미숙(36)	1) 뒤쪽에서 진행하여 오는 자동차가 급히 감속 또는 방향을 급변경하게 할 우려가 있음에도 진로를 바꾸거나 바꾸려고 한 경우 2) 진로를 바꿀 수 있음에도 불구하고 그 시기를 놓치고 진로를 바꾸지 않았기 때문에 뒤쪽에서 진행해 오는 자동차 등의 통행에 방해가 된 경우	7	• 시험시간 동안 채점하며, 무리하게 진로를 변경함으로써 뒤쪽 차에게 위험을 주게 한 경우 또는 진로변경으로 뒤쪽 차에 차로를 양보할 수 있었음에도 시기를 놓쳐 뒤쪽 차의 교통을 방해한 경우 채점
차. 교차로통행 등(7)	서행 위반(37)	다음의 장소에서 서행하지 않은 경우 1) 좌회전 또는 우회전이 필요한 도로인 경우 2) 교통정리를 하지 않고 있는 교차로에 들어가려고 하는 경우 3) 안전표지 등으로 지정된 서행장소를 통행하는 경우 4) 좌·우를 확인할 수 없는 교차로에 들어가려고 하는 경우 5) 도로의 모퉁이 부근 또는 오르막길의 정상부근 또는 경사가 급한 내리막길을 통행하는 경우	10	• 시험시간 동안 채점하며, 서행을 하도록 규정한 경우와 서행 장소에서 서행을 하지 않은 경우 채점
	일시정지 위반(38)	다음의 장소에서 일시정지하지 않은 경우 1) 교통정리가 행하여지고 있지 아니하고 좌우를 확인할 수 없거나 교통이 빈번한 교차로 2) 안전표지 등에 의하여 지정된 일시정지장소를 통행하는 경우	10	• 시험시간 동안 채점하며, 일시정지를 하도록 규정한 경우와 장소에서 일시정지를 하지 않은 경우 채점
	교차로 진입 통행 위반(39)	교차로에서 우회전 시 미리 도로의 우측가장자리를, 좌회전 때 미리 도로의 중앙선을 따라 교차로의 중심 안쪽을 각각 서행하지 않은 경우	7	• 시험시간 동안 채점하며, 교차로에서 좌·우회전할 때 교차로 통행방법을 위반한 경우 채점
	신호차 방해(40)	교차로에서 좌·우회전하려고 손이나 방향지시기 또는 등화로써 신호를 하는 차가 있는 경우에 그 차의 진행을 방해한 경우	7	• 시험시간 동안 채점하며, 교차로에서 좌·우회전하는 다른 차의 교통을 방해한 경우 채점
	꼬리 물기(41)	신호기에 의하여 교통정리가 행하여지고 있는 교차로에서 진행하려는 진로의 앞쪽에 있는 차의 상황에 따라 교차로(정지선이 설치되어 있는 경우에는 그 정지선을 넘은 부분을 말한다)에 정지하게 되어 다른 차의 통행에 방해가 될 우려가 있음에도 그 교차로에 진입한 경우	7	• 시험시간 동안 채점하며, 교차로에서 정지선을 지나서 교차로에 진입하여 다른 차량의 교통에 방해가 되는 경우 채점
	신호 없는 교차로 양보 불이행(42)	1) 교통정리가 행하여지고 있지 않은 교차로에서 다른 도로로부터 이미 그 교차로에 들어가고 있는 차가 있는 경우에 그 차의 진행을 방해한 경우 2) 교통정리가 행하여지고 있지 않은 교차로에서 시험용자동차와 동시에 교차로에 들어가려고 하는 우측도로의 차에 진로를 양보하지 않은 경우 3) 교통정리를 하고 있지 않은 교차로에서 시험용자동차가 통행하는 도로보다 폭이 넓은 도로로부터 그 교차로에 들어가려고 하는 다른 차가 있는 경우에 그 차에게 진로를 양보하지 않은 경우	7	• 시험시간 동안 채점하며, 교차로 통행방법을 위반하였거나 교차로 안에서 부득이한 사유 없이 차량을 정차하여 다른 차의 교통을 방해한 경우 채점
	횡단보도 직전 일시정지 위반(43)	1) 횡단보도예고표시(시행규칙 별표 6 제5호 노면표시 529)부터 서행하지 아니한 경우 2) 횡단보도 정지선 또는 횡단보도 직전에 정지하지 아니하여 앞범퍼가 정지선 또는 횡단보도를 침범한 경우	10	• 시험시간 동안 채점하며, 채점횡단보도예고표시가 있는 지점부터 서행으로 진입하지 아니하거나, 횡단보도 정지선 또는 횡단보도를 침범한 경우 채점

제2편 자동차운전전문학원 관리·운영 행정처분기준

※ 비고
가. 사용정지( )는 각 과정별 사용정지수를 말한다.
나. 취소일( )는 각 과정별 취소인원수를 말한다.
다. 각 세부내용에 따른 인원 및 점수 합산할 수 있으며 합산한다.
라. 사용정지 중 강사자격효력 정지, 강사해임 및 기능검정원의 자격효력 정지(정지)하여야 할 사유가 발생한 때에는 해당 사유로 인한 사용정지 등을 합산하여 처리한다.

사용정지	세부내용	점수	처리기준
가. 자율 운영(3)	사용정지 중 강사해임이나 교체를 요청한 경우	5	· 사용정지 중 강사의 점검이나 조치레이블 초과한 경우 해당 취소
	사용정지 중 일시정지명령을 거부 및 사용하지 않은 경우	5	· 사용정지 중 일시정지명령을 거부하고 자동차의 운전을 한 경우 채용
기어 미작동(46) 교통 조치 불이행	기능검정 후 기어 등을 파기하지 아니한 경우	5	· 사용정지 중 자동의 인원초과 1년 이내 2차 위반한 경우 취소로 처벌되며 채용 가능.

2. 점수기산
가. 도로주행학원은 100점을 만점으로 하되, 70점 이상을 합격으로 한다.
나. 다음의 어느 하나에 해당하는 경우에는 시험관이 합격되고 실격으로 판정한다.
 1) 3회 이상 출발불능, 클러치 조작 불량으로 인한 엔진정지, 급브레이크 사용, 그 밖에 운전능력이 없다고 인정할 수 있는 행위를 한 경우
 2) 안전거리 미확보나 경사로에서 뒤로 1미터 이상 밀리는 경우 등 교통사고를 일으킬 위험이 현저한 경우 또는 교통사고를 야기한 경우
 3) 음주, 과로, 마약·대마 등 약물 등의 영향이나 휴대전화 사용 등 정상적으로 운전하지 못할 우려가 있는 상태에서 운전하는 경우
 4) 법 제5조에 따른 신호 또는 지시에 따르지 않은 경우
 5) 법 제10조부터 제12조까지, 제12조의2 및 제27조에 따른 보행자 보호의무 등을 소홀히 한 경우
 6) 법 제12조 및 제12조의2에 따른 어린이보호구역, 노인 및 장애인보호구역에 지정되어 있는 속도를 초과한 경우
 7) 법 제13조제3항에 따라 차마의 통행방법 등을 위반하여 중앙선 침범 또는 차로를 유지하지 못할 우려가 있는 경우
 8) 법 제17조에 따라 지정되어 있는 속도를 10킬로미터 초과한 경우
 9) 법 제29조에 따른 긴급자동차의 우선통행 시 일시정지하거나 진로를 양보하지 않는 경우
 10) 법 제51조에 따른 어린이통학버스의 특별보호의무를 위반한 경우
 11) 시험시간 동안 좌석안전띠를 착용하지 않은 경우

3 운전전문학원의 행정처분(영 제15조, 별표 3)

표는 「도로교통법시행령」 별표 3의 행정처분의 처리기준을 수록 기재하여야 한다.

위반 대상자	위반 한 경우	처분기준 시험
1. 대표자·관리책임자 또는 강사인 자가 기능검정 등을 위하여 부정한 사건 또는 용품을 교부한 경우에 「자가교통법」 제12조의 시험운행 중 부정한 사용된 경우	모든 경우	취소
2. 도로교통법에 안내하여 알리지 않는 기능검정을 공정하게 실시하지 아니한 경우	일시정지 명령	기능·강사·도로주행
3. 도로교통법에 안내하여 알리지 않는 기능의 기능검정원(이론자동차 공인시험 등) 운영	기능정지 명령	기능·도로주행
4. 그 밖에 각 시설 등의 기능검정이 이 표의 6항 이상 공인정지에 관한 사항	시설기준 미달의 공인정지	경영·행정·기능
	시설기준 미달의 공인정지	경영·행정·기능

(9) 기능시험 또는 도로주행시험의 감독

① 기능시험 감독자가 있는 경우에는 그 기능시험이 끝난 후 운전능력을 채점하여야 한다.
② 도로주행시험 감독자가 있는 경우에는 그 도로주행시험이 끝난 후 운전능력을 채점하여야 한다.
③ 도로주행시험에 있어서는 주행기능의 채점된 점수의 평가사항이 통과기준에 미달하여 운행할 수 없어야 한다.
④ 시험실시 그 시험자가 정지하거나 그 밖에 시험을 계속하기 어려운 상태에 따라서는 중지할 수 있다.
⑤ 운전면허시험의 감독 및 순서(법 제69조)
⑥ 운전면허시험의 감독자는 기능시험 또는 도로주행시험의 공정한 시행과 원활한 교통소통을 위하여 기능시험 또는 도로주행시험에 대한 감독 및 지시를 하여야 한다.
⑭ 감독자는 기능시험 또는 도로주행시험을 보기 위해 사용하고 있는 시험장 및 도로상에서 감독업무를 수행한다.
⑮ 응시자에게 감독의 공정성이 상실되지 아니하도록 중 등 응시자에 대한 교육을 위하여 도움하여야 할 때 등의 중
ⓒ 통행방식에서나 감독기관의 지시 중에서 응급환자가 발생되거나 현장 조치 할 부분
ⓛ 응시자에게 적절한 운전을 지시하는 등 응시자의 운전에 도움을 주어서는 아니 되며, 응시자의 정상적인 운전할 수 있는 시험종료를 하지 대해서는 하지 아니하는
ⓜ 시험진행 중 교통위반이나 과실정지하지 않는 등 감독, 교통
시장이 생기는 경우에는 성립가 되어서 중지, 고정

면제 대상자	받고자 하는 면허	면제되는 시험
5. 법 제87조 제2항 또는 제88조에 따른 적성검사를 받지 아니하여 운전면허가 취소된 후 5년 이내에 다시 운전면허를 받으려는 사람	취소된 운전면허로 운전 가능한 범위(법 제80조 제2항 제1호 및 제2호 각 목에 해당하는 운전면허의 범위를 말한다. 이하 같다)에 포함된 운전면허	기능·도로주행. 다만, 도로주행은 제1종 보통면허 또는 제2종 보통면허를 받으려는 경우에만 면제된다.
6. 제1종 대형면허를 받은 사람	제1종 특수면허, 제1종 소형면허, 제2종 소형면허	적성·법령·점검
7. 제1종 보통면허를 받은 사람	제1종 대형면허, 제1종 특수면허	법령·점검
	제1종 소형면허, 제2종 소형면허	적성·법령·점검
8. 제1종 소형면허를 받은 사람	제1종 대형면허, 제1종 특수면허	적성·법령·점검
	제1종 보통면허, 제2종 보통면허	적성·법령·점검·기능
9. 제1종 특수면허를 받은 사람	제1종 대형면허, 제1종 소형면허, 제2종 소형면허	적성·법령·점검
	제1종 보통면허	적성·법령·점검·기능
10. 제2종 보통면허를 받은 사람	제1종 특수면허, 제1종 대형면허, 제1종 소형면허	법령·점검
	제2종 소형면허	적성·법령·점검
	제1종 보통면허	법령·점검·기능
11. 제2종 소형면허 또는 원동기장치자전거 면허를 받은 사람	제2종 보통면허	적성
12. 원동기장치자전거 면허를 받은 사람	제2종 소형면허	적성·법령·점검
13. 제2종 보통면허를 받은 사람으로서 면허 신청일부터 소급하여 7년간 운전면허가 취소된 사실과 교통사고(법 제54조제2항 각 호 외의 부분 단서에 해당하는 교통사고는 제외한다)를 일으킨 사실이 없는 사람	제1종 보통면허	기능·법령·점검·도로주행
14. 제1종 운전면허를 받은 사람으로서 신체장애 등으로 제45조에 따른 제1종 운전면허 적성기준에 미달된 사람	제2종 보통면허	기능·법령·점검·도로주행
15. 신체장애 등의 사유로 운전면허 적성검사기준에 미달되어 면허가 취소되고, 다른 종류의 면허를 발급받은 후에 취소된 운전면허의 적성기준을 회복한 사람	취소된 운전면허와 동일한 운전면허 (제1종 보통면허를 제외한다)	법령·점검·기능
	취소된 운전면허와 동일한 운전면허 (제1종 보통면허만 해당)	법령·점검·기능·도로주행
16. 법 제93조 제1항 제15호, 제16호 또는 제18호에 해당하는 사유로 운전면허가 취소되어 다시 면허를 받으려는 사람	취소된 운전면허로 운전 가능한 범위에 포함된 운전면허	기능·도로주행. 다만, 도로주행시험은 제1종 보통면허 또는 제2종 보통면허를 받으려는 경우에만 면제된다.
17. 법 제93조 제1항 제17호에 해당하는 사유로 운전면허가 취소되어 다시 면허를 받으려는 사람	제1종 보통면허, 제2종 보통면허	기능
18. 법 제108조 제5항의 규정에 의한 전문학원의 수료증(연습운전면허를 취득하지 아니한 경우만 해당)을 가진 사람으로서 장내기능검정 합격일부터 1년이 지나지 아니한 사람	그 수료증에 해당하는 연습운전 면허	기능
19. 법 제108조제5항의 규정에 의한 졸업증(면허를 취득하지 아니한 경우만 해당)을 가진 사람으로서 도로주행기능검정 합격일부터 1년이 지나지 아니한 사람	그 졸업증에 해당하는 운전면허	도로주행
20. 군사분계선 이북지역에서 운전면허를 받은 사실을 통일부장관이 확인서를 첨부하여 운전면허 시험기관의 장에게 통지한 사람	제2종 보통면허	기능

4 운전면허증의 발급 등

(1) 운전면허증의 발급(법 제85조)

① 운전면허증의 발급 및 효력발생 시기(제5항)
  ㉮ 운전면허를 받으려는 사람은 운전면허시험에 합격하여야 한다.
  ㉯ 운전면허 효력은 본인 또는 대리인이 운전면허증을 발급받은 때부터 발생한다.

② 운전면허증의 발급절차(규칙 제77조)
  운전면허시험에 합격한 사람은 그 합격일부터 30일 이내에 운전면허시험을 실시한 경찰서장 또는 한국도로교통공단으로부터 운전면허증을 발급받아야 하며, 운전면허증(영문 또는 모바일 운전면허증)을 발급받지 아니하고 운전하여서는 아니 된다.

(2) 운전면허증의 수령(규칙 제83조의3)

운전면허시험에 합격하여 발급(적성검사·오손·분실 재교부 포함)받은 운전면허증은 본인이 수령해야 한다. 다만 다음 각 호의 어느 하나에 해당하는 경우에는 대리인을 통해 운전면허증을 수령할 수 있다.

① 운전면허증 발급신청(운전면허시험 응시할 때본인 확인과 운전면허증 발급 대상자 본인 확인포함)시 본인 여부를 확인한 경우.
② 해외에 체류 중인 경우.
③ 재해 또는 재난을 당한 경우.
④ 질병이나 부상으로 인하여 거동이 불가능한 경우.
⑤ 법령에 따라 신체의 자유를 구속당한 경우.
⑥ 군 복무 중(병역법에 따라 의무경찰 또는 의무소방원으로 전환복무 중인 경우를 포함하고, 사병으로 한정한다)인 경우.
⑦ 그 밖에 사회통념상 부득이하다고 인정할 만한 상당한 이유가 있는 경우.

(3) 운전면허증의 확인(규칙 제79조)

운전면허를 받은 사람이 종별·구분이 다른 운전면허를 받고자 하는 때에는 응시원서 제출 시에 응시자가 소지하고 있는 운전면허증을 제시하고 확인을 받아야 한다.

(4) 운전면허증의 재발급 신청(법 제86조, 규칙 제80조)

① 운전면허증을 잃어버렸거나 헐어 못쓰게 된 때에는 시·도 경찰청장에게 신청하여 다시 발급받을 수 있다.
② 운전면허증의 재발급을 신청하려는 사람은 신청서를 한국도로

교통공단에 제출하고, 신분증명서를 제시해야 한다. 다만, 신청인이 원하는 경우에는 신분증명서 제시를 갈음하여 전자적 방법으로 지문정보를 대조하여 본인 확인을 할 수 있다.
③ 운전면허시험장장이 운전면허증을 재발급한 때에는 자동차운전면허대장에 그 내용을 기재하여야 한다.
④ 재발급신청자가 재 발급된 운전면허증을 수령할 때에는 기존의 운전면허증(운전면허증을 잃어버린 경우는 제외)을 반납해야 한다.

제2장 자동차운전학원

제1절   자동차운전학원의 등록

1 학원의 조건부 등록(법 제100조)

조건부 등록이라 함은 시·도 경찰청장이 학원을 설립·운영하고자하는 사람으로부터 도로교통법에 규정한 학원의 시설·설비 등을 갖출 것을 조건으로 학원의 등록을 받는 것을 말한다.

(1) 조건부 등록 시 구비서류(영 제62조)

학원을 설립·운영하고자하는 사람은 「자동차운전학원 조건부신청서」에 소정 구비서류와 「학원의 시설·설비계획서」(건축물대장등본이나 사용승인서 또는 임시사용 승인서를 첨부하지 아니하는 경우에 한한다)를 갖추어 시·도 경찰청장에게 제출하여야 한다.

(2) 조건부 등록기간(영 제62조제2·3·4항)

① 시·도 경찰청장은 학원의 시설·설비 등을 갖출 수 있을 것으로 인정되는 경우에는 1년 이내에 그 기준을 갖출 것을 조건으로 하여 조건부 등록을 받을 수 있다. 이 경우 시·도 경찰청장은 1년 이내에 시설·설비 등을 갖출 수 없는 부득이한 사유가 있다고 인정되는 경우에는 한 차례만 6개월의 범위 내에서 그 기간을 연장할 수 있다.
② 학원의 조건부 등록을 한 자가 기간 내에 시설 및 설비 등을 갖추어 늦어도 기간만료 후 10일 이내에 「자동차운전학원의 시설·설비완성신고서」에 구비서류 중 조건부등록 시 제출하지 아니한 서류를 첨부하여 시·도 경찰청장에게 제출하여야 한다.

2 학원의 등록(법 제99조)

(1) 자동차운전학원의 등록신청(영 제60조제1항)

학원을 설립·운영하려는 자는 다음 각 호 사항을 적은 등록신청서에 학원의 운영 등에 관한 원칙을 적은 서류 등 령으로 정하는 서류를 첨부하여 시·도경찰청장에게 제출하여야 한다.
1. 설립·운영자(법인인 경우 : 법인의 임원, 공동설립의 경우 : 모든 설립·운영자)의 인적사항
2. 시설 및 설비
3. 강사의 명단·정원 및 배치 현황
4. 교육과정
5. 개원 예정 연월일
※ 학과교육 및 기능교육, 도로주행교육 중 일부의 교육과정을 분리하여 등록할 수 없다.

(2) 학원의 등록증 교부(영 제60조제4항)

시·도 경찰청장은 학원의 조건부 등록신청을 받은 경우 시설·설비 등의 기준이 적합하면 등록증을 내주어야 한다.

3 학원의 변경등록(영 제61조)

(1) 학원이 등록을 한 후 "등록사항"을 변경등록을 하려는 자는 변경등록 신청서에 령으로 정하는 변경사항을 증명할 수 있는 서류를 첨부하여 시·도경찰청장에게 제출하여야 한다.(제2항)

(2) 대통령령으로 정하는 등록사항은 다음 각 호와 같다.(제1항)

① 설립·운영자의 인적사항
② 학원의 명칭 또는 위치
③ 학원의 시설 및 설비(강의실, 휴게실 및 양호실, 기능교육장, 기능검정용 자동차).
④ 학원의 운영 등에 관한 원칙

(3) 시·도경찰청장은 위의 (1) (2)항의 규정에 따른 기준에 적합하면 등록증에 변경사항을 적어 다시 내주어야 한다.(제3항)

4 학원등록 등의 결격사유(법 제102조)

(1) 학원등록을 할 수 없는 사람(제1항)

① 피성년후견인
② 파산 선고받고 복권되지 아니한 사람
③ 금고 이상의 형의 선고를 받고 그 형의 집행이 끝나거나 집행을 받지 아니하기로 확정된 후 3년이 지나지 아니한 사람 또는 금고 이상의 형을 선고 받고 그 집행유예기간 중에 있는 사람.
④ 법원의 판결에 의하여 자격이 정지 또는 상실된 사람
⑤ 학원등에 대한 행정처분 및 등록이 취소된 날부터 1년이 지나지 아니한 학원의 설립·운영자 또는 학원등록이 취소된 날부터 1년 이내에 같은 장소에서 학원을 설립·운영하려는 사람
⑥ 임원 중에 위 ①항부터 ⑤항까지 어느 하나에 해당하는 사람이 있는 법인

(2) 학원등록의 효력 상실(제2항)

학원을 설립·운영하는 자가 위 학원등록의 결격사유 중 어느 하나에 해당하게 된 경우 그 등록은 효력을 잃는다. 다만, 법인의 임원 중에 그 사유에 해당하는 사람이 있더라도 그 사유가 발생한 날부터 3월 이내에 그 임원을 해임하거나 다른 사람으로 바꾸어 임명할 경우에는 그러하지 아니하다.

5 학원의 시설·설비기준 등(법 제101조)

학원에는 「학원 및 전문학원의 시설·설비 등의 기준」에 의하여 강의실, 기능교육장, 부대시설 등 교육에 필요한 시설(장애인을 위한 교육 및 부대시설 포함한다) 및 설비 등을 갖추어야 한다.
※ 시설·설비기준은 제2절 자동차운전전문학원 지정의 시설기준과 동일하므로 생략함.

6 학원 강사의 자격요건 및 배치기준 등(영 제64조)

학원에서 학과교육 및 기능교육을 담당하는 강사의 자격요건·정원·배치기준 및 준수사항은 다음과 같다.

(1) 학원 강사의 자격요건(제1항)

① 학과교육을 담당하는 강사
경찰청장으로부터 학과교육 강사자격증을 발급 받은 사람
② 기능교육 및 도로주행교육을 담당하는 강사
경찰청장으로부터 기능교육 강사 자격증을 발급받은 사람

(2) 학원 강사의 정원 및 배치기준 등(제2항)

① 학원 강사의 배치기준
㉮ 학과교육 강사 : 강의실 1실당 1인 이상(제2항제1호)
㉯ 기능교육 및 도로주행교육을 담당하는 강사(제2항제2호)

50

㉠ 제1종 대형면허 : 각각 교육용 자동차 10대당 3명 이상
㉡ 제1종 보통면허, 제2종 보통면허, 제1종 보통연습면허 및 제2종 보통연습면허 : 다음 1)과 2)에 따라 산정한 강사 정원을 합산한다.
　1) 운전면허별 교육용자동차가 10대 이상인 경우에는 해당운전면허별 교육용자동차 대수의 합계 10대 당 3명 이상.
　2) 운전면허별 교육용자동차 10대 미만인 경우에는 해당 운전면허별로 각1명이상.
㉢ 제1종 특수면허 중 레커면허 또는 트레일러 면허 기능교육 강사 : 각각 교육용 자동차 2대당 1명 이상
㉣ 제2종 소형면허 및 원동기장치자전거면허 기능교육 강사 : 각각 교육용 자동차 10대당 1명 이상

② 학원 강사의 정원확보(제3항)
학원을 설립·운영하는 자는 학원강사 배치기준에 따른 강사의 정원을 확보하여야 하며, 강사의 결원이 생겼을 때에는 지체 없이 그 결원을 보충하여야 한다.

③ 학원(전문학원 포함) 강사의 준수사항(제4항)
㉮ 교육자로서의 품위를 유지하고 성실히 교육할 것
㉯ 거짓이나 그 밖의 부정한 방법으로 운전면허를 받도록 알선·교사 하거나 돕지 아니할 것
㉰ 운전교육과 관련 금품·향응 그 밖의 부정한 이익을 받지 아니할 것
㉱ 수강사실을 거짓으로 기록하지 아니할 것
㉲ 연수교육을 받을 것
㉳ 자동차운전교육과 관련하여 시·도 경찰청장이 지시하는 사항에 따를 것

7 학원의 교육 운영기준 등(법 제103조제2항)
학원의 학과 및 기능교육은 규정에 따라 적합하게 운영되어야 한다.

(1) 교육과정·교육방법(영 제65조)
① 교육과정(제1항제1호)
학과교육·기능교육 및 도로주행교육으로 과정을 구분하여 실시할 것
② 교육방법(제1항제2호)
㉮ 교육은 운전면허의 범위별로 구분하여 법정의 최소시간 이상을 교육할 것, 교육생 1명에 대한 교육시간은 다음과 같다.
　㉠ 학과교육의 경우 : 1일 7시간 초과하지 아니할 것
　㉡ 장내기능교육 : 1일 4시간 초과하지 아니할 것
　㉢ 도로주행교육의 경우 : 1일 4시간 초과하지 아니할 것
㉯ 도로주행교육은 기준에 맞는 도로에서 실시하여야 한다.

(2) 교육운영기준
제2절 자동차운전전문학원의 「교육운영의 기준」과 동일하므로 생략함〈p.56 5 참조〉

8 학원 등 종사자의 신분증명서(규칙 제112조)
① 학원의 강사는 신분증명서를 왼쪽 앞가슴에 달아야 한다.
② 전문학원의 강사 및 기능검정원은 자격증을 왼쪽 앞가슴에 달아야 한다.

9 학원·전문학원의 장부·서류 및 직인 비치 등(규칙 제111조)

(1) 학원 또는 전문학원에 장부 및 서류의 비치(제1항)
학원과 전문학원에는 장부 및 서류를 갖추어 두고 기록을 정확하게 유지하여야 한다.(별표17)

(2) 학원 또는 전문학원의 직인 비치(제2항, 제3항)
① 학원 또는 전문학원을 설립·운영하는 자는 문서의 발송·교부 또는 인증에 사용하기 위하여 한 변의 길이가 3cm인 정사각형의 직인을 갖추어 두어야 한다.
② 학원 또는 전문학원을 설립·운영하는 자는 학원 또는 전문학원을 등록한 날부터 7일 이내에 학원 또는 전문학원의 직인을 관할 시·도 경찰청장이 관리하는 「직인등록대장」에 등록하여야 한다.

(3) 학원 또는 전문학원의 교재(규칙 제110조)
학원 또는 전문학원을 설립·운영하는 자는 경찰청장이 감수한 교재를 사용하여 교육하여야 한다.

제2절 자동차운전전문학원 지정

1 전문학원의 지정 등(법 제104조)

(1) 전문학원의 지정(제1항)
시·도 경찰청장은 자동차운전에 관한 교육수준을 높이고, 운전자의 자질을 향상시키기 위하여 자동차운전학원으로 등록된 학원으로서 다음 기준에 적합한 학원을 자동차운전전문학원으로 지정할 수 있다.
① 자격요건을 갖춘 학감을 둘 것(설립·운영자가 학감을 겸임할 경우는 부학감을 두어야 함)
② 자격증을 받은 강사 및 기능검정원을 둘 것
③ 운전교육에 필요한 시설·설비 등을 갖출 것
④ 교육방법 및 운영기준이 적합할 것

(2) 전문학원의 지정신청(규칙 제113조)
자동차운전학원으로 등록된 학원이 자동차운전전문학원의 지정을 받고자 할 때에는 법정시설·설비 등을 갖추고, 「자동차운전전문학원 지정신청서」에 다음 각 호의 서류를 첨부하여 시·도 경찰청장에게 제출하여야 한다.
① 전문학원의 운영 등에 관한 원칙 1부
② 자동차운전전문학원카드 1부
③ 코스부지와 코스의 종류·형상 및 구조를 나타내는 축척 400분의 1의 평면도와 위치도 및 현황측량성과도 각 1부
④ 전문학원의 부대시설·설비 등을 나타내는 도면 1부
⑤ 학원의 건물이 가설건축물인 경우 및 학원의 재산이 다른 사람의 소유인 경우에 따른 서류 각 1부
⑥ 전문학원의 직인 및 학감(설립·운영자가 학감을 겸임하는 경우에는 부학감)의 도장의 인영
⑦ 기능검정원의 자격증 사본 1부, 기능검정합격사실을 증명하기 위한 도장의 인영
⑧ 강사의 자격증 사본
⑨ 강사·기능검정원 선임통지서 1부
⑩ 기능시험전자채점기 설치확인서 1부
⑪ 장애인교육용 자동차의 확보를 증명할 수 있는 서류 1부
⑫ 학사관리전산시스템 설치확인서 1부

(3) 전문학원의 지정 신청 통보 등(규칙 제114조)
① 시·도 경찰청은 전문학원의 지정신청이 있은 때에는 한국도로교통공단에 그 내용을 통보하여야 한다.(제1항)

② 한국도로교통공단이 통보를 받은 때에는 신청이 있는 날부터 6 개월 동안 그 학원의 교육과정을 수료한 교육생에 대한 도로주 행시험 결과를 시·도 경찰청장에게 통보하여야 한다. (제2항)

(4) 전문학원 지정 및 지정증 발급(규칙 제114조제3항)
시·도 경찰청장은 전문학원의 지정을 신청한 학원을 수료한 교 육생의 연습면허합격률이 6개월 동안 60% 이상이 되는 등, 전문학 원의 지정기준을 갖추었다고 인정되는 때에는 그 학원을 전문학원 으로 지정하고, 「자동차운전전문학원 지정증」을 발급하여야 한다.

(5) 지정증 및 전문학원 간판의 게시
전문학원으로 지정받은 설립자는 전문학원지정증을 사무실의 보기 좋은 곳에 게시하고, 전문학원 간판을 제작하여 정문 또는 현 관문 우측에 게시하여야 한다.

(6) 전문학원 지정 결격사유(법 제104조, 제113조)
시·도 경찰청장은 다음 각 호의 어느 하나에 해당하는 학원은 전문학원으로 지정할 수 없다.
① 학원의 등록이 취소된 학원 또는 전문학원을 설립·운영하는 자, 학감이나 부학감이었던 사람이 등록이 취소된 날부터 3년 이내에 설립·운영하는 학원
② 다음의 사유로 등록이 취소된 경우 취소된 날부터 3년 이내에 같은 장소에서 설립·운영하는 학원
　㉮ 변경등록을 하지 아니하고 이를 변경하는 등 부정한 방법으 로 학원을 운영한 경우
　㉯ 강사의 배치기준 또는 기능검정원 및 강사의 배치기준을 위 반한 경우
　㉰ 교육과정, 교육방법 및 운영기준 등을 위반하여 교육을 하 거나 교육 사실을 거짓으로 증명한 경우
　㉱ 학원 등 설립·운영자가 연수교육을 받지 아니하거나 학원 등의 강사 및 기능검정원이 연수교육을 받을 수 있도록 조 치하지 아니한 경우
　㉲ 자료제출 또는 보고를 하지 아니하거나 거짓으로 자료제출 또는 보고한 경우
　㉳ 관계 공무원의 출입·검사를 거부·방해 또는 기피한 경우
　㉴ 시설·설비의 개선이나 그 밖에 필요한 사항에 대한 명령을 따르지 아니한 경우
　㉵ 이 법이나 이 법에 따른 명령 또는 처분을 위반한 경우

2 전문학원의 변경등록 등

(1) 전문학원의 중요 사항 변경승인신청(규칙 제116조제1항)
지정받은 전문학원이 다음 같은 중요 사항을 변경하고자 하는 때에는 「전문학원 변경승인신청서」에 다음 각 호의 서류를 첨부하 여 시·도 경찰청장에게 제출하여야 한다.
① 학감의 변경(학감 도장의 인영, 전문학원 지정증 원본).
② 전문학원 위치의 변경.
　㉠ 건축물사용승인서 또는 임시사용승인서(가설건축물인 경우 에 한함).
　㉡ 기능교육장 등 학원의 시설을 나타내는 축척 400 분의 1의 평면도 및 위치도, 현황측량성과도.
　㉢ 전문학원지정증 원본.
③ 전문학원 원칙의 변경 : ㉠ 원칙의 신·구 대비표
　　　　　　　　　　　　 ㉡ 변경사유 설명서

(2) 변경사항에 대한 확인 및 승인
① 전문학원의 위치 변경에 관한 서류를 제출받은 시·도 경찰청

장은 학원부지의 토지대장 등본 및 건축물대장 등본(가설건축물 인 경우를 제외한다)을 확인하여야 한다. (규칙 제116조제2항)
② 시·도 경찰청장은 전문학원의 변경사항을 승인하는 때에는 「전문학원지정증」을 재교부하고, 「자동차운전전문학원지정대 장」에 이를 기재하여야 한다. (규칙 제116조 제3항)

(3) 원칙변경승인 시 확인사항(규칙 제116조제4항)
시·도 경찰청장은 전문학원을 설립·운영하는 자가 교육생의 정원이 확대되어 전문학원의 운영 등에 관한 원칙의 변경승인신 청을 받으면 강사 및 기능검정원이 배치기준에 적합한지의 여부를 확인하여야 한다.

3 전문학원의 인적기준
학원이 전문학원으로 지정받기 위한 인적기준으로는 학감 또는 부학감(학원을 설립·운영하는 자가 학감을 겸임하는 경우 학감을 보좌하는 사람을 말한다)과 자격증이 있는 기능검정원 및 강사(학과 강사와 기능강사)를 두어야 한다.

(1) 학감(부학감)
① 학감의 의의(법 제104조제1항1제1호)
　㉮ 전문학원에는 일정한 자격요건을 갖춘 「학감」을 두도록 되 어 있다. 다만 학원의 설립·운영자가 자격요건을 갖춘 경 우에는 학감을 겸임할 수 있으며, 이 경우에는 학감을 보좌 하는 「부학감」을 두어야 한다.
　㉯ 학감은 전문학원의 학과교육 및 기능교육과 학사운영을 담 당하는 사람이다.
② 학감(부학감)의 자격요건(법 제105조)
학감 또는 부학감은 다음의 요건을 모두 갖추고 있어야 한다.
　㉮ 연령 제한 삭제(24.3.13)
　　도로교통에 관한 업무에 3년 이상 근무한 경력(관리직 경력 만 해당한다)이 있는 사람 또는 학원 등의 운영·관리에 관 한 업무에 3년 이상 근무한 경력이 있는 사람으로서 다음 어느 하나에 해당되지 아니하는 사람
③ 학감의 결격사유(법제105조제2호)
　㉮ 미성년자 또는 피성년후견인
　㉯ 파산선고자를 받고 복권되지 아니한 사람
　㉰ 금고 이상의 실형을 선고 받고 그 형의 집행이 끝나거나(끝 난 것으로 보는 경우를 포함한다) 집행을 받지 아니하기로 확정된 날부터 2년이 경과되지 아니한 사람. 다만, 다음의 경우(150조1호~7호 위반자는 3년)에는 3년이 지나지 아 니한 사람
　　㉠ 공동위험행위를 하거나 주도한 사람
　　㉡ 교통안전교육 수강결과를 거짓으로 보고한 교통안전교 육강사
　　㉢ 교통안전교육을 받지 아니하거나 기준에 미치지 못하는 사람에게 교육확인증을 교부한 교통안전교육기관의 장
　　㉣ 운전면허증, 강사자격증 또는 기능검정원 자격증을 빌 려주거나 빌린 사람 또는 이를 알선한 사람.
　　㉤ 다른 사람명의의 모바일운전면허증을 부정하게 사용한 사람.
　　㉥ 거짓이나 그 밖의 부정한 방법으로 학원의 등록을 하거 나 전문학원의 지정을 받은 사람
　　㉦ 전문학원의 지정을 받지 아니하고 수료증 또는 졸업증을 교부한 사람
　　㉧ 학원의 등록을 하지 아니하고 대가를 받고 자동차운전교 육을 한 사람

㉣ 위 ㉢항 단서 중 어느 하나의 규정을 위반하여 벌금형의 선고를 받고 3년이 지나지 아니한 사람
㉤ 금고 이상의 형의 집행유예 선고받고 그 유예기간 중에 있는 사람
㉥ 금고 이상의 형의 선고유예를 받고 그 유예기간 중에 있는 사람
㉦ 법률 또는 판결에 의하여 자격이 상실 또는 정지된 사람
㉧ 「국가공무원법」 또는 「경찰공무원법」 등 관련 법률에 의하여 징계면직의 처분을 받은 때부터 2년이 경과되지 아니한 사람
㉨ 학원의 등록이 취소된 학원 등을 설립·운영한 자, 학감 또는 부학감이었던 경우는 등록이 취소된 날부터 3년이 지나지 아니한 사람

④ 학감·부학감의 선임통지(규칙 제117조)
㉮ 설립·운영하는 자는 학감 또는 부학감을 선임하고자 하거나 해임한 때에는 근무경력사실증명서를 첨부하여 그 사실을 시·도 경찰청장에게 통지하여야 한다.
㉯ 시·도 경찰청장은 학감 또는 부학감의 선임에 관한 통지를 받은 때에는 요건에 해당되는 사람인지 여부를 심사하여 그 결과를 해당전문학원을 설립·운영하는 자에게 통보한다.
㉰ 설립·운영하는 자는 시·도 경찰청장으로부터 통지를 받으면 그 학원의 학감으로 선임하고 규정에 의한 임용장을 발급한다.
㉱ 설립자는 학감이 질병 기타 부득이한 사유로 업무수행을 할 수 없게 된 때에는 즉시 기능검정원 중에서 그 업무대행자를 지정하고 시·도 경찰청장에게 보고하여야 하며, 업무상 질병·재해 이외의 사유로 1개월 이상 업무를 수행할 수 없을 때에는 지체 없이 학감의 자격을 갖춘 자로「학감선임통지」를 하여야 한다.(자동차운전전문학원 운영기준 제18조제7항)

(2) 학과 및 기능강사
① 강사의 의의
전문학원에는 자동차 등의 운전에 관한 법률·지식을 지도하는 학과교육 강사와 자동차 등의 운전에 관한 기능교육을 지도하는 기능교육 강사를 두도록 되어 있다.
② 강사의 자격요건(법 제106조)
㉮ 전문학원의 강사가 되려는 사람은 강사자격시험에 합격하고 경찰청장이 지정하는 전문기관에서 자동차운전교육에 관한 연수교육을 수료하여야 한다.(제1항)
㉯ 경찰청장은 강사자격시험에 합격하고 법정 자격요건을 갖춘 사람에게 강사자격증을 발급한다.(제2항)
㉰ 발급 받은 강사자격증은 부정하게 사용할 목적으로 다른 사람에게 빌려주거나 빌려서는 아니 되며, 이를 알선하여서도 아니 된다(제3항).
③ 강사의 결격요건(법 제106조제4항)
다음 각 호의 어느 하나에 해당하는 사람은 전문학원의 강사가 될 수 없다.
㉮ 연령 제한 삭제(24.3.13)
㉯ 다음 각 목의 어느 하나에 해당하는 죄를 저질러 금고 이상의 형을 선고 받고 그 집행이 끝나거나 집행이 면제된 날부터 2년이 지나지 아니한 사람 또는 집행유예 기간 중에 있는 사람.
㉠ 교통사고처리특례법 제3조제1항에 따른 죄.
㉡ 특정범죄 가중처벌 등에 관한 법률 제5조의3, 제5조의11 제11항 및 제5조의13에 따른 죄.
㉢ 성폭력범죄의 처벌 등에 관한 특별법 제2조에 따른 죄.
㉣ 아동·청소년의 정보호에 관한 법률 제2조제2호에 따른 아동·청소년 대상 성범죄.
㉰ 강사 자격증이 취소된 날부터 3년이 지나지 아니한 사람
㉱ 자동차 등의 운전에 필요한 기능과 도로상 운전능력을 익히기 위한 교육에 사용되는 자동차를 운전할 수 있는 운전면허를 받지 아니하거나 운전면허를 받은 날부터 2년이 지나지 아니한 사람

④ 강사의 자격취소·정지기준(법 제106조제4항)
시·도 경찰청장은 강사자격증을 교부받은 사람이 다음의 어느 하나에 해당하는 때에는 그 강사의 자격을 취소하거나 1년 이내의 범위에서 기간을 정하여 그 자격의 효력을 정지시킬 수 있다. 다만, ㉮항 내지 ㉰항 중 어느 하나에 해당하는 경우에는 그 자격을 취소하여야 하며, ㉲항 및 ㉳항은 학과교육 강사에 대하여는 이를 적용하지 아니한다.
㉮ 거짓이나 그 밖의 부정한 방법으로 강사자격증을 교부받은 때
㉯ 다음 각 목의 어느 하나에 해당하는 죄를 저질러 금고이상의 형(집행유예를 포함한다)을 선고받은 경우
① 교통사고처리특례법 제3조제1항의 죄.
② 특정범죄 가중처벌 등에 관한 법률 제5조의3, 제5조의11제1항 및 제5조의 13에 따른 죄.
③ 성폭력 범죄의 처벌 등에 관한 특례법 제2조에 따른 성폭력 범죄.
④ 아동·청소년의 정보호에 관한 법률 제2조제2호에 따른 아동·청소년 대상 성범죄.
㉰ 강사의 자격정지기간 중에 교육을 실시한 경우
㉱ 강사의 자격증을 다른 사람에게 빌려 준 경우
㉲ 기능교육에 사용되는 자동차를 운전할 수 있는 운전면허가 취소된 경우
㉳ 기능교육에 사용되는 자동차를 운전할 수 있는 운전면허의 효력이 정지된 경우
㉴ 강사의 업무에 관하여 부정한 행위를 한 경우
㉵ 학원의 등록을 하지 아니하고 대가를 받고 자동차운전교육을 한 경우
㉶ 그 밖에 이 법이나 이 법에 의한 명령 또는 처분을 위반한 경우

⑤ 강사의 선임(규칙 제120조)
㉮ 학원 또는 전문학원을 설립·운영하는 자가 학원의 강사 또는 전문학원의 강사 및 기능검정원을 선임하고자하는 때에는 강사 및 기능검정원의 자격에 적합한 자를 선임하여 강사 등 선임통지서에 자격증 사본을 첨부하여 시·도 경찰청장에게 제출하여야 한다.
㉯ 전문학원 강사는 전문학원에서 학과 및 기능교육을 담당하면서 안전한 운전자 양성에 핵심적 역할을 담당하는 자이므로, 학감은 강사를 선임함에 있어 그 사람의 지식과 기능유무를 확인하여야 한다.
㉰ 강사자격증을 받은 사람일지라도 그 업무에 1년 이상 종사한 사실이 없어, 지식 및 기능 등이 저하된 사람은 학감이 일정기간 필요한 교육을 실시 후 선임한다.
㉱ 시·도 경찰청장은 「강사선임신고」를 접수한 때는 적격여부를 심사하여 그 결과를 해당 전문학원을 설립·운영하는 자에게 통보하여야 하며 심사결과 자격미달자가 있는 경우 그 선임의 취소를 명할 수 있다.
※ 강사선임의 효력은 시·도 경찰청장의 선임결과가 학원에 도달한 때부터 발생한다.

⑩ 학원 또는 전문학원을 설립·운영하는 자는 강사 등을 해임한 경우는 해임한 날부터 10일 이내 해임 강사명부를 작성 시·도 경찰청장에게 통지하고 그 변동사항을 기록 유지하여야 한다.

⑪ 강사는 다른 종류의 강사자격이 있는 경우에는 선임된 강사의 업무에 지장이 없는 범위 내에서 다른 종류의 강사업무를 겸임할 수 있다. (규칙 제122조제1항)

⑥ **강사의 배치기준(영 제67조제1항제1호~제4호)**
  ㉮ 학과교육 강사 : 1일 학과교육 매 8시간당 1명 이상
  ㉯ 기능교육 강사
    ㉠ 제1종 대형면허 : 교육용 자동차 등의 대수에 따른 비율로 산정한 강사정원이 정수가 아닌 경우에는 소수점 이하를 올림한다. 교육용 자동차 10대당 3인 이상
    ㉡ 제1종 보통연습면허, 제1종 보통면허 또는 제2종 보통연습면허, 제2종 보통면허 : 각각 교육용 자동차 10대당 5명 이상
    ㉢ 제1종 특수면허 : 각각 교육용 자동차 2대당 1명 이상
    ㉣ 제2종 소형면허 및 원동기장치자전거면허 : 교육용 자동차 10대당 1명 이상
  ㉰ 기능검정원 : 교육생 정원 200명 당 1명 이상

(3) 기능검정원

① **기능검정원의 의의**
  ㉮ 전문학원에는 기능검정을 실시하는 기능검정원을 두어야 한다.
  ㉯ 기능검정원은 국가가 시행하던 운전면허시험의 핵심인 운전면허기능시험을 전문학원에서 직접 평가 채점하는 막중한 임무를 수행하는 사람이다.

② **기능검정원의 자격요건(법 제107조)**
  ㉮ 기능검정원이 되려는 사람은 기능검정원 자격시험에 합격하고 경찰청장이 지정하는 전문기관에서 자동차운전기능검정에 관한 연수교육을 수료하여야 한다.(제1항)
  ㉯ 경찰청장은 연수교육을 수료한 사람에게 기능검정원자격증을 발급하여야 한다.(제2항)
  ㉰ 발급 받은 기능검정원 자격증을 부정하게 사용할 목적으로 다른 사람에게 빌려주거나 빌려서는 아니되며 이를 알선하여서도 아니 된다(제3항).

③ **기능검정원의 결격요건(제4항)**
  다음 중 어느 하나에 해당하는 사람은 기능검정원이 될 수 없다.
  ㉮ 다음 각 목의 어느 하나에 해당하는 죄를 저질러 금고 이상의 형(집행유예를 포함한다)을 선고 받은 경우
    ① 교통사고처리특례법 제3조제1항의 죄.
    ② 특정범죄 가중처벌 등에 관한 법률 제5조의3, 제5조의11제1항 및 제5조의 13에 따른 죄.
    ③ 성폭력 범죄의 처벌 등에 관한 특례법 제2조에 따른 성폭력 범죄.
    ④ 아동·청소년의 성보호에 관한 법률 제2조제2호에 따른 아동·청소년 대상 성범죄.
  ㉯ 기능검정원의 자격이 취소된 경우에는 그 자격이 취소된 날부터 3년이 지나지 아니한 사람
  ㉰ 기능검정에 사용되는 자동차를 운전할 수 있는 운전면허를 받지 아니하거나 운전면허를 받은 날부터 3년이 지나지 아니한 사람

④ **기능검정원의 자격취소·정지기준(제5항)**
  시·도 경찰청장은 기능검정원이 다음 각 호의 어느 하나에 해

당하는 때에는 그 기능검정원의 자격을 취소하거나 1년 이내의 범위에서 기간을 정하여 그 자격의 효력을 정지시킬 수 있다. 다만, ㉮항 내지 ㉶항의 어느 하나에 해당하는 경우에는 그 자격을 취소하여야 한다.

  ㉮ 거짓으로 기능검정 합격사실을 증명한 경우(취소)
  ㉯ 거짓이나 그 밖의 부정한 방법으로 기능검정원 자격증을 교부받은 경우(취소)
  ㉰ 다음 각 목의 어느 하나에 해당하는 죄를 저질러 금고 이상의 형(집행유예를 포함한다)을 선고 받은 경우
    ① 교통사고처리특례법 제3조제1항의 죄.
    ② 특정범죄 가중처벌 등에 관한 법률 제5조의3, 제5조의11제1항 및 제5조의 13에 따른 죄.
    ③ 성폭력 범죄의 처벌 등에 관한 특례법 제2조에 따른 성폭력 범죄.
    ④ 아동·청소년의 성보호에 관한 법률 제2조제2호에 따른 아동·청소년 대상 성범죄.
  ㉱ 기능검정원의 자격정지 기간 중에 기능검정을 실시한 경우
  ㉲ 기능검정원의 자격증을 다른 사람에게 빌려 준 경우(취소)
  ㉳ 기능검정에 사용되는 자동차를 운전할 수 있는 운전면허가 취소된 경우(취소)
  ㉴ 기능검정에 사용되는 자동차를 운전할 수 있는 운전면허의 효력이 정지된 경우
  ㉵ 기능검정원의 업무에 관하여 부정한 행위를 한 경우
  ㉶ 그 밖에 이 법에 의한 명령 또는 처분을 위반한 경우

⑤ **강사업무의 겸임 (규칙 제 122조 제1함~제5항).**
  ㉮ 학원 또는 전문학원의 강사가 다른 종류의 강사자격증을 가지고 있는 경우에는 해당 강사의 업무에 지장이 없는 범위 내에서 다른 종류의 강사 업무를 겸임할 수 있다.
    이 경우 겸임하는 강사는 강사의 정원 산출과 배치기준에 있어서 중복하여 적용되어서는 아니 된다.
  ㉯ 기능검정원이 강사자격증을 가지고 있는 경우에는 기능검정의 업무에 지장이 없는 범위 내에서 강사의 업무를 겸임할 수 있다. 이 경우 기능검정원은 자신이 교육한 교육생에 대하여 교육이 종료된 날부터 1년이 지나지 아니하면 도로주행검정을 실시할 수 없으며, 겸임하는 기능검정원은 강사의 정원 산출과 배치기준에 있어서 교육용 자등차 10대당 1명에 한하여 중복하여 적용할 수 있다.
  ㉰ 학감 또는 부학감은 강사 또는 기능검정원 업무를 겸임 할 수 없다. 다만, 학감 또는 부학감이 학과교육에 대한 강사자격증이 있는 경우로서 업무에 지장이 없는 범위 내에서 학과교육 과정표상의 첫 1교시의 강의를 하는 경우에는 그러하지 아니하다.
  ㉱ 전문학원의 설립·운영자는 기능교육의 효율적인 실시를 위하여 기능교육 보조원을 둘 수 있다. 이 경우 기능교육보조원은 강사를 대신하여 교육을 담당할 수 없다.

⑥ **기능검정원의 배치기준(영 제67조제1항제4호)**
  기능점정원은 교육생 정원 200명당 1명 이상

■4 시설·설비 등의 기준(영 제63조제1항, 제67조제2항)

학원 또는 전문학원을 설립·운영하는 자는 학과교육, 기능교육 및 기능검정을 실시하기 위한 시설·설비 등이 대통령령이 정한 기준에 적합하여야 하고, 교통안전교육기관에 필요한 시설·설비 등을 갖추어야 한다.

(1) 학원 및 전문학원의 시설 및 설비 등의 기준(영 별표5)
① 강의실
  ㉮ 학과교육 강의실의 면적은 60제곱미터 이상 135제곱미터 이하로 하되, 1제곱미터당 수용인원은 1명을 초과하지 않을 것
  ㉯ 도로교통에 관한 법령·지식과 자동차의 구조 및 기능에 관한 강의를 위하여 필요한 **책상·의자**와 각종 보충교재를 갖출 것
② 사무실
  사무실에는 교육생이 제출한 **서류** 등을 접수할 수 있는 창구와 휴게실을 설치할 것
③ 화장실 및 급수시설
  학원 또는 전문학원의 규모에 맞는 적절한 **화장실 및 급수시설**을 갖추되, 급수시설의 경우 상수도를 사용하는 경우 외에는 그 수질이 「먹는 물 관리법」제5조 제3항에 따른 **기준에 적합할 것**
④ 채광시설, 환기시설, 냉·난방시설 및 조명시설
  보건위생상 적절한 **채광시설, 환기시설 및 냉·난방시설**을 갖추되, 야간교육을 하는 경우 그 **조명시설**을 책상면과 흑판면의 조도가 150룩스 이상일 것
⑤ 방음시설 및 소방시설
  「소음·진동규제법」제21조 제2항에 따른 생활소음의 규제기준에 적합한 방음시설과 「화재예방, 소방시설 설치유지 및 안전관리에 관한 법률」에 따른 방화 및 소방에 필요한 시설을 갖출 것
⑥ 휴게실 및 양호실
  교육생의 정원이 500인 이상인 경우에는 제2호에 따른 사무실 안의 휴게실 외에 면적이 15제곱미터 이상인 휴게실과 면적이 7제곱미터(전문학원의 경우에는 16.5제곱미터) 이상으로서 **응급처치시설이 포함된 양호실**을 갖출 것
⑦ 기능교육장
  ㉮ 면적이 2,300제곱미터 이상 (전문학원의 경우는 6,600제곱미터 이상)인 기능교육장을 갖출 것. 다만, 기능교육장을 2층으로 설치하는 경우 전체 면적 중 1층에 확보하여야 하는 부지의 면적은 2,300제곱미터(제1종 대형면허 교육을 병행하는 경우에는 4,125제곱미터) 이상이어야 하며, 상·하 연결차로의 너비를 7미터(상·하 차로를 분리할 경우에는 각각 3.5미터) 이상으로 하여야 한다.
  ㉯ **제1종 보통면허 및 제2종 보통면허 교육** 외의 교육을 하려는 경우에는 다음의 구분에 따라 **부지를 추가로 확보할 것**다만, 1)에 따른 제1종 대형면허 교육을 위한 부지를 추가로 확보한 경우에는 3)에 따른 소형 견인차면허 및 구난차면허 교육에 대한 부지를 추가로 확보하지 않더라도 해당 기능교육장에서 소형견인차 면허 교육 및 행정안전부령으로 정하는 구난차면허 교육을 할 수 있다.
    ㉠ 제1종 대형면허 교육 : 8,250제곱미터(전문학원의 경우에는 2,000제곱미터) 이상
    ㉡ 제2종 소형면허 및 원동기장치자전거면허 교육 : 1,000제곱미터 이상
    ㉢ 소형견인차면허 및 구난차면허 : 2,330제곱미터 이상
    ㉣ 대형견인차 면허 : 1,610제곱미터 이상
  ㉰ 기능교육장은 콘크리트나 아스팔트로 포장하고, 가목에 해당하는 기능교육장에는 다음의 시설을 갖추어야 한다.
    ㉠ 너비가 3미터 이상인 1개 이상의 차로를 설치할 것
    ㉡ 10~15센티미터 너비의 중앙선 또는 차선을 표시하고, 도로 중앙으로부터 3미터 되는 지점에 10~15센티미터 너비의 길가장자리선을 설치할 것
    ㉢ 연석은 길가장자리선으로부터 25센티미터 이상 간격으로 높이 10센티미터 이상, 너비 10센티미터 이상으로 설치할 것
  ㉱ 기능교육장 안에는 기능시험 코스 등 **기능교육 시설, 기능검정을 통제하는 시설**, 기능검정에 응시하는 사람이 대기하는 장소 및 조경시설 외에 다른 시설을 설치하지 않을것
⑧ 정비장 및 주차시설
  ㉮ 교육용 자동차의 일상점검에 필요한 정비장을 갖출 것
  ㉯ 포장된 주차시설을 갖출 것
⑨ 교육용 자동차 (전문학원의 기능검정용 자동차를 포함한다.)
  ㉮ 기능 및 도로주행 교육용 자동차의 **공통기준**
    ㉠ 교육생이 교육 중 과실로 인하여 발생한 사고에 대하여 『자동차손해배상보장법시행령』 제3조에 따른 금액 이상을 보상받을 수 있는 보험에 가입 할 것
    ㉡ 강사가 위험을 방지할 수 있는 **별도의 제동장치** 등 필요한 장치를 갖출 것
    ㉢ 전문학원의 경우 자동변속기, 수동 가속 페달, 수동 브레이크, 왼쪽 보조 액셀러레이터, 오른쪽 방향지시기, 핸들선회장치 등이 장착된 장애인 기능교육용 자동차 및 도로주행 교육용 자동차를 각각 1대 이상 확보할 것
    ㉣ 제2종 소형 또는 원동기장치자전거 운전교육 시 필요한 안전모, 안전장갑, 관절보호대 등 보호장구를 갖출 것
  ㉯ 기능교육용 자동차의 기준
    ㉠ 교육생이 기능교육을 받는 데 지장이 없을 정도의 대수를 확보할 것
    ㉡ 위에 따른 대수의 확보에 있어서 기능교육장의 면적 300제곱미터당 1대를 초과하지 않도록 할 것
    ㉢ 「자동차관리법」제44조에 따른 자동차검사대행자 또는 동법 제45조에 따른 지정 정비사업자가 행정안전부령으로 정하는 바에 따라 실시하는 **검사를 받은 자동차를 사용할 것**
  ㉰ 도로주행 교육용 자동차의 기준
    ㉠ 학원 등을 설립·운영하는 자의 명의로 학원 등의 소재지를 관할하는 행정기관에 **등록된 자동차일 것**. 다만, 관할 행정기관 외의 행정기관에 등록된 자동차의 경우에는 관할 시·도 경찰청장의 승인을 받아 사용할 수 있다.
    ㉡ 도로주행교육용 자동차의 대수는 해당 학원 또는 전문학원 기능교육장에서 동시에 교육이 가능한 최대의 **자동차 대수의 3배를 초과하지 아니할 것**
    ㉢ 「자동차관리법」제43조의 규정에 의한 **정기검사를 받은 자동차를 사용할 것**
⑩ 학사관리 전산시스템
  학사관리의 능률과 공정을 위하여 경찰청장이 정하는 학사관리 전산시스템(지문 등으로 **본인여부**를 확인할 수 있는 장치를 포함한다)을 설치·운영할 것
⑪ 제1호부터 제10호까지의 시설 등은 하나의 학원 또는 전문학원 부지 내에 설치할 것, 다만 제 10호의 학사관리 전산시스템 중 서버는 경찰청장이 정하는 바에 따라 학원 또는 전문학원 부지 밖에 설치할 수 있다.
⑫ 강의실 및 부대시설 등을 가설건축물로 설치할 경우에는 「건축법」 제20조 제1항 및 동법 시행령 제15즈 제1항에 따른 기준에 적합할 것
⑬ 전문학원은 경찰청장이 고시한 규격에 적합한 **기능시험전자채점기를 설치·관리 할 것**

(2) 기능교육용 자동차의 확보
  1) 기능교육용 자동차는 운전면허기능시험 또는 도로주행시험에

사용하는 자동차의 기준에 적합하여야 하며, 그 차의 종류, 도색과 표지, 확보기준, 적합여부 확인과 고유번호 부여, 자동차검사와 유효기간 등은 다음과 같다.

① 기능시험 또는 도로주행시험에 사용되는 자동차 등의 종별
※ 41p "② 장내기능시험 및 도로주행시험에 사용되는 자동차의 종별(규칙 제70조제1항)" 참조

② 도로주행시험용 자동차의 도색 및 표지(규칙 제71조제3호)
㉮ 표지 등 모형 및 규격(규칙 별표27)
① 적색　　　　　　② 황색
③ 녹색　　　　　　④ 적색문자
⑤ 바탕색은 백색　⑥ 600밀리미터
⑦ 160밀리미터　⑧ 180밀리미터
⑨ 60밀리미터　⑩ 500밀리미터
⑪ 100밀리미터　⑫~⑬ 35밀리미터

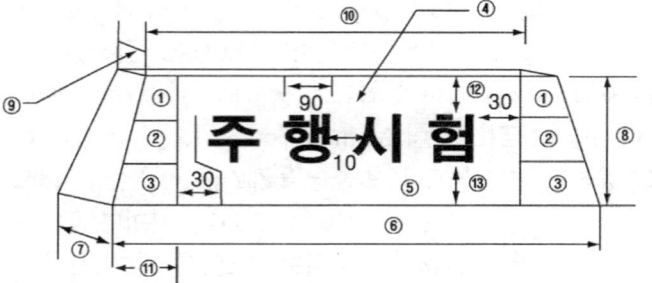

㉯ 표지등 설치위치
㉠ 차량 지붕 중심 위치에 앞뒤에서 볼 수 있게 설치
㉡ 도로주행교육 중에는 "교육 중"이라는 표지를, 도로주행 기능검정 중에는 "검정 중"이라는 표지를 각각 자동차의 앞뒤 범퍼에 자동차 등록번호판 크기로 부착

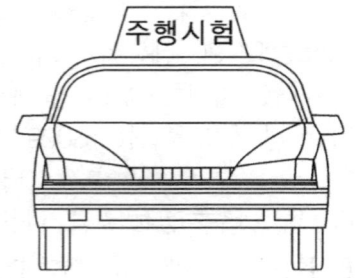

㉰ 도색 및 표지
㉠ 바탕색 : 황색(제1종 보통면허는 백색)
㉡ 측면에 녹색으로 시 · 도 및 학원명(전문학원의 경우에는 전문학원명), 후미에는 백색원형 바탕에 녹색의 차량 고유번호를 표시

㉱ 제1종 보통면허의 도로주행교육용 자동차의 도색(바탕색을 제외한다) 및 표지는 위에 준한다.

③ 기능교육용 자동차의 사용 유효기간(규칙 제103조제4항, 제5항)
㉮ 승용자동차 및 승용 겸 화물자동차 : 2년
㉯ 화물자동차 : 1년
㉰ 승합자동차 · 대형견인차 · 소형견인차 및 구난차
㉠ 차령 5년 이하 : 1년
㉡ 차령 5년 초과 : 6개월

㉱ 기능교육용 이륜자동차 및 원동기장치자전거 : 10년

2) 제1종 보통연습면허 및 제2종 보통연습면허의 기능시험에 있어서 응시자가 소유하거나 타고 온 차가 자동차의 구조 및 성능이 제1항에 따른 기준에 적합한 경우에는 그 차로 응시하게 할 수 있다.(규칙 제70조제2항)

3) 경찰서장 또는 도로교통공단은 조향장치나 그 밖의 장치를 뜻대로 조작할 수 없는 등 정상적인 운전을 할 수 없다고 인정되는 신체장애인에 대하여는 차의 구조 및 성능이 기준에 적합하고, 자동 변속기, 수동 가속 페달, 수동 브레이크, 좌측 보조 엑셀러레이터, 우측 방향지시기 또는 핸들선회장치 등이 장착된 자동차 등이나 응시자의 신체장애 정도에 적합하게 제작 · 승인된 자동차 등으로 기능시험 또는 도로주행시험에 응시하게 할 수 있다.(규칙 제70조제3항)

5 교육운영의 기준(법 제104조제1항제4호, 영 제67조제5항)
교육방법 및 졸업자의 운전능력 등 해당 전문학원의 운영이 대통령령이 정하는 기준에 적합하여야 하며, 졸업자의 운전 능력은 전문학원의 지정 신청이 있는 날부터 6개월 동안 그 학원의 교육과정을 마친 교육생의 도로주행시험 합격률이 60퍼센트 이상 이어야 한다.

(1) 운전교육의 수강신청 등(규칙 제105조)
① 교육을 받으려는 사람은 다음의 서류를 첨부한 수강신청서와 수강료를 해당 학원 또는 전문학원에 납부하여야 한다. 다만, 제1종 또는 제2종 운전면허를 받은 사실이 증명되는 사람이 제1종 또는 제2종 면허를 받으려는 경우나 제2종 소형 및 원동기장치자전거 면허를 받고자 하는 경우에는 운전경력 증명서를 별도로 제출하여야 한다.
㉮ 주민등록증 사본 1부
㉯ 사진 4장
㉰ 운전면허시험 응시표 사본 1부 또는 운전경력증명서 1부 (해당하는 사람에 한함)

② 전문학원의 설립 · 운영자는 다음 사람이 등록하고자 하는 때는 이를 거부할 수 있다.
㉮ 운전면허 결격사유에 해당하는 사람. 다만, 연령이 18세 미만(원동기장치자전거는 16세 미만, 제1종 대형면허 · 제1종 특수면허는 19세 미만)인 사람은 기능검정일까지 적령이 되는 경우는 허용
㉯ 운전면허 적성검사에 합격할 수 없다고 인정되는 사람(영 제45조)
㉰ 신체 장애인의 경우 장애인 운동능력 측정검사에 합격할 수 없다고 인정되는 사람
㉱ 전문학원의 원칙에서 정하는 교육방법과 시간 등에 따라 교육을 받을 수 없는 사람
㉲ 신원이 확인되지 아니한 사람
※ 신원확인은 주민등록증, 운전면허증, 공무원증, 여권, 학생증, 기타 국가기관에서 발행하는 자격증 등으로 사진대조 확인할 수 있는 것으로 하고, 외국인의 경우는 여권, 외국인 등록증, 출입국사실증명서 등으로 확인한다.

③ 학원 또는 전문학원을 설립 · 운영하는 자가 교육생으로부터 수강신청을 받은 때에는 학사관리 전산시스템을 이용하여 교육생원부에 이를 등록하여야 한다.

④ 학원 또는 전문학원을 설립 · 운영하는 자가 수강신청 및 수강료를 받은 때에는 수강증과 수강료 영수증을 교부하고 수강일자를 지정하여야 한다.

(2) 교육과목 · 교육시간 등(규칙 제106조제1항)
① 운전면허의 종별 교육과목 및 교육시간 등(규칙 별표32)

1. 전문학원의 교육과목 및 교육시간

교육과목		면허종별 보통(연습)면허	대형면허, 대형견인차면허 및 구난차면허	소형 견인차면허	소형 면허	원동기장치 자전거면허
학과 교육	운전이론 등	3	3	3	5	5
기능 교육	기본조작	4	5	2	5	4
	응용주행		5	2	5	4
	소계	4	10	4	10	8
도로주행교육 (연습면허소지자)		6	.	.	.	.
계		13	13	7	15	13

가. 위 표의 교육시간은 최소교육시간이므로 해당 전문학원의 운영 등에 관한 원칙이 정하는 바에 따라 최소교육시간 이상의 교육을 할 수 있다.
나. 학과교육은 위 표에서 정한 시간 이상의 교육을 실시함을 원칙으로 하되, 다음 각 호의 경우에는 예외로 할 수 있다.
  1) 제2종 보통면허 소지자가 제1종 보통면허를 취득하고자 하는 경우 또는 원동기장치자전거면허 소지자가 제2종 소형면허를 취득하고자 하는 경우에는 학과교육을 면제할 수 있다.
  2) 제1종 대형·특수면허 소지자 또는 제1종·제2종 보통면허 소지자가 제2종 소형면허를 취득하고자 하는 경우에는 위 표에서 정한 시간의 최소 1/2 이상 실시한 경우 수료한 것으로 본다.
  3) 제2종 소형면허 또는 원동기장치자전거 면허 소지자가 제1종·제2종 보통면허를 취득하고자 하는 경우에는 위 표에서 정한 시간의 최소 1/2 이상 실시한 경우 수료한 것으로 본다.
  4) 제1종 또는 제2종 운전면허(제2종 소형면허 및 원동기장치자전거 면허는 제외한다)를 받은 사실이 증명되는 사람이 제1종 또는 제2종 운전면허를 받고자하는 경우의 학과교육은 영 제60조 제2항 및 영 제66조제1항에 따른 학원의 운영 등에 관한 원칙이 정하는 범위에서 학감 또는 설립·운영자가 자율적으로 실시한다.
다. 기능교육 및 도로주행교육은 위 표에서 정한 시간 이상의 교육을 실시함을 원칙으로 하되 다음 각 호의 경우에는 예외로 할 수 있다.
  1) 제2종 보통면허 소지자(자동변속기 제외)가 제1종 보통면허를 취득하고자 하는 자의 경우에는 위 표에서 정한 각 단계별 시간의 최소 1/2 이상 실시한 경우 수료한 것으로 본다.
  2) 원동기장치자전거 면허 소지자가 제2종 소형 운전면허를 취득하고자 하는 경우에는 위 표에서 정한 각 단계별 시간의 최소 1/2 이상 실시한 경우 수료한 것으로 본다.
  3) 제1종 또는 제2종 운전면허(제2종 소형면허 및 원동기장치자전거 면허는 제외한다)를 받은 사실이 증명되는 사람이 제1종 또는 제2종 운전면허를 받고자하는 경우의 기능교육은 제60조 제2항 및 영 제66조 제1항에 따른 학원의 운영 등에 관한 원칙이 정하는 범위에서 학감 또는 설립·운영자가 자율적으로 실시한다.
라. 보통(연습)면허의 기능교육시간과 도로주행교육시간은 전문학원의 설립·운영자가 교육생과 협의하여 자율적으로 정할 수 있다. 다만 기능교육과 도로주행교육을 각각 4시간 이상, 모두 합하여 총 10시간 이상 교육하여야 한다.
마. 운전면허취득자(연습면허소지자는 제외한다)의 운전능력향상을 위하여 실시하는 도로 연수의 교육시간은 학원 등의 설립·운영자가 자율적으로 실시한다.

2. 전문학원의 교육과정별·단계별 교육내용

면허종별	교육과정	단계별	시간	교육내용
제1종 보통(연습)면허 및 제2종 보통(연습)면허	학과 교육		1교시~3교시	교통사고 실태 및 인명 존중, 사각지대와 운전, 인간의 능력과 차에 작용하는 자연의 힘, 초보운전자의 교통사고 사례, 야간운전, 악천후 운전, 교통사고 발생 시 조치, 보험, 안전운전 장치의 이해, 고속주행 시 안전운전
	기능 교육	1단계	1교시~3교시	운전장치조작, 차로준수, 돌발 시 급제동, 경사로, 직각주차, 교차로 통과, 가속 요령 등
		2단계	4교시	1단계 교육과정에 대한 종합적인 운전
	도로주행 교육	1단계	1교시~6교시	도로주행 시 운전자의 마음가짐, 주변교통과 합류하는 방법, 속도선택, 교차로 통행방법, 위험을 예측한 방어운전 요령 등
제1종 대형 면허	학과 교육			대형자동차 운전 및 구조적 특징, 교통사고 실태 및 인명 존중, 사각지대와 운전, 인간의 능력과 차에 작용하는 자연의 힘, 대형 교통사고사례, 야간운전, 악천후운전, 교통사고발생시 조치, 보험, 안전운전 장치의 이해 등
	기능 교육	1단계	1교시~5교시	운전장치조작, 경사로 운전, 모퉁이 통행, 방향전환, 기어변속능력, 평행주차 요령, 돌발상황 대응 요령, 엔진 시동상태 유지 등
		2단계	6교시~10교시	1단계 교육과정에 대한 종합적인 운전
제1종 특수면허	대형 견인차·구난차	학과 교육		견인차 및 구난차의 구조적 특징, 교통사고 실태 및 인명존중, 사각지대와 운전, 인간의 능력과 차에 작용하는 자연의 힘, 대형 교통사고사례, 야간운전, 악천후운전, 교통사고발생 시 조치, 보험, 안전운전 장치의 이해 등
		기능 교육	1단계 1교시~5교시	운전장치 조작, 피견인차 연결 및 분리방법, 전·후진요령(구난차의 경우 굴절·곡선 통과 요령)
			2단계 6교시~10교시	방향전환 요령, 주차요령 등
	소형 견인차	학과 교육		차량견인시 주의사항, 견인차의 구조적 특징, 교통사고 실태 및 인명 존중, 사각지대와 운전, 인간의 능력과 차에 작용하는 자연의 힘, 대형 교통사고사례, 야간운전, 악천후운전, 교통사고발생 시 조치, 보험, 안전운전 장치의 이해 등
		기능 교육	1단계 1교시~3교시	운전장치 조작, 방향전환, 굴절코스, 곡선통과, 전·후진요령
			2단계 4교시	1단계 교육과정에 대한 종합적인 운전
제1종 소형 면허	학과 교육		1교시~5교시	제1종·제2종 보통연습면허와 같다.
	기능 교육	1단계	1교시~5교시	제1종 대형면허와 같다.
		2단계	6교시~10교시	
제2종 소형 면허	학과 교육		1교시~5교시	제1종·제2종 보통연습면허와 같다.
	기능 교육	1단계	1교시~5교시	이륜자동차 취급방법, 굴절·곡선·좁은 길 코스 통과요령, 연속진로전환코스 통과 요령, 시동상태 유지 등
		2단계	6교시~10교시	교육과정에 대한 종합운전
원동기장치 자전거면허	학과 교육		1교시~5교시	제1종·제2종 보통연습면허와 같다.
	기능 교육	1단계	1교시~4교시	원동기장치자전거 취급방법, 굴절·곡선·좁은 길 코스 통과 요령, 연속진로 전환코스 통과 요령, 시동상태 유지 등
		2단계	5교시~8교시	교육과정에 대한 종합운전

3. 학원 또는 전문학원의 기능교육 방법

가. 동승교육 : 1단계 과정에 있는 교육생에 대하여 기능교육강사가 기능교육용 자동차의 운전석 옆자리에 승차하여 운전석에서 수강하는 교육생 1명에 대하여 실시하는 교육으로서, 2단계 과정 또는 최소교육시간 외의 교육과정에 있는 교육생이라도 원하는 경우에는 동승교육을 실시하여야 한다.
나. 집합교육 : 1단계 과정에 있는 제1종 소형면허, 제2종 소형면허 및 원동기장치자전거면허 교육생에 대하여 기능교육강사 5명이내의 교육생과 함께 실시한다.
다. 단독교육 : 2단계 과정 또는 최소교육시간 외의 교육과정에 있는 교육생에 대하여 기능교육강사가 기능교육용자동차에 함께 승차하지 않고 교육생 단독으로 실시하는 운전연습으로서 다음과 같이 실시한다.
  1) 단독교육 시 강사 1명이 담당할 수 있는 교육용자동차 대수
    - 제1종 특수·대형면허 : 교육용 자동차 5대 이하
    - 제1종·제2종 보통면허 : 교육용 자동차 10대 이하
    - 제2종 소형 및 원동기장치자전거 면허 : 교육용 자동차 10대 이하
  2) 이 경우 기능교육 보조원(기능교육강사를 보조하는 사람을 말한다)을 배치하여 강사를 보조하게 할 수 있다.
  3) 담당 기능교육강사는 교육생에게 안전사고예방에 대한 교육을 실시할 것

라. 개별코스교육 : 보통 연습면허 이외의 면허의 1단계 과정에 있어서 교육생의 운전능력이 부족하다고 판단되는 코스에 대하여 4시간의 범위에서 3명 이내의 교육생과 함께 실시할 수 있다.

마. 모의 운전장치 교육 : 1단계 과정 중 운전장치 조작의 경우 2시간을 초과하지 않는 범위에서 다음 기준에 따라 모의 운전장치로 실시할 수 있다. 다만, 제1종 보통연습면허 및 제2종 보통연습면허의 경우에는 기능교육의 최소교육시간 이외의 교육과정에서만 모의 운전장치로 교육을 실시할 수 있다.

1) 모의 운전장치 1대당 교육할 수 있는 인원 : 1시간 당 1명
2) 강사 1명이 동시에 지도할 수 있는 인원 : 5명 이내

4. 학원의 교육실시

가. 학원 설립·운영자는 제3호 가목·나목에 따른 교육방법을 기준으로 교육을 실시하여야 한다.

나. 학원 설립·운영자는 가목 이외에 제1호와 제2호에 따른 전문학원의 교육과목·교육시간 및 교육과정별 교육내용을 참고하여 교육을 실시할 수 있다.

② **교육반의 편성(규칙 제106조)**

㉮ 학원 또는 전문학원을 설립·운영하는 자는 수강신청서 접수순서에 따라 교육반을 편성하여야 한다.(제2항)

㉯ 전문학원을 설립·운영하는 자는 장애인이 수강신청을 하는 때에는 장애인 교육반을 편성하고 장애인 교육용자동차로 교육하여야 한다.(제3항)

③ **교육과정의 운영기준(영 제67조제4항)**

㉮ 학과교육, 기능교육 및 도로주행교육으로 구분하여 교육을 실시한다.

㉯ 학과교육·기능교육 및 도로주행교육별로 각각 3개월 이내에 수료될 수 있도록 하여야 할 것.

④ **교육생 1명에 대한 1일 교육시간(규칙 제107조제1항제2호)**

교육은 운전면허의 종별로 구분하여 최소시간 이상을 교육하되 교육생 1명에 대한 교육시간은

㉮ 학과교육의 경우 : 1일 7시간 초과금지
㉯ 기능교육 및 도로주행교육의 경우 : 1일 4시간 초과금지

⑤ **교육생의 정원(규칙 제109조)**

㉮ 학원 또는 전문학원을 설립·운영하는 자는 정원을 초과하거나 일시수용능력인원을 초과하여 교육을 하여서는 아니 된다.(제1항)

㉯ 학원 또는 전문학원을 설립·운영하는 자는 도로주행교육을 받는 교육생의 정원의 3배를 초과하지 아니하도록 하여야 한다.(제2항)

㉰ 학원 또는 전문학원의 정원은 기능교육장의 일시수용능력에 1일 최대 교육횟수를 곱하여 산정한 인원(제3항)

① 기능교육장 일시수용능력인원 산정방법.

㉠ 제1종 보통 및 제2종 보통연습면허의 경우 : 해당 기능교육장 면적(폭 3미터 이상, 길이 15미터 이상인 굴절·곡선·방향전환 또는 대형견인차 코스 등을 분리하여 설치한 기능교육장의 경우에는 기능교육장 면적의 30%에 해당하는 면적까지 기능교육장의 면적으로 본다) 300㎡ 당 1명.

㉡ 제1종 대형면허의 경우 : 해당 기능교육장의 면적 900㎡ 당 1명

㉢ 대형견인차면허 및 소형견인차면허의 경우 : 해당 기능교육코스 1개당 1명

㉣ 구난차면허의 경우 : 해당 기능코스 1조당 2명.

㉤ 제2종 소형면허 또는 원동기장치자전거면허의 경우 : 해당 기능교육장의 면적 50㎡ 당 1명.

※ 정원의 산출 기준 = 장내기능교육장 300㎡당 1명 × 1일 최대 부수(20회)

[예시] 장내기능교육장 면적 6600㎡ ÷ 300㎡ × 20회 = 440인(정원)

(3) 학과교육의 실시(규칙 제107조)

학원 또는 전문학원을 설립·운영하는 자는 다음 각 호의 기준에 따라 학과교육을 실시하여야 한다.

① **교육과목 및 교육시간(제1항)**

㉮ 운전면허의 종별 교육과목 및 교육시간에 따라 교육하여야 한다.(제1호)

㉯ 교육시간은 50분을 1시간으로 하되, 1일 1명당 7시간 초과하지 않아야 한다.(제2호)

㉰ 응급처치교육은 응급의학 관련 의료인이나 응급구조사 또는 응급처치에 관한 지식과 경험 있는 강사로 하여금 실시토록 하여야 한다.(제3호)

② **교육시간의 확보**

㉮ 강사가 갑작스러운 질병이나 기타 사정으로 교육도중에 수업을 중단한 경우 해당 시간을 이어받아 교육을 실시한 강사가 교육생원부 및 수강증에 전자 서명하여야 한다.

㉯ 교육생이 교육시작 후 10분 이상 지각한 경우에는 그 시간에 대한 교육을 받지 않은 것으로 한다.

㉰ 교육을 위한 강사의 기자재준비시간 등을 교육시간으로 인정하여서는 아니 된다.

③ **교육기자재 등 사전 교육준비**

㉮ 학과강사는 교육기자재, 교육내용, 교육방법 등을 고려하여 교육이 원활히 진행될 수 있도록 사전준비를 하여야 한다.

㉯ 비디오, 영화 등 시청각교육은 학과교육시간의 2분의 1 이하로 하고 강사는 교육생의 질문을 유도하는 방식으로 교육하여야 한다.

㉰ 전문학원의 교과서는 경찰청장의 감수를 받은 것으로 한다.

④ **교육 실시방법**

㉮ 전문학원 원칙에 의하여 교육반을 편성하되, 교육내용이 동일한 경우에는 반별구분 없이 교육할 수 있다.

㉯ 교육방법은 학과교육과목 및 시간표에 의거 실시하되, 교육여건에 따라 교육단계 및 교육순서에 관계없이 교육할 수 있다.

㉰ 의사, 간호사, 인명구조원의 자격증을 소지한 사람은 응급처치과목에 대한 교육을 이수한 것으로 본다.

㉱ 학과강사는 교육을 받은 교육생에 대하여 본인여부를 매시간 확인 후 교육생원부에 날인하고 일일 교육실시사항을 학감에게 보고하여야 한다.

(4) 장내기능교육의 실시(규칙 제107조제2항)

학원 또는 전문학원 설립·운영자는 다음 각 호의 기준에 의하여 기능교육을 실시하여야 한다.

① **교육과목 및 교육시간**

㉮ 운전면허종별 교육과목 및 교육시간에 의거 장내기능교육을 실시하여야 한다.(제1호)

㉯ 면허의 종별에 따라 단계적으로 교육을 실시하여야 한다.

㉰ 교육시간은 50분을 1시간으로 하되, 1일 1명당 4시간을 초과하지 않아야 한다.(제2호)

㉱ 교육생을 2명 이상 승차시키지 아니할 것.

② **장내기능교육 코스 및 기능교육용 자동차**

전문학원의 장내기능교육 코스에서 전문학원의 기능교육용 차량으로 실시한다.

58

③ 전문학원의 기능교육 방법 등의 기준

기능교육은 면허의 종별에 따라 다음과 같이 구분하여 교육을 실시하여야 한다.

㉮ 동승교육
  ㉠ 기능강사는 학감으로부터 당일 교육할 차량을 배정받아 그 차량에 대하여 일일점검을 실시하는 등 교육에 지장이 없도록 준비하여야 한다.
  ㉡ 1단계 과정에 있는 교육생에 대하여 기능교육 강사가 기능교육용 자동차의 운전석 옆자리에 승차하여 운전석에서 수강하는 교육생 1명에 대하여 실시하는 교육으로서, 2단계 과정 또는 최소교육시간 외의 교육과정에 있는 교육생이라도 원하는 경우에는 동승교육을 실시하여야 한다.
  ㉢ 기능강사는 운전자세, 준법의식, 안전운전 의식이 몸에 밸 수 있도록 일일이 교정 지도하여 안전운전자가 되도록 교육한다.
  ㉣ 기능강사는 교육도중 안전사고 방지를 위하여 다른 교육용 자동차와 충분히 거리를 확보토록 하여야 한다.

㉯ 단독교육
  ㉠ 교육생이 별표32 제2호 전문학원의 기능교육 중 2단계 과정에 있는 교육생에 대하여 기능교육 강사가 기능교육자동차에 함께 승차하지 아니하고 교육생 단독으로 실시하는 운전연습으로서 다음과 같이 실시한다.
    ① 단독교육 시 강사 1명이 담당할 수 있는 교육용 자동차 대수.
      - 제1종 특수대형면허 : 교육용 자동차 5대 이하.
      - 제1종·제2종 보통면허 : 교육용 자동차 10대 이하.
      - 제2종 소형 및 원동장치자전거 : 교육용 자동차 10대 이하.
    ② 이 경우 기능교육보조원(기능교육강사를 보조하는 사람을 말함)을 배치하여 강사를 보조하게 할 수 있다.
    ③ 담당 기능교육 강사는 교육생에게 안전사고 예방에 대한 교육을 실시할 것.
  ㉡ 단독교육을 희망하지 아니하는 사람, 단독으로 운전하게 하는 것이 위험하다고 판단되는 사람에 대하여는 단독교육을 실시하지 아니한다.

㉰ 개별 코스 교육
  기능교육강사가 기능교육 중 1단계 과정에 있어서 교육생의 운전능력이 부족하다고 판단되는 코스에 대하여 4시간의 범위 이내에서 3명 이내의 교육생과 함께 교육을 실시할 수 있다.

㉱ 모의 운전장치 교육
  ㉠ 기능교육 중 운전장치 조작 교육의 경우 2시간을 초과하지 아니하는 범위 이내에서 모의 운전장치로 교육을 실시할 수 있다.
  ㉡ 모의 운전장치 1대로 시간당 교육할 수 있는 인원은 1명으로 하고, 강사 1명이 동시에 지도할 수 있는 교육생은 5명 이내로 한다.

(5) 도로주행교육의 실시(규칙 제107조제4항)

학원 또는 전문학원을 설립·운영하는 자는 다음 기준에 따라 도로주행교육을 실시하여야 한다.

① 교육과목 및 교육시간
  ㉠ 운전면허종별 교육과목 및 교육시간에 따라 도로주행교육을 실시하여야 한다.(제1호)
  ㉡ 교육시간은 50분을 1시간으로 하되 1일 1명당 4시간을 초과하지 않아야 한다.(제3호)

② 도로주행교육용 자동차
  전문학원의 도로주행 기능교육용 자동차로 교육하여야 한다.

③ 도로주행교육용 도로의 지정(제5호)
  전문학원의 설립·운영자의 신청에 의하여 시·도 경찰청장이 지정한 도로에서 교육하여야 한다.

④ 도로주행교육방법(규칙 제107조제4항)
  ㉮ 도로주행 기능강사는 수검자의 본인여부를 확인하고 교육생원부 및 수강증에 서명 날인하여야 한다.
  ㉯ 운전면허 또는 연습면허를 받은 사람에 대하여 실시하되 면허의 종별 교육과목·교육시간 및 교육방법 등에 따라 실시한다.
  ㉰ 도로주행 기능강사가 도로주행용 자동차에 같이 승차하여 지도하고 교육생 2명이상 승차시키지 아니한다.
  ㉱ 교육시간은 50분을 1시간으로 하되 1일 1명당 4시간을 초과하지 아니 할 것(운전면허를 받은 사람은 예외)
  ㉲ 교육생이 교통법규를 준수하여 안전하게 운전할 수 있도록 지도하여야 한다.
  ㉳ 교육 중 예측하지 못한 상황이 발생하면 교육생이 당황하지 않도록 신속히 대처하여야 한다.

6 수강사실의 확인 등

(1) 교육생의 수강사실 확인(규칙 제107조제5항)
  학원 또는 전문학원을 설립·운영하는 자는 교육생으로 하여금 교육이 시작되기 전과 교육이 끝난 후에 학사관리 전산시스템에 출석사항 및 수강사실을 입력하도록 하고, 교육을 지도한 강사로 하여금 교육생의 수강사실을 확인한 후 전자서명 하도록 하여야 한다.

(2) 교육실시 여부 확인감독(규칙 제107조제6항)
  학원 또는 전문학원을 설립·운영하는 자는 학과·기능 및 도로주행교육이 규정에 따라 실시되는지의 여부를 수시로 감독하여야 한다.

(3) 정원초과 교육의 금지 등(규칙 제109조)
  ① 학원 또는 전문학원을 설립·운영하는 자는 신고 된 정원을 초과하거나 일시 수용능력 인원을 초과하여 교육을 하여서는 아니 된다.(제1항)
  ② 학원 또는 전문학원을 설립·운영하는 자는 도로주행교육을 받는 교육생의 정원이 기능교육을 받는 교육생의 정원의 3배를 초과하지 않도록 하여야 한다.(제2항)

7 기능검정

기능검정이라 함은 전문학원에서 소정의 교육을 종료한 사람에 대하여 기능검정원이 운전면허 기능시험에 준하여 운전능력을 검정하는 것을 말하며, 장내기능검정과 도로주행검정으로 구분 실시하고 있다.

(1) 기능검정의 신청
  ① 전문학원에서 학과교육 및 기능교육을 이수한 날부터 6월이 지나지 아니한 사람으로서 기능검정을 받고자하는 사람은 「기능검정신청서」에 기능검정수수료를 첨부하여 학원에 제출하여야 한다.
  ② 전문학원이 「기능검정신청서」를 접수한 때에는 「기능검정접수대장」에 등재함과 동시에 그 순서에 따라 수험번호를 부여하고 검정일시·장소 등을 지정한 「기능검정신청접수증」을 발급하여야 한다.

(2) 장내기능검정 실시
  ① 장내기능검정 실시 대상(영 제69조제3항)
    운전면허 결격대상에 해당되지 않고 전문학원에서 학과교육 및 기능교육을 이수한 날부터 6개월이 경과하지 아니한 사람이

어야 한다.
② 장내기능검정 시 준비사항
전문학원의 학감은 장내기능검정을 실시하고자 하는 때에는 다음 사항을 미리 준비하여야 한다.
㉮ 기능검정에 사용되는 자동차는 운전면허 종별로 구조·성능이 우수한 자동차로 확보
㉯ 기능검정 실시 시 안전 확보를 위하여 관계직원을 코스장 내의 안전지대에 1명씩 배치
㉰ 기능검정원은 장내기능검정실시 1시간 전에 기능검정 코스, 통제실, 기능검정용 자동차, 채점기 등 기능검정에 필요한 각종 장비 및 설비의 정비점검
③ 장내기능검정 실시방법
㉮ 전문학원의 기능교육장에서 기능검정 전자채점기에 의하여 채점한다.
㉯ 기능검정원은 검정실시 전에 수검자를 일정한 장소에 집합시켜 놓고 다음 사항을 확인·교육하고 검정이 공정하고 안전하게 이루어지도록 하여야 한다.
㉠ 수강중 기타 신분증 및 기능검정신청서 등을 상호 대조하여 대리응시 등 부정응시자를 면밀히 조사 확인한다.
㉡ 기능검정 코스의 진행방향과 시험과제 등에 대한 사전교양으로 수검자가 검정도중 착오를 일으키는 일이 없도록 한다.
㉢ 수검자에 대하여 차간거리의 확보와 탈락 시 조치요령에 관한 교육을 실시하여 수검자가 당황하거나 안전사고를 일으키는 일이 없도록 한다.
㉰ 기능검정원은 기능검정 전자채점기의 채점결과에 의하여 판정하되 합격자에게는 합격사실을 서면으로 증명하여야 한다.
④ 장내기능검정 불합격자의 처리
장내기능검정에 불합격한 사람은 불합격한 날부터 3일이 지난 후가 아니면 장내기능검정을 실시할 수 없다. (영 제69조제4항)

(3) 도로주행 기능검정 실시
① 도로주행 기능검정 실시 대상(영 제69조제3항)
전문학원에서 **도로주행 기능교육**을 이수한 사람으로서 그 사람이 소지하고 있는 연습운전면허의 **유효기간이 지나지 아니한 사람**에 대하여 실시한다.
② 도로주행 기능검정 시 준비사항
㉮ 전문학원의 학감은 도로주행 검정을 실시하고자 하는 때에는 다음 사항을 미리 준비하여야 한다.
㉠ 구조·성능이 우수한 도로주행 검정용 자동차의 확보
㉡ 당일 기능검정 도로의 결정
㉢ 기능검정원 결정 배치
㉯ 기능검정원은 기능검정 실시 전에 수검자에게 **기능검정도로 및 통행순서·방법** 등을 설명함으로써 수검자가 기능검정도로 등에 착오를 일으키지 않도록 하여야 한다.
③ 도로주행 기능검정 실시방법
㉮ 학감은 수검대상자수, 졸업예정일 등을 감안하여 도로주행 검정을 실시하도록 배려하여야 한다.
㉯ 학감은 **기능검정원이 기능강사를 겸하는 경우 기능검정원이 교육한 교육생**에 대하여 그 기능검정원이 기능검정을 실시하지 않도록 하여야 한다.
㉰ 기능검정원은 도로주행검정 시 **공정성을 확보**하기 위하여 다음 번호의 수검자를 동승시켜야 하며, 수강증, 신분증 및 검정신청서 등을 대조하여 **대리응시나 부정응시자**를 은밀

히 조사 확인하여야 한다.
㉱ 기능검정원은 수검자의 옆 좌석에 동승하여 주행방향에 대한 지시를 하거나 위험방지를 위한 조언을 하는 등 수검이 원활히 진행되도록 하고 그 외의 조언은 삼가야 한다.
㉲ 기능검정원은 도로주행 시험과제 및 합격기준에 준하여 도로주행 시험 **채점표**에 감점사항을 확인 시마다 수기로 기록하거나 **전자채점방식**으로 한다.
㉳ 기능검정원은 검정실시 후에 합격여부를 판단하여 합격한 사람에게는 도로주행 기능검정 **합격사실을 서면으로 증명**하고 도로주행검정 결과 보고서에 **서명날인** 후 학감에게 보고하여야 한다.
④ 도로주행 기능검정원의 준수사항(규칙 제69조제2항)
도로주행 기능검정원이 도로주행시험을 실시하는 때에는 다음 사항을 준수하여야 한다.
㉮ 시험을 실시하기 전에 시험 진행방법 및 실격되는 경우 등 주의사항을 수검자에게 설명할 것
㉯ **출발점에서부터 앞서가는 차와는 충분한 안전거리를 유지**하여 **교통사고가 발생하지 않도록** 할 것
㉰ 다음 번호의 수검자를 도로주행 시험용 자동차에 동승시키는 등 **공정한 평가**를 위하여 노력할 것
㉱ 응시자에게 친절한 언어와 태도로 정하여진 순서에 따라 시험을 진행하되, **시험 진행과 관련이 없는 대화**를 하지 아니할 것
⑤ 도로기능검정 불합격자의 처리(영 제69조제4항)
도로기능검정에 불합격한 사람은 불합격한 날부터 3일이 지난 후가 아니면 도로주행검정을 실시할 수 없다.

(4) 수료증·졸업증의 발급 또는 재발급(규칙 제125조)
① 학감은 **장내기능검정결과** 기능검정원이 합격사실을 증명한 때에는 교육생에게 **수료증**을 교부하고, 수료증 발급대장에 이를 기재하여야 한다.
② 학감은 **도로주행 기능검정결과** 기능검정원이 합격사실을 증명한 때에는 교육생에게 **졸업증**을 교부하고, 졸업증 발급대장에 이를 기재하여야 한다.
③ 수료증 또는 졸업증은 장내기능검정 또는 도로주행 기능 검정 **합격일을 기준**으로 발급한다.
④ 수료증 또는 졸업증을 잃어버렸거나 헐어 못쓰게 된 때에는 학감에게 신청하여 **다시 발급**받을 수 있다.
⑤ 학감이 수료증 또는 졸업증을 재발급한 때에는 그 사실을 수료증 발급대장 또는 졸업증 발급대장에 각각 기재하여야 한다.

8 강사 등 자격증 및 연수교육 등

(1) 강사 및 기능검정원의 자격증 발급(법 제107조제2항, 규칙 제119조제2항)
① 전문학원의 강사 또는 기능검정원 자격시험에 합격하고 경찰청장이 지정하는 기관에서 자동차운전교육에 대한 **연수교육**을 수료한 사람에 대하여 강사 및 기능검정원의 「자격증」을 발급한다.
② 강사자격증을 발급한 때에는 강사자격증 발급대장에 기재하고, 기능검정원 자격증을 발급한 때에는 기능검정원 자격증 발급대장에 기재한다.

(2) 강사 및 기능검정원의 자격증 재발급(규칙 제121조제1항~제3항)
① 강사 등의 자격증을 발급받은 사람이 그 자격증을 분실하거나 자격증이 훼손되어 재교부를 받고자 하는 때에는 「자격증 재발급 신청서」에 다음 서류를 첨부하여 **한국도로교통공단**에 제출하여야 한다.
㉮ 자격증(헐어 못쓰게 된 경우에 한한다)

㉰ 증명사진(3cm×4cm) 2장
② 강사 등의 자격증을 발급받은 사람이 기재사항을 변경하고자 하는 때에는「기재사항 변경신청서」에 다음의 서류를 첨부하여 한국도로교통공단에 제출하여야 한다.
㉮ 자격증
㉯ 변경내용을 입증할 수 있는 서류
③ 강사 등의 자격증 재발급의 신청을 받은 한국도로교통공단은 신청서류의 영수확인증에 접수도장을 찍고, 재발급 신청자 명단을 작성한 후 강사·기능검정원 자격증을 발급 한다.

(3) 강사 등에 대한 연수교육 등(법 제109조제1항)

시·도 경찰청장은 다음 각 호의 사람 대상으로 그 자질을 향상시키기 위하여, 법령개정 등 필요한 경우에는 연수교육을 실시할 수 있다. 이 경우 연수교육의 통보를 받은 학원 등 설립·운영자는 특별한 사유가 없으면 그 교육을 받아야 하며, 학원 등의 강사 및 기능검정원이 연수교육을 받을 수 있도록 조치하여야 한다.

(4) 강사의 인적사항 등 게시(규칙 제126조)

① 학원 또는 전문학원을 설립 운영하는 자는 강사의 성명, 자격증 번호 등 인적사항과 교육과목을 교육생이 보기 쉬운 곳에 게시하여야 한다.(제1항)
② 학원 또는 전문학원을 설립·운영하는 자는 수강료 등의 기준표를 교육생이 보기 쉬운 곳에 게시하여야 한다.(제2항)

(5) 휴원·폐원 신고

① 휴원·폐원의 신고(법 제112조)
학원 등 설립·운영자가 해당 학원을 폐원하거나 1개월 이상 휴원하는 경우에는 휴원 또는 폐원한 날부터 7일 이내에 시·도 경찰청장에게 그 사실을 신고하여야 한다.
② 휴원·폐원 신고절차(규칙 제128조)
학원 또는 전문학원의 휴원신고는 휴원신고서에 의하고, 폐원신고는 폐원신고서에 의한다.

9 강사 또는 기능검정원의 자격취소·정지(규칙 제123조제1항)

강사 또는 기능검정원의 자격취소·정지의 기준(규칙 별표34)

Ⅰ. 일반기준
1. 위반 행위가 둘 이상인 경우로서 그에 해당하는 각각의 처분기준이 다른 경우에는 그 중 중한 처분기준에 따른다. 다만, 둘 이상의 처분기준이 동일한 자격정지인 경우에는 각 처분 기준을 합산한 기간을 넘지 아니하는 범위에서 중한 처분기준의 2분의 1의 범위에서 가중할 수 있다.
2. 위반 행위의 횟수에 따른 행정처분의 기준은 최근 2년간 같은 위반 행위로 행정처분을 받은 경우에 적용한다. 이 경우 기간의 계산은 위반행위에 대한 행정처분일과 그 처분의 다시 같은 위반행위를 하며 적발된 날을 기준으로 한다.
2의2. 제2호에 따라 가중된 처분을 하는 경우 가중처분의 적용차수는 그 위반 행위 전 처분차수(2호에 따른 기간 내에 처분이 둘 이상 있었던 경우에는 높은 차수를 말한다) 다음 차수로 한다.
3. 시·도 경찰청장은 위반 행위의 동기·내용·횟수 및 위반의 정도 등 다음 각목에 해당하는 사유를 고려하여 그 처분을 가중하거나 감경할 수 있다. 이 경우 그 처분이 자격정지인 경우에는 그 처분 기준의 2분의 1의 범위에서 가중하거나 감경할 수 있고, 자격취소인 경우에는 6개월 이상의 자격정지처분으로 감경(법 제106조제4항제1호부터 제5호까지, 법 제107조의 제4항 제1호부터 제6호까지는 제외)할 수 있다.
가. 가중 사유
1) 학원 등에 불이익을 줄 목적으로 고의로 위반한 경우
2) 위반의 내용·정도가 중대하여 교육생에게 미치는 피해가 크다고 인정되는 경우
나. 감경 사유
1) 위반 행위가 고의나 중대한 과실이 아닌 사소한 부주의나 오류로 인한 것으로 인정되는 경우
2) 위반의 내용·정도가 경미하여 교육생에게 미치는 피해가 적다고 인정되는 경우
3) 위반 행위자가 처음 해당 우반 행위를 한 경우로서 3년 이상 학원 등에서 모범적으로 근무해 온 사실이 객관적으로 인정되는 경우
4) 위반 행위자가 해당 위반 행위로 인하여 검사로부터 기소유예처분을 받거나 법원으로부터 선고유예의 판결을 받은 경우
4. 시·도 경찰청장은 강사 등이 해당 위반행위로 인하여 사법경찰관 또는 검사로부터 불송치 또는 불기소(불송치 또는 불기소를 받은 이후 해당 사건이 다시 수사 및 기소되어 법원의 판결에 따라 유죄가 확정된 경우는 제외)를 받거나 법원으로부터 무죄판결을 받아 확정된 경우 처분을 감면할 수 있다.
5. 강사 또는 기능검정원이 전문학원의 설립·운영자의 지시에 따라 다음의 구분에 따른 위반 행위를 하고 시·도 경찰청장이 그 사실을 인지하기 전까지 스스로 신고한 때에는 자격취소는 자격정지 3개월로, 그 밖의 자격정지는 그 처분기준의 2분의 1까지 감경할 수 있다.
가. 강사의 경우에는 Ⅱ. 위반 사항란의 제7호 나목 및 바목의 위반 행위
나. 기능검정원의 경우에는 Ⅲ. 위반 사항란의 제8호 나목·다목·바목 및 사목의 위반 행위

Ⅱ. 강사의 개별기준

위반사항	해당 법조문 (도로교통법)	처분기준		
		1차 위반	2차 위반	3차 위반
1. 거짓이나 그 밖의 부정한 방법으로 강사 자격증을 교부 받은 경우	제106조 제5항 제1호	자격취소		
2. 다음 각 목의 어느 하나에 해당하는 죄를 저질러 금고 이상의 형(집행유예를 포함한다)을 선고 받은 경우 가. 교통사고처리특례법 제3조제1항의 죄. 나. 특정범죄 가중처벌 등에 관한 법률 제5조의3, 제5조의11제1항 및 제5조의 13에 따른 죄. 다. 성폭력 범죄의 처벌 등에 관한 특례법 제2조에 따른 성폭력 범죄. 라. 아동·청소년의 성보호에 관한 법률 제2조제2호에 따른 아동·청소년 대상 성범죄.	제106조 제5항 제2호	자격취소		
3. 강사의 자격정지 기간 중에 교육을 실시한 경우	제106조 제5항 제3호	자격취소		
4. 강사의 자격증을 다른 사람에게 빌려준 경우	제106조 제5항 제4호	자격취소		
5. 기능교육에 사용되는 자동차를 운전할 수 있는 운전면허가 취소된 경우	제106조 제5항 제5호	자격취소		
6. 기능교육에 사용되는 자동차를 운전할 수 있는 운전면허의 효력이 정지된 경우	제106조 제5항 제6호	운전면허 정지기간 중 자격정지	운전면허 정지기간 중 자격정지	운전면허 정지기간 중 자격정지
7. 강사의 업무에 관하여 부정한 행위를 한 경우	제106조 제5항 제7호			
가. 교육생에게 금품 등을 강요하거나 이를 받았을 경우		자격정지 6개월	자격취소	
나. 교육생의 출석사항을 조작한 경우		자격정지 6개월	자격취소	
다. 교육 중 교육생에게 폭언·폭행 등으로 물의를 일으킨 경우		자격정지 3개월	자격정지 6개월	자격취소
라. 안전사고의 예방을 위하여 필요한 조치를 게을리 한 경우		자격정지 1개월	자격정지 2개월	자격정지 3개월
마. 강사 자격증을 달지 아니하는 등 품위를 손상한 경우		시정명령	자격정지 1개월	자격정지 2개월
바. 기능시험 전자채점기를 조작하는 등 부정한 운전면허 취득 행위를 도운 경우		자격정지 6개월	자격취소	
사. 동승교육을 하여야 하는 교육생에게 동승교육을 하지 아니한 경우		자격정지 1개월	자격정지 2개월	자격정지 3개월
8. 법 제116조의 규정에 위반하여 대가를 받고 자동차운전교육을 한 경우	제106조 제5항 제8호	자격정지 6개월	자격취소	
9. 그 밖에 법이나 법에 따른 명령 또는 처분을 위반한 경우	제106조 제5항제9호	시정명령 또는 자격정지 1개월 이하	자격정지 1개월 초과 2개월 이하	자격정지 2개월 초과 3개월 이하

10 운전면허 등에 대한 행정처분기준(법 제113조, 규칙 제29조)

자동차운전학원·전문학원지도원에 대한 행정처분기준의 기준(규칙 별표 35)

1. 일반기준

1. 위반 행위가 둘 이상인 경우 그에 해당하는 각각의 처분기준이 다른 경우에는 그 중 중한 처분기준에 따르되, 둘 이상의 처분기준이 모두 자격정지인 경우에는 각 처분기준을 합산한 기간을 넘지 아니하는 범위에서 가중할 수 있다.

2. 위반 행위의 횟수에 따른 행정처분의 기준은 최근 2년간 같은 위반행위로 행정처분을 받은 경우에 적용한다. 이 경우 기준 적용일은 위반행위에 대한 행정처분일과 그 처분 후 다시 같은 위반행위를 하여 적발된 날을 기준으로 한다.

Ⅱ. 기능강사의 개별기준

위반 사항	해당 법조문 (도로교통법)	처분기준		
		1차 위반	2차 위반	3차 위반
1. 허위나 부정한 방법으로 기능강사자격증을 발급받은 경우	제107조	자격취소		
2. 정당한 사유 없이 기능강사업무를 거부한 경우	제107조	자격정지 6개월	자격취소	
3. 다음 각 목의 어느 하나에 해당하는 방법으로 기능교육을 실시한 경우				
가. 학원등록대장이나 교습기록부를 거짓으로 작성하거나 교습기록부에 교습 내용을 적지 아니한 때	제107조	자격정지 1개월	자격정지 3개월	자격취소
나. 교습시간을 위반한 때				
다. 교습과정·교습과목 또는 교습내용을 위반한 때				
4. 학원등의 기능교육용 자동차 외의 자동차를 사용한 경우	제107조	자격취소		
5. 기능강사의 직무에 관한 부당한 금품을 받은 경우	제107조	자격정지 3개월	자격취소	
6. 음주 상태 또는 음주측정불응 상태로 자동차 등을 운전한 경우	제107조	자격정지 6개월	자격취소	
7. 기능강사가 자동차 교통사고를 낸 경우				
가. 사망사고가 발생한 때	제107조 동법시행규칙	자격정지 6개월	자격정지 12개월	자격정지 22개월 이상
나. 중상사고가 발생한 때		자격정지 3개월	자격정지 6개월	자격정지 12개월 이상
다. 경상사고가 발생한 때		자격정지 1개월	자격정지 3개월	자격정지 6개월 이상
8. 기능강사자격증을 다른 사람에게 빌려준 경우	제107조	자격취소		
9. 그 밖에 법이나 법에 따른 명령 또는 처분을 위반한 경우	제107조	자격정지 1개월	자격정지 3개월	자격정지 6개월 이상

2012. 제조2에 따른 기능검정에 합격한 경우 그 기능검정이 취소되거나 학원등의 운영정지(가중을 포함한다), 학원등록취소 또는 자격정지·자격취소 등의 처분을 받을 수 있다.

3. 가. 기능강사의 위반행위와 관련된 처분에는 그 감경할 수 있다. 이 경우 감경되는 기간은 1/2 범위에서 처분기준의 1/2을 초과할 수 없고, 자격정지인 경우에는 180일을 초과할 수 없다.

나. 가중 사유
 1) 위반 행위가 사소한 부주의나 오류가 아닌 고의나 중대한 과실에 의한 것으로 인정되는 경우
 2) 위반의 내용·정도가 중대하여 이용자에게 주는 피해가 크다고 인정되는 경우

다. 감경 사유
 1) 위반 행위가 사소한 부주의나 오류가 아닌 고의나 중대한 과실에 의한 것으로 인정되지 아니하는 경우
 2) 위반의 내용·정도가 경미하여 이용자에게 미치는 피해가 적다고 인정되는 경우
 3) 해당 위반 행위의 처음 발생한 자발적인 신고 등 사유로 해당 위반행위를 바로잡거나 해당 위반행위로 인한 피해를 최소화하기 위하여 노력한 것이 인정되는 경우
 4) 위반 행위자가 처음 해당 위반 행위를 한 경우로 지난 3년 이상 기능강사직무를 모범적으로 수행한 사실이 인정되는 경우
 5) 기능강사 등이 위반 행위를 한 후에도 지속적으로 개선·시정하여 그 결과가 인정되는 경우

4. 처분권자는 가중 사유 또는 감경 사유가 있는 경우 그 사유에 해당하는 행정처분의 2분의 1 범위에서 처분기준을 가중하거나 감경할 수 있다. 이 경우 처분의 가중에는 감경하더라도 처분기준을 초과할 수 없고, 처분의 감경에도 그 처분기준의 1/2 이상 처분하여야 한다.

5. 가. 도 지방경찰청장은 위반사항의 내용 및 기타 사정에 따라 법 제113조에 따라 필요한 명령을 하는 때에는 기능강사 등 기능강사 등에게 해당 기능강사 등을 다른 지방경찰청장에게 전보할 수 있다.

Ⅲ. 기능검정원

위반 사항	해당 법조문 (도로교통법)	처분기준		
		1차 위반	2차 위반	3차 위반
1. 허위나 부정한 방법으로 기능검정원 자격증을 받을 때	제113조	자격취소		
		자격정지		
2. 정당한 사유 없이 기능검정원 직무를 거부한 때	제113조	3개월 이내	자격정지	
		자격정지	6개월 이내	
3. 허위로 기능검정에 합격시킨 때	제113조	자격정지 10일	자격정지 20일	자격정지 30일
4. 법 제113조에 따른 기능검정원의 명령을 위반한 때	제113조	자격정지 10일	자격정지 20일	자격정지 30일
5. 부정한 사유로 기능검정원의 업무를 하지 아니한 때	제113조	자격정지 3개월 이내	자격취소	
6. 정당한 사유없이 기능검정이 계속하여 2개월	제113조	자격정지 3개월 이내	자격취소	
7. 법 제103조의 법 제113조 규정을 위반하여 해당 기능검정을 한 때	제113조	자격정지 60일 자격정지 180일	자격정지 60일 자격정지 180일	자격취소

위반항목	위반사항		해당 법조문 (도로교통법)	구분	처분기준		
					1차 위반	2차 위반	3차 위반
시설·설비기준 위반	8. 교육용 자동차에 관한 규정을 위반한 때	가. 교육용 자동차의 구조 기준에 관한 규정에 위반한 때 나. 사용유효기간이 지난 기능교육용 자동차 또는 정기검사 유효기간이 지난 도로주행교육용 자동차로 교육을 한 때	법 제113조 제1항 제2호	학원	1개월 이내 시정명령	운영정지 10일	운영정지 20일
		다. 사용연한이 지난 교육용 자동차로 교육을 한 때(이륜자동차 또는 원동기장치자전거의 경우에 한한다.) 라. 영 별표 5 제9호 가목(1)에 따른 보험에 가입되도록 하지 아니한 때 마. 영 별표 5 제9호 가목(3)에 따른 장애인 교육용자동차를 갖추지 아니한 때(전문학원의 경우에 해당한다)		전문학원	1개월 이내 시정명령	운영정지 10일	운영정지 20일
시설·설비기준 위반	9. 학원을 설립·운영하는 자의 명의로 등록되지 아니한 자동차 또는 시·도경찰청장의 확인을 받지 아니한 자동차로 교육을 실시한 때		법 제113조 제1항 제2호	학원	운영정지 20일	운영정지 40일	운영정지 60일
				전문학원	운영정지 20일	운영정지 40일	운영정지 60일
교육방법	10. 교육시간을 지키지 아니한 때	가. 1일 1인당 교육시간을 초과한 것이 확인된 때 나. 매 교시당 교육시간을 지키지 아니한 때	법 제113조 제1항 제7호	학원	운영정지 10일	운영정지 20일	운영정지 30일
				전문학원	운영정지 10일	운영정지 20일	운영정지 30일
	11. 학원 등에서 법 제103조 제1항 또는 법 제106조의 제5항을 위반하여 강사가 아닌 사람이 자동차운전에 관한 교육		법 제113조 제1항 제6호 또는 법 제113조 제2항 제5호	학원	운영정지 20일	운영정지 40일	운영정지 60일
				전문학원	운영정지 20일	운영정지 40일	운영정지 60일
	12. 교재를 사용하지 아니하고 교육을 실시하는 경우		법 제113조 제1항 제7호	학원	1개월 이내 시정명령	운영정지 10일	운영정지 20일
				전문학원	1개월 이내 시정명령	운영정지 10일	운영정지 20일
	13. 기능교육방법 위반	가. 면허의 종별에 따라 단계적으로 교육을 실시하지 않은 경우	법 제113조 제1항 제7호	학원	1개월 이내 시정명령	운영정지 10일	운영정지 20일
		나. 동승하여야 하는 기능교육용 자동차에 기능교육강사가 동승하지 아니하거나 동승교육요구를 거부한 때		학원	운영정지 10일	운영정지 20일	운영정지 30일
				전문학원	운영정지 10일	운영정지 20일	운영정지 30일
	14. 도로주행교육의 방법을 위반	가. 연습면허를 받지 아니한 사람에게 도로주행교육을 실시한 경우 나. 강사가 동승하지 아니하고 교육을 실시한 경우 다. 시·도경찰청장이 지정한 노선 외의 도로에서 교육(연습면허 소지자에 대한 교육에 한정한다)을 실시한 경우	법 제113조 제1항 제7호	학원	운영정지 20일	운영정지 40일	운영정지 60일
				전문학원	운영정지 20일	운영정지 40일	운영정지 60일
전문학원 교육방법	15. 전문학원의 운영이 제104조 제1항 제4호에 따른 기준에 적합하지 아니한 경우	가. 1명당 2시간을 초과하여 모의운전장치에 의한 기본조작 교육을 실시한 것이 확인된 때(보통연습면허의 경우는 제외한다) 나. 보통연습면허의 기능교육의 최소 교육시간에 모의운전장치로 교육을 실시한 경우 다. 학과교육, 기능교육 및 도로주행 교육을 각각 3월을 경과하여 수료되도록 한 것이 확인된 때	법 제113조 제2항 제3호	전문학원	운영정지 10일	운영정지 20일	운영정지 30일
운영기준	16. 수강신청에 관한 규정에 위반한 때		법 제113조 제1항 제7호	학원	운영정지 20일	운영정지 40일	운영정지 60일
				전문학원	운영정지 20일	운영정지 40일	운영정지 60일
	17. 출석사항을 조작하는 등 교육사실을 허위로 확인한 때		법 제113조 제1항 제7호	학원	운영정지 180일	등록취소	
				전문학원	운영정지 180일	등록취소·지정취소	
	18. 교육생 정원을 위반한 때	가. 일시 수용능력인원을 초과한 때 나. 1일 최대 교육횟수를 초과한 때 다. 도로주행교육을 받는 교육생의 정원이 기능교육을 받는교육생의 정원을 초과한 때	법 제113조 제1항 제7호	학원	운영정지 10일	운영정지 20일	운영정지 30일
				전문학원	운영정지 10일	운영정지 20일	운영정지 30일
	19. 강사 등의 선임·해임시의 조치에 관한 규정에 위반한 때 20. 강사가 지켜야하는 사항을 위반한 때 21. 자동차 운전교육생을 모집하기 위한 연락사무소 등을 설치한 때 22. 교육생이 학원 등의 위치·연락처·교육시간에 대해 오인할 만한 정보를 표시·광고한 때 23. 교육시간을 모두 수료하지 않은 교육생에 대하여 운전면허 시험 응시를 유도한 때		법 제113조 제1항 제7호	학원	운영정지 10일	운영정지 20일	운영정지 30일
				전문학원	운영정지 10일	운영정지 20일	운영정지 30일
	24. 갖추어 두어야 하는 장부 또는 서류를 갖추어 두지 아니하거나 기록을 유지하지 아니한 때 25. 강사 또는 기능검정원이 신분증명서 또는 자격증을 달지 아니하고 교육을 실시한 때			학원	1개월 이내 시정명령	시정명령	운영정지 20일
				전문학원	1개월 이내 시정명령	시정명령	운영정지 20일
전문학원의 기능검정	26. 법 제108조의 제2항을 위반하여 자동차 운전에 관한 학과교육 및 기능교육을 수료하지 아니한 사람 또는 도로주행교육을 수료하지 아니한 사람에게 기능검정을 실시한 때		법 제113조 제2항 제6호	전문학원	운영정지 180일	지정취소·등록취소	
	27. 법 제108조 제3항을 위반하여 기능검정원이 아닌 사람으로 하여금 기능검정을 실시한 때		법 제113조 제2항 제7호				
	28. 기능검정원이 법 제108조 제4항을 위반하여 허위로 기능검정의 합격사실을 증명한 때		법 제113조 제2항 제8호				
	29. 법 제108조 제5항을 위반하여 기능검정에 합격하지 아니한 사람에게 수료증 또는 졸업증을 교부한 때		법 제113조 제2항 제9호				

위반항목	위반사항	해당 법조문 (도로교통법)	구분	처분기준		
				1차 위반	2차 위반	3차 위반
연수교육	30. 법 제109조 제1항 후단을 위반하여 학원 등의 설립·운영자가 연수교육에 응하지 아니하거나 학원 등의 강사 및 기능검정원이 연수 교육을 받을 수 있도록 조치하지 아니한 때	법 제113조 제1항 제8호	학원	1개월 이내 시정명령	운영정지 10일	운영정지 20일
			전문학원	1개월 이내 시정명령	운영정지 10일	운영정지 20일
자료 미제출 및 출입·검사 방해	31. 법 제141조 제2항에 따른 자료제출 또는 보고를 하지 아니하거나 허위의 자료를 제출 또는 보고한 때	법 제113조 제1항 제9호	학원	운영정지 10일	운영정지 20일	운영정지 30일
			전문학원	운영정지 10일	운영정지 20일	운영정지 30일
	32. 법 제141조제2항에 따른 관계공무원의 출입·검사를 거부 방해 또는 기피한 때	법 제113조 제1항 제10호	학원	운영정지 20일	운영정지 40일	운영정지 60일
			전문학원	운영정지 20일	운영정지 40일	운영정지 60일
기타 명령 위반	33. 법 제141조 제2항에 따른 시설·설비의 개선 기타 필요한 명령에 따르지 아니한 때	법 제113조 제1항 제11호	학원	3개월 이내 시정명령	운영정지 10일	운영정지 20일
			전문학원	3개월 이내 시정명령	운영정지 10일	운영정지 20일
	33의2. 법이나 법에 따른 명령 또는 처분을 위반한	법제113조 제1항 제12호	학원	시정명령 또는 운영정지 10일 이하	운영정지 10일 초과 20일 이하	운영정지 20일 초과 30일 이하
			전문학원	시정명령 또는 운영정지 10일 이하	운영정지 10일 초과 20일 이하	운영정지 20일 초과 30일 이하
교통 안전 교육	34. 교통안전교육을 실시하지 아니한 때	법 제113조 제2항 제1호	전문학원	운영정지 10일	운영정지 20일	운영정지 30일
	35. 법 제79조에 따라 교통안전교육기관의 지정취소 또는 운영정지의 사유에 해당하는 때 / 가. 제76조 제6항의 규정을 위반하여 교통안전교육강사가 연수교육을 받을 수 있도록 조치하지 아니한 때	법 제113조 제2항 제2호	전문학원	1개월 내 시정명령	운영정지 5일	운영정지 10일
	나. 제77조 제2항을 위반하여 교통안전교육과정을 이수하지 아니한 사람에게 교육확인증을 교부한 때			운영정지 10일	운영정지 20일	운영정지 30일
기타	36. 법 제113조 제1항 또는 제2항에 따른 학원의 운영정지 명령에 위반하여 학원의 운영행위를 계속하는 때	법 제113조 제4항	학원	운영정지 180일	등록취소	
			전문학원	운영정지 180일	등록취소 · 지정취소	

11 청문(법 제114조)

시·도 경찰청장은 학원 등에 대한 행정처분으로 등록 또는 지정을 취소하려면 청문을 하여야 한다.

12 학원 등에 대한 조치(법 제115조제1항제1호, 제2호)

① 시·도 경찰청장은 자동차운전학원의 등록을 하지 아니하거나 자동차운전전문학원에 따른 지정을 받지 아니하고 학원 등을 설립·운영하는 경우 또는 행정처분에 따라 등록이 취소되거나 운영 정지처분을 받은 학원 등이 계속하여 자동차운전교육을 하는 경우에는 해당 학원 등을 폐쇄하거나 운영을 중지시키기 위하여 다음 각 호의 조치를 할 수 있다.

㉮ 해당 학원 등의 간판이나 그 밖의 표지물을 제거하거나 교육생의 출입을 제한하기 위한 시설물의 설치

㉯ 해당 학원 등이 등록 또는 지정을 받지 아니한 시설이거나 행정처분을 받은 시설임을 알리는 게시문 부착

13 학원 및 전문학원에 대한 벌칙과 과태료

(1) 벌칙

① 법 제150조 : 2년 이하의 징역이나 500만 원 이하의 벌금에 처하는 행위

㉮ 교통안전교육 수강결과를 교통안전교육기관의 장에게 거짓으로 보고한 교통안전교육 강사(제2호)

㉯ 교통안전교육을 받지 아니하거나 기준에 미달하는 사람에게 교육확인증을 발급한 교통안전교육기관의 장(제3호)

㉰ 운전면허증, 강사자격증 또는 기능검정원 자격증을 빌려주거나 빌린 사람 또는 이를 알선한 사람(제3의2호).

㉱ 다른 사람의 명의의 모바일 면허증을 부정하게 사용한 사람(제3의3호).

㉲ 거짓이나 그 밖의 부정한 방법으로 학원의 등록을 하거나, 전문학원의 지정을 받은 사람(제4호)

㉳ 전문학원의 지정을 받지 아니하고 수료증 또는 졸업증을 발급한 사람(제5호)

㉴ 학원의 등록을 하지 않고 대가를 받고 자동차운전교육을 한 사람(제6호)

② 법 제152조 : 1년 이하의 징역 또는 300만 원 이하의 벌금에 처하는 행위

㉮ 교통안전교육강사가 아닌 사람으로 하여금 교통안전교육을 실시하게 한 교통안전교육기관의 장(제5호)

㉯ 전문학원이 아닌 학원이 전문학원임을 표시하는 등 유사명칭을 사용한 사람(제6호)

(2) 과태료(법 제160조)

과태료 500만 원 이하에 처하는 행위(과태료부과 금액표에 의거 과태료 100만 원이 부과하게 된다.)

① 교통안전교육기관 운영의 정지 또는 폐지의 신고를 하지 아니한 사람(제1호)

② 강사의 인적사항과 교육과목을 게시하지 아니한 사람(제2호)

③ 수강료 등을 게시하지 아니하거나 게시된 수강료 등을 초과한 금액을 받은 사람(제3호)

④ 수강료 등의 반환 등 교육생 보호를 위하여 필요한 조치를 하지 아니한 사람(제4호)

⑤ 학원 또는 전문학원의 휴원 또는 폐원신고를 하지 아니한 사람(제5호)

⑥ 간판 그 밖의 표지물의 제거, 시설물의 설치 또는 게시문의 부착을 거부·방해 또는 기피하거나 게시문이나 설치한 시설물을 임의로 제거하거나 못쓰게 만든 사람(제6호)

제3장　교통안전교육

제1절　교통안전교육의 구분 등

1 교통안전교육(법제73조 제1항)

① 운전면허를 받으려는 사람은 학과시험에 응시하기 전에 다음 각 호에 관한 교통안전교육을 받아야 한다. 다만, 교통안전교육기관에서 실시하는 특별교통안전 의무교육을 받은 사람 또는 자동차운전전문학원에서 학과교육을 수료한 사람은 그러하지 아니하다.

[별표 16(1)] 교통안전교육

교육 대상자	교육 시간	교육과목 및 내용	교육방법
운전면허를 신규로 받으려는 사람	1시간	○ 교통환경의 이해와 운전자의 기본예절 ○ 도로교통 법령의 이해 ○ 안전운전 기초이론 ○ 위험예측과 방어운전 ○ 교통사고의 예방과 처리 ○ 어린이 · 장애인 및 노인의 교통사고 예방 ○ 긴급자동차에 길 터주기 요령 ○ 친환경 경제운전의 이해 ○ 전 좌석 안전띠 착용 등 자동차안전의 이해	시청각

(비고)
1. 교통안전교육은 운전면허 학과시험 전에 함께 실시할 수 있다.
2. 교육과목 · 내용 및 방법은 교통여건 등 변화에 따라 조정할 수 있다.

② 교통안전교육을 실시함에 있어서 **필요한 교재는** 교통안전교육기관 또는 자동차운전전문학원연합회에서 제작하고 경찰청장이 감수한 교재를 사용하여야 한다. 다만, 특별한 교통안전교육을 실시함에 있어서는 도로교통공단에서 제작하고 경찰청장이 감수한 교재를 사용하여야 한다.(규칙 제46조 제2항)

③ 교통안전교육기관의 장 또는 도로교통공단 이사장은 교통안전교육 또는 특별교통안전교육을 받은 사람에 대하여는 「교육확인증」을 발급하여야 한다.(규칙 제46조 제4항)

2 특별교통안전교육

(1) 특별교통안전 의무교육 대상(법 제73조제2항)

자동차 등의 운전자 또는 운전면허 취소처분이나 효력정지의 처분을 받은 사람으로서 다음 어느 하나에 해당하는 사람은 대통령령으로 정하는 바에 따라 특별교통안전 의무교육을 받아야 한다. 이 경우 ①부터 ④에 해당하는 사람으로서 **부득이한 사유가 있으면** 대통령령이 정하는 바에 따라 **의무교육의 연기를** 받을 수 있다.

① 운전면허 취소처분을 받은 사람으로서 운전면허를 다시 받으려는 사람
② 술에 취한 상태에서 자동차 등을 운전 · 공동위험행위 · 난폭운전 · 고의 또는 과실로 교통사고를 일으킨 경우 · 자동차 등을 이용하여 **특수상해 · 특수폭행** 등을 한 경우
③ 운전면허 취소처분 또는 운전면허효력 정지처분이 면제된 사람으로서 면제된 날부터 1개월이 지나지 아니한 사람
④ 운전면허효력 정지처분을 받게 되거나 받은 **초보운전자로서** 그 정지기간이 끝나지 아니한 사람
⑤ 어린이 보호구역에서 운전 중 어린이 사상사고를 유발하여 운전면허의 취소 · 정지에 따른 벌점을 받은 날부터 1년 이내의 사람

[별표 16 (2) 가] 특별교통안전 의무교육

교육과정	교육 대상자		교육시간	교육과목 및 내용	교육방법
음주 운전 교육	(1) 음주 운전이 원인이 되어 법 제73조제2항제1호부터 제3호까지에 해당하는 사람	최근 5년 동안 처음으로 음주 운전을 한 사람	12시간 (3회, 회당 4시간)	○ 음주 운전 위험 요인 ○ 음주 운전과 교통사고 ○ 안전 운전과 교통 법규 ○ 음주 운전 성향 진단 및 해설	강의 · 시청각 · 발표 · 토의 · 영화 상영 · 진단 등
		최근 5년 동안 2번 음주 운전을 한 사람	16시간 (4회, 회당 4시간)	○ 음주 운전 위험 요인 ○ 음주 운전과 교통사고 ○ 안전 운전과 교통 법규 ○ 음주 운전 성향 진단 및 해설 ○ 음주 운전 가상 체험 및 참여	강의 · 시청각 · 발표 · 토의 · 영화 상영 · 진단 · 필기 검사 · 과제 작성 등
		최근 5년 동안 3번 이상 음주 운전을 한 사람	48시간 (12회, 회당 4시간)	○ 음주 운전 위험 요인 ○ 음주 운전과 교통사고 ○ 안전 운전과 교통 법규 ○ 음주 운전 성향 진단 및 해설 ○ 음주 운전 가상 체험 및 참여 ○ 행동 변화를 위한 상담	강의 · 시청각 · 발표 · 토의 · 영화 상영 · 진단 · 필기 검사 · 과제 작성 · 실습 · 상담 등
배려 운전 교육	(2) 보복 운전이 원인이 되어 법 제73조제2항제1호부터 제3호까지에 해당하는 사람		6시간	○ 스트레스 관리 ○ 분노 및 공격성 관리 ○ 공감능력 향상 ○ 보복운전과 교통안전	강의 · 시청각 · 토의 · 검사 · 영화 상영 등
법규 준수 교육 (의무)	(3) (1), (2)를 제외하고 법 제73조제2항 각 호에 해당하는 사람		6시간	○ 교통 환경과 교통 문화 ○ 안전 운전의 기초 ○ 교통 심리 및 행동 이론 ○ 위험 예측과 방어 운전 ○ 운전 유형 진단 교육 ○ 교통 관련 법령의 이해	강의 · 시청각 · 토의 · 검사 · 영화 상영 등

(비고)
1. 교육 과목 · 내용 및 방법에 관한 그 밖의 세부 내용은 도로 교통 공단이 정한다.
2. 위 표의 (1)에 해당하는 교육 대상자 선정 시 음주 운전 횟수 산정 기준은 다음 각 목에 따른다.
   가. 해당 처분의 원인이 된 음주 운전도 횟수 산정 시 포함한다.
   나. "최근 5년"은 해당 처분의 원인이 된 음주 운전을 한 날을 기준으로 기산한다.

(2) 특별교통안전 권장교육 대상(법 제73조제3항)

다음 각 호의 어느 하나에 해당하는 사람이 시 · 도 경찰청장에게 신청하는 경우에는 대통령령으로 정하는 바에 따라 특별교통안전 권장교육을 받을 수 있다. 이 경우 권장교육을 받기 전 1년 이내에 해당 교육을 받지 아니한 사람에 한정한다.

① 교통법규 위반 등(특별교통안전 의무교육 대상자 외) 사유로 인하여 운전면허효력 정지처분을 받게 되거나 받은 사람
② 교통법규 위반 등으로 인하여 운전면허효력 정지처분을 받을 가능성이 있는 사람
③ 특별교통안전 의무교육을 받은 사람
④ 운전면허를 받은 사람 중 교육을 받으려는 날에 65세 이상인 사람

[별표 16 (2) 나] 특별교통안전 권장교육(규칙 제46조)

교육과정	교육 대상자	교육시간	교육과목 및 내용	교육방법
법규 준수 교육 (권장)	(1) 법 제73조제3항제1호에 해당하는 사람 중 교육받기를 원하는 사람	6시간	○ 교통환경과 교통문화 ○ 안전운전의 기초 ○ 교통심리 및 행동이론 ○ 위험예측과 방어운전 ○ 운전유형 진단 교육 ○ 교통관련 법령의 이해	강의 · 시청각 · 토의 · 검사 · 영화 상영 등
벌점 감경 교육	(2) 법 제73조제3항제2호에 해당하는 사람 중 교육받기를 원하는 사람	4시간	○ 교통질서와 교통사고 ○ 운전자의 마음가짐 ○ 운전법규와 안전 ○ 운전면허 및 자동차 관리 등	강의 · 시청각 · 영화상영 등
현장 참여 교육	(3) 법 제73조제3항제3호에 해당하는 사람이나 (1)의 교육을 받은 사람 중 교육받기를 원하는 사람	8시간	○ 도로교통 현장 관찰 ○ 음주 등 위험상황에서의 운전 가상체험 ○ 교통법규 위반별 사고 사례분석 및 토의 등	도로교통 현장관찰 · 강의 · 시청각 · 토의 · 영화상영 등
고령 운전 교육	(4) 법 제73조제3항제4호에 해당하는 사람 중 교육받기를 원하는 사람	3시간	○ 신체노화와 안전운전 ○ 약물과 안전운전 ○ 인지능력 자가진단 및 그 결과에 따른 안전운전 요령 ○ 교통관련 법령의 이해 ○ 고령운전자 교통사고 실태	강의 · 시청각 · 인지능력 자가진단 등

(비고) 교육과목 · 내용 및 방법에 관한 그 밖의 세부내용은 도로교통공단이 정한다.

(3) 특별한 교통안전교육의 실시 통지(규칙 제46조 제3항)

시 · 도 경찰청장 또는 경찰서장은 운전면허정지 · 취소처분결정 통지서를 발송 또는 발급할 때에는 특별교통안전교육의 실시에 관한 사항을 함께 알려주어야 한다.

(4) 특별 교통안전교육의 연기(영 제38조 제5항)

법 제73조제2항제2호부터 제5호까지의 규정에 해당하는 사유로 특별교통안전 의무교육을 받을 수 없을 때에는 그 연기사유를

증명할 수 있는 **서류를** 첨부하여 「특별교통안전 의무교육 연기신 청서」를 제출하여야 한다. 이 경우 특별교통안전 의무교육의 연기 를 받은 사람은 그 사유가 없어진 날부터 30일 이내에 특별교통안 전 의무교육을 받아야 한다.

① 질병이나 부상으로 거동이 불가능한 경우
② 법령에 따라 신체의 자유를 구속당한 경우
③ 그 밖에 부득이하다고 인정할 만한 상당한 이유가 있는 경우

3 긴급자동차 교통안전교육(법제73조제4항)

긴급자동차의 운전업무에 종사하는 사람으로서 대통령령으로 정하는 사람은 대통령령으로 정하는 바에 따라 **정기적으로** 긴급 자동차의 안전운전 등에 관한 교육을 받아야 한다.

(1) 긴급자동차 교통안전교육 대상(법 제2조 제22호)

① 법 제2조제22호 가목부터 다목까지의 규정에 해당하는 자동차 의 운전자
  ㉮ 소방차   ㉯ 구급차   ㉰ 혈액 공급차량
② 시행령 제2조제1항 각 호에 해당하는 자동차의 운전자

※ 시행령 제2조제1항 각 호에 해당하는 자동차의 운전자

1. 경찰용 자동차 중 범죄수사, 교통단속, 그 밖의 긴급한 경찰업무 수행에 사용 되는 자동차
2. 국군 및 주한 국제연합군용 자동차 중 군 내부의 질서 유지나 부대의 질서 있는 이동을 유도(誘導)하는 데 사용되는 자동차
3. 수사기관의 자동차 중 범죄수사를 위하여 사용되는 자동차
4. 다음 각 목의 어느 하나에 해당하는 시설 또는 기관의 자동차 중 도주자의 체포 또는 수용자, 보호관찰 대상자의 호송·경비를 위하여 사용되는 자동차
  가. 교도소·소년교도소 또는 구치소
  나. 소년원 또는 소년분류심사원
  다. 보호관찰소
5. 국내외 요인(要人)에 대한 경호업무 수행에 공무(公務)로 사용되는 자동차
6. 전기사업, 가스사업, 그 밖의 공익사업을 하는 기관에서 위험 방지를 위한 응 급작업에 사용되는 자동차
7. 민방위업무를 수행하는 기관에서 긴급예방 또는 복구를 위한 출동에 사용되는 자동차
8. 도로관리를 위하여 사용되는 자동차 중 도로상의 위험을 방지하기 위한 응급작 업에 사용되거나 운행이 제한되는 자동차를 단속하기 위하여 사용되는 자동차
9. 전신·전화의 수리공사 등 응급작업에 사용되는 자동차
10. 긴급한 우편물의 운송에 사용되는 자동차
11. 전파감시업무에 사용되는 자동차

[별표 16 (3)]   긴급자동차 교통안전교육(규칙 제46조)

교육 대상자	교육시간	교육과목 및 내용	교육방법
법 제73조제4 항에 해당하는 사람	2시간 (3시간)	(1) 긴급자동차 관련 도로교통법령에 관한 내용 (2) 주요 긴급자동차 교통사고 사례 (3) 교통사고 예방 및 방어운전 (4) 긴급자동차 운전자의 마음가짐 (5) 긴급자동차의 주요 특성	강의·시청각·영화상영 등

(비고)
1. 교육과목·내용 및 방법에 관한 그 밖의 세부내용은 도로교통공단이 정한다.
2. 위 표의 교육시간에서 괄호 안의 것은 신규 교통안전교육의 경우에 적용한다.

(2) 긴급자동차 교통안전교육 구분(영 제38조의2제2항)

① 긴급자동차의 안전운전 등에 관한 교육은 다음 각 호의 구분에 따라 실시한다. (제2항)
  ㉮ **신규 교통안전교육** : 최초로 긴급자동차를 운전하려는 사람 을 대상으로 실시하는 교육
  ㉯ **정기 교통안전교육** : 긴급자동차를 운전하는 사람을 대상으 로 3년마다 정기적으로 실시하는 교육. 이 경우 직전에 긴

급자동차 교통안전교육을 받은 날부터 기산하여 3년이 되 는 날이 속하는 해의 1월 1일부터 12월 31일 사이에 교육을 받아야 한다.

② 긴급자동차 교통안전교육은 **도로교통공단에서** 실시한다. 다 만, 긴급자동차 교통안전교육 대상자가 국가기관 및 지방자치 단체에 소속된 사람인 경우에는 소속 기관에서 실시하는 교육 훈련의 방법으로 실시할 수 있다. (제3항)

(3) 음주운전 방지장치 부착 조건부 운전면허시험 응시 전 교통안전 교육(영제38조의3)

① 음주운전 방지장치 부착 조건부 운전면허를 받으려는 사람의 교 통안전교육은 다음 각 호의 사항에 대하여 강의·시청각교육 등의 방법으로 1시간 실시한다.
  가. 음주운전 방지장치가 설치된 자동차 등의 운전자 준수사항.
  나. 음주운전 방지장치의 작동방법.
  다. 음주운전의 위험성 및 예방 필요성.
② 제1항에 따른 교통안전교육은 한국도로교통공단에서 실시 한다.
③ 제1항에 따른 교통안전교육의 과목·내용·방법 및 실시 등에 관하여 필요한 사항은 행정안전부령으로 정한다.

4 75세 이상인 사람에 대한 교통안전교육(법제73조제5항)

75세 이상인 사람으로서 운전면허를 받으려는 사람은 학과시험 에 응시하기 전에, 운전면허증 갱신일에 75세 이상인 사람은 운전 면허증 갱신기간 이내에 다음의 교통안전교육을 받아야 한다.

[별표 16 (4)]   75세 이상인 사람에 대한 교통안전교육(규칙 제46조)

교육 대상자	교육시간	교육과목 및 내용	교육방법
법 제73조제5 항에 해당하는 사람	2시간	(1) 신체 노화와 안전운전 (2) 약물과 안전운전 (3) 인지능력 자가진단 및 그 결과에 따른 안전운전 요령 (4) 교통관련 법령의 이해 (5) 고령 운전자 교통사고 실태	강의·시청각·인지능력 자가진단 등

(비고) 교육과목·내용 및 방법에 관한 그 밖의 세부내용은 도로교통공단이 정한다.

5 음주운전 방지장치 부착 조건부 운전면허 시험 응시 전 교 통안전교육

교육 대상자	교육시간	교육과목 및 내용	교육방법
법 제73조제6 항에 해당하는 사람	1시간	(1) 음주운전 방지장치 부착 자동차 등의 운전자 준수사항. (2) 음주운전 방지장치의 작동방법. (3) 음주운전의 위험성 및 예방 필요성	강의·시청각 등

6 특별 교통안전교육에 따른 처분벌점 및 정지처분 집행일수 의 감경(규칙 제91조제1항, 별표28 라목)

① 처분벌점이 40점 미만인 사람이 특별교통안전 권장교육 중 벌 점감경교육을 마친 경우에는 경찰서장에게 교육 확인증을 제 출한 날부터 처분벌점에서 20점을 감경한다.
② 운전면허 정지처분을 받게 되거나 받은 사람이 특별교통안전 의무교육이나 특별교통안전 권장교육 중 법규준수교육(권장) 을 마친 경우에는 경찰서장에게 교육 확인증을 제출한 날부터 정지처분기간에서 20일을 감경한다. 다만, 해당 위반 행위에 대해여 운전면허행정처분 이의심의위원회의 심의를 거치거나 행정심판 또는 행정소송을 통하여 행정처분이 감경된 경우에 는 정지처분기간을 추가로 감경하지 아니하고, 정지처분이 감 경된 때에 한정하여 누산점수를 20점 감경한다.

③ 운전면허 정지처분을 받게 되거나 받은 사람이 특별교통안전 의무교육이나 특별교통안전 권장교육 중 **법규준수교육(권장)** 을 마친 후에 특별교통안전 권장교육 중 현장참여교육을 마친 경우에는 경찰서장에게 교육 확인증을 제출한 날부터 정지처분기간에서 30일을 추가로 감경한다. 다만, 해당 위반 행위에 대하여 운전면허행정처분 이의심의위원회의 심의를 거치거나 행정심판 또는 행정소송을 통하여 행정처분이 감경된 경우에는 그러하지 아니하다.

제2절 교통안전교육기관의 지정 등

1 교통안전교육기관의 지정(법 제74조)
① 운전면허를 받으려는 사람이 받아야 하는 교통안전교육은 자동차운전전문학원과 시·도 경찰청장이 지정한 기관 또는 시설에서 실시한다.
② 시·도 경찰청장은 교통안전교육을 실시하기 위하여 다음 각호의 어느 하나에 해당하는 기관이나 시설이 **대통령령**이 정하는 **시설·설비 및 강사** 등의 요건을 갖추어 신청하는 때에는 해당 기관이나 교통안전교육을 실시하는 기관으로 지정할 수 있다.
　㉮ 자동차운전학원
　㉯ 한국도로교통공단, 그 지부·지소 및 교육기관
　㉰ 「평생교육법」 제30조 제2항에 따른 평생교육과정이 개설된 대학 부설시설
　㉱ 제주특별자치도 또는 시·군·자치구에서 경영하는 교육시설
③ 시·도 경찰청장은 교통안전교육기관을 지정한 경우에는 「**교통안전기관 지정증**」을 발급하여야 한다.
④ 시·도 경찰청장은 다음 중 어느 하나에 해당하는 기관이나 시설을 교통안전교육기관으로 지정하여서는 아니 된다.
　㉮ 지정이 취소된 교통안전교육기관을 설립·운영한 자가 그 지정이 **취소된 날부터 3년 이내** 설립·운영하는 기관 또는 시설
　㉯ 지정이 취소된 날부터 3년 이내 같은 장소에서 설립·운영하는 기관 또는 시설

2 교통안전교육기관의 지정기준(영 제39조)
교통안전 교육기관의 시설·설비 및 강사 등의 **지정기준**은 다음과 같다.

(1) 시설·설비기준(제1호, 영 별표5)
① 강의실 : 학과교육의 강의실의 면적은 60m² 이상 135m² 이하로 하되, 1m²당 수용인원은 1명을 초과하지 않을 것, 도로교통에 관한 법령·지식과 자동차 구조 및 기능에 관한 강의를 위하여 필요한 책상·의자와 각종 보충교재를 갖출 것
② 사무실 : 교육생이 제출한 서류 등을 접수할 수 있는 창구와 휴게실을 설치할 것
③ 화장실 및 급수시설 : 학원 또는 전문학원 규모에 맞는 적절한 화장실 및 급수시설을 갖추되 급수시설의 경우 상수도를 사용하는 경우 외에는 그 수질이 「먹는 물 관리법」의 기준에 적합할 것
④ 채광시설, 환기시설, 냉난방시설 및 조명시설 : 보건위생상 적절한 채광시설, 환기시설 및 냉난방시설을 갖추되, 야간교육을 하는 경우 그 조명시설은 **책상면과 흑판면의 조도가 150럭스 이상**일 것
⑤ 방음시설 및 소방시설 : 「소음·진동관리법」에 의한 생활소음의 규제기준에 적합한 방음시설과 「소방시설 설치·유지 및 안전관리에 관한 법률」에 의한 방화 및 소방에 필요한 시설을 갖출 것
⑥ 휴게실 및 양호실 : 교육생의 정원이 500명 이상인 경우에는 제2호에 따른 사무실 안의 휴게실 외에 면적이 15m² 이상인 휴게실과 면적이 7m²(전문학원의 경우에는 16.5m²) 이상으로서 응급처치 시설이 포함된 양호실을 갖출 것
⑦ 경찰청장이 정하여 고시하는 교통안전교육 관리용 전산시스템 (본인 여부를 확인할 수 있는 장치를 포함한다) 및 강의용 교육기자재를 갖출 것

(2) 강사기준(제2호)
교통안전교육 강사를 1명 이상 두어야 한다. 이 경우 전문학원에서는 학과교육 강사가 교통안전교육 강사를 겸임할 수 있다.

(3) 운영기준(제3호)
매주 1회 이상의 야간 교육과정과 매월 1회 이상의 토요일·일요일 또는 공휴일 교육과정을 포함하여 1시간의 교육과정을 매주 5회 이상 운영할 수 있을 것.

3 교통안전교육 강사의 자격기준 등(법 제76조)
① 교통안전교육기관에는 **교통안전교육 강사**를 두어야 한다.
② 교통안전교육강사는 다음 각 호의 어느 하나에 해당하는 사람이어야 한다.
　㉮ 경찰청장이 발급한 학과교육 **강사자격증**을 소지한 사람
　㉯ 도로교통관련 **행정** 또는 **교육업무에 2년 이상** 종사한 경력이 있는 사람으로서 교통안전교육 강사 자격교육을 받은 사람
③ 다음 각 호의 어느 하나에 해당하는 사람은 교통안전교육강사가 될 수 없다.
　㉮ 다음 각 목의 어느 하나에 해당하는 죄를 저질러 금고이상의 형을 선고 받고 그 집행이 끝나거나 집행이 면제된 날부터 2년이 지나지 아니한 사람 또는 집행유예 기간 중에 있는 사람.
　　㉠ 교통사고처리특례법 제3조제1항에 따른 죄.
　　㉡ 특정범죄 가중처벌 등에 관한 법률 제5조의3, 제5조의11 제11항 및 제5조의13에 따른 죄.
　　㉢ 성폭력범죄의 처벌 등에 관한 특별법 제2조에 따른 죄.
　　㉣ 아동·청소년의 성보호에 관한 법률 제2조제2호에 따른 아동·청소년 대상 성범죄.
　㉯ 자동차를 운전할 수 있는 운전면허를 받지 아니한 사람 또는 초보운전자
④ 교통안전교육기관의 장은 교통안전교육 강사가 아닌 사람으로 하여금 교통안전교육을 하게 하여서는 아니 된다.

4 교통안전교육 강사에 대한 자격교육 등(영 제40조)
① "교육안전교육 강사 자격교육"이란 교통안전교육의 내용과 실시방법 및 운전교육강사로서 필요한 자질에 관하여 한국도로교통공단이 실시하는 교육을 말한다.
② 시·도 경찰청장은 도로교통 관련 **법령이 개정**되거나 효과적인 교통안전교육을 위하여 필요하다고 인정하는 때에는 교통안전교육 강사에 대하여 **연수교육**을 실시할 수 있다.(영 제70조①)

제3절 교통안전교육기관의 지정취소 등

1 교통안전교육기관의 지정취소·정지 사유(법 제79조제1항)

시·도 경찰청장은 교통안전교육기관이 다음 각 호의 어느 하나에 해당할 때에는 **지정을 취소**하거나 1년 이내의 기간을 정하여 운영의 정지를 명할 수 있다. 다만, 제3호에 해당하는 때에는 그 지정을 취소하여야 한다.

① 교통안전교육기관이 지정기준에 적합하지 아니하여 시정명령을 받고 **30일 이내**에 시정하지 아니한 경우
② 교통안전교육기관의 장이 교통안전교육 강사가 **연수교육**을 받을 수 있도록 **조치하지 아니한** 경우
③ 교통안전교육기관의 장이 교통안전교육과정을 이수하지 아니한 사람에게 **교육확인증을 발급**한 경우(반드시 지정 취소)
④ 교통안전교육기관의 장이 **자료제출** 또는 보고를 하지 아니하거나 거짓으로 자료제출 또는 보고를 한 경우
⑤ 교통안전교육기관의 장이 관계 공무원의 **출입·검사를 거부·방해 또는 기피**한 경우

2 교통안전교육기관의 지정취소 등(규칙 제51조)

① 시·도 경찰청장은 교통안전 교육기관의 지정을 취소하거나 운영정지를 명하려면 먼저 「교통안전교육기관 처분 사전통지서」에 따라 교통안전 교육기관의 장에게 **사전 통지**를 한 후 「교통안전교육기관 행정처분 결정통지서」에 따라 지정을 취소하거나 운영 정지를 명한 사실을 통지하고 「교통안전 교육기관 행정처분대장」에 그 사실을 기재하여야 한다.
② 교통안전교육기관의 장은 지정취소 또는 운영정지의 통지를 받은 날부터 **7일 이내**에 「지정증」을 시·도 경찰청장에게 반납하여야 한다.

③ 교통안전교육기관에 대한 행정처분 기준(규칙 별표17의2)

위반사항	처분기준		
	1차 위반	2차 위반	3차 위반
1. 교통안전교육기관이 지정기준에 적합하지 아니하여 시정명령을 받고 30일 이내에 이를 시정하지 아니한 때	운영정지 10일	운영정지 30일	지정취소
2. 교통안전교육기관의 장이 교통안전교육강사가 연수교육을 받을 수 있도록 조치하지 아니한 때	1개월 이내 시정명령	운영정지 10일	운영정지 20일
3. 교통안전교육기관의 장이 교통안전교육 과정을 이수하지 아니한 사람에게 교육확인증을 교부한 때	지정취소	–	–
4. 교통안전교육기관의 장이 자료제출 또는 보고를 하지 아니하거나 허위의 자료제출 또는 보고를 한 때	운영정지 10일	운영정지 20일	운영정지 30일
5. 교통안전교육기관의 장이 관계공무원의 출입·검사를 거부·방해 또는 기피한 때	운영정지 20일	운영정지 40일	운영정지 60일
6. 교통안전교육기관의 운영정지 명령에 위반하여 교통안전교육기관의 운영행위를 계속하는 때	운영정지 180일	지정취소	–

3 벌칙 및 과태료

(1) 벌칙(법 제150조제2호, 제3호)

다음 각 호에 해당하는 사람은 2년 이하의 징역이나 500만 원 이하의 벌금에 처한다.

① 교통안전교육 수강 결과를 거짓으로 보고한 교통안전교육 강사
② 교통안전교육을 받지 아니하거나 기준에 미치지 못한 사람에게 교육확인증을 발급한 교통안전교육기관의 장

(2) 과태료(법 제160조제1항제1호)

교통안전교육기관 운영의 정지 또는 폐지 신고를 하지 아니한 사람은 500만 원 이하의 과태료를 부과한다.

제3편 기능교육 실시요령 핵심요약정리

제1장 운전교육에 필요한 기본지식

제1절 기초적인 교육지식

남을 가르치기 위해서는 기본적인 교육지식과 풍부한 경험을 바탕으로 교육에 임해야 한다. 이를 위하여 지도하는 강사는 가르치는 내용에 대하여 완벽하게 숙지하지 않으면 제대로 된 교육을 실시할 수 없다. 즉, 「가르친다는 것은 배운다는 것」과 같은 맥락에서 생각하고 연구해야 한다. 사전에 충분한 준비 없이 교육에 임한다면 질문에 대하여 정확한 답변을 할 수 없어 당황하게 되고 교육생으로부터 신뢰도 잃어버리게 된다.

강사는 자신이 가르치는 내용은 물론이고 자신이 가르치는 교육생들을 좋아하며 사랑하고 이해할 수 있어야 보람과 긍지를 느낄 수 있다.

1 강사가 갖추어야 할 자세(The art teaching 중에서)
① 교육과목 중 필수적인 내용을 기억하고 있어야 한다.
② 강한 의지와 결단력을 가져야 한다.
③ 진심에서 우러나는 친절함을 가져야 한다.
④ 강사의 중요한 자질 중의 하나인 유머감각을 가져야 한다.

2 학습의 원리

(1) 학습의 의미

학습(Learning)이란 개인이 환경과 상호 작용하는 과정에서 여러 가지 형태의 비교적 지속적인 변화들을 말한다. 선천적으로 이미 형성되어 있는 행동과 신경계통의 성숙으로 말미암아 자연적으로 일어나는 변화 또는 피로나 약물 등으로 인하여 일어나는 일시적인 변화들은 학습이라 할 수 없다.

결국 학습이란 경험에 의하여 행동이 변하여 가는 과정을 말한다. 학습은 「무엇을 배운다」라고 하는 것처럼 새로운 행동의 형태를 갖추기 위하여 이루어지는 것이지만 그것이 반드시 의식적인 행동으로 이루어지지 않더라도 경험에 의하여 행동이 변하여 간다면 이것 역시 학습이라고 할 수 있다.

(2) 학습의 심리학적 의미와 교육학적 의미

일반적으로 학습이란 후천적으로 일정한 지식 및 기술 또는 인식 및 행동능력을 획득하는 것을 말하는데 이는 지금까지 자기가 「알지 못하고 하지 못하던 것을 알 수 있고 할 수 있게 하는 것」이 바로 학습이다.

① 학습의 심리학적 의미

학습의 심리학적 의미는 유기체가 환경에 적응하여 가는 과정에서 동일한 상황을 반복 경험함으로써 행동이 영속적인 형태로 바뀌어 보다 효과적으로 환경에 적응하여 가는 것이라고 할 수 있다. 즉, 「환경에 적응하기 위해서 일어나는 행동의 변용을 학습」이라고 한다. 따라서 심리학적 의미의 학습은 현실에 대한 어떤 행동의 변용이라는 결과를 중시하고 있다.

② 학습의 교육학적 의미

학습의 교육학적 의미는 「결과적으로는 아무런 변화가 없었다 하더라도 잘 안 되는 것을 잘 되게 하려고 시도해 본 것 그 자체를 중시하는 과정으로서의 학습」을 포함하여 정의하고 있다.

따라서 심리학적 의미로서의 학습은 결과를 중요시하기 때문에 수행이라는 개념과 분리하여 정의하고 있으며, 교육학적 의미의 학습은 학습과정을 중시하는 것으로 정의하고 있다.

3 학습의 형태

(1) 관찰과 기억이 주축이 되는 학습

관찰한 결과를 일정한 말과 연결시켜 그것이 무엇인가? 어디에 속하는가? 등을 기억하는 것에 의하여 새로운 지식을 획득하는 경우의 학습을 말한다.

(2) 기억과 연습이 중심이 되는 학습

단어의 학습이나 인명, 지명, 연대, 부호 또는 공식 등의 학습과 같이 주로 기억적인 것이고 기억을 확고하게 하기 위하여 복습하고 연습하는 경우의 학습을 말한다.

(3) 사고력을 중심으로 하는 학습

여러 가지 문제를 해결할 때 하는 학습으로서 기억이나 지각, 기타의 작용이 따른다. 주어진 문제의 전체와 부분, 부분과 부분 간에 있는 여러 기능관계를 발견하는 과정에서 사고가 주로 작용하는 학습을 말한다.

(4) 연습이 중심이 되는 학습

여러 가지 기능을 익히고 기술을 습득하려고 하는 경우 기법, 수법, 도구나 기계의 원리, 활용법 등을 이해하고 기억할 필요가 있을 때 그것을 중심으로 반복 연습하여 숙달하는 과정의 학습을 말한다.

4 학습형성의 대표적 이론

학습이 어떻게 성립하는가에 대하여 많은 연구가 있었고 여러 가지 입장에서 설명되고 있으나 그 중에서 조건반사설, 시행착오설, 통찰설 등이 대표적인 이론이며, 운전전문학원의 교육에 있어서도 이러한 이론을 적용하면 교육에 많은 도움이 될 것이다.

(1) 조건반사설(條件反射說)(파블로프(Pavlov) 주장)

개에게 종소리나 메트로놈(Metronom, 박자기)의 소리를 들려주면서 먹이를 주는 것을 반복하면, 곧 개는 종소리나 메트로놈의 소리를 듣는 것만으로도 타액을 분비하게 된다. 우리들이 「김장김치나 레몬」을 연상하게 되면 입안에 「침」이 고이는 것과 마찬가지의 현상을 나타낸다. 이러한 현상을 조건반사라고 하며, 이러한 조건반사에 의하여 학습이 성립된다고 하는 이론을 조건반사설이라 한다.

운전 중 위험한 상황을 만나게 되면 무의식중에 오른쪽 발이 액셀레이터 페달에서 브레이크 페달로 옮겨가듯이 긴급사태 회피행동 등의 메커니즘(Mechanism)에서 그 예를 찾아볼 수 있다.

① 고전적 조건화의 법칙

조건반응의 형성은 한번 주어졌던 자극에 대한 제1의 반응이 그 다음 주어지는 제2의 반응과 같거나 드는 강(强)하지 않으면 조건반사 과정은 형성되지 않는다는 법칙

② 일관성의 원리(The consistency principle)

러시아의 생리학자 **파블로프(Pavlov)**의 실험에서 종소리만의 조건을 제시하였기 때문에 무조건 반응이 일어났던 것이고 만일 종소리 대신 이런 저런 조건을 제시한다면 무조건 반응이 일어나지 않는다. 그러므로 제2의 반응은 제1의 조건에 정착한다는 원리이다.

③ 계속성의 원리(The continuity principle)

조건화는 여러 번의 계속 반응에서 이루어진다는 원리이다. 파블로프가 타액과정에서 얻은 실험결과를 보면 40~60회를 실시하여 이루어졌다고 한다.

④ 작동적 조건화 또는 도구적 조건화

학습 성립의 과정을 볼 때 파블로프의 실험과 같이 생리적 조건화에 의해서만이 이루어지는 것이 아니고 **선택적이고 의지적인 행동**에 의해서도 조건화가 일어나는데, 이것을 **작동적(Operant) 조건화 또는 도구적(Instrumental) 조건화**라고 한다.

(2) 시행착오설(손다이크(Thorndike) 주장)

닫힌 상자 안에 배고픈 고양이를 넣은 뒤 우연히 고양이가 발판을 누르게 되면 문이 열리면서 먹이를 먹을 수 있도록 한 실험으로, 고양이는 이러한 과정을 수십 회 거듭한 끝에 한 번의 시행착오 없이 즉시 발판을 밟고 나와 먹이를 먹게 된다는 고양이의 실험결과와 인간도 문제 상황에 부딪쳤을 때 올바른 반응을 취할 수 있도록 하기 위해서는 많은 시행과 잘못을 쌓아가는 중에 우연히 성공해서 이것을 반복하는 가운데 불필요한 동작이 없어지고 효과적인 동작이 완성되어 학습이 이루어진다는 이론이 시행착오설이다.

① 효과의 법칙(The law of effect)

자극과 반응의 결합은 그 결과가 만족감이 크면 클수록 강화되고 반대로 만족하지 못하거나 불쾌감을 수반하면 약화된다는 법칙이다.

② 준비의 법칙(The law of readiness)

학습자(學習者)가 어떤 것을 학습하기 위하여서는 이미 **심신의 준비가 되어 있을 때 학습하면** 학습과정이 쉽게 성립될 수 있으나 준비가 되어 있지 않은 때에는 학습과정이 잘 일어나지 않거나 미약하다는 법칙이다.

③ 연습의 법칙(The law of exercise)

이 법칙은 **사용의 법칙과 불사용의 법칙**이라고도 하는데 어떤 **자극에 대한 반응은 조건이 동일하다면 자극에 결합된 횟수에 비례하여 결합이 강하고** 사용하지 않으면 결합이 약하다는 법칙이다.

(3) 통찰설(洞察說)(쾰러(Kohler) 주장)

문제 상황에 대한 전체적 **예상 또는 목적과 수단과의 관계예상**이 성립함으로써 「아! 알았다」라고 하듯이 돌연 문제가 해결되는 수가 있는데 이렇게 학습이 성립되는 이론을 **통찰설**이라고 한다.

① 유사성의 법칙(The law of similarity)

동질의 법칙이라고도 하는데 **쾰러(Kohler)**에 의하여 학습과정에서 통찰되는 것으로 유사성을 가진 내용끼리는 학습이 비교적 쉽게 일어나고 유사성이 없는 것은 학습이 잘 일어나지 않는다는 법칙이다.

② 근접성의 법칙(The law of proximity)

어떤 사실을 학습할 때 전체적이나 부분적으로 가깝게 접근하여 있을수록 그만큼 학습이 용이하고 멀리 떨어져 있을 때에는 반대현상을 나타낸다는 법칙을 말한다.

③ 폐쇄의 법칙(The law of closure)

접근의 법칙보다 한층 더 그 관계가 밀접한 것으로 접근이 유리할 때에 폐쇄적일 정도로 가까운 것은 지각과정 형성이 용이하다고 하는 법칙이다.

④ 계속성의 법칙(The law of good continuation)

지각과정은 **계속하면 할수록 용이하다**는 법칙이다.

5 학습과정의 피드백(Feed back)

학습과정에서 학습자 자신이 학습목표를 설정하고 자기의 행동과 학습 목표와의 오차를 평가하고, 자기 자신이 피드백 정보를 얻고, 그 정보에 따라 자신의 힘으로 정보를 처리하는 것을 말하며, 전 학습과정을 가르치는 강사는 **전문적인 입장에서 학습자를 돕는** 역할을 하는 것이다. 이것은 학습자에게만 적용되기보다는 강사는 학습자로부터 학습자는 강사로부터 **상호 의사소통**을 함으로써 이루어지는 것이며, 전문학원 강사에게 가장 중요한 학습방법이라고 할 수 있다. 강사는 학습자에게 그가 어떠한 진전을 이루고 있는지를 알리는 기준을 제공해 줄 때 좀 더 효율적으로 진행될 뿐만 아니라 강사에게도 역시 마찬가지이기 때문이다.

6 학습준비도(Readiness)

학습준비도란 학습에서 성공하기 위한 조건으로서 **학습자의 성숙 정도**를 의미한다. 즉 학습이 효과적으로 이루어지기 위하여 필요한 **학습자의 준비상태**를 말한다. 준비도의 결정요인으로는 성숙, 생활연령, 정신연령, 선행경험정도, 개인차 등이 있다.

강사는 수업 전에 학습자의 준비도를 파악하여 선행학습이 부족한 교육생에게는 이를 보충해주고 준비된 특성, 즉 **개인차에 맞는 학습**이 이루어지도록 하여야 한다.

7 학습의 동기부여(유발)

동기부여란 교육을 받는 사람에게 학습의욕을 일으키게 하여 적극적인 학습태도를 만들게 한 후 이로 인하여 **자발적으로 교육효과**를 거둘 수 있도록 하는 것이다. 동기부여를 일으킬 수 있는 주요 요인들은 흥미(興味), 상벌(賞罰), 칭찬(稱讚), 질책(叱責), 경쟁(競爭), 요구수준(要求水準) 등이 있다.

(1) 흥미(興味)

흥미란 일정한 대상에 대한 **자발적인 관심이나 태도**이며 행동을 개발하고 유지해 가는 원동력이 되는 것이다. 교육생의 대부분은 자동차의 운전이나 조작 등에 대해서는 강한 관심을 나타내지만 운전자로서 사회적 책임이나 행동에 대한 내용에 있어서는 학습의 흥미가 없기 때문에 잘 이해시키고 흥미를 갖도록 하는 것이 중요하다.

(2) 상벌, 칭찬, 질책, 경쟁

학습의욕을 일으키는 것으로 상벌, 칭찬, 질책, 경쟁 등이 있는데 사람에게는 누구나 **사회적으로 인정받고 싶어하는 인간의 본성적 욕구**를 이용하여 학습의욕을 북돋아 주는 것이 중요하다.

학습의욕을 높이는데 있어서는 칭찬이 질책보다 효과가 있는 경우가 대부분이다. 실험 결과에 의하면 능력이 있는 사람에게는 질책하는 것도 효과를 볼 수 있지만 **능력이 부족하거나 열등감에 빠져 있는 사람에게는 질책하는 것은 효과가 없고 칭찬하는 것이 훨씬 효과적이다.** 또한 남성과 여성을 비교할 때 남성은 질책하여도 효과가 있는 경우가 있으나 **여성에게는 효과가 없고 오히려 역효과가 나타난다**고 한다.

따라서 질책을 하는 경우에는 방법과 정도에 따라 신중을 기해야 한다. 잘못하면 필요 없는 오해가 극단적으로 이어질 수 있기 때문이다.

질책의 효과를 기대하기 위해서는 다음 사항을 모두 만족시켜야 하며 만약 한 가지라도 만족시키지 못하면 문제발생 소지가 높다.
① 강사와 교육생이 서로 마음을 이해할 수 있고 대인관계가 좋아야 한다.
② 교육생 스스로 잘못을 인정해야 한다.
③ 교육생이 각오하는 질책 정도 이내이어야 한다.
④ 잘못된 일이 일어난 직후이어야 한다.
⑤ 질책의 결과로 교육의 적극적인 전이가 일어나야 한다.

(3) 요구수준

사람들은 흔히 어떤 행동을 하려고 할 때「나는 이 정도까지는 할 수 있을 꺼야」라는 도달목표를 정하게 되는데 이와 같은 목표의 높이를 요구수준이라 한다.

요구수준을 스스로 정하여 행동의 결과가 요구수준에 도달하면 성공이라고 생각하고 도달하지 못하면 실패라고 생각한다. 그리고 성공하면 다음 목표의 요구수준은 높아지게 되고 실패하면 낮아지게 된다.

요구수준을 어느 정도에 두는가 하는 것은 대단히 어려운 문제로 그 수준이 적절하면 성취감을 느끼면서 학습의욕도 높아지지만, 그 수준이 너무 높으면 반대로 실패감은 물론 초조감이나 열등감으로 발전하게 되어 의욕을 상실하게 된다.

반대로 요구수준이 너무 낮아서 항상 성공한다면 성공은 이루나 자신의 능력을 충분히 발휘하지 못하고 욕구를 만족시키지 못하게 된다. 따라서 강사는 개개인 교육생의 능력이나 태도 등을 관찰하여 각각의 교육생 수준에 맞는 적절한 요구수준을 설정하도록 조언한다면 성취감은 물론 자신감을 갖게 하여 학습을 원활히 진행하는데 도움이 될 것이다.

(4) 동기와 학습능률과의 관계

학습에 있어서 동기를 일으키면 일으킨 만큼 학습속도가 빨라진다. 그러나 너무 강하면 목표에만 몰두하게 되어 넓은 범위의 학습수단을 적절히 사용하지 못하게 된다.

대체로 동기가 강하면 학습의 내용량이 많아지고 질도 높아지나 약하면 약할수록 양도 적고 질도 낮아진다.

학습하려고 하는 동기가 강하게 유발되면 학습하고자 하는 주의나 흥미 때문에 비교적 오류를 적게 범한다.

8 기억(파지)과 망각

(1) 기억의 과정과 망각

기억의 과정은 완전히 이해하는 기명(記銘)과 외우고 있는 파지(把持), 잊었던 것을 상기(想起)하는 재생(再生) 등으로 나눌 수 있고, 외운 것을 기억해 낼 수 없거나 완전히 잊어버리고 마는 망각(忘却)이 있다.

① 기억의 과정
  ㉮ 기명(記銘) : 행동이나 경험의 수행에서 신경계에 흔적을 형성하는 것을 말한다.
  ㉯ 파지(把持) : 일단 기명된 신경계의 흔적(학습된 내용)이 일정기간동안 지속되는 것을 말한다.
  ㉰ 재생(再生) : 보존된 인상이 다시 의식으로 떠오르는 것을 말한다.
  ㉱ 재인(再認) : 과거에 경험했던 것과 비슷한 상태에 부딪쳤을 때 떠오르는 것을 말한다.
② 망각(忘却) : 학습된 행동이 파지되지 못하고 변용, 소실되는 현상을 망각이라 한다.

(2) 완전한 이해로 기억의 파지

기억을 파지해 두기 위해서는 망각하는 것을 막는 것도 중요하지만 완전히 이해할 때의 조건도 크게 영향을 미치기 때문에 기억 그 자체를 소홀히 할 수는 없다. 아무리 오래된 일이라도 인상 깊었던 일은 잊어버리지 않는 원리와 같다.

(3) 기명(記銘)의 종류

① 논리적 기명(論理的記銘)
  의미적으로 관련이 있는 것. 즉 논리적 내용을 갖는 기명
② 도식적 기명(圖式的記銘)
  재료 그 자체에는 일정한 관계가 없지만 A, B, C, D, E 순서라든가 숫자풀이 노래 등과 같이 일정한 순서나 공식에 맞추어 외우는 기명
③ 기계적 기명(機械的記銘)
  무의미하고 무관계인 것을 단지 그대로 외우는 기명
  위 세 가지 기명 가운데 논리적 기명은 잘 파지되어 재생하기 쉽지만 기계적 기명은 가장 파지하기 곤란하고 잊기 쉬운 것이라 할 수 있다.

(4) 망각을 진행시키는 요인

망각을 진행시키는 요인으로는 시간의 요인이 있다. 즉 시간이 지나면 기억한 것에 대한 파지가 감소하지만 그렇다고 망각은 시간의 요인만으로 진행되는 것이 아니며 다음과 같은 요인들이 있다.
① 학습한대로 연습을 하지 않고 방치한다.
② 순서가 뒤바뀌어 학습한 내용이 비슷하다.
③ 앞에서 학습한 내용의 파지를 어렵게 하는 나중에 학습한 비슷한 내용
④ 기명할 때의 태도
⑤ 환경조건의 변경
⑥ 신체적·정신적 충격을 받는 일
⑦ 알코올의 영향

(5) 망각의 원인

① 불사용의 법칙
  기명된 신경흔적이 사용되지 않거나 연습하지 않음으로써 시간이 경과함에 따라서 자연 소멸되는 것
② 간섭에 의한 망각
  ㉮ 선행간섭 : 선행학습의 파지가 후속학습의 파지를 방해하는 것
  ㉯ 후행간섭 : 후속학습의 파지가 선행학습의 파지를 방해하는 것
③ 기억흔적의 변용
  게스탈트(Gestalt) 심리학에서 망각은 기억흔적의 변용이라는 의미이다. 즉, 지각하는 내용을 기명 시에 과거 경험으로 형성된 파지내용과 관련해서 인지구조 너의 재체제화가 이루어지므로 재생할 때 변동되어 나타난다.
④ 정서에 의한 일시적 억압(Freud : 정신분석학)
  망각이란 불쾌한 정서를 수반하는 내용이 억압되어 일시적으로 무의식 속에서 잠재함으로써 나타나는 것이다.

(6) 망각을 방지하는 방법

① 최초의 학습을 가능한 한 완전하게 한다.
② 학습 직후 적절한 계획을 세워 반복해서 연습한다(반복학습).
③ 학습내용에 의미 있는 논리적 관계를 설정한다.
④ 나중에 학습한 내용이 앞서 학습한 내용의 파지를 저해하지 않도록 한다.
⑤ 학습방법을 학습내용과 일치시킨다.
⑥ 학습경험에 즐거움을 수반시킨다.

9 연습방법과 태도

연습이란 일정한 목적을 가지고 능력을 향상시키기 위하여 학습을 되풀이하는 과정과 그 효과를 포함하는 전체과정이다. 학습에 있어서 연습은 단순한 반복이 아니라 행동할 때마다 강화를 수반하는 것이 더 효과적이다.

하지만 연습방법의 선택에 있어서는 학습자의 연령, 개인의 능력, 경험, 학습재료의 종류 및 규모 등에 따라 달라질 수 있다.

(1) 연습의 3단계
① 1단계(의식적 연습) : 학습을 진행하는 과정에서 하나하나 의식하고 모든 힘과 정성을 다하여 연습하는 단계
② 2단계(기계적 연습) : 반복연습함에 따라서 쉽고 신속하고 또한 정확한 행동을 갖추는 단계
③ 3단계(응용적 연습) : 전단계의 연습에서 얻은 것을 종합적으로 이용하여 하나의 종합된 학습을 완성시키는 단계

10 전습법(全習法)과 분습법(分習法)(학습과제량에 따른 분류)

전습법과 분습법은 가르치는 학습내용이나 재료 및 과제량을 기준으로 할 때 실시하는 연습이다.

전습법은 단순한 과제이고 부분적으로 의미가 없는 경우에 전체를 연결하여 연습할 때 활용한다.

분습법은 매우 복잡하거나 개별적인 연습으로 구성되었을 때 각각 분리하여 활용하면 효과적이다.

(1) 전습법과 분습법을 선택할 때 학습자 측면에서 고려할 요인
① 전습법(全習法 : Whole method)
㉮ 전체 동작을 기억해 낼 수 있는 능력이 있을 때
㉯ 장시간 주의를 집중할 수 있을 때
㉰ 기술이 숙달되어 있을 때
② 분습법(分習法 : Part method)
㉮ 기억능력에 한계가 있을 때
㉯ 장시간 주의를 집중할 수 없을 때
㉰ 특정한 부분 동작 학습에 어려움이 있을 때
㉱ 초보자일 때

(2) 분습법의 분류
① 순수한 분습법 : 학습하고자 하는 내용을 1. 2. 3.……으로 구분하여 학습한 후 그것이 일정한 수준에 도달하면 나중에 각 부분을 전체로 하여 교습하는 방법
② 점진적 분습법 : 1과 2를 따로 구분하여 학습한 후 그것이 일정한 수준에 도달하면 1과 2를 하나로 하여 학습한다. 이어서 3부분을 학습하여 어느 일정한 수준에 도달하면 마지막으로 1. 2. 3 각 부분을 전체로 하여 학습하는 방법
③ 반복적 분습법 : 처음에는 1부분을 학습하고 다음에는 1과 2, 다음에는 1. 2. 3 부분을 함께 학습하는 방법

(3) 전습법과 분습법의 비교

구분	전습법(Whole method)	분습법(Part method)
의미	1. 학습과제를 하나의 전체로 묶어서 학습하는 방법	1. 학습과제를 부분적으로 나누어 조금씩 학습하는 방법
장점	1. 망각이 적다. 2. 반복이 적다. 3. 연합(병합)이 생긴다. 4. 시간과 노력이 적다.	1. 학습이 빠르다. 2. 범위가 적어서 적당하다. 3. 길고 복잡한 학습에 적당하다. 4. 의미가 없는 학습 자료에 적당하다.
효과	1. 연습을 많이 한 뒤 효과적이다.	1. 연습초기에 효과적이다.

11 집중연습법(집중법)과 분산연습법(분산법) (연습과 휴식시간에 따른 분류)

연습시간과 휴식시간을 기준으로 실시하는 연습이다. 집중법은 연습시간을 많이 하고 휴식시간을 적게 하는 방법이고, 분산법은 연습중간에 충분한 휴식시간을 배정하는 방법이다.

(1) 집중법과 분산법을 선택할 때 학습자 측면에서 고려할 요인
① 집중법(Massed practice)
㉮ 복잡한 것일 때
㉯ 부분 동작들로 구성된 것일 때
㉰ 준비운동을 필요로 하는 것일 때
㉱ 처음 경험하는 과제일 때
② 분산법(Distributed practice)
㉮ 단순하고 권태를 느끼게 하는 것일 때
㉯ 쉽게 피로를 느낄 때
㉰ 미숙할 때
㉱ 과제를 해낼만한 충분한 능력이 없을 때
㉲ 주의가 산만하거나 주의집중력이 약할 때

(2) 집중연습법(집중법)의 의미와 효과
① 집중법의 의미 : 학습내용을 쉬지 않고 계속해서 반복하는 방법
② 집중법의 효과
㉮ 자료가 쉽고 짧은 경우
㉯ 학습하기 전에 준비운동 같은 것이 필요할 때
㉰ 의미가 있는 학습(시·산문)이나 길고 곤란한 자료나 문제해결의 학습일 경우
㉱ 과거의 학습효과로 적극적인 전이가 용이한 경우
㉲ 잘 알고 있거나 어느 정도 이해가 되어 있는 학습 자료일 경우
㉳ 학습 자료가 의미 있고 생산적인 경우

(3) 분산연습법(분산법)의 의미와 효과
① 분산법의 의미 : 일정한 휴식시간을 두고 몇 회로 나누어서 학습하는 방법
② 분산법의 효과
㉮ 자료가 길고 어려울 때
㉯ 학습과제가 유의성이 없는 경우
㉰ 학습과제나 작업량이 많을 때(무의미한 철자, 숫자의 기억 등)
㉱ 학습내용이 학습자의 수준에 어려울 때
㉲ 학습의 초기단계일 때
㉳ 학습자의 준비도가 낮고 많은 노력이 필요할 때

(4) 분산법이 집중법보다 효과적인 이유
① 연습시간 동안에 소모된 에너지를 보충할 수 있는 휴식시간이 있다.
② 이 휴식시간을 통해 연습시간의 지루함과 권태감을 없앤다.
③ 학습자가 더욱 연습에 주의를 집중할 수 있게 한다.

(주) 전습법과 분습법은 학습 과제량에 의한 분류이고, 집중법과 분산법은 휴식시간에 따른 분류이므로 혼동하지 않도록 할 것

12 적극적인 태도와 소극적인 태도

어떤 내용을 학습하는데 있어서 단순히 읽는 것에 그치는 경우와 가능한 한 내용을 많이 생각해 내어 능동적으로 복습하는 경우와는 그 효과에 있어서 커다란 차이가 있다. 다시 말하면 학습현장에서 그 학습자가 적극적인 학습태도인지 또는 소극적인 학습태도인지에 따라 학습내용의 이해와 운전기능 숙달측면에서 현저한 차이를 보이게 되는 것이다.

적극적인 태도의 교육생은 항상 모르는 내용에 대해 끊임없이 의문을 가지고 질문을 두려워하지 않고 많은 질문을 하여 가능한 한 많이 배우려고 노력하는 모습을 보인다.

따라서 지도하는 강사는 교육생의 태도를 가능한 빨리 파악하여 적극적인 태도로 교육에 참여토록 동기를 유발하는데 노력을 게을리 해서는 안 될 것이다.

13 학습의 전이(轉移)

일상생활에서 과거의 학습경험이 새로운 습관의 형성이나 지식·기능을 습득하는데 도움이 되어 학습이 용이하게 된다든지 또는 이와는 반대로 과거의 경험이 오히려 새로운 학습에 방해가 되어 더욱 어렵게 되는 경우가 있다. 이와 같이 이전의 학습이 새로운 학습을 촉진하는 경우, 또는 억제·방해하는 경우를 학습의 전이라고 하는데 적극적인 전이와 소극적인 전이의 두 가지 종류가 있다.

(1) 적극적 전이와 소극적 전이

① 적극적인 전이

이전에 행한 학습이 다음의 학습을 수행하는데 도움을 주는 경우로서, 예를 들면 덧셈학습을 한 것이 다음에 행하는 곱셈학습을 하는데 도움을 준다든지 또는 자전거를 잘 타면 오토바이 운전연습도 쉽다든지 자동차 운전이 가능하면 오토바이 운전도 쉽게 배울 수 있는 경우를 말한다.

② 소극적인 전이

이전에 행한 학습이 다음의 학습을 수행하거나 획득하는데 있어서 방해가 되거나 지체하게 하는 경우로, 예를 들면 자동변속기 자동차운전에 익숙한 사람이 수동변속기자동차를 운전할 경우 페달 조작에 혼란을 가져오는 경우를 말한다.

(2) 학습의 전이조건

① 동일요소에 의한 전이

학습재료 및 방법에 있어서 **동일한 요소**가 있으면 있을수록 학습전이가 많이 일어난다.

② 일반화에 의한 전이

어떤 내용의 학습원리를 이해하게 되면 그것이 새로운 장면에 적용되어 전이가 일반화된다는 것으로 **어떤 상황에 대한 경험은 다른 상황에서도 적응할 수 있게 된다는** 의미이다. 예를 들면 방향전환코스 운전연습에 숙달되면 좁은 모퉁이 주행 시와 주차 시에도 안전하게 돌아나갈 수 있다.

③ 학습자의 지능에 의한 전이

지능이 높을수록 많은 적극적인 전이가 일어나고, 이와는 반대로 **지능이 너무 낮으면 오히려 소극적 전이가 일어날 수 있다.** 그러나 기능에 있어서는 연습시간은 이러한 격차를 줄일 수 있는 변수로 작용한다.

④ 학습방법에 의한 전이

학습하는 방법도 전이를 일으키는 중요한 조건이 된다. 한 실험연구에 의하면 세 집단에게 6가지 종류의 기억검사를 실시한 후 **첫 번째 그룹에게는 연습을 시키지 않았고, 두 번째 그룹에게는 평상 시 수업과 같이 지도하였고, 세 번째 그룹에게는 기억하는 방법에 대하여 여러 가지를 지도한 후** 먼저 실시한 동일한 종류의 기억검사를 실시한 결과 마지막 그룹인 세 번째 그룹의 성적이 가장 뛰어났다고 한다.

⑤ 학습태도에 의한 전이

학습자의 학습태도 여하에 따라 전이에 영향을 주게 되므로 강사는 처음부터 끝까지 충실한 **교육내용 설명과 연습**으로 교육 수준을 높여 교육생으로 하여금 **적극적인 전이**가 일어나도록

유도하는 것이 필요하다. 그 예로서 국어 과목시간에 글자를 깨끗이 쓸 것을 강조하고 이어서 다른 과목시간에도 그렇게 해야 한다는 중요성을 인식시키면 다른 과목까지 전이가 일어나 글자를 깨끗이 쓰게 된다.

⑥ 학습 분량에 의한 전이

학습 분량이 전이조건이 된다는 것은 상식적인 문제이다. 한 가지 기능을 충실히 연습했다면 그와 유사한 다른 기능에 있어서도 적극적인 전이가 일어나기 쉬운 것이다. 이와는 반대로 한 가지 기능의 연습정도가 수준 이하라든지 분명치 않은 연습이라면 오히려 소극적인 전이가 일어나 다음 단계의 학습을 방해하기도 한다.

⑦ 두 학습 사이의 시간에 의한 전이

학습시간의 길고 **짧음도 전이의 조건이 된다.** 이것은 학습결과의 기억여부와 관계되는 것으로 너무 오랜 시간의 휴식을 한 후에 다음 단계의 학습을 시키면 전이가 잘 일어나지 않는다. 반대로 연습한 직후에 다음 단계의 학습을 하기보다, 어느 정도 시간이 경과한 후 즉 **적절한 휴식을 취한 후에 하는 것은 오히려 적극적인 전이가 일어난다.**

제2절 교육의 목표

1 학습지도의 준비

(1) 목표의 설정

전문학원 교육의 궁극적인 목표는 안전하고 우수한 운전자 양성에 있다. 따라서 교육은 도로교통법령에서 정한 교육과정표에 따라 그에 맞춰 교육목표를 정하는 것이 바람직하다.

(2) 교안의 작성

교육의 교안은 교과서를 중심으로 하여 작성되어야 한다. 50분의 교육시간이 짧게 느껴지지만 **체계적이고 효과적인 교육을 한다면** 기대 이상의 충분한 효과를 거둘 수 있는 교육시간이다.

교안은 적절한 계획아래 쓸데없이 시간을 보내는 일이 없도록 배려하여 구성하고 작성하여야 한다. 이러한 점을 고려하여 만든 교안이야말로 교육생에게 **신뢰감을 주는 동시에 학습의욕을 불러일으킬 수 있다.**

(3) 학습 진행방법의 연구

학습 진행에 있어서 교육생의 학습의욕을 높이고 능률적인 교육이 될 수 있도록 하는 것은 **전적으로 강사의 능력에 달려 있다.** 학습을 효과적으로 진행하기 위해서는 효과적인 동기를 마련해야 하고 **학습내용과 교재를 구체화하여** 교육생으로 하여금 **학습에 대한 열의를 갖도록** 하는 한편 **학습 목표를 성공적으로 달성할 수 있도록** 노력하여야 한다.

(4) 강사의 태도

① 용모와 복장을 단정히 하여 깔끔한 모습을 보여주어야 한다.
② 언행을 조심하고 자세를 바르게 함으로써 **강사의 품위를 유지**한다.
③ 교육생에게 친밀감과 안정성을 줄 수 있도록 **친절과 성의를 보인다.**
④ 자유로운 **의사표시나 활동을 할 수 있도록 배려하는 자세**를 가진다.
⑤ 동작은 세련되고 말은 고상하게 구사하여 교육생에게 인격적 감화를 주도록 한다.

⑥ 시선은 항상 **교육생을 관찰**하며 이해정도와 잘못된 점을 파악하여 **교정**하여야 한다.

(5) 로빙거(J. L. Lobinger)가 제시하는 좋아하는 선생님 상
① 자신이 가르치는 **교육의 중요성에 대한 확신**이 있어야 한다.
② 선생님은 그가 가르치는 **이유에 대한 신념**이 있어야 한다.
③ 좋은 선생님은 그가 가르치는 **목표와 이상**을 알아야 한다.
④ 좋은 선생님은 **학생이 원하는 것을 알며 학생을 이해**하려고 노력한다.
⑤ 좋은 선생님은 **민주적**이고 학생과 **동료같은 친교** 속에 들어가야 한다.

2 교수 방법의 형태

교수 방법의 형태를 살펴보면,

첫째로 학습활동중심 형태인 독서, 문답, 청취, 보고, 토의, 관찰, 조사, 구성, 실험, 창작, 극화, 실습 등을 통해서 **전개되는 방법**

둘째로 문제학습, 연습학습, 감상학습, 구안학습 등 학습의 목적 형태로 전개되는 방법

셋째로 집단학습, 개별학습, 공동학습, 개인학습 등 학습의 조직 형태로 전개되는 방법

넷째로 자율학습, 지도학습, 타율학습 등 학습자의 **지위형태로** 전개되는 방법 등 학습의 대상, 내용, 목표 등에 따라 달라질 수 있기 때문에 누구에게나 정확하게 들어맞는 **정형화된 방법은 없다**고 할 수 있다.

(1) 강의법(Lecture method)
전통적인 교육에서 유일한 방법으로 사용되어 왔으며 고대 희랍시대부터 현재에 이르기까지 사용해 오고 있는 **가장 기본적인 방법**이다. 즉, 강사가 교재·교과서 기타 교육내용을 선정하여 계획한 후 그것을 **교육생에게 전달하는 방법**이다. 교육생은 이러한 설명을 듣고 필기하고 암기하는 등 강사가 중심이 되며 **교육생은 수동적·피동적인 입장**에서 교육을 받게 된다.

강의식 교수법의 장점과 단점은 다음과 같다.
① 장점(長點)
　㉮ **짧은 시간 내에 많은 분량의 지식정보 내용을 전달**할 수 있다.
　㉯ 동시에 많은 사람에게 동일한 내용을 전달할 수 있다.
　㉰ 교육준비가 **비교적 간편**하다.
② 단점(短點)
　㉮ 강사의 일방적인 설명에 **교육생은 피동적으로 움직일 수밖**에 없다.
　㉯ 개인차를 무시한 **획일적 교육방법**이다.
　㉰ 내용전달에 있어 듣는 사람 입장에서 받아들이게 되어 **종합적인 전달이 힘**들다.
　㉱ 교육생의 주의를 집중시키기 어렵다.

(2) 면담식 교수법(문답법)
고대로부터 근대에 이르기까지 동서양의 성자나 철인들은 제자들을 가르치는 방법에 있어 바로 **대화법(Dialogue), 문답법**(Question & Answer method) 또는 **면담법**을 사용하여 왔다. 특히 논리적 사고능력, 진리의 바른 소득, 진리의 실천상 오해, 착각, 편견, 위선 등을 깨우치기 위한 전통적인 방법이기도 하였다.

(3) 토의법(Discussion method)
토의법은 공동학습의 한 형태로서 학습의 사회화를 꾀하는 민주적인 방법이다. 토의법은 학습자 자신만으로는 해결할 수 없는 문제에 부딪혔을 때 **서로 의견을 교환**하고 집단사고에 의하여 그 문제를 해결하려는 것이다. 그뿐 아니라 그 집단사고과정에서 각자가 자유롭게 **의견을 발표**하고 너그럽게 타인의 의견을 받아들여 **협동적으로 문제를 해결**하는 과정에서 자유와 협동의 정신을 기르려는 것이다.

(4) 문제 해결식 교수법
성인교육과정에서 이론적 지식과 원리 등 단편적 기술만을 습득하기 때문에 실제상황을 접하게 될 때 복잡·미묘한 상황 등 변화하는 문제들을 즉각적으로 해결해 낼 수 없게 되는 문제점이 발생하게 된다. 따라서 이 문제해결 방법은 **이론과 실제를 이어주는** 응용력과 사고력, 판단력 등을 폭넓게 길러주어야 하는 것이다.

(5) 촉진 학습법(Accelerated learning method)
촉진 학습이란 보통학습이 시도하는 정도를 넘는 학습경험준비를 지도하는데 사용되는 용어이다. **촉진학습**은 더욱 빠른 진도로 학습하기 위하여 더 **많은 재료를 마련**하고 다양한 학습경험 그리고 **통상적 교육**을 위해 요구되는 것보다 한층 고도의 종합적 사고와 추상적 능력을 요구하는 복잡한 학습이다.

따라서 진도가 빠르고 우수한 교육생은 학습이 늦은 보통 교육생보다 훨씬 다양한 능력과 동기형태를 보여줌으로써 학습의 성과를 보다 높이 마련하도록 촉진하는 학습지도 방법이다.

(6) 구안법(Project method)
교육생 스스로가 **목적하고 계획하여 수행**하는 일련의 학습활동을 중심으로 전개되는 학습지도 방법의 한 형태를 말한다.

(7) 프로그램 학습(Programmed learning)
집단교육의 폐단을 극복하고 특별한 형태로 짜여진 교재에 의하여 **학습자료를 제시**하고 교육생에게 **개별학습을 시켜서 특정한 학습목표**까지 무리없이 확실하게 도달시키기 위한 학습 방법이 프로그램 학습이다.

학습을 자기 스스로 행함으로써 성립된다는 근본원리에 입각하여 교육생이 주어진 교재와 직접 대결하여 자기 활동을 통해서 학습을 진행시키는 것이다. 그리고 교재는 학생들의 능력에 기초를 두는 동시에 교재의 비약적 발전을 통제함으로써 학습의 계속적 진행을 시도한다.

일반적으로 직능양성과정의 통신교육 교재의 형식이나 각 기업체 및 정부 소속 야간 훈련기관에서 자기계발용 독학교재의 형태로 사용되고 있다. 이 프로그램 학습은 **이론적으로나 실제적으로나 교육적 효과가 뛰어난 방법**으로 인정되고 있으며 학습효과의 달성이 빠르고 정착력이 강하여 점차 널리 환영을 받고 있다.

(8) 시범실습식 교수법
시범실습식 교수방법은 어떤 기능을 **습득시키기 위하여 강사** 등이 **시범**을 보이고 교육생이 모방하여 필요한 기능을 습득시키도록 하는 방법인데, 이로 인하여 기능의 숙달, 표준작업수행능력의 정착, 즉각적인 활동능력의 정착 등에 효과가 있다.

(9) 협동학습(Cooperative learning)
협동학습은 교육생들 상호간에 경쟁하기 보다는 **서로 협동**하여 학습하도록 하는 방법으로 교육생간 또는 집단간의 편견과 적대감을 감소시키는 학습이다.

(10) 시청각적 방법
시청각적 방법은 좁은 의미로 **영화, 슬라이드, VTR, 텔레비전, 빔 프로젝터** 등을 사용하는 교육방법이지만 좀 더 넓은 의미에서 보면 강의를 듣거나 책을 읽거나 하는 언어적인 학습방법에 대하여 이것을 **보충하는 형태로 시청각적 방법**을 이용하고 있다.

(11) 팀 티칭(Team teaching)
팀 티칭 교육이란 교사들이 협동해서 지도하는 교수방법으로 그 뜻은 교육생의 개인차를 고려하여 지도함으로써 강사의 능력을 효율적으로 발휘할 수 있어 학교의 시설과 시간을 효과적으로 이용할 수 있는 교육방법이다.

(12) 역할 연기(役割演技 : Role playing)
역할 연기는 소집단(小集團) 수업의 한 형태로 문제 상황의 설정, 교육생들의 역할배정, 다른 역할 연기자와의 상호작용, 연기할 내용에 대한 토의 등으로 구성된다. 특히, 다른 사람의 감정과 태도를 탐색하는데 유리하고, 또한 정보, 사실, 개념, 원리 및 추론 등의 학습에 유용하다.

3 전문학원의 교육

(1) 전문학원의 특성
① 학습목적의 동일성
교육생의 경우 전문학원에 입학할 때의 목적은 운전면허를 취득하기 위한 지식과 기능을 배우기 위함이지만, 운전면허를 취득한 후의 목적은 다양할 것이다. 따라서 전문학원에서의 교육은 단순히 운전면허를 취득하기 위한 교육뿐만 아니라 운전면허를 취득한 후에도 자동차 문화사회의 일원으로서 무거운 사회적 책임이 뒤따르고 있다는 사실을 인식시키고 우수한 운전자가 되기 위해서는 어떻게 해야 하는가 등을 피부로 느낄 수 있도록 엄격하면서도 따뜻한 교육환경을 만들어 양질의 초보운전자 양성이라는 공동목적을 달성할 수 있도록 노력하여야 한다.

② 교육생 개인적 차이
전문학원의 교육생은 연령, 성별, 신체기능, 지능, 성격, 직업, 학력, 자동차에 대한 예비지식 등 다양한 차이가 있기 때문에 일률적인 교육으로 동일한 효과를 올린다는 것은 불가능하다. 때문에 강사는 교육생 개개인이 갖고 있는 다양한 차이를 염두에 두고 조기에 각 개인의 성별, 성격, 지능 등을 파악하여 적절한 교육이 이루어지도록 노력하여야 한다.

③ 교육생의 심리적 특성
전문학원과 교육생과의 관계를 한마디로 표현한다면 운전면허증 취득이다. 예를 들면 가장 저렴한 수강료로 가장 짧은 시간에 단 한 번만에 합격하고자 하는 생각을 가지고 있는 것이다. 얼마나 위험한 생각인가? 이러한 위험한 생각은 자신의 생명이 담보된 운전교육을 완벽하게 배우겠다는 생각이 없다고 볼 수 있다. 그 책임은 우리 사회 모두의 책임이지만 작게는 자동차운전을 가르치는 강사나 전문학원에 있다고 보여진다. 강사는 운전기술에 대한 원리 및 법칙에 대한 고도의 전문지식을 연구하고 그것을 기초로 한 교수능력을 함양하여 교육생에게 신뢰감을 주고 완벽하게 교육을 받아야겠다는 동기를 부여하고, 전문학원도 교통사고예방과 사회공교육기관으로서의 책임을 가지고 진실된 교육이 되도록 노력하여야 한다.

(2) 집단학습과 개별학습
① 집단학습
집단을 대상으로 한 학습의 대부분은 강의법이지만 이 방법은 교수법으로서 가장 오래 전부터 행해지고 있는 지식전달을 위한 방법으로 효과가 있는지 없는지 보다 능률적인 방법의 하나로 볼 수 있고, 목적의식을 가진 성인을 대상으로 한 경우에 적합하다.

㉮ 장점(長點)
㉠ 중요한 개념과 지식을 명확하게 전달할 수 있다.
㉡ 교육생들의 흥미유발이나 동기부여가 용이하다.
㉢ 교육생이 가지는 의문에 대하여 적절한 예측이 가능하다.
㉣ 보충자료를 주는 것이 가능하다.

㉯ 단점(短點)
㉠ 교육생은 수동적이며 효과적 수강터도를 교육생 스스로 유지하지 않으면 안 된다.
㉡ 가르치는 내용 등은 교육생의 이해와는 관계없이 진행되고, 강사의 지식체계에만 의존할 수밖에 없다.
㉢ 교육생의 반응이 강사에게 전달되어 다음 단계의 교육내용과 교육방법결정에 반영(Feedback)되는 일이 거의 없다.

② 개별학습
한 사람이 아닌 다수를 대상으로 하는 학습은 효과적인 학습법이라 말할 수 있지만 능률을 기대할 수 없다. 전문학원의 교육과정 중 기능교육은 개별학습에 의존해야 하는 것이 현실이다.

㉮ 장점(長點)
㉠ 교육생은 확실한 목적의식 아래 활동적으로 행동할 수 있다.
㉡ 교육생의 이해정도와 학습도달 목표의 성취정도를 즉시 파악할 수 있다.
㉢ 이해할 수 없는 사항과 조작에 대해서는 시범으로 대신할 수 있다.

㉯ 단점(短點)
㉠ 교육생이 강사의 지도능력에 의존할 수밖에 없다.
㉡ 교육생이 도달할 수 있는 기능의 관찰이 올바르게 이루어지지 않거나 지도가 타성적이며 자기중심적으로 되기 쉽다.
㉢ 강사가 교육생에게 선입관과 편견을 갖게 되어 부적절한 지도가 되기 쉽다.
㉣ 수많은 교육생을 교육하는 경우 강사의 피로·권태로 인하여 지도의욕이 감퇴되어 교육생에게 응대태도가 나빠진다.

제2장 기능교육의 기본이념

제1절 기본적인 유의사항

1 계획적인 교육
전문학원의 기능교육은 운전면허의 종별 교육과목 및 교육시간 등에 정한 바에 따라 순서별 단계별로 실시하도록 규정되어 있다. 만약 전문학원의 기능강사가 계획적인 단계별 교육을 벗어나 교육생이 원하는 대로 이끌려 간다면 원하는 만큼의 교육효과는 전혀 기대할 수 없을 것이다.

2 개인차에 따른 교육과 그 유형
전문학원의 교육생은 성별과 연령·학력·성격·직업에 있어서 다양하고 개인차가 크기 때문에 기능교육 목표 수준에 도달하기까지의 소요시간도 각기 다르다. 특히 남녀 성별과 연령에 의한 차가 두드러지게 나타난다. 실험결과를 살펴보면 개인차에 의한 기능교육의 숙달속도와 소요시간과의 관계에 따라 A형(순조로운 발전형), B형(급속발전 후 도중 침체형), C형(완만한 발전형), D형(대기만성형)의 4가지 형태로 나타난다. 이러한 개인 차이를 잘 파악하여 각 개인의 능력과 적성에 맞는 교육을 하는 것이 바람직하다.

(1) A형(순조로운 발전형)

기능교육시간이 경과함에 따라 숙달되고 꾸준히 향상되는 형으로 젊고 원만한 성격을 가진 사람에게 해당한다.

(2) B형(급속발전 후 도중 침체형)

처음에는 의욕을 가지고 시작하기 때문에 어느 수준까지는 소요되는 시간에 비해 숙달되는 속도가 급격히 향상되지만 어느 한계에 이르러서는 숙달 속도가 침체된다. 성격의 변화가 심하거나 급한 성격의 젊은이에게 많다.

(3) C형(완만한 발전형)

교육시간에 비해 숙달되는 속도가 조금씩 서서히 향상되는 형으로 기능교육시간 경과에 따른 숙달되는 속도가 일정치 않은 것이 특징으로 주로 여성에게 많다.

(4) D형(대기만성형)

처음에는 시간경과에 따른 숙달속도가 매우 느리지만 일단 차에 익숙해지기 시작하면 급속히 향상되는 형으로 주로 나이가 많은 연장자에게 많다.

3 여성 운전자의 행동특성에 따른 교육

여성 운전자의 급증에 따른 여성 운전자의 교통사고도 해마다 증가하고 있어 여성 운전자에 대한 기능교육에 특별한 관심이 요구된다. 이에 따라 **여성 운전자의 특성**을 이해하고 이에 대비한 전문학원 교육방안을 강구하는 것이 필요하다.

(1) 여성 운전자의 특성

① 여성 운전자의 일반적인 행동특성은 **신체적으로 기계조작에** 따른 체력이 부족하고 운전 시 감정의 변화가 심한 편이며 사물을 객관적으로 보는 능력이 대체적으로 약한 편이다.

② 일반적으로 여성 운전자는 남성에 비해 **두려움이 많은 편이어** 서 후진할 때 두려움을 많이 느낀다든지, 지리에 어두운 초행길에서 운전할 때 두려워하는 경향이 있다.

③ 여성 운전자는 돌발 상황에 직면했을 때 판단력이나 반응 동작이 남성보다 느리게 나타나며, 자동차의 운전속도도 남성 운전자에 비하여 비교적 느린 편이다.

④ 반면에 여성 운전자는 섬세함과 불안의식이 강하여 비교적 교통법규를 잘 지키는 특성이 있어 **대형교통사고의 위험성**에 덜노출되고 있다.

(2) 여성 운전자의 운전지식 이해 정도

운전면허시험에 합격한 사람에 대하여 운전관련지식의 이해정도를 설문지를 통하여 알아본 결과 운전관련지식 7개항의 질문에서 남성운전자는 대부분 보통 이상의 이해수준을 가지고 있는 반면, 여성의 경우에는 평균적으로 3개 항목은 보통 이하이고 나머지 항목에서는 보통 이상으로 나타나고 있었다.

① 운전지식의 이해정도가 보통 이하인 항목
  ㉮ 자동차의 고장원인 발견과 조치방법
  ㉯ 자동차의 운동역학적 특성(원심력, 마찰계수)
  ㉰ 자동차의 구조와 작동원리

② 운전지식의 이해정도가 보통 이상인 항목
  ㉮ 보행자 위험행동 예측과 예방에 대한 지식
  ㉯ 주행차량 위험요소(급정거 등)의 예측과 예방

  ㉰ 차량의 통행구분과 주행속도
  ㉱ 운전자의 요인(반응시간, 시력, 판단력 등)이 운전에 미치는 영향

4 명확한 지도와 조언

① 자동차 주요부분의 **명칭과 기능**을 교육생에게 설명할 때에는 **간결하고 구체적으로** 하여야 하며 필요 시에는 **실물을 보여주**고 기능을 눈여겨보도록 하는 것이 좋다.

② 일반적으로 교육생은 기계적인 구조나 작동에 대한 지식과 이해도가 낮은 경우가 많기 때문에 어려운 영어나 기계적인 용어의 장황한 설명은 삼가야 한다.

③ 가능하면 일상생활과 관련지어진 현상과 비교하여 **가장 쉽게** 설명하되 가장 **핵심적이고 명확한** 내용이어야 한다. 자칫 잘못되거나 오해하기 쉽고 엉뚱한 것을 비유하여 강의 했을 때 수강생들은 오히려 어리둥절하거나 잘못된 지식을 갖게 되므로 유의하여야 한다.

④ 교육내용을 이해시킨 후에는 그 내용을 정확히 이해했는지, 잊어버리지 않았는지를 간접적인 질문으로 확인해 보는 것이 필요하다.

5 기본원칙에 의한 교육

① 기능교육은 이론과 실기로 구분하여 실시하지만 어느 한쪽만 치우치는 교육이 되어서는 안 되며, 반드시 **이론을 설명한 후**에 그 **이론에 맞게 시범**이 필요하면 반드시 시범을 보이고 다음에 교육생이 실습하는 교육순서로 연결되어야 한다.

② 교육생이 자동차 조작장치의 명칭이나 기능을 충분히 익히지 않은 상태에서 기능실습을 익히려고 한다면 운전조작 행동이 잘못되거나 잦은 실수로 기능향상을 기대하기 어려울 것이며, 자칫 사고로 이어지게 될 수도 있다.

③ 기능강사가 교육생의 기능실습 진도가 너무 늦다거나 너무 빠르다 하여 교육생의 기능실습 중 멋대로 하는 행동을 방치한다거나, 기본원칙에 벗어나는 교육생의 의견이나 주장을 판단 없이 그대로 받아들이는 등 교육생의 비위만 맞추는 식의 교육이 되지 않도록 하여야 한다.

④ 기능강사는 안전운전을 위한 **기본원칙에 충실하게** 견인차 역할을 해야 하며, 교육생의 조그마한 운전행동에 이르기까지 주의를 기울여 지도하여야 한다.

⑤ 기능강사의 **적절한 엄격함**이 교육생을 위하는 마음에서 우러나오는 것이라는 **인상을 줄 때** 기능강사는 비로소 사회적인 신뢰와 교육생에게 좋은 평가를 받게 될 것이며 교육생도 스스로 노력하는 마음이 생길 것이다.

6 반복적 교육

① 기능교육은 이론을 바탕으로 실제적인 운전조작을 할 수 있도록 하여 운전기능을 몸에 익히는 일이며, 한두 번의 연습으로 되는 것이 아니라 계속적인 반복교육을 통하여 몸에 익히도록 하여야 한다.

② 반복교육이란 단순한 반복적인 운전행동을 의미하는 것이 아니라 교육생의 운전조작 행동을 주의 깊게 관찰하여 결함을 파악하고 그 결함의 원인을 탐구한 후 바른 조작이 되도록 교정지도하는 일련의 반복과정을 말한다. 즉, 운전조작 요령설명 → 조작행동관찰 → 결함파악 → 원인탐구 → 교정지도의 반복과정이 이루어져야 한다.

③ 이러한 일련의 반복적 교육과정을 통하여 의식적인 행동에서

무의식적인 행동, 즉 조건반사의 단계까지 도달하면서 교육생의 운전조작은 의식적인 조작행동에서 무의식적인 조작행동으로 숙달되어 가는 것이다.

7 교육효과의 현상

운전기능의 향상은 **계속적인 반복적 교육**을 통하여 연습효과가 나타나게 되는데, 이러한 연습효과는 비교적 겉에서 쉽게 알 수 있게 드러나는 양적인 진보와 겉으로 드러나지 않고 자신도 느끼지 못하는 질적인 진보의 두 가지 종류로 구분할 수가 있다.

양적인 진보는 일정한 시간 내에 주행한 거리, 운전조작의 실수나 잘못된 회수, 코스별 통과여부 등 **기능향상의 정도**를 말하고, 질적인 진보는 숙련정도에 따라 미숙련기·반숙련기·숙련기로 구분하는데 이러한 관계를 각 연습단계별, 즉 사전학습단계·초기단계·중기단계(정체기·비약기)·후기단계로 구분한다.

(1) 양적 진보

양적 진보는 제1단계인 사전학습단계, 제2단계인 진보의 향상단계, 제3단계인 진보의 정체단계, 제4단계인 급격한 진보단계, 제5단계인 최종 진보단계 등 5단계로 구분한다.

① 제1단계(사전학습단계)

교육생이 운전기능에 대하여 **전혀 모르는 상태**이거나 자동차 관련서적을 통해 **기초적인 자동차 구조나 지식을 익힌 경우**를 말하는데 교육생마다 정도의 차이는 있을 수 있지만 잠재적인 학습이 이루어진 상태라 볼 수 있다.(잠재학습기로서 기계 또는 자동차 교통관계의 사전 지식훈련이 된 상태)

② 제2단계(진보 향상단계)

실질적인 연습의 단계 즉, **초기단계**를 말하며 자동차 엔진시동을 비롯하여, 전진과 후진, 정지 등의 초보적인 운전조작에서부터 시작된다. 이 단계에서는 운전석에 앉는 자세 등 **운전조작 습관이 형성되는 단계**이기 때문에 운전조작의 중요한 시기에 해당되며, 교육생의 의욕에 따라 시간적 흐름에 따라 급속한 진보의 향상이 보이므로 초기에 해당되나 상당히 급격한 진보단계이다.

③ 제3단계(진보의 정체단계)

㉮ 초기의 급속한 진보가 외관상으로 떨어지고 운전연습의 능률이 오르지 않는 현상이 나타나면서 연습곡선의 정체현상이 나타나 기능의 질적 진보가 양적 진보를 따라가지 못하게 되고 인지(認知)가 재구성되어 있는 상태로 볼 수 있다.

㉯ 이러한 현상은 연습방법이 잘못되어 있거나 또는 수강생이 **반복적인 연습에 싫증**을 느끼거나 **계속적인 연습으로 인한 피로**가 쌓여있는 경우로, 이때 강사는 어떠한 원인에서 비롯된 것인지를 정확히 관찰해서 적절한 조치를 취하도록 해야 한다.

㉰ 이 경우 그대로 연습을 계속 반복하여 제4단계로 진행하기도 하지만, 연습에 대한 격려와 적절한 휴식 또는 운전동작의 개선을 시도해 봄직도 하다.

④ 제4단계(급격한 진보단계)

제3단계의 진보의 **정체단계를 극복하고 급진전하는 상태**에 돌입하기 때문에 「비약기」라고도 한다. 제3단계의 정체현상을 벗어나면서 **새로운 의욕과 함께 질적인 면에서도 급격한 변화**를 보인다.

⑤ 제5단계(원숙한 진보단계 : 후기)

진보가 최종 단계에 도달하여 생리적·기계적 한계에 도달함으로써 눈에 보이는 진보가 적다. 이 단계가 되기까지는 몇 년의 연습이 필요하며 전문학원에서 행하여지는 교육시간 중에는 도달하기 어렵다.

(2) 질적 진보

질적 진보는 운전기능의 숙련된 정도를 말하고 또한 질적 진보는 양적 진보의 추진력을 낳게 하는데 미숙련기를 시작으로 하여 반숙련기를 거쳐, 숙련기로 진보한다.

① 미숙련기

미숙련기는 운전동작이 느리고 끊어지며 어색하여 원활하게 연결되지 않는다. 예를 들면 엔진시동이 걸린 후에도 엔진시동 스위치를 계속 돌리고 있거나, 출발할 때 클러치 페달과 액셀레이터 페달의 조작이 조화를 이루지 못하여 시동이 걸린 엔진이 자주 꺼지거나 자동차가 울컥대는 일이 많다.

② 반숙련기

미숙련기를 지나 반숙련기로 접어들기 시작하면 엔진시동을 비롯하여 출발과 정지동작이 부드러워지고 기어변속을 할 때에도 일일이 기어레버를 눈으로 확인하는 동작은 생략되고 각각의 동작은 연결되면서 어색한 동작과 불필요한 동작은 줄어들기 시작한다.

③ 숙련기

반숙련기가 지나고 숙련기에 이르게 되면 개개의 동작을 의식하지 않게 되고 **처음 동작에서부터 완료동작까지 지체가 없는 안정된 매끄러움**을 보이게 된다. 불필요한 동작은 생략하면서 목적을 이루게 되며 필요한 최소한의 동작만을 취하기 때문에 동작에 여유가 생기고 점차 운전조작연습량이 증가함에 따라 의식적인 운전조작 단계에서 무의식적인 조작단계로까지 향상하게 된다.

8 휴식과 연습

① 운전기능연습에 있어서 가장 중요한 것은 **계속적인 반복연습**이지만 연습만 계속한다고 해서 **기능이 빨리 진보하는 것은 아니다.**

② 1회 연습 계속시간에 따른 능률과 피로의 관계를 실험한 결과에 따르면 1시간마다 10분 정도의 휴식을 갖는 것이 가장 능률적이라고 한다.

③ 또한 기능연습의 회수간격과 방법은 어떻게 하는 것이 효과적인가는 집중해서 연습하는 집중법보다 1일 1시간 정도씩 매일 연습하도록 하는 분산법이 보다 효과적이다.

④ 연습곡선에 있어서 운전조작의 올바른 방법을 찾아내는 단계(연습곡선의 초기와 정체기)는 분산법이 효과적이고, 기억하는 단계인 비약기에는 집중법이 효과적이라는 것이다.

⑤ 기능교육에서 분산법이 효과적인 이유는 다음과 같다.

㉮ 피로나 싫증을 막을 수 있다.

㉯ 집중 연습방법에 있어서는 나쁜 운전습관으로 고정되기 쉽지만 분산 연습방법에 있어서는 운전정지(휴식) 중에 교정할 수 있다.

㉰ 운전 기능교육의 연습초기에는 집중 연습방법이 효과적이지만 분산 연습방법에서는 운전정지(휴식) 중에 잘못된 조작의 발견과 다음 동작의 계획을 생각할 수가 있다.

제2절 안전운전에 필요한 지식

전문학원에서는 전 교육기간을 통하여 안전하고 인명존중사상을 바탕으로 교통규칙(법규)의 준수, 양보정신, 운전예절을 실제로 몸에 익히게 하여 안전한 운전자를 양성하는 것이 매우 중요하다. 이를 위해서는 학과교육과 기능교육의 일체화 교육이 필요하다.

1 교통법규의 준수와 예절

초보 운전단계에서 배우게 되는 지식과 기능은 교육생 본인의 습관으로 굳어져 조건반사적 행동으로 나타나게 된다. 따라서 처음 배울 때 나쁜 습관이나 버릇이 생겼을 경우에는 위험한 운전으로 이어져 사고의 원인이 되기도 하기 때문에 기능강사는 초보단계에서 예절의 중요성을 인식시켜 교육하는 것이 매우 중요하다. 기능강사는 다음 사항에 유의하여 법규준수와 교통예절교육을 실시해야 한다.

① 교육생에게 준법운전이나 운전예절의 필요성에 대하여 구체적이고 사실적인 사례를 들어 설명하고 이해시켜야 한다.
② 도로주행교육을 통하여 준법운전과 운전예절을 몸에 익히고 실천하도록 지도한다.
③ 운전 기본조작의 단계에서 교통법규를 무시하는 나쁜 운전조작에 대해서는 엄중하게 지적하여 잘못을 바로 잡도록 하고 절대로 그냥 지나치는 일이 없도록 하여야 한다.

2 기능강사 스스로 모범운전 실천

① 가르치는 기능강사 스스로 모범을 보이는 것은 모든 교육에서 필요한 것이지만, 특히 기능교육에 있어서는 더욱 중요하다. 교육생은 기능강사의 모범적인 행동을 본받게 되므로, 교통법규준수와 교통예절교육을 가장 효과적으로 전달할 수 있는 수단인 것이다.
② 기능강사가 말로 설명하고 시범을 보여 익히게 하는 것은 직접적인 교육방법으로 가장 높이 평가되고 있다. 항상 교육생이 지켜보고 있다는 사실을 염두에 두고 모범을 보이는 것이야말로 무언의 교육으로 그 효과가 대단히 큰 것이다.
③ 반대로 기능강사가 난폭한 운전이나 위험한 운전행동을 교육생에게 보이게 된다면 교육의 근본이 무너지고 기능강사에 대한 신뢰성과 존경하는 마음도 한순간에 사라지게 된다.

3 도로주행교육과 사고예방

도로주행교육은 기본적인 조작과 기본적인 주행을 기초로 하여 실제 도로교통 현장에 적응하면서 운전을 배우는 것이므로 우수한 운전자 양성을 위한 가장 중요한 교육현장이며 반드시 필요한 교육인 것이다. 하지만 복잡 다양한 교통현장에서는 다른 교통의 흐름을 정확하게 살피면서 다음 사항에 유의하여야 한다.

(1) 도로주행교육 시 일반적 유의사항

① 정상적인 교통의 흐름을 방해하지 않는 원활한 운전을 하도록 한다.
② 위험을 예측하는 운전(인지 · 판단 · 조작의 원활한 운전)을 하도록 한다.
③ 예측하지 못한 돌발 상황 발생 시 인지 · 판단 · 조작능력을 길러준다.
④ 관찰 · 판단 · 행동예고 · 행동이라는 일련의 운전조작 과정을 지도한다.
⑤ 교통법규를 지키는 마음의 자세를 갖도록 한다.
⑥ 다른 교통에 대한 양보와 배려하는 마음을 갖도록 한다.
⑦ 보행자의 보호에 유의하도록 한다.
⑧ 공해방지를 고려한 운전(교통 환경에 친화적인 운전)을 하도록 한다.

(2) 도로주행교육 시 사고예방을 위한 유의사항

① 기능강사 스스로가 핸들을 잡고 있는 이상의 주의력과 긴장을 유지하도록 하여야 한다.
② 교통의 흐름이 장내 기능교육장과 다르고 다른 교통의 예상치 못한 움직임을 미리 인식하여야 한다.
③ 지시나 보조조작의 시기가 늦지 않도록 항상 대비하는 자세를 가져야 한다.
④ 교육생의 운전능력을 과신해서는 안 된다. 교육생은 강사에게 의존하고 있다는 심리상태를 잊어서는 아니 된다.
⑤ 노인, 어린이 및 자전거 등 교통약자에 대한 배려를 잊지 말아야 한다.
⑥ 교육시간 후반에 이르면 교육생은 정신적 피로가 쌓여 판단력이 둔화되어 있다는 사실을 염두에 두어야 한다.
⑦ 주행 중에는 필요한 지시 · 조언 · 주의는 교육생의 판단이나 조작에 방해가 되지 않도록 그 시기를 잘 선택하여야 한다.
⑧ 교육과 관계없는 잡담이나 농담 또는 심리적 압박을 일으키는 지시 등으로 교육생의 정신적 안정성을 해치는 일이 없도록 하여야 한다.

4 방어운전

방어운전이란 다른 운전자나 보행자의 행동 등에 관계없이 항상 스스로를 보호하고 지켜 사고를 미리 예방하는 운전방법을 말한다. 방어운전은 소극적인 운전방법이 아니라 자신의 생명은 물론 타인의 생명도 동시에 지킬 수 있는 적극적인 운전방법이다.

따라서 모든 운전자는 방어운전요령을 알아야 하며 전문학원 강사는 교육생에게 위험한 상황에 대비한 방어운전 요령을 반복 교육하여 빠른 예측과 효과적인 대처로 사고를 당하거나 내지 않는 안전운전자가 되도록 하여야 할 것이다.

(1) 일반도로에서의 방어운전

① 제동 시에는 여유 있는 자세로 브레이크 페달을 여러 번 나누어 밟아 뒤따르는 자동차가 알 수 있도록 해야 하며 급브레이크 사용을 삼간다.
② 주행 중에는 앞차에 주의하면서 적어도 전방 4대 내지 5대 정도의 교통상황까지 살펴 앞차가 갑자기 정지하더라도 피할 수 있는 안전거리를 확보하여야 한다.
③ 대형화물자동차나 버스의 바로 뒤를 따라갈 때에는 전방의 교통상황을 알 수 없기 때문에 막연한 앞지르기는 삼가야 하고 적당한 시기에서 바로 뒤를 따라가지 않도록 떨어져야 한다.
④ 후방에서 자동차가 접근해 올 때에는 후사경을 보고, 뒤따르는 차의 움직임에 주의하면서 진행해야 한다. 뒤따르는 차가 앞지르기를 하려고 한다면 가급적 속도를 늦추는 등 양보 운전하는 것이 좋다.
⑤ 진로를 변경할 때에는 시간적으로 여유를 갖고 상대방이 잘 알 수 있도록 자신이 변경하고자 하는 방향을 신호하여 상대방이 그 신호를 이해했는지를 확인 후 정확한 순서에 의하여 서서히 변경하여야 한다.
⑥ 신호 없는 교차로를 통과할 때에는 좁은 도로에서 튀어나오는 차 등에 주의하면서 서행하고 좌우의 안전을 반드시 확인하여야 한다.
⑦ 횡단하는 보행자나 횡단중인 보행자가 있을 때에는 반드시 일시 정지 하여야 한다.
⑧ 어린이가 부근에 있거나 공이 굴러오는 것이 눈에 띠면 뒤이어 어린이가 갑자기 달려 나오는 수가 있으므로 어린이와의 간격

을 충분히 두고 서행 또는 일시 정지한 후 안전을 확인하고 주행해야 한다.
⑨ 다른 차의 옆을 지나갈 때에는 다른 차가 급히 진로를 변경하여도 여유가 있을 정도의 **충분한 간격을 두고 주행**한다.

(2) 야간운행 시의 경우
① 야간에는 자신의 위치를 분명히 알릴 수 있도록 **차폭등·미등·전조등**을 켜고 운전하여야 한다. 흔히 교차로 신호대기 중에 보면 자신의 전조등을 끄는 경우를 종종 보게 되는데 잘못된 운전방법이다.
② 야간에 졸음운전은 음주운전보다 더 위험하기 때문에 주의하여야 한다.
③ 이외에 운전자의 **심신상태, 자동차 정비상태, 도로의 조건, 날씨 상태** 등에도 많은 영향을 미치기 때문에 주의하여야 한다.

제3장 기능교육의 실제

제1절 기능교육 4단계 교육법

기능교육 시간은 1시간을 50분으로 하고 미리 교육할 내용과 순서를 정하여 **계획적으로 실시**해야 한다. 계획적인 교육을 위해서는 도로교통법 시행규칙에 따라 단계적으로 교육하는 것이 **가장 효과적**이다.

4단계 교육법은 학습을 합리적인 순서 또는 단계를 밟아 실시하는 것을 말하고 그 내용은 **제1단계는 교육의 준비, 제2단계는 교육내용과 조작의 설명, 제3단계는 실질지도, 제4단계는 효과의 확인과 보충지도**의 순으로 되어 있다.

이 4단계 교육법은 진도가 순조로운 교육생에게 적용되는 일반적인 방법에 해당되며, 교육생의 능력이나 성격, 진도 등의 개인차에 따라 적정단계의 생략이나 시간의 배분 등을 기능강사가 조절하여 진행할 수 있다.

1 제1단계 : 기능교육의 준비단계
이 단계에서는 교육생에게 자동차운전연습에 들어갈 마음의 준비를 갖추게 함과 동시에 교안의 결정, 단계별 시간의 배분 등, 효과적인 기능교육을 위한 준비단계로 다음 사항에 유의하여 실시한다.

(1) 교육에 맞는 환경조성
교육초기의 교육생은 운전에 대한 긴장감과 공포를 갖는 경우가 많기 때문에 친해지기 쉬운 말이나 **가벼운 인사**로 부드러운 분위기를 만들어 교육생이 배우기 쉽고 강사가 가르치기 쉬운 환경을 만드는 일이다.

(2) 운전기능의 수준 확인
운전기능에 필요한 이론을 어느 정도 알고 있는지, 실제 운전기능에 어느 정도 도달해 있는지를 질문하는 등 **교육생의 기능정도를 확인한 후** 앞으로의 교육을 결정한다.

(3) 교안의 결정
앞으로 어떠한 방법으로 지도할 것인가 하는 교안은 앞서 언급한 계획적인 교육방법에 따르되, 교육생의 기능정도와 관련해서 무리없고 효과적인 교육이 될 수 있는 교안을 적용하도록 해야 한다.

2 제2단계 : 교육내용 및 조작 설명단계
이 단계에서는 제1단계에서 학습의욕을 갖게 했으므로 기능강사의 교육내용이나 운전조작 방법을 설명하여 수강생의 흥미와 관심을 유지하고 고조시키는 단계로 다음과 같은 점에 유의하여 실시한다.
① 학습내용과 조작에 대한 설명은 교육생에게 **의욕과 자신감**을 주는 방향으로 배려하여야 한다.
② 운전조작에 대한 내용을 가르칠 때에는 흥미를 유발할 수 있도록 설명하여야 한다.
③ 도입에 의해 흥미를 주었다면 교육의 **구체적 내용**을 설명하고 **목표를 분명히 정해** 주어야 한다.
④ 설명은 **정확한 순서**로 알기 쉽게 해야 하며, 특히 운전조작의 순서는 **시범**을 보이면서 **반복하여 설명**하여야 한다.
⑤ 운전조작의 가장 중요한 **핵심과 요점**을 반드시 설명하고 「이것만은 꼭 알아 두어야 한다」라고 그 중요성을 강조하여야 한다.
⑥ 설명은 간결하게 하고, 한 번에 모든 것을 설명할 것이 아니라, 적절히 구분하여 이해시키고 생각하게 하면서 실제조작을 머릿속에 연상하도록 하여야 한다.

3 제3단계 : 실제 지도단계
이 단계는 제2단계에서 설명한 교육내용을 실제로 현장에서 지도하는 단계이며 기능교육의 핵심단계이다. 이 단계에서는 실제 운전조작의 반복교육을 통하여 잘못된 조작이나 방법 등을 교정하여 나아가야 한다. 교육실시에 유의사항은 다음과 같다.
① 정확한 순서에 따라 조작의 요점을 강조하면서 교육하여야 한다.
② 처음부터 능숙하게 할 수 없기 때문에 실수나 잘못 등은 질책할 것이 아니라, 그때그때 **따뜻한 태도와 배려있는 말**로 교정해 나가야 한다.
③ 반복연습은 단순한 조작의 되풀이로 끝나게 하지 말고 조작의 **기본에서 응용**하는 쪽으로 점차 수준을 높여 나가야 한다.
④ 잘된 점은 칭찬하여 다음 단계의 연습의욕을 높이도록 하고 잘못된 점은 격려와 부드러운 조언으로 연습의욕이 저하되지 않도록 배려하여야 한다.

4 제4단계 : 효과의 확인 및 보충 지도단계
이 단계는 기능교육의 마무리단계로서 **교육효과를 측정하고 확인**한다. 만약 교육목표에 도달하지 못했거나 미흡한 점이나 결함의 교정이 충분하지 않은 경우에는 추가로 보충교육을 하여야 한다. 이 단계에서는 특히 다음 사항에 유의하여야 한다.
① 교육생의 기능도달정도를 본인에게 알려주고 연속하여 2~3회의 운전조작 실기를 관찰하여 객관적으로 판정한 후 **잘된 점과 잘못된 점**은 무엇이며 고쳐야할 점은 무엇인지를 사실대로 지적하여 **교육생이 스스로 느끼고 고쳐갈** 수 있도록 하여야 한다.
② 추가 보충지도는 초기단계에서는 **많은 시간을 할애**하고 점차적으로 줄여나간다.
③ 추가 보충지도에서도 완전히 고칠 수 없는 점은 별도로 기록을 남기고 **계속하여 보완**할 수 있도록 하여야 한다.
④ **마지막 종료단계**에서는 비록 실수나 잘못한 점이 많다하더라도 잘된 점은 칭찬하고 격려하여 본인 스스로 보충연습과 다음 단계의 새로운 기능교육에서 연습의욕을 갖도록 하고 웃는 얼굴로 교육을 마무리하여야 한다.
⑤ 교육생의 기능교육 결과가 좋지 않을 때에는 기능강사 자신의 교육방법이나 내용 또는 개인차에 따른 적용이 잘못되거나 부족한 점이 없었는지 겸허하게 반성하여 다음 교육에 반영될 수 있도록 **연구 노력**하여야 한다.

제2절 교육계획의 운용

기능교육에서 가장 중요한 것은 개개인의 기능강사가 학습의 기본 이념을 기초로 교육계획을 어떻게 활용하면서 교육할 것인가 하는 것을 연구·검토하여야 한다.

기능강사는 계획적이고 단계적인 기능교육을 위해서는 교육반별 교육시간과 교육과목 및 교육내용에 따라 적정한 교육이 이루어지도록 교육계획을 작성하여야 한다.

1 기능교육의 통일된 지도

누가 언제 어떠한 기능교육 항목을 담당하더라도 교육생의 진도와 이후의 교육방향을 항상 파악하고 순조로운 진행이 되어야 한다는 점이다. 따라서 기능강사의 교육계획은 통일되어야 하고 이를 위해서는 다음과 같은 사항이 고려되어야 한다.

① 교육계획은 내용과 진행방법 등의 통일을 기하기 위하여 전문 학원 내에서 기능강사들 간의 교양훈련, 토론, 회의 등 정기적인 모임을 갖도록 하여야 한다.

② 교육계획은 교과서를 중심으로 하여 구체적으로 명시하고 학과 교육과 계획과의 균형 및 일체화를 배려한 것이어야 하며, 모든 강사가 그 내용을 정확히 알고 이해하여야 한다.

③ 기능강사의 교안은 교육생의 개인차와 진도 등에 맞추어 적정하게 작성되어야 한다.

2 교육진도 및 성숙도의 확인

기능교육은 각 교육항목을 독립적으로 교육하는 것이 아니라, 상호 유기적으로 연결시켜 기능교육 회수의 누적에 따라 필요한 수준에 도달하도록 한 것이기 때문에 단위 시간내의 연습목표를 너무 무리하게 잡지 말고 기능목표를 80% 범위 내에서 정하는 것이 바람직하다.

교육생의 기능성숙도의 판단은 담당 기능강사의 판단이 크게 작용하기 때문에 주관적인 판단에 사로잡히지 말고 객관적인 입장에서 판단하여야 한다. 따라서 평소에 기능강사들 간에도 이러한 판단기준의 범위를 벗어나지 않도록 의견교환 등을 할 필요가 있다. 기능강사가 교육종료 후 수강증의 교육확인란에 날인하는 것은 교육생의 기능교육 성숙도와 교육의 진도상황을 확인하는 의미가 있다할 것이다.

3 기능교육 후의 강평과 기록

기능교육 후 실시하는 강평은 다음 세 가지 목표가 있다.

① 기능교육시간에 실시한 항목, 순서, 연습시간 등을 교육생에게 쉽게 확인시킬 수 있다.

② 교육항목마다 습득한 항목과 불충분한 항목을 확실히 구분하여 확인시킬 수 있고 불충분한 항목은 그 원인을 구체적으로 이해시킬 수 있다.

③ 불충분한 항목의 복습에 대해서는 주의사항을 구체적으로 설명하고 기록하여 다른 기능강사가 담당하더라도 기능의 혼동이나 중복됨이 없이 다음 단계 기능교육이 이루어질 수 있도록 한다.

4 보충교육

① 교육생의 운전능력이 불완전한 경우에는 다음 사항을 충분히 이해시킨 후 보충교육을 실시한다.

㉠ 교육과정에서 정한 교육시간은 기능교육에 필요한 최소한의 시간이며 운전능력이 부족한 경우 당연히 보충교육을 실

시하여 완벽한 기능을 익혀야 한다는 점을 이해시킨다.

㉡ 보충교육은 완전하지 못한 운전기능을 바로 잡는 교육이므로 불필요한 것이 아니라 완전한 운전기능을 익히기 위하여 절대 필요한 교육이라는 점을 이해시킨다.

㉢ 불완전한 과정에서 다음 과정으로 진행하면 제대로 교육이 이루어질 수 없을 뿐 아니라 시간만 낭비하게 된다는 사실을 이해시킨다.

㉣ 보충교육을 하지 않고 다음 과정으로 진행하면 잘못된 운전행태가 습관으로 굳어져 지금보다 더 진도가 늦어진다는 사실을 이해시킨다.

② 교육생의 기능숙달이 완전하지 못한 것은 반드시 어떤 원인이 있으며 이를 모두 교육생에게 돌리거나 무책임하게 방치하는 일이 없도록 하여야 하며 빠른 시간 내에 교정하여 숙달시키는 일이 기능강사로서 해야 할 의무임을 명심하여야 한다.

제3절 대형 및 보통연습면허 지도

기능교육은 처음으로 운전자가 되기 위하여 자동차를 접하게 된다. 따라서 우선 자동차에 대한 두려움을 없애고 올바른 운전자의 마음가짐과 자동차의 구조 및 각종 운전장치의 취급에 관한 기초 이론과 지식을 먼저 설명하고, 그 다음에 그 과제를 수행하는데 필요한 실습요령을 설명하는 순서로 진행하지만 한정된 교육시간 관계로 부족한 부분이 있을 수 있다. 이러한 점을 감안하여 기능교육 교재를 충분히 활용할 수 있도록 하여야 한다.

1 장내기능교육 지도방법

(1) 운전자세와 자동차의 승·하차방법

① 운전자세 : 올바른 운전자세와 운전석 조정법과 후사경 조절방법을 가르친다.

② 승·하차 : 안전하게 자동차에 승차하는 방법과 하차하는 방법을 가르친다.

③ 안전띠 : 안전띠의 중요성을 강조하고 착용방법을 설명한다.

(2) 자동차 운전장치 조작과 출발 및 정지방법

① 운전장치 조작 : 핸들, 각종 페달, 기어변속, 주차 브레이크 등의 사용방법 및 엔진 브레이크의 조작방법 등 각종 장치의 올바른 조작방법을 설명한다.

② 출발·정지 방법 : 출발하는 방법과 정지하는 방법을 연습시킨다.

(3) 속도조절방법

① 속도유지 : 가속하는 방법과 속도를 유지하는 방법을 지도한다.

② 가속·감속방법 : 액셀레이터 페달을 이용한 가속과 감속 방법을 지도한다.

③ 엔진 브레이크 : 엔진 브레이크를 이용한 감속방법을 지도한다.

④ 기어변속 : 기어변속을 통한 가속과 감속방법을 지도한다.

(4) 주행위치와 진로선택방법

① 커브길 : 직선도로와 커브 길에서 주행방법을 지도한다.

② 시야 : 시야와 시점의 분배방법을 지도한다.

③ 진로수정 : 진로를 선택하는 방법과 수정하는 방법을 지도한다.

④ 주행위치 선택 : 자동차의 감각을 익히는 방법과 주행위치를 선택하는 방법을 설명한다.

(5) 경사로의 정지 및 통과 방법

① 경사로 : 경사로에 따른 속도와 기어선택 방법을 설명하고, 경사로에서의 정지와 미끄러지지 않는 출발을 가르친다.

② 기어선택 : 오르막 및 내리막에서의 속도와 기어선택 요령을 설명한다.
(6) 후진과 방향전환방법
① 운전자세 : 후진 시의 안전확인 방법과 운전자세를 설명한다.
② 방향전환 : 방향전환 방법을 지도한다.

2 제1종 대형면허 장내기능코스 통과요령

(1) 승차 및 출발 코스 통과요령
① 지도요점
㉮ 처음 출발할 때에는 직접 눈 또는 후사경(백미러)을 통해 전·후·좌·우 등의 안전을 확인한 후 교육용 자동차가 도로의 우측가장자리에 주차되어 있다가 도로의 중앙으로 진입한다는 의미에서 좌측방향지시등을 작동하면서 출발하여 도로 중앙에 완전히 진입하면 방향지시등을 끄도록 교육한다.
㉯ 기능교육장 내의 교육용 자동차 주행속도는 출발선에서 보이는 최고속도 20km의 안전표지에 따라 기어변속구간을 제외하고는 모두 20km 이내의 속도로 주행하도록 지도한다.
② 시험내용
㉮ 좌석안전띠를 착용한다.
㉯ 출발 지시가 있는 때부터 20초 이내 출발한다.
㉰ 도로 중앙 진입 시 좌측 방향지시등을 켠다.
㉱ 진입 후 좌측 방향지시등을 끈다.
③ 통과요령(출발준비 및 출발요령)
㉮ 시험관이 호명하면 승차하여 문을 닫은 다음 의자를 조절하고 몸에 맞춰 「좌석안전띠」를 확실하게 착용한다.
㉯ 클러치 페달과 브레이크 페달을 동시에 밟고, 핸드 브레이크를 풀고, 기어를 1단에 넣은 다음 「좌측 방향지시등」을 반드시 작동시킨다.
㉰ 출발지시(동시에 실내의 파란색 경광등이 점등)가 떨어지면 가속 페달을 지그시 밟고, 클러치 페달을 서서히 떼면서 출발이 시작된다.
㉱ 출발 시 전·후·좌·우의 교통상황을 확인하고 좌측 방향지시등을 켜고 차로의 중앙으로 진입한다.
㉲ 출발선을 통과하면(스피커에서 "삐-"소리가 나면) 방향지시등을 끈다(횡단보도 예고표시 전에 꺼야 한다).
④ 감점기준
㉮ 좌석안전띠를 착용하지 아니한 때 : 5점 감점
㉯ 좌측 방향지시등을 켜지 아니한 때 : 5점 감점
㉰ 출발지시가 있는 때부터 20초 이내 출발하지 못한 때 : 5점 감점
㉱ 도로 중앙으로 진입 후 방향지시등을 끄지 아니한 때 : 5점 감점
㉲ 출발지시가 있는 때부터 30초를 초과하여 출발하지 못한 때 : 실격

(2) 횡단보도 코스 통과요령(횡단보도 앞 일시 정지)
① 지도요점
횡단보도 일시 정지 통과요령은 자동차의 앞 범퍼가 횡단보도 정지선을 침범하거나, 정지선으로부터 1m 밖에 정지했다가 횡단보도를 통과하면 횡단보도 정지선에서 정지를 하지 않고 통과한 것으로 간주하여 감점대상이 됨을 지도한다.
② 시험내용
㉮ 횡단보도 정지선 직전에서 일시 정지(약 3초 정도) 후 출발해야 한다.
㉯ 정지선을 침범(확인선 접촉)하지 않아야 한다.
③ 통과요령
㉮ 횡단보도 앞 정지선과 차의 앞 범퍼가 1m를 넘지 않는 범위 내에서 일시 정지한다.
㉯ 약 3초 정도 정지했다가 출발한다.
④ 감점기준
㉮ 횡단보도 앞 정지선에서 일시 정지하지 아니한 때 : 5점 감점
㉯ 앞 범퍼가 정지선 전방 1m밖에서 정지한 때 : 5점 감점
㉰ 앞 범퍼가 정지선을 침범하여 정지한 때 : 5점 감점

(3) 경사로 코스 통과요령
① 지도요점
경사로 코스 통과요령 중 「정지구간」 내에서 3초 이상 정도(3초 이내 출발 시는 실격) 정지한 후 30초 이내에 「정지구간」에서 출발 통과하여야 함을 강조한다.
② 시험내용
㉮ 오르막 정지선에 3초 이상 정지한다.
㉯ 출발 시 후방으로 50cm 이상 후진하지(밀리지) 않고 출발해야 한다.
③ 통과요령
㉮ 경사로의 오르막 정지검지구역 내에 앞 범퍼를 기준으로 정지한다.
㉯ 대략 3초 이상 정지 후 다음의 「출발요령」에 따라 출발한다.
④ 감점기준
㉮ 경사로 정지검지구역 내 정지하지 않았을 때 : 10점 감점
㉯ 출발 시 후방으로 50cm 이상 밀린 때 : 10점 감점
㉰ 경사로의 정지구간에서 정지하지 않고 통과한 때 : 실격
㉱ 경사로의 정지구간에서 정지 후 3초 이내 출발하는 경우 : 실격
㉲ 경사로의 정지구간에 정지 후, 30초 이내에 통과하지 못한 때 : 실격
㉳ 경사로에서 일시 정지 후 출발 중 자동차가 뒤로 미끄러져 앞 범퍼가 경사로 사면을 벗어난 때 : 실격

(4) 굴절 코스 통과요령
① 지도요점
㉮ 굴절 코스는 골목길이나 모퉁이 등 굴절도로에서 회전하는 능력을 익히기 위함을 설명한다.
㉯ 굴절 도로에서는 회전하는 반경이 아주 작기 때문에 내륜차와 외륜차의 원리를 이해시켜 안전한 속도로 통과하도록 지도한다.
㉰ 굴절 코스에서는 자동차를 천천히 조작하는 요령과 차체감각을 활용하여 올바른 진로선택능력을 교육시켜야 한다.
㉱ 핸들조작 방향방법 교육은 처음부터 우측 또는 좌측으로 기억시키려고 하기보다는 자신이 가고 싶은 방향을 선택하였으면 그 진행방향으로 조향장치(핸들)를 돌리면 된다는 원칙을 기억시켜 습관이 되게 한다면 운전을 하는데 실수가 없는 교육이 될 것이다.
② 시험내용
㉮ 직진으로 진입하여 검지선 접촉 없이 통과하여야 한다.
㉯ 지정시간 2분 이내 통과하여야 한다.
③ 통과요령
㉮ 검지선과 나란하게 코스에 진입하되 검지선과 1~1.2m의 간격을 두고 진입한다(검지선과 차체와의 간격은 30~40cm 정도가 유지된다).

㉮ 운전석에서 보았을 때 좌측 백미러가 A점선과 일치될 때 왼쪽으로 핸들을 신속히 끝까지 (720°) 돌리며 서행한다.

㉯ 핸들을 오른쪽으로 돌려 풀며 검지선과 30~40cm 정도 간격을 유지하며 진행한다.

㉰ 우측 백미러가 B점선과 일치할 때 오른쪽으로 핸들을 신속하게 끝까지 돌리며 서행한다(이때 검지선과 차체와의 간격은 30~40cm 정도 유지한다).

④ 감점기준

㉮ 검지선 접촉 시마다 : 5점 감점

㉯ 코스통과 시 지정시간(2분) 초과 시 : 5점 감점

(5) 교차로 코스(직진) 통과요령

① 지도요점

㉮ 장내 기능교육장에는 실제 도로에 설치되어 있는 실물과 같은 규격의 4색등의 신호기가 설치되어 있으며 이 과제에서는 신호기의 신호에 따라 교차로의 통과능력을 교육하고 검정한다.

㉯ 교차로 통과능력의 검정방법은 직진 통과 2회, 좌회전 통과 1회, 우회전 통과 1회 등 4회에 통하여 교차로를 통과하는 과정을 교육하고 검정한다.

㉰ 교차로 통과는 교차로 신호에 따라 행동하여야 하며, 정지선을 지날 때까지 신호가 녹색일 때에는 그대로 교차로를 통과한다. 그러나 서행으로 교차로에 도착할 무렵 정지선 2m 밖에서 신호등이 적색 또는 황색신호이거나 적색 또는 황색신호로 바뀔 때는 반드시 정지선 앞 1m이내의 지점에 차의 앞 범퍼가 정지선을 침범하지 않도록 정확하게 정지하여야 한다.

㉱ 신호에 따라 일시 정지하는 경우 정지로 인하여 지체되는 시간은 전체 지정시간 계산에 포함되지 않는다. 그리고 어떠한 경우에도 교차로 안에 정차하여서는 아니 된다.

㉲ 교차로 코스의 검정목적은 안전하게 접근하는 방법, 보행자의 보호, 신호·안전표지 등에 따라 대응하는 방법, 교차로의 교통상황과 대향차의 움직임을 파악, 교차로 내의 주행위치와 속도선택법 등을 지도하는데 있다.

② 시험내용

㉮ 직진(녹색)신호인 때 직진한다.

㉯ 정지(적·황·녹색화살표시)신호인 때 정지선 직전에서 정지하여야 한다.

③ 통과요령

㉮ 교차로에서 녹색신호인 때에는 그대로 통과한다.

㉯ 녹색신호 이외의 신호인 때(적·황·녹색화살표시)에는 정지선 직전에서 정지하여 신호 대기한다.

㉰ 정지 시는 앞 범퍼가 정지선을 넘지 않도록 한다.

④ 감점기준

㉮ 정지신호 시에 정지 불이행(그대로 교차로 통과) 시 : 5점 감점

㉯ 진행신호 시 정지한 때 : 5점 감점

㉰ 정지신호 시 정지선을 침범한 때 : 5점 감점

㉱ 교차로 내에서 20초 이상 이유 없이 정차한 때 : 5점 감점

㉲ 교차로 내에서 30초 이상 이유 없이 정차한 때 : 실격

(6) 곡선 코스 통과요령

① 지도요점

㉮ 곡선 코스는 구부러진 도로나 커브 길에서 커브의 크기에 맞게 속도를 조절하면서 핸들을 조작하는 능력을 익히기 위한 과제이며 곡선도로에서 일어나는 원심력의 원리를 이해시켜 안전하게 운전하는 방법을 지도한다.

㉯ 곡선코스 통과능력 검정은 곡선 코스에 진입 후 차로 가장자리 황색선 외측에 설치된 탈선검지선에 바퀴가 접촉되지 않도록 지도한다.

② 시험내용

㉮ 전진으로 진입하여 검지선에 접촉 없이 통과한다.

㉯ 지정시간 2분 이내에 통과한다.

③ 통과요령

㉮ 검지선과의 1~1.2m 간격을 두고 코스에 진입한다(검지선과 앞바퀴와의 간격은 30~40cm 정도 유지한다).

㉯ 핸들을 왼쪽으로 돌리며 검지선과 30~40cm 간격을 유지한다.

㉰ 차가 3의 위치에서 검지선과 30~40cm 정도 간격을 유지하며 핸들을 오른쪽으로 돌리며 서행한다.

㉱ 커브에 따라 핸들을 조종하며 전진한다(검지 선과의 간격을 30cm 정도 유지).

④ 감점기준

㉮ 바퀴가 검지선 접촉 시마다 : 5점 감점

㉯ 코스통과 지정시간(2분)초과 시 : 5점 감점

㉰ 곡선 코스 과제 불이행 시 : 실격

㉱ 안전사고 발생 및 1회라도 차로이탈 시 : 실격

(7) 교차로 코스(직진) 통과요령

(5)의 교차로(직진) 통과요령과 동일하게 진행한다.

(8) 방향전환 코스(T 코스) 통과요령

① 지도요점

㉮ 처음으로 후진을 이용하여 방향을 전환하거나 차고에 주차하는 능력을 익히기 위한 코스로 특히 후진할 때에는 안전확인에 주의해야 함을 강조하고 외륜차의 원리를 이해시켜 안전하게 운전하는 방법을 지도한다.

㉯ 방향전환(T 코스) 코스는 다른 코스(예 : 굴절이나 곡선 코스)에 비하여 시간의 소요가 많으므로 교육지체 방지상 코스가 여러 개(대개는 2개 내지 4개) 설치되어 있으므로 교육생이 임의로 그 중 한 개를 선택하여 통과하도록 한다.

㉰ 전진으로 진입하여 후진으로 T코스에 진입한 후 전진으로 되돌아 나오는 것인데 이때 차로 가장자리의 황색선 좌측에 설치된 탈선 검지선에 바퀴가 접촉되지 않도록 한다.

㉱ 이때 계속하여 차고지(T 코스) 후면까지 진입여부를 확인하기 위하여 설치된 확인선까지 후진하여 확인선을 접촉한 후 지정시간(2분 이내)내에 되돌아 나오게 한다.

② 시험내용

㉮ 전진으로 진입하여 후진으로 차고에 진입, 확인선을 뒷바퀴가 접촉하게 한다.

㉯ 전진으로 나올 때까지 검지선 접촉 없이 통과하여야 한다.

③ 통과요령

㉮ 코스의 검지선과 나란히 30~40cm 정도의 간격을 두고 진입한다.

㉯ 운전자의 어깨가 A점선과 일치될 때 핸들을 오른쪽으로 4분의 3바퀴(12시 방향에서 9시 방향까지) 돌린 후 서행 정지한다.

㉰ 좌측 앞바퀴와 검지선과의 간격이 30cm 정도 간격을 유지하여 정지하고, 핸들을 왼쪽으로 끝까지 돌리고 후진한다.

㉱ 코스의 B지점(모서리지점)과 30~40cm 정도 간격을 유지

하며 검지선과 차체가 나란히 되면 핸들을 오른쪽으로 2바퀴 돌려 차체와 앞바퀴가 일직선이 되게 하고 후진한다.
- ㉮ 차를 후진하여 뒷바퀴가 확인선을 밟아 "삐-"소리가 나면 정지한 다음 핸들을 오른쪽으로 끝까지 돌린 후 전진한다.
- ㉯ 좌측 앞바퀴가 검지선과 40cm 정도 간격을 유지하도록 핸들을 좌측으로 풀어 주며 서행으로 코스를 통과 완료한다.

④ 감점기준
- ㉮ 바퀴가 검지선 접촉 시마다 : 5점 감점
- ㉯ 차고의 확인선 미 접촉 시 : 5점 감점
- ㉰ 코스통과 지정시간(2분) 초과 시 : 5점 감점
- ㉱ 방향전환코스 과제 불이행 시 : 실격

(9) 교차로 코스(좌·우회전) 통과요령

① 지도요점
- ㉮ 위 (5)의 교차로 통과요령과 같이 통과하되, 좌측 또는 우측 방향지시등을 작동하며 정지신호에 대기하다가 신호기의 좌 또는 우측 신호에 따라 좌 또는 우회전하도록 한다. 이 때 핸들의 복원력으로 인해 자연히 방향지시등이 꺼지더라도 감점되지 않음을 알린다.
- ㉯ 교차로 황색신호(적색신호의 예비신호)의 통행에 따른 방법에 따라 반드시 정지선에 정지하도록 하는 것이 원칙임을 지도한다.

② 시험내용
- ㉮ 좌회전은 좌회전(녹색 화살표시)신호인 때 좌회전 방향지시등을 작동하고 좌회전한다.
- ㉯ 정지(적·황·녹)신호인 때 정지선 직전에서 정지한다.
- ㉰ 우회전은 우회전 신호(모든 신호에 우회전이 가능함)인 때 우회전 방향지시등을 작동하며 우회전한다.

③ 통과요령
- ㉮ 횡단보도 예고표시 지점(교차로 정지선 5m 이내)에서 좌회전 방향지시등을 켜고, 좌회전 녹색 화살표시 신호가 켜지면 신호에 따라 통과한다.
- ㉯ 녹색 화살표시 이외에는 정지선 직전에서 정확히 정지한다.
- ㉰ 좌회전이 완료되면 방향지시등을 끈다(자동으로 꺼지는 경우에는 예외).
- ㉱ 우회전 시는 모든 신호에 우회전이 가능하나 다른 차에 방해가 되지 않도록 주의하며 서행으로 통과하여야 한다.

④ 감점기준
- ㉮ 좌·우회전 시 방향지시등을 켜지 아니한 때 : 5점 감점
- ㉯ 좌회전 시 정지신호에 정지하지 아니하고 그대로 통과한 때 : 5점 감점
- ㉰ 좌회전 시 정지신호에 검지선을 넘어 정지한 때 : 5점 감점
- ㉱ 교차로 내에서 20초 이상 이유 없이 정차할 때 : 5점 감점
- ㉲ 신호 위반 시마다 : 5점 감점
- ㉳ 특별한 사유 없이 교차로 내에서 30초 이상 정차 시 : 실격

(10) 철길건널목 코스 통과요령(일시 정지)

① 지도요점
- ㉮ 철길건널목 교통사고는 열차의 전복 등 대형사고로 이어질 수 있고, 중대한 사고 특히 인명피해 사고로 연결될 수 있으므로 건널목에서는 특별히 주의하도록 강조하고 건널목 앞에서는 반드시 일시 정지하여 안전을 확인하고 안전하다고 판단될 때에 건널목을 통과하도록 지도한다.
- ㉯ 철길건널목은 약간의 경사각을 이루고 있으므로 통과 시 주의하여야 하며 철길건널목을 통과할 때는 기어변속을 하지 말고 자동차 우측바퀴가 철길로 빠지지 않도록 노면의 중앙 쪽으로 신속하게 통과하는 요령을 지도한다.

② 시험내용
- ㉮ 철길건널목 정지선 직전에서 일시 정지한다.
- ㉯ 좌우를 확인(3초 이상 정지)한 후 통과한다.

③ 통과요령
- ㉮ 차의 앞 범퍼가 건널목의 정지선 앞 1m 범위 이내 지점에서 정지한다.
- ㉯ 좌·우의 안전을 확인(「본다. 듣는다」 3초 이상)하고 서행으로 통과한다.

④ 감점기준
- ㉮ 일시 정지 불이행 시 : 5점 감점
- ㉯ 정지선을 침범하거나 정지선 1m 밖에 정지한 때 : 5점 감점

(11) 기어변속 코스 통과요령

① 지도요점
- ㉮ 기어변속 구간 내에서는 변속기어의 선택을 통한 속도의 가감과 유지능력을 익히기 위한 과제임을 설명한다.
- ㉯ 주행 중의 기어변속 요령은 초보자가 습득하기 어려운 기능이므로 순차적으로 쌓아가도록 지도한다.
- ㉰ 기어변속 구간은 70m 이상의 직선구간(곡선반경 150R)으로 되어 있고 40m 길이의 「기어변속 코스」를 지정하고 있다. 그리고 이 지정구간 시작지점 전 10m 우측에 최저속도를 20km로 제한한다는 속도제한 표지가 설치되어 있고, 이 지정구간의 종료지점으로부터 10m 전 우측도로에 최고속도를 20km로 제한한다는 속도제한표지가 설치되어 있음을 이해시킨다.
- ㉱ 이 구간에서 1종 대형의 경우 기어변속 시작지점에서는 2단에서 3단으로 종료지점에서는 반대로 3단에서 2단으로 변속하여 지정속도를 유지하도록 지도한다.
- ㉲ 참고로 보통면허의 경우는 시작지점에서는 1단에서 2단으로 기어변속하고, 종료지점에서는 2단에서 1단으로 기어 변속하여 속도를 유지하도록 한다.
- ㉳ 이 구간의 최저속도 20km 속도제한 표지의 약 10m 전방에서부터 가속과 동시에 시속 20km 이상으로 약 1초 이상 속도를 유지하다가 속도를 줄이면서 기어를 변속하고 최고속도 20km 속도제한 표지 지점을 통과할 때는 20km 이하의 속도를 유지하며 통과하도록 지도한다.
- ㉴ 자동변속기는 선택레버를 "D"에 두고 진입하여 액셀레이터 페달을 이용 20km 이상을 1초 이상 유지 후 다시 감속하여 최고속도 20km 안전표지로부터 20km 이내로 통과하도록 한다.

② 시험내용
- ㉮ 시작지점 최저속도 20km/h에서는 기어변속 하여 20km/h 이상의 속도를 유지하고 진행한다.
- ㉯ 종료지점에서는 3단에서 2단으로 기어를 변속한 후 통과한다.

③ 통과요령
- ㉮ 진입 시 최저속도 제한표지판 약 5m 지점의 앞에서부터 약간 속도를 올려 18km/h 정도로 진행하다가 표지판을 10m를 지난 후 2단에서 3단으로 변속 20km/h 이상의 속도(30km/h를 넘지 말 것)로 진행한다.
- ㉯ 코스 종료지점의 최고속도 제한표지판을 통과하여 최저속도 제한표지판으로부터 10m 이전에서 3단에서 2단으로 변속한 후 천천히 20km/h 이하로 진행한다.

④ 감점기준
　㉮ 기어변속 코스 진입 시 변속을 하지 아니하고 통과한 때 : 10점 감점
　㉯ 속도를 20km/h 미만으로 진행한 때 : 10점 감점
　㉰ 코스 종료지점에서 기어변속을 하지 아니하고 통과한 때 : 10점 감점
　㉱ 코스 종료지점에서 정지하고 기어변속한 때 : 10점 감점

(12) 평행주차 코스 통과요령
① 지도요점
　㉮ 주차와 정차가 금지된 장소인지 여부를 확인하는 방법을 가르친다.
　㉯ 주차공간을 활용하여 안전하게 주차하는 방법을 지도하고 안전하게 출발하는 방법을 가르친다.
　㉰ 평행주차 코스는 정체가 심하기 때문에 면허시험장이나 전문학원 장내 기능교육장은 대개 4개 정도 설치되어 있음을 알린다.
　㉱ 평행주차 코스 진입방법은 주차공간이 좁은 경우를 실례로 삼아 후진으로 진입하는 것이 효과적이기 때문에 이러한 원리를 이용하여 교육하고 있음을 알린다.
　㉲ 각 평행주차 코스 입구에는 자동차의 진입여부를 확인하는 확인선이 설치되어 있고, 자동차가 평행주차장 내에 들어간 때에는 정확하게 평행주차가 되었는지를 확인하는 확인선이 설치되어 있어, 평행주차장에 바르게 들어가 주차를 하면 자동적으로 채점이 되도록 작동하고 있음을 이해시킨다.
② 시험내용
　㉮ 차를 후진으로 진입하여 전·후진으로 「확인선」을 앞·뒤 바퀴로 동시에 접촉, 안쪽 연석선과 나란히 주차한다.
　㉯ 평행주차 3초 후 확인음이 나면 전진으로 탈선검지선 접촉 없이 출발한다.
　㉰ 지정시간 2분 이내 통과한다.
③ 통과요령
　㉮ 직접 눈으로 주차하고자 하는 장소를 확인한다.
　㉯ 좌측 중앙선과 1m 간격을 유지하며, 진입한 후 뒷바퀴가 A점선과 일치하면, 핸들을 오른쪽으로 끝까지 돌린 다음 후진한다.
　㉰ 좌측 뒷바퀴가 B점선에 닿기 전(20cm 못 미친 지점)에 정지(왼쪽 차체가 C점 일치)한 후 핸들을 왼쪽으로 끝까지 돌려 후진한다.
　㉱ 「확인선」에 우측 앞바퀴와 뒷바퀴가 동시에 접촉 후 확인음이 나면 핸들을 왼쪽으로 돌리며 나온다.
④ 감점기준
　㉮ 검지선 접촉 시마다 : 5점 감점
　㉯ 앞·뒤바퀴가 확인선 미접촉 또는 전진 진입한 때 : 10점 감점
　㉰ 지정시간(2분) 초과한 때 : 5점 감점
　㉱ 평행주차 코스 과제 불이행 시 : 실격

(13) 교차로 통과(우회전)요령
위 (9)의 교차로 통과(좌·우회전)요령 참조

(14) 돌발 상황 대응요령(급정지 및 출발)
① 지도요점
　㉮ 돌발 상황은 전체과정을 수행하는 동안에 한 번만 발생하게 되며, 이는 운전면허 기능시험 전자채점기에서 미리 예측

할 수 없도록 하여 발생하는 구조장치로 되어 있다.
　㉯ 돌발 상황 교육과제는 어느 한 교육과제를 수행하는 중에는 발생하지 않도록 구조장치가 되어 있고 한 과제를 마치고 다른 과제로 이동하는 구간에서 발생하게 되어 있으므로 시험 또는 교육도중 항상 주의해야 함을 강조한다.
　㉰ 기능교육 중에 「돌발 상황」이 발생하면 2초 이내에 정지한 후 3초 이내 비상점멸등 스위치를 작동시키고 있다가 「돌발 상황」이 끝나면(음향 및 음성신호와 적색경광등이 꺼짐) 비상점멸등의 스위치를 끄고 출발하도록 지도한다.
② 통과요령
　㉮ 전 구간을 운행 중 예고 없이 「돌발등」이 들어오면서 「삐―」하는 경보음이 울리면 2초 이내 급정지한다.
　㉯ 3초 이내 「비상점멸등」을 켜고 대기한다.
　㉰ 돌발등 또는 경보음이 멈추면 차의 비상점멸등을 끄고 출발한다.
③ 감점기준
　㉮ 돌발등이 켜짐과 동시 2초 이내 정지하지 못한 때 : 10점 감점
　㉯ 정지 후 3초 이내 비상점멸등을 작동하지 아니한 때 : 10점 감점
　㉰ 출발 시 비상점멸등을 끄지 아니한 때 : 10점 감점

(15) 그 밖의 엔진시동 및 전체 지정시간 초과 등
기능교육장에서는 기능검정규정에 따라 엔진 시동상태 유지능력, 엔진회전수 유지상태(RPM), 좌석안전띠 착용상태 등을 기능교육 출발과제부터 종료과제까지 전 과정을 통하여 그 발생 횟수에 따라 감점 처리하고 또한 전체 지정시간 초과 및 지정속도 초과 시에 감점처리하고 있다.
① 엔진 시동상태 유지능력
출발 시부터 종료 시까지 각 과정을 수행 중 엔진 시동을 꺼뜨릴 때마다(엔진시동이 걸렸는데 계속 시동 키를 돌리는 경우 포함) : 5점씩 감점
② 엔진회전수 유지상태
출발 시부터 종료 시까지 각 과정을 수행 중 엔진회전수가 4,000RPM/분 이상 시마다 : 5점씩 감점
③ 좌석안전띠 착용상태 유지(평행주차 코스, 방향전환 코스의 후진도 포함)
출발 시부터 종료 시까지 좌석안전띠를 착용하지 아니한 때 : 1회에 한하여 5점 감점
④ 전체 지정시간 초과
출발에서 종료 시까지 필요한 지정시간을 초과한 때 : 매 5초 마다 1점씩 감점
⑤ 지정속도 초과
지정속도 매시 20km 초과한 때(기어변속 코스 제외) : 5초마다 1점씩 감점

(16) 종료 코스 통과요령
① 지도요점
　㉮ 기능교육장의 평행주차 코스를 마치거나 지나친 후 교차로에서 우회전하면 차로 전방 중앙에 「종료」라는 노면표시와 함께 종료선(백색실선)을 설치해 놓고 있는데 이 종료선을 자동차의 후미부분이 완전히 통과하게 되면 기능교육의 모든 과제가 완전히 종료된다.
　㉯ 「종료 노면표시」를 통과할 때에는 교육생에게 도로우측가장자리에 정차시키겠다는 마음으로 우측 방향지시등을 켜고 마지막 종료선을 지나서 우측 가장자리에 정차하도록 교

육 지도한다.
② 시험내용
　㉮ 우측 방향지시등을 작동한다.
　㉯ 차를 도로의 우측 가장자리로 붙인다.
③ 통과요령
　㉮ 전후좌우의 교통상황을 확인한다.
　㉯ 「종료선」 가까이에 오면 우측 방향지시등을 작동하고 차를 도로의 우측으로 붙인다.
　㉰ 뒷바퀴가 「종료선」을 완전 통과하면 방향지시등을 끈다. 이때 「경광등」에 신호가 들어오고 「합격」했음을 알린다.
　㉱ 차를 정지시키고 핸드 브레이크를 당긴 다음 기어를 중립에 넣고 좌석안전띠를 풀고 내린다.
④ 감점기준
　㉮ 우측 방향지시등을 켜지 아니한 때 : 5점 감점

(17) 합격 및 실격기준
① 합격기준
각 시험 항목별 감점기준에 따라 감점한 결과 100점 만점에서 80점 이상 얻은 때 합격으로 한다.
② 실격기준
　㉮ 특별한 사유 없이 출발선에서 30초 이내 출발하지 못한 때
　㉯ 경사로 코스·굴절 코스·곡선 코스·방향전환 코스·기어변속 코스(자동변속차 제외) 및 평행주차 코스를 어느 하나라도 이행하지 아니한 때
　㉰ 특별한 사유 없이 교차로 내에서 30초 이상 정차한 때
　㉱ 시험 중 안전사고를 일으키거나 단 1회라도 차로를 벗어난 때
　㉲ 경사로 정지구간 이행 후 30초를 경과하여 통과하지 못한 때 또는 경사로 정지구간에서 후진하여 앞 범퍼가 경사로 사면을 벗어난 때(경사로 구간을 정지하지 않고 통과한 때 또는 앞 범퍼가 정지선에 닿거나 침범한 때)

3 제1종 보통 및 제2종 보통연습면허 장내기능코스 통과요령

(1) 기능시험코스의 형상 및 구조
① 연장거리 300미터 이상의 콘크리트 등으로 포장된 도로에서 출발 코스를 시작으로 경사로 코스, 가속 코스, 직각주차 코스, 신호교차로 코스, 종료 코스를 끝으로 대형코스 기준에 준한 시설을 설치한다.
② 출발지점과 종료지점의 표시는 대형코스 구조를 준용한다.
③ 대형코스 기준에 따른 가드레일 또는 철근콘크리트 방호울타리를 설치하여야 한다.

(2) 기능시험의 종류 및 시험 방법
① 출발코스
　㉮ 출발시 전·후·좌·우의 교통상황을 확인하고, 좌측방향지시등을 작동하면서 출발하여 차로 중앙으로 진입하는지 여부
　㉯ 진입 후 방향지시등을 소등하는지 여부
② 경사로코스
　㉮ 오르막 정지구간에서 3초 이상 정지하였다가 50센티미터 이상 후진하지 아니하고 출발하는지 여부
　㉯ 이 경우 정지 구간은 오르막 시작점 1미터 지점부터 상부 곡선부 시작점 1미터 못 미친 지점의 30센티미터 폭까지로 하고, 해당 정지 구간 이탈 범위는 자동차의 앞범퍼를 기준으로 판단

③ 가속코스
　㉮ 가속코스 시작 지점통과 후 시속 20킬로미터 이상의 속도를 유지하고 2단 또는 3단으로 기어변속을 하는지 여부
　㉯ 가속코스 종료 지점 통과 전 시속 20킬로미터 미만의 속도로 유지하고 2단 또는 3단에서 1단 또는 2단으로 기어변속을 하고 주행하는지 여부
　㉰ ㉮에도 불구하고 자동변속기 자동차의 경우에는 시작지점부터 종료지점까지 시속 20킬로미터 이상의 속도를 유지하는지 여부
④ 직각주차코스
　㉮ 120초 이내에 ㉯를 이행하는지 여부
　㉯ 전진으로 진입하여 후진으로 차고의 확인선을 뒷바퀴가 접촉하고 나서 주차브레이크를 작동하고 다시 해제한 후 전진으로 되돌아 나오되, 직각주차코스를 벗어나기 전까지 검지선을 접촉하거나 차체가 주차구획선을 벗어나지 않고 통과
⑤ 신호교차로코스
　㉮ 신호기의 신호에 따라 운전하는지 여부
　㉯ 구체적으로 직진신호 시 직진하고, 우회전할 때에는 우회전방향지시등을 작동하고 우회전을 하며, 정지신호인 때에는 정지하고, 좌회전신호인 때 좌회전 방향지시등을 작동하여 좌회전하는지 등을 확인
　㉰ 좌회전을 포함하여 1회 이상 신호교차로 통과
⑥ 종료코스
　㉮ 종료시 전·후·좌·우의 교통상황을 확인하고, 우측방향지시등을 작동하면서 차를 도로 우측에 붙여 정지

(3) 감점기준(규칙 제66조)
1) 기본조작(규칙 별표24제2호가목)

시험 항목	감점기준	감점 방법
가) 기어변속	5	• 시험관이 주차 브레이크를 완전히 정지 상태로 조작하고, 응시생에게 시동을 켜도록 지시하였을 때, 응시생이 정지 상태에서 시험관의 지시를 받고 기어변속(클러치 페달조작을 포함한다)을 하지 못한 경우
나) 전조등 조작	5	• 정지 상태에서 시험관의 지시를 받고 전조등을 조작하지 못한 경우(하향, 상향 각 1회씩 전조등 조작시험을 실시한다)
다) 방향지시등 조작	5	• 정지 상태에서 시험관의 지시를 받고 방향지시등을 조작하지 못한 경우
라) 앞유리창닦이기 (와이퍼) 조작	5	• 정지 상태에서 시험관의 지시를 받고 앞유리창닦이기(와이퍼)를 조작하지 못한 경우

※ 비고 : 기본조작 시험항목은 가)~라) 중 일부만을 무작위로 실시한다.

2) 기본주행 등

시험 항목	감점기준	감점 방법
가) 차로 준수	15	• 나) ~ 차)까지 과제수행 중 차의 바퀴 중 어느 하나라도 중앙선, 차선 또는 길가장자리구역선을 접촉하거나 벗어난 경우
나) 돌발상황에서 급정지	10	• 돌발등이 켜짐과 동시에 2초 이내에 정지하지 못한 경우 • 정지 후 3초 이내에 비상점멸등을 작동하지 않은 경우 • 출발 시 비상점멸등을 끄지 않은 경우
다) 경사로에서의 정지 및 출발	10	• 경사로 정지검지구간 내에 정지한 후 출발할 때 후방으로 50센티미터 이상 밀린 경우

시 험 항 목	감점기준	감 점 방 법
라) 좌회전 또는 우회전	5	• 진로변경 때 방향지시등을 켜지 않은 경우
마) 가속코스	10	• 가속구간에서 시속 20킬로미터를 넘지 못한 경우
바) 신호교차로	5	• 교차로에서 20초 이상 이유 없이 정차한 경우
사) 직각주차	10	• 차의 바퀴가 검지선을 접촉한 경우 • 주차브레이크를 작동하지 않을 경우 • 지정시간(120초) 초과 시(이후 120초 초과 시마다 10점 추가 감점)
아) 방향지시등 작동	5	• 출발시 방향지시등을 켜지 않은 경우 • 종료시 방향지시등을 켜지 않은 경우
자) 시동상태 유지	5	• 가)부터 아)까지 및 차)의 시험항목 수행 중 엔진시동 상태를 유지하지 못하거나 엔진이 4천RPM이상으로 회전할 때마다
차) 전체 지정시간(지정속도 유지) 준수	3	• 가)부터 자)까지의 시험항목 수행 중 별표 23 제1호의2 비고 제6호다목1)에 따라 산정한 지정시간을 초과하는 경우 5초마다 • 가속구간을 제외한 전 구간에서 시속 20킬로미터를 초과할 때마다

3) 합격기준

① 각 시험항목별 감점기준에 따라 감점한 결과 100점 만점에 80점 이상을 얻은 경우 합격으로 한다.

② ①에도 불구하고 다음의 어느 하나에 해당하는 경우에는 실격으로 한다.

㉮ 점검이 시작될 때부터 종료될 때까지 좌석안전띠를 착용하지 않은 경우

㉯ 시험 중 안전사고를 일으키거나 차의 바퀴가 하나라도 연석에 접촉한 경우

㉰ 시험관의 지시나 통제를 따르지 않거나 음주, 과로 또는 마약·대마 등 약물 등의 영향으로 정상적인 시험 진행이 어려운 경우

㉱ 특별한 사유 없이 출발지시 후 출발선에서 30초 이내 출발하지 못한 경우

㉲ 경사로에서 정지하지 않고 통과하거나, 직각주차에서 차고에 진입해서 확인선을 접촉하지 않거나, 가속코스에서 기어변속을 하지 않는 등 각 시험코스를 어느 하나라도 시도하지 않거나 제대로 이행하지 않은 경우

㉳ 경사로 정지구간 이행 후 30초를 초과하여 통과하지 못한 경우 또는 경사로 정지구간에서 후방으로 1미터 이상 밀린 경우

㉴ 신호 교차로에서 신호 위반을 하거나 앞 범퍼가 정지선을 넘어간 경우

4 도로주행 기능코스 통과요령

전문학원의 도로주행 강사는 장내 기능시험에 합격하고 연습운전면허를 취득한 교육생에 대하여 실제 도로의 일반적인 교통흐름 속에서 6시간의 도로주행연습을 지도하게 된다.

지금까지 장내 교육장에서 지도한 운전장치의 조작방법과 기초적인 기본주행 등을 바탕으로 신속하게 주변도로 상황에 적응하면서 위험을 예측한 운전이 가능하도록 하는 한편 교육생의 운전동작에 세심한 주의를 기울여 교통사고를 일으키거나 당하지 않도록 지도하여야 한다.

특히, 전문학원 교육의 마지막 단계인 도로주행교육은 교육생 평

생의 운전행태를 좌우할 가장 중요한 기회임을 인식하고, 정확하고 엄격한 자세로 계획적이고 개인차를 고려한 반복교육을 실시하여 교육생의 의식적인 운전동작이 무의식적인 운전동작으로 전환되도록 함은 물론 준법의식과 교통예절이 몸에 밴 안전운전자가 되도록 정성을 다하여 지도하여야 한다.

(1) 도로주행 기능교육의 지도과제 및 항목과 감점

① 도로주행시험의 운전면허 종류별, 시험항목 및 합격기준 등은 다음과 같다.

② 도로주행시험의 채점은 도로주행시험용 자동차에 동승한 운전면허시험관이 전자(태블릿 PC)채점기에 직접 입력하거나 전자(태블릿 PC)채점기로 자동채점하는 방식으로 한다.

③ 전자(태블릿 PC)채점기의 고장 등으로 전자(태블릿 PC)채점이 곤란한 경우에는 도로주행시험채점표에 운전면허시험관이 직접 기록하는 수기방식으로 채점한다.

[도로주행시험의 시험항목·채점기준](규칙 별표26)

지도과제	지도항목	감점
1. 출발전 준비	차문닫힘 미확인	5
	출발 전 차량점검 및 안전 미확인	7
	주차 브레이크 미해제	10
2. 운전자세	정지 중 기어 미중립	5
3. 출발	20초 내 미출발	10
	10초 내 미시동	7
	주변 교통방해	7
	엔진 정지	7
	급조작·급출발	7
	심한 진동	5
	신호 안함	5
	신호 중지	5
	신호계속	5
	시동장치 조작 미숙	5
4. 가속 및 속도유지	저속	5
	속도 유지 불능	5
	가속 불가	5
5. 제동 및 정지	엔진브레이크 사용 미숙	5
	제동방법 미흡	5
	정지 때 미제동	5
	급브레이크 사용	7
6. 조향	핸들조작 미숙 또는 불량	7
7. 차체 감각	우측 안전 미확인	7
	1미터 간격 미유지	7
8. 통행구분	지정차로 준수 위반	7
	앞지르기 방법 등 위반	7
	끼어들기 금지 위반	7
	차로유지 미숙	5
9. 진로변경	진로변경 시 안전 미확인	10
	진로변경 신호 불이행	7
	진로변경 30 미터 전 미신호	7
	진로변경 신호 미유지	7
	진로변경 신호 미중지	7
	진로변경 과다	7
	진로변경 금지장소에서의 진로변경	7
	진로변경 미숙	7

10. 교차로 통행 등	서행 위반	10
	일시 정지 위반	10
	교차로 진입통행 위반	7
	신호차 방해	7
	꼬리물기	7
	신호 없는 교차로 양보 불이행	7
	횡단보도 직전 일시 정지 위반	10
11. 주행 종료	종료 주차브레이크 미작동	5
	종료 엔진 미정지	5
	종료 주차확인 기어 미작동	5

(2) 합격기준
① 도로주행시험은 100점을 만점으로 하되, 70점 이상을 합격으로 한다.
② 다음의 어느 하나에 해당하는 경우에는 시험을 중단하고 실격으로 한다.
  1. 3회 이상 출발불능, 클러치 조작 불량으로 인한 엔진정지, 급브레이크 사용, 급조작·급출발 또는 그 밖에 운전능력이 현저하게 부족한 것으로 인정할 수 있는 행위를 한 경우
  2. 안전거리 미확보나 경사로에서 뒤로 1미터 이상 밀리는 현상 등 운전능력 부족으로 교통사고를 일으킬 위험이 현저한 경우 또는 교통사고를 야기한 경우
  3. 음주, 과로, 마약·대마 등 약물의 영향이나 휴대전화 사용 등 정상적으로 운전하지 못할 우려가 있거나, 교통안전과 소통을 위한 시험관의 지시 및 통제에 불응한 경우
  4. 신호 또는 지시에 따르지 않은 경우
  5. 보행자 보호의무 등을 소홀히 한 경우
  6. 어린이보호구역, 노인 및 장애인 보호구역에 지정되어 있는 최고 속도를 초과한 경우
  7. 도로의 중앙으로부터 우측 부분을 통행하여야 할 의무를 위반한 경우
  8. 법령 또는 안전표지 등으로 지정되어 있는 최고 속도를 시속 10킬로미터 초과한 경우
  9. 긴급자동차의 우선통행 시 일시 정지하거나 진로를 양보하지 않은 경우
  10. 어린이통학버스의 특별보호의무를 위반한 경우
  11. 시험시간 동안 좌석안전띠를 착용하지 않은 경우

(3) 불합격자에 대한 감점사유 설명요령
시험과정 중 감점사항을 즉시 알리면 응시자에게 불안 심리를 가져올 수 있으므로 감점사유 발생 시에는 「채점표」에 정확히 표시(정정)하였다가 시험 종료 후 불합격한 사람에게는 그가 원하는 경우 채점표 사본을 내주고 감점이유 등을 설명해 주어야 한다.

제4절 소형·원동기장치자전거 및 특수면허의 지도

1 제2종 소형면허 및 원동기장치자전거면허의 기능교육

(1) 제2종 소형면허 등의 기능교육의 진행순서
제2종 소형 및 원동기장치자전거면허의 기능교육 진행순서는 굴절 코스·곡선 코스·좁은 길 코스·연속진로 전환 코스의 순서로 행한다.
① 굴절 코스 통과요령
  ㉮ 안전모를 쓰고 턱 끈을 알맞게 맨 후 승차한다.
  ㉯ 전진으로 진입하여 검지선 접촉이나 발이 땅에 닿지 아니하고 통과한다.
② 곡선 코스(S자형) 통과요령 : 굴절 코스를 통과 후 계속해서 전진으로 진입하여 검지선 접촉이나 발이 땅에 닿지 아니하고 통과한다.
③ 좁은 길 코스 통과요령 : 곡선 코스를 통과한 후 계속해서 전진으로 진입하여 검지선 접촉이나 발이 땅에 닿지 아니하고 통과한다.
④ 연속진로 전환 코스 통과요령 : 좁은 길 코스를 통과한 후 마지막 코스인 연속진로 전환 코스를 화살표 방향으로 진입하여 진로변경(갈지자로 진행)하면서 검지선 접촉이나, 발이 땅에 닿거나, 중간에 일정한 간격으로 세워놓은 라바콘(가칭 장애물)을 접촉하지 아니하고 통과하면 된다.
이상의 4개 코스를 무사히 통과한 후 시험용 차를 원 위치에 주차시키고 하차하면 교육이나 시험이 종료된다.

(2) 제2종소형 및 원동기면허의 채점기준(규칙 별표24제3호가목)

시험항목	감점기준	감점방법
1. 굴절코스 전진	10	검지선을 접촉한 때마다 또는 발이 땅에 닿을 때마다
2. 곡선코스 전진	10	검지선을 접촉한 때마다 또는 발이 땅에 닿을 때마다
3. 좁은길 코스 통과	10	검지선을 접촉한 때마다 또는 발이 땅에 닿을 때마다
4. 연속진로 전환코스 통과	10	검지선을 접촉한 때마다 발이 땅에 닿을 때마다 또는 라바콘을 접촉한 때마다

(3) 합격기준
각 시험항목별 감점기준에 다라 감점한 결과 100점 만점에 90점 이상을 얻은 때 합격으로 한다. 다만, 다음의 경우에는 실격으로 한다.
① 운전미숙으로 20초 이내에 출발하지 못한 때
② 시험과제를 하나라도 이행하지 아니한 때
③ 시험 중 안전사고를 일으키거나 코스를 벗어난 때

2 특수면허(구난차·대형 및 소형견인차)의 기능교육

(1) 구난차면허의 교육 순서
① 굴절 및 곡선 코스 통과요령
  ㉮ 견인차에 피견인차를 연결하고, 분리하는 동작요령을 숙지시킨다.
  ㉯ 견인차에 피견인차를 5분 이내에 연결하고 굴절 및 곡선코스를 검지선 접촉 없이 전진으로 통과한다.
  ㉰ 굴절 및 곡선 코스를 무사히 통과하였으면 정지하여 피견인차를 5분 이내에 분리한다.
② 방향전환 코스 통과요령
  ㉮ 피견인차를 견인차에서 떼어낸 후 견인차에 승차하여 방향전환(차고지 코스)코스에 전진으로 진입한 후 차고지에 후진으로 진입하여 확인선을 접촉한 다음 검지선 접촉 없이 되돌아 나오면 된다.
  ㉯ 각 코스의 시험 지정시간은 3분 이내(굴절·곡선·방향전환 코스는 모두 9분임)에 실시 완료하여야 한다.
  ㉰ 구난차면허의 총 지정시간은 19분 이내이다.

(2) 대형견인차면허의 교육순서
① 시험시간이 시작되면 견인차(트렉터)에 피견인차(트레일러 등)를 5분 이내에 연결한다.
② 연결이 완료되면 견인차(트렉터)에 승차하여 출발점에서 화살표 방향으로 전진하여 A지점의 확인선을 접촉하여야 한다.

③ 그 후 다시 동일지점(A지점)에서 후진으로 B지점(가칭 차고지)의 확인선을 접촉한 후 다시 A지점으로 전진하였다가 확인선을 접촉한 후 후진으로 출발지점에 도착한다.

④ 교육생(응시자)은 견인차(트렉터)에서 하차하여 피견인차(트레일러 등)를 5분 이내에 분리작업을 종료함으로써 교육(시험)이 종료된다.

⑤ 대형견인차면허 시험의 총 지정시간은 15분 이내로 되어 있다.

※ 소형견인차 면허 교육 순서는 "구난차" 참조

(3) 구난차 및 대형 및 소형견인차의 채점기준(규칙 별표24제4호가목)

	시험항목	감점기준	감점방법
구난차	1. 피견인차 연결	10	• 연결방법이 미숙하거나 연결시간 5분 초과 시마다
	2. 굴절코스 견인통과	10	• 지정시간 3분 초과 시마다 또는 검지선 접촉 시마다
	3. 곡선코스 견인통과	10	• 지정시간 3분 초과 시마다 또는 검지선 접촉 시마다
	4. 피견인차 분리	10	• 분리방법이 미숙하거나 분리시간 5분경과 시마다
	5. 방향전환코스 통과	10	• 확인선 미접촉하거나 지정시간 3분 초과 시마다 또는 검지선 접촉 시마다
대형견인차	1. 피견인차 연결	10	• 연결방법이 미숙하거나 연결시간 5분 초과 시마다
	2. 방향전환코스 견인통과	20	• 확인선 미접촉하거나 지정시간 5분 초과 시마다 또는 검지선 접촉 시마다
	3. 피견인차 분리	10	• 분리방법이 미숙하거나 분리시간 5분 초과 시마다
소형견인차	1. 굴절코스 견인통과	10	• 지정시간 3분 초과 시마다 또는 검지선 접촉 시마다
	2. 곡선코스 견인통과	10	• 지정시간 3분 초과 시마다 또는 검지선 접촉 시마다
	3. 방향전환코스 견인통과	10	• 확인선을 미접촉하거나 지정시간 3분 초과 시마다 또는 검지선 접촉 시마다

(4) 합격기준

각 시험항목별 감점기준에 따라 감점한 결과 100점 만점에 90점 이상을 얻은 때 합격으로 한다. 다만, 다음의 경우에는 실격으로 한다.

① 특별한 사유 없이 20초 이내에 출발하지 못한 때
② 시험과제를 어느 하나라도 이행하지 아니한 때
③ 시험 중 안전사고를 일으키거나 코스를 벗어난 때

제4장 자동차운전기법과 안전운전지식

제1절 자동차운전기법

1 자동차운전의 본질과 운전이론

(1) 운전은 「인지·판단·조작」과정을 통해 이루어진다.

① 「인지」는 운전을 위한 정보를 눈으로 보고 입수하는 과정이며 그 정보의 대부분은 시각에 의해 얻어지고 있다.

② 「판단」은 입수한 정보를 이미 기억하고 있는 지식(경험했거나, 배웠거나, 보았거나, 들은 지식)과 연결시켜 다음 행동을 결정하는 중요한 과정이다.

③ 「조작」은 판단(때로는 예측)에 의해 결정된 행동을 실제로 운전장치를 조작하여 자동차를 움직이는 과정이다.

(2) 운전 중의 자동차는 자연의 법칙과 물리적인 힘에 지배를 받는다.

① 이동하고 있는 물체는 원심력, 관성 등 기타 물리적 힘의 영향을 받게 된다. 운전자는 자동차의 구조와 성능은 물론 이러한 자연의 법칙을 잘 이해하고 있어야 그 법칙에 맞추어 안전운전을 할 수 있다.

② 운전이론이란 운전에 필요한 사항에 대한 이론적인 근거를 말하지만 여기에서는 자동차의 기본적인 움직임인 「자동차를 달리게 하는 것」「자동차의 방향을 바꾸는 것」「자동차를 멈추게 하는 것」에 대하여 강사로서 반드시 알고 있어야 하는 필요한 지식을 설명하고자 한다.

2 자동차운전에 필요한 기초지식

(1) 자동차와 운전의 법칙

① 정지하고 있는 자동차는 그대로 정지상태를 계속 유지하려하고, 주행하고 있는 자동차는 그대로 속도를 유지하려고 하는 성질을 갖고 있다. 이 성질을 관성력이라고 하며 자동차의 가속 또는 제동 시에 「저항」으로 작용한다.

② 주행 중의 자동차는 그 중량에 비례하고 속도의 제곱에 비례하는 운동에너지를 갖고 있고, 이 에너지가 자동차를 멈추기 어렵게 하거나, 커브에서 원심력으로 작용하거나 충돌 시에 파괴력이 되어 나타나기도 한다.

③ 주행 중 차에 걸리는 힘은 이론적으로 차의 중심에 걸린다고 생각할 수 있는데, 그 중심은 정지 시에는 일정한 점으로 설정할 수 있다. 그러나 자동차가 가속 시나 감속 시 또는 회전 시에는 각각 그 중심이 이동하기 때문에 구체적으로 어느 위치라고 특정하기는 곤란하다. 자동차의 중심은 일반적으로 가속 시에는 차체 뒷부분으로, 감속 시에는 차체 앞부분으로, 이동하는 것으로 생각하여도 된다.

④ 자동차 현가장치(Suspension)의 상태에 따라 평탄하지 않은 도로에서는 진동이나 흔들림을 일으켜 핸들조작에 영향을 미친다는 사실을 알아둘 필요가 있다.

(2) 자동차 핸들의 조작

자동차의 핸들은 차의 직진성을 유지하는 동시에 자동차의 방향을 바꾸는 중요한 장치이다. 올바른 방향조종을 위해서는 차바퀴(타이어)를 포함한 조향장치의 기능과 특성을 이해하고 있어야 한다.

① 조향은 앞바퀴가 회전하고 있을 때 유효하게 행하여진다.

자동차의 조향은 앞바퀴의 방향을 바꿈에 따라 행하여지는데 이것은 앞바퀴가 노면과의 사이에서 미끄러지지 않게 하고 구르게 됨에 따라 유효하게 되는 것이다. 브레이크 조작 등에 의하여 차륜의 회전이 멈추었을 때에는 마음대로 조향할 수 없다는 사실을 인식시킬 필요가 있다.

② 핸들의 조작각도와 앞바퀴의 조타각도는 상당히 다르다.

㉮ 핸들의 회전은 스티어링(Steering)기어 등의 조향장치에 의해 감속되어 앞바퀴로 전달되면서 그 방향을 바꾼다. 감속의 비율은 차종에 따라 다르다. 일반적으로 중량이 많은 대형차일수록 크게 되어 있다.

㉯ 앞바퀴가 좌·우로 완전히 방향을 바꾸는 각도는 66도이며, 핸들을 5회전시켜야 한다. 굴절 코스의 주행에서는 이 조작만을 짧은 모퉁이에서 해야 하므로 핸들조작은 신속하게 하고 속도는 충분히 줄일 필요가 있다.

③ 자동차 회전 중에는 원심력이 작용한다.

㉮ 회전중인 자동차에는 속도의 제곱에 비례하여 회전반경에 반비례하는 원심력이 작용한다.

㉯ 이것을 각 차륜에서 보면 앞바퀴의 회전방향은 자동차의 진행방향에 대하여 일정한 각도를 갖고 있으므로 타이어는 옆으로 미끄러지는 동시에 이것이 옆 방향의 마찰력(Cornering force)을 발생시켜 원심력에 대항하는 동시에 복원력을 작용시키게 된다.

㉥ 마찰력은 타이어의 구조나 **캠버각**(Camber角) 등에 의하여 다르다. 원심력이 강하고 마찰력이 약하면 차는 옆으로 미끄러지며, 원심력도 강하고 마찰력도 강하면 전복하는 원인이 된다.

④ 고속회전하면 회전중심이나 회전반경이 저속회전 시와 다르다. **저속회전 시**의 각 차륜은 뒤차축의 연장선상의 한 점을 중심으로 동심원을 그리고 돌지만 **고속회전 시**에는 각 차륜이 미끄러져 회전의 중심과 회전반경이 바뀌어진다. 이 움직임은 극히 복잡다양하게 결정된다.

㉮ **오버스티어** : 자동차가 회전 시 옆으로 미끄러짐이 뒷바퀴에 강하게 일어나면 차는 **정상적인 진로보다 회전반경이 작아지는 현상**을 말한다.

㉯ **언더스티어** : 자동차가 옆으로 미끄러지는 것이 앞바퀴에 강하게 일어나면 차는 **정상적인 진로보다 회전반경이 커지게 되는 현상**을 말한다.

※ 이러한 현상은 중심위치, 축거와 윤거와의 관계 등 차량의 기본구조에서 기인하는 것 외에도 타이어의 공기압, 노면 마찰계수 등의 영향을 받는 것이지만 최근의 승용차에서는 회전 시의 조향조작을 고려하여 약간「언더스티어」로 설계된 것이 많다.

3 자동차의 속도제어

(1) 가속과 가속 체인지(Change)

① 최근의 자동차는 가속능력과 최고속도가 극히 높아 성능적으로 충분히 교통현상에 대응할 수 있는 능력을 갖고 있다. 기능교육에 있어서는 도로상에서 다른 교통의 정상적인 흐름을 방해하지 않을 수 있을 만큼의 능력을 익히지 않으면 안 된다.

② **변속 체인지**는 주행 상 필요한 **토크**(Torque : 회전력)를 선택하는 조작으로 본질적으로는 속도조절을 위한 조작은 아니지만 실질적으로 속도제어를 하기 때문에 동시에 생각해 볼 수 있다.

③ 변속 체인지의 시기는 그 목적으로 봐서 가속 시와 감속 시와는 다른 것이며, 또한 **가속 시**에도 엔진의 출력, 노면의 상황, 비탈의 유무 및 가속의 정도에 따라 달라진다. 급속히 가속하려고 할 경우에는 저속 기어로도 충분히 가속할 수 있음을 알 수 있다. 즉 급가속의 경우에는 가속저항이 크기 때문에 엔진의 토크가 최대의 상태에서 행하지 않으면 안 된다.

④ 중형 승용차 엔진의 **최대토크**는 3,500RPM(매분 회전수)정도로 되어 있는데, 실험에 의하면 **최고속도 40km/h**의 평탄한 도로에서는 통상의 가속으로 **1,800RPM** 정도, 최고속도 50km/h 도로에서는 2,000RPM~2,500RPM 정도로 운행하는 사람이 많았다.

⑤ 한편 숙련운전자 사이에서도 상당한 개인차를 볼 수 있다. 따라서 변속기의 교육은 속도 또는 거리에 따라 선택적으로 하는 것보다는 강사의 경험에 의하여 지도하는 편이 효과가 있을 것으로 생각된다. 그렇지만 교육장 내의 코스에서는 지도의 특성 때문에 일반적으로 조기에 가속체인지하도록 지시받고 있는데 이것은 사후 가속의 여유를 잃게 하는 것이 되어 충분한 설명을 필요로 한다.

(2) 감속과 제동

주행 중인 자동차는 속도의 제곱에 비례하는 운동에너지를 갖고 있으며 인간의 판단과 조작과의 관계에서 차를 멈추는 일은 가장 어려운 조작이 된다.

① **차는 급히 멈추지 않는다.**
전방에 장애물을 발견하고 차가 정지하기까지 다음과 같은 과정을 거치게 된다.

공주거리 → 제동거리 → 정지거리

※ 공주거리는 속도에 비례하고, 제동거리는 속도의 제곱에 비례하며 노면과 마찰계수에 반비례한다.

② **강하게 브레이크를 밟아도 짧은 거리에서 멈추지 않는다.**

㉮ 급정지하려고 힘껏 브레이크를 밟고 차바퀴가 잠기게(Lock)하면 가장 단거리에서 정지할 것이라는 생각은 잘못이다. 바퀴가 잠겨서 타이어와 노면 간에 활주(Skid)를 시작하면 마찰력이 급격히 감소(정마찰에서 동마찰로 변화)하지만 **제동거리는 오히려 길어진다.**

㉯ 가장 짧은 거리에 정지시키기 위해서는 브레이크 페달을 밟고 차륜의 회전이 멈추기 직전에 한번 페달을 늦추어 다시 **페달을 밟는 조작을 2~3회 빠르게 하는 방법**이 좋다고 한다. 그러나 이와 같은 제동은 고도의 기능을 필요로 하고 또한 급제동으로 인한 안정을 잃을 우려가 있으므로 미리 도로교통에 대한 상황판단을 정확하게 하여 가능한 한 급제동을 하지 않는 운전을 하도록 지도할 필요가 있다.

㉰ 엔진 브레이크의 직접적인 효과는 내리막에서 **페이드**(Fade)와 **베이퍼 록**(Vaper lock)현상의 방지 및 제동효과를 높이는데 있지만 그 외에 엔진 브레이크를 작동시키는 동안을「판단」하는 시간으로 활용하는 습관을 기르도록 함으로써 운전에 여유를 생기게 하는 효과가 있다.

③ **커브의 통과는 슬로우 인**(Slow in)**이 가장 중요하다.**

㉮ 일반적으로 커브 길을 통과할 때는 커브에 가까운 **직선부분에서 충분히 감속**하고 코너링(Conering : 회전) 중에는 액셀레이터 페달을 가볍게 밟아 차륜으로 동력을 조금 전하면서(파워온 상태) 커브 내에서는 안전속도를 유지하고 커브를 돌아갈 때에는 전방의 안전을 계속 확인하면서 가속하여 민첩하게 통과하는 슬로우 인→패스트 아웃(Slow in→Fast out)주행이 안전한 방법으로 알려져 있다.

㉠ **파워 온** : 코너링(회전) 중에 액셀레이터 페달을 가볍게 **밟아 차륜으로 동력을 조금 전하는 상태**

㉡ **파워 오프** : 코너링(회전) 중에 파워 온과 반대로 액셀레이터 페달에서 발을 뗀 상태

㉯ 커브 길을 파워 온(Power on)의 상태에서 통과하려면 커브 길 앞에서 속도를 충분히 떨어뜨리는 것을 전제로 한다. 반대로 커브에 들어섰을 때의 속도가 너무 빠르면 발이 가속 페달에서 떨어져 브레이크를 밟게 되며, 이 경우에는 원심력의 영향을 받거나 **브레이크를 강하게 밟으면 미끄러지거나**(Slip) **회전**(Spin)**을 일으키기 쉬워 매우 위험하다.**

㉰ 한편 커브에서의 속도변화와 회전반경의 관계에 있어서 전륜자동차와 후륜자동차는 차이가 있다. **후륜자동차**(FR)는 커브에서 가속하면 회전반경이 작아지고 **전륜자동차**(FF)는 회전반경이 크게 되는(전륜이 외측으로 밀려나가는)경향이 있으므로 주의할 필요가 있다.

제2절 안전운전지식

1 자동차의 여러 가지 운동

(1) 바운싱(Bouncing)

차체가 일정방향으로 향한 상태에서 **상하 방향으로 움직이는 운동**으로서 비교적 고속으로 주행하고 있는 경우 노면이 갑자기 높게 되어 있거나 낮게 되어있을 때 생긴다.

(2) 피칭(Piching)
차체의 앞부분이 상하로 움직이는 진동으로서 급제동을 걸었을 때 생기는데 계속되지 않고 곧 없어지게 된다.

(3) 롤링(Rolling)
차체가 좌우로 경사져서 흔들리는 것으로써 동요하는 중심축은 일반적인 무게 중심보다 아래에 있게 된다. 이 축을 롤축(Roll axis)이라 하고, 차체가 기울어지는 각을 롤각(Roll angle)이라 한다.

(4) 요잉(Yawing)
차체가 상하축의 둘레로 흔들리는 것으로써 조향핸들을 급히 조작할 경우, 그리고 레일 위나 미끄럼이 생기기 쉬운 노면을 달릴 때 생기기 쉽다.

2 자동차 운전에 필요한 감각
운전 중 위험한 상태를 인지하는 것은 주로 시각(시야, 시력, 색채), 청각에 의한 것이지만 운전자의 심신상태가 시청각에 많은 영향을 준다. 운전자의 시청각을 통해 들어오는 정보를 인지해서 위험한 상태임을 인식하는 것이 가장 중요하다. 정보를 등한시하고 지나쳤을 때에는 인지는 무의미해지고 무의미한 인지는 교통사고를 피할 수 없게 되어 결과는 교통사고로 이어진다.

(1) 위험의 인지
「인지」란 운전 중에 끊임없이 변화하는 도로교통 환경을 주로 시각 및 청각에 의하여 얻어지는 단계를 말하지만, 실제로 발생한 사고의 약 60%가 위험을 인지하지 않았든지, 인지가 늦었다고 하는 극히 초보적인 단계에서의 실수가 원인이다. 인지하는데 가장 관계가 있는 인간의 기능은 시각능력이다. 이 가운데 가장 중요한 것이 시력이고 이외 시야, 색의 지각, 순응, 현혹이라는 눈의 기능 및 현상이 운전에 영향을 끼치고 있다.

① 시력(視力)
물체를 확실히 볼 수 있는 것은 주시점 부근의 극히 좁은 범위로 그 부분 이외의 것은 잘 보이지 않기 때문에 운전 중에는 한 곳을 오래 집중 주시하지 말고 전방을 넓게 전체를 고루 살펴보아야 한다.

② 동체시력(動體視力)
㉠ 동체시력이란 움직이는 물체를 보거나 자신이 움직이면서 물체를 보는 것을 말한다.
㉡ 동체시력은 정지하고 있을 때의 시력에 비해 많이 떨어지며, 속도가 빠를수록 시력이 감퇴(고속일수록 동체시력이 떨어진다)되어 그만큼 위험상황의 발견이 늦어지게 된다.

③ 시야(視野)
㉠ 시야란 사람이 눈의 위치를 바꾸지 않고 멀리 바라볼 수 있는 범위를 말한다.
㉡ 보통 정지 시의 시야는 한쪽 눈으로 좌우 각각 160도 정도, 양안이면 200도 정도이다.
㉢ 이때 색깔을 완전히 확인할 수 있는 범위는 더욱 좁아 좌우 각각 35도 부근까지이다. 따라서 시야 바깥쪽일수록 더욱 확인할 수 없게 되어 신호나 안전표지 등은 잘 살피지 않으면 놓칠 위험이 높다.

④ 시력(視力)과 피로(疲勞)
피로가 심하면 그 영향은 눈에서부터 가장 뚜렷하게 나타나서 주의력이 산만해지고 동체시력이 현저히 저하되므로 피로한 상태에서의 운전은 대단히 위험하다.

⑤ 명암 순응(明暗 順應)
일반적으로 눈이 명암에 순응할 때까지는 시력이 현저하게 떨어지기 때문에 회복할 때 까지는 속도를 낮추고 충분한 주의를 하면서 주행하여야 한다.
㉠ 명순응 : 어두운 장소에서 갑자기 밝은 장소(암(暗) → 명(明))로 이동하면 잠깐 동안 아무것도 볼 수 없다가 곧 눈이 순응하면서 조금씩 볼 수 있게 되는 현상을 말한다.
㉡ 암순응 : 밝은 장소에서 갑자기 어두운 장소(명(明) → 암(暗))로 이동하면 잠깐 동안 아무것도 볼 수 없다가 곧 눈이 순응되면서 조금씩 볼 수 있게 되는 현상을 말한다.

⑥ 현혹(眩惑)
야간에 마주 오는 차의 불빛을 직접적으로 받으면 한순간 시력을 잃어버리는 현상을 현혹이라 한다. 현혹상태에서 자동차를 운전하면 매우 위험하므로 서행하거나 반드시 자동차를 세우고 회복 시까지 기다려야 한다.

(2) 속도와 거리판단능력
사람의 판단력은 정확한 것이 아니어서 판단착오로 일으키는 사고가 많으므로 판단능력의 오차를 고려하여 항상 여유 있게 판단해야 한다.

① 속도감각
속도 감각은 주변 환경의 흐름 등을 통하여 눈으로 얻어지는 것이나 이에 따른 사람의 속도 판단은 반드시 정확한 것이 아니다.

② 속도감
좁은 도로에서는 실제 속도보다 빠르게 느껴지나, 차로가 많은 고속도로와 같이 주변이 트인 곳에서는 느리게 느껴진다.

③ 거리 판단의 능력
속도의 경우와 같이 거리의 판단에 있어서도 정확하지 못하고 사람에 따라 큰 차이가 있으며, 특히 밤이나 안개 속에서는 거리 판단이 더욱 어렵다.

④ 운전자의 감각·판단에 영향을 주는 조건
㉠ 속도 : 고속도로 등 주위가 트이면 속도가 느리게 느껴진다.
㉡ 차의 크기 : 같은 거리에 있어도 큰 차는 가깝게 보이고, 작은 차는 멀리 있는 듯이 보여 진다.
㉢ 야간 : 주변이 어두워 잘 보이지 않기 때문에 속도감을 덜 느끼게 된다. 또 다른 차의 전조등 불빛으로 속도 판단을 잘못할 수가 있다.
㉣ 그 밖의 음주, 피로, 질환 등 운전자의 신체에 영향을 주는 요인들이 있으면 판단을 하는데 착오를 일으킬 확률이 높다.

3 자동차에 작용하는 물리적 현상

(1) 커브와 원심력
① 커브 길을 주행하는 자동차는 커브 바깥쪽으로 미끄러지려고 하는 원심력이 있고, 그 힘이 타이어와 노면과의 마찰저항보다 크면 자동차는 전복되거나 길 밖으로 미끄러지기(전복되기) 쉽다.
② 원심력의 크기는 커브 반경이 작을수록 중량이 무거울수록 비례해서 커지며 또한 속도의 제곱에 비례해서 커진다.
③ 커브 길을 운전할 때에는 항상 원심력이 작용한다는 생각을 하고 커브가 시작되기 전 직선도로에서 브레이크로 충분히 속도를 줄인 후에 원심력을 약하게 하여 안전하게 돌아나가도록 해야 한다.

(2) 속도와 충격력

차가 충돌하면 운동에너지에 의하여 그 차나 충돌한 대상을 파괴하거나, 운전자를 튀어나가게 하는데, 이 운동에너지는 속도의 제곱에 비례하여 커지므로 속도가 빠르면 빠를수록 충돌에 의한 피해는 커지게 된다. 따라서 고속으로 운전할 때에는 특히 주의하여야 한다.

① 자동차가 충돌했을 때 얼마나 큰 피해가 발생하느냐는 충돌 순간의 자동차 **속도와 중량**에 따라 달라지는데 속도가 빠를수록 중량이 무거울수록 또한 **딱딱한 물체에 충돌했을 때**일수록 더 커진다.
② 자동차의 충격력은 속도의 제곱에 비례해서 커진다. 때문에 속도가 2배가 되면 **충격력은 4배**가 된다.
③ **시속 60km**로 콘크리트 벽에 충돌한 경우는 **14m 높이**(건물 5층 높이)에서 떨어진 경우와 같은 **충격력**을 받는다.

(3) 수막(하이드로플레이닝 : Hydroplaning) 현상

① 비가 내려 물이 고여 있는 도로 위를 자동차가 고속으로 달리면 타이어와 노면사이에 수막층(약 10mm)이 생겨 마치 차가 수상스키를 타는 것과 같은 상태가 되는 것을 **수막현상**이라 한다.
② 수막현상이 발생하면 자동차 타이어와 노면사이의 마찰저항이 급격히 떨어지며, 핸들과 브레이크 기능이 상실되면서 자동차가 중앙선을 넘어 가든가 길 밖으로 미끄러지는 등 사고 위험이 매우 크다.
③ 수막현상은 승용차의 경우 보통 시속 90km 이상 달리면 발생되지만 타이어의 마모상태와 공기압에 따라 달라진다. 공기압이 낮거나 타이어가 마모된 경우에는 시속 70km 속도에서도 발생할 수 있다.
④ 이러한 수막현상을 예방하기 위해서는 **비 오는 날 급제동을 삼가며**, 이 현상이 일어나면 핸들을 꼭 잡고 엔진 브레이크를 사용하여 서서히 속도를 감속하는 것이 중요하다.

(4) 베이퍼 록(Vaper lock)과 페이드(Fade) 현상

① 베이퍼 록(Vaper lock) 현상
「베이퍼 록 현상」은 긴 내리막길에서 풋(발) 브레이크를 너무 자주 사용하면, 브레이크의 드럼과 라이닝이 과열되어 휠 실린더 등의 브레이크 오일 속에 기포가 생기게 되면서 브레이크 페달을 밟아도 유압이 전달되지 않아 브레이크가 작동되지 않는 현상을 말한다.

② 페이드(Fade) 현상
「페이드 현상」은 내리막길 등에서 짧은 시간 안에 풋 브레이크를 지나치게 많이 사용하면 마찰열이 브레이크 라이닝의 재질을 변화시켜 마찰계수가 떨어지면서 브레이크가 밀리거나 듣지 않는 현상을 말한다.

③ 베이퍼 록 및 페이드 현상의 예방
「베이퍼 록」현상이나 「페이드」현상이 발생하면 브레이크가 듣지 않게 되어 대형 교통사고의 원인이 되므로, 긴 내리막길을 내려갈 때에는 풋(발) 브레이크보다 엔진 브레이크를 주로 사용함으로써 방지할 수 있다.

(5) 스탠딩 웨이브(Standing wave) 현상

① 「스탠딩 웨이브 현상」은 타이어 공기압력이 부족한 상태에서 시속 100km 이상 고속으로 주행하면 접지면과 떨어지는 타이어의 일부분이 변형되어 물결모양으로 나타나게 되는 현상을 말한다.
② 타이어에 「스탠딩 웨이브 현상」이 나타나면 타이어 내부 온도가 높아지게 되고 결국 타이어가 파열되면서 사고가 발생한다.
③ 따라서 고속도로를 운전할 때에는 일반도로의 경우보다 타이어 공기압을 20~30% 정도 더 높이도록 하는 것이 좋다.

4 자동차의 사각(死角)

운전자가 운전석에 앉은 상태에서 차 밖을 보는 경우 시계가 차체 등에 가리어 보이지 않는 부분이 있다. 이 보이지 않는 부분을 **사각(死角)** 또는 **시사각(視死角)**이라 하며 자동차 **차체에 의한 사각, 교차로 등에서의 사각, 다른 차량에 의한 사각** 등으로 구분하고 있다.

(1) 자동차 차체에 의한 사각

모든 자동차에는 범위의 차이는 있으나 그 자동차 자체의 구조에서 오는 사각부분이 있다. 이 사각을 보완하기 위하여 실외 후사경(사이드 미러) 및 실내 후사경(룸 미러) 등을 장착하고 있으나, 차가 출발할 때에는 실내·외 후사경으로도 확인할 수 없는 부분을 반드시 확인하여야 한다.

(2) 교차로 등에서의 사각

① 교차로에서의 사각
사륜차에서 보면 좌측도로에서 오는 이륜차는 차체가 작은데다가 오른쪽에 붙어 주행하기 때문에 발견하지 못하는 경우가 있다. 안전 확인이 어려운 교차로에서는 반드시 일시 정지하여 안전을 확인 후 진행하여야 한다.

② 커브에서의 사각
커브 길에서는 장해물이 있고 없음에 따라 사각의 범위가 달라진다. 전방확인이 어려운 좁은 커브에서는 대향차와의 충돌 또는 보행자를 충격하는 사고의 위험성이 높다. 이와 같은 커브를 주행할 때에는 확인 가능한 중간지점에서 즉시 정지할 수 있는 속도로 서행하여야 한다.

(3) 다른 차량에 의한 사각

① 주·정차 차량에 의한 사각
양쪽에 주·정차된 차량이 있는 경우는 사각이 양쪽에 있기 때문에 한쪽 주차에 비하여 보행자 등의 발견이 곤란하다. 그리고 연속주차의 경우에는 단독주차에 비하여 사각이 되는 부분이 많으므로 더 위험하다.

② 대향 차량에 의한 사각
교차로에서 좌회전하는 경우는 대향(정지)차에 가려진 곳이 사각이 된다. 대향(정지)차와의 거리가 짧을수록 사각이 커지고 위험도 증대한다. 특히 이륜차는 차체가 작아 사각에 들기 쉬우므로 주의하여야 한다.

③ 앞차에 의한 사각
앞차를 따라 진행할 때에도 사각이 있다. 그 사각은 **앞차와의 거리가 짧을수록 커지고 위험도 증대**한다.

④ 어린이에 대한 사각
어린이는 신장이 작기 때문에 주·정차 차량이 승용차일지라도 사각이 되기 쉽다.

- 기능강사 -
시험직전 빨리 보는
최종 출제예상문제

제1편   **교통안전수칙 출제예상문제**

교통안전수칙 출제예상문제 - 제1회 / 92
교통안전수칙 출제예상문제 - 제2회 / 96
교통안전수칙 출제예상문제 - 제3회 / 100
교통안전수칙 출제예상문제 - 제4회 / 104
교통안전수칙 출제예상문제 - 제5회 / 108

제2편   **전문학원 관계법령 출제예상문제**

전문학원 관계법령 출제예상문제 - 제6회 / 112
전문학원 관계법령 출제예상문제 - 제7회 / 116
전문학원 관계법령 출제예상문제 - 제8회 / 120
전문학원 관계법령 출제예상문제 - 제9회 / 124
전문학원 관계법령 출제예상문제 - 제10회 / 128

제3편   **기능교육 실시요령 출제예상문제**

기능교육 실시요령 출제예상문제 - 제11회 / 132
기능교육 실시요령 출제예상문제 - 제12회 / 136
기능교육 실시요령 출제예상문제 - 제13회 / 140

제1편 교통안전수칙 출제예상문제 - 제1회

【문제 1】 도로교통법의 제정목적으로 맞는 것은?
① 도로교통상의 위험과 장해를 방지하고 제거하여 안전·원활한 교통 확보
② 자동차의 제작, 등록, 판매, 관리 등의 안전 확보
③ 운송사업의 발전과 운전자들의 권익보호
④ 교통사고로 인한 신속한 피해회복과 편익증진

【문제 2】 교통예절을 갖춘 운전자의 자세로 볼 수 없는 것은?
① 다른 차나 보행자와 조화를 유지하는 자세
② 사회에 대하여 충분한 책임을 다하는 자세
③ 다른 교통이나 연도주민에 대하여 배려할 줄 아는 자세
④ 물질이나 명예를 위하여 인간의 가치를 희생시키려는 자세

【문제 3】 앞지르기할 때 양보하지 않는 운전자의 심리상태로 볼 수 있는 것은?
① 인내심이 강하다.   ② 책임감이 강하다.
③ 경쟁심이 강하다.   ④ 협동심이 강하다.

【문제 4】 교통법규를 지키지 않는 것이 습관화된 운전자는 어떻게 될 것인가?
① 도로라는 공간을 먼저 차지하게 되므로 앞서 갈 수 있다.
② 사고에 휘말리거나 생명을 잃을 확률이 높아진다.
③ 운전기술이 뛰어난 사람이므로 사고를 당하지 않을 수 있다.
④ 어려운 사회생활의 치열한 경쟁에서 이길 수 있다.

【문제 5】 다음 안전표지에 대한 설명으로 맞는 것은?

① 유치원 통원로이므로 자동차가 통행할 수 없음을 나타낸다.
② 어린이 또는 영유아의 통행로나 횡단보도가 있음을 알린다.
③ 학교의 출입구로부터 2킬로미터 이후 구역에 설치한다.
④ 어린이 또는 영유아가 도로를 횡단할 수 없음을 알린다.

【문제 6】 다음 안내표지의 설명으로 틀린 것은?

① 전방 500m 지점에 간이 휴게소가 있다.
② 휴게소 이름은 「문막휴게소」이다.
③ 숙박 시설이 있다.
④ 연료 충전 시설이 있다.

【문제 7】 보행자의 도로 횡단방법으로 잘못된 것은?
① 횡단보도, 육교, 지하보도가 있는 경우 이를 이용한다.
② 횡단시설이 없는 곳에서는 도로의 폭이 가장 짧은 곳으로 횡단한다.
③ 눈과 귀로 접근차량의 속도·거리 등을 확인하고 신속히 횡단한다.
④ 지체장애인도 반드시 횡단시설을 이용하여 횡단하여야 한다.

【문제 8】 어린이의 교통안전교육에 관한 설명으로 가장 적절한 것은?
① 교통안전교육은 중학교 이상에서 실시하고 있다.
② 가정, 학교, 사회에서 항상 이루어져야 한다.
③ 유치원이나 초등학교 시절에만 받으면 된다.
④ 운전학원에서 집중적으로 받으면 된다.

【문제 9】 신호기의 신호등이 표시하는 뜻으로 맞지 않는 것은?
① 황색등화가 점멸하면 차마는 다른 교통에 주의하면서 진행할 수 있다.
② 보행등의 녹색등화가 점멸하면 보행자는 횡단을 시작할 수 있다.
③ 적색등화가 점멸하면 차마는 일시 정지 후 다른 교통에 주의하며 진행할 수 있다.
④ 적색 ×표시의 등화가 점멸하면 차마는 ×표가 있는 차로로 진행할 수 없다.

【문제 10】 황색신호가 나타내는 뜻으로 올바른 것은?
① 보행자의 횡단을 방해하지 아니하고 우회전할 수 있다.
② 비보호 좌회전 시 좌회전할 수 있다.
③ 이미 교차로에 진입했을 때는 서행으로 통과해야 한다.
④ 교차로에 이르기 전 일시 정지한 후 통과한다.

【문제 11】 클러치가 미끄러지면 어떤 현상이 일어나는가?
① 주행 중 가속 페달을 밟아도 속도가 나지 않는다.
② 출발 시에 소음과 진동이 생긴다.
③ 핸들의 조작이 무겁게 된다.
④ 가솔린의 소비량이 많아진다.

【문제 12】 빙판이나 빗길 등 미끄러운 노면 위에서 제동 시 가능한 최단거리로 정지시킬 수 있도록 채택된 첨단 제동장치는?
① 주차 브레이크   ② 엔진 브레이크
③ ABS 브레이크   ④ 핸드 브레이크

【문제 13】 자동차에 사용되는 배터리의 전압이다. 승용자동차는 몇 V의 전압을 사용하는가?
① 12V   ② 24V
③ 20V   ④ 36V

【문제 14】 가파른 비탈길을 오르거나 내려가는데 4바퀴 모두에 엔진의 동력이 전달되는 방식은?
① FR식   ② FF식
③ RR식   ④ 4WD식

【문제 15】 자동차 출발 시 안전 확인요령으로 적절하지 못한 것은?
① 승차하기 전에 자동차의 앞뒤를 확인한다.
② 승차 후 방향지시기로 출발신호를 하고 거울을 통해 주변을 다시 확인한다.
③ 안전확인은 후사경을 통하여 하면 되고 눈으로 직접 확인할 필요는 없다.
④ 주차공간이 좁은 경우에는 동승자에게 전후좌우의 안전을 확인하도록 한다.

【문제 16】 편도 3차로의 일반도로에서 차로에 따른 통행차량구분으로 잘못된 것은?
① 왼쪽차로에는 승용자동차, 경형·소형·중형 승합자동차
② 왼쪽차로에는 특수자동차 및 덤프 트럭 등 모든 건설기계
③ 오른쪽차로에는 대형 승합자동차, 화물자동차, 특수자동차
④ 오른쪽차로에는 건설기계, 이륜자동차, 원동기장치자전거, 자전거, 우마차

정답 1.① 2.④ 3.③ 4.② 5.② 6.③ 7.④ 8.② 9.② 10.① 11.① 12.③ 13.① 14.④ 15.③ 16.②

【문제 17】 화물자동차의 적재용량 및 적재중량에 대한 설명으로 옳은 것은?
① 길이는 자동차 길이의 4m를 더한 길이
② 너비는 후사경으로 뒤쪽을 확인할 수 있는 범위
③ 높이는 차 높이의 4m를 더한 높이
④ 중량은 적재중량의 3.5배 범위

【문제 18】 이상기후 시 최고속도의 100분의 50을 감속해야 하는 경우로서 잘못된 것은?
① 노면이 얼어붙은 때
② 폭우 · 폭설 · 안개 등으로 가시거리가 100m 이내인 때
③ 눈이 20mm 이상 쌓인 때
④ 비가 내려 노면이 젖어 있는 때

【문제 19】 가파른 비탈길의 내리막길에서 가장 올바른 운전방법은?
① 일시 정지 후 신속히 진행하여야 한다.
② 서행하면서 주의 운전하여야 한다.
③ 신속히 통과하여야 한다.
④ 일시 정지 후 안전을 확인하고 진행한다.

【문제 20】 뒤차가 앞지르기를 하려고 하는 경우 올바른 운전방법은?
① 앞지르기를 할 수 있도록 차로를 변경하여야 한다.
② 일시 정지하거나 서행하여 앞지르기를 시킨다.
③ 속도를 높여 경쟁하거나 가로막는 등 앞지르기를 방해한다.
④ 서행하는 등 쉽게 앞지르기를 할 수 있도록 양보한다.

【문제 21】 교통정리가 없는 교차로 통행방법에 대한 설명으로 적절하지 못한 것은?
① 직진하려는 차는 이미 진입 좌회전하고 있는 차의 통행을 방해하지 못한다.
② 좌회전하려는 차는 직진하려는 차의 통행을 방해하지 못한다.
③ 우회전하려는 차는 이미 진입 좌회전하는 차의 통행을 방해하지 못한다.
④ 우회전하려는 차는 좌회전하려는 차의 통행을 방해하지 못한다.

【문제 22】 주차 위반 차의 견인, 보관, 공고, 매각 또는 폐차 등에 소요되는 비용은 누가 부담해야 하는가?
① 시장 · 군수   ② 경찰서장
③ 그 차의 사용자   ④ 그 차의 운전자

【문제 23】 철길건널목을 안전하게 통과하는 방법으로 올바른 것은?
① 앞차가 통과할 때에는 뒤따라 그대로 통과한다.
② 경보기가 울리고 있는 때에는 신속히 통과한다.
③ 일시 정지하여 좌 · 우를 살피고 안전을 확인한 후 통과한다.
④ 건널목 내에서 가급적 저속 기어로 변속하여 단숨에 통과한다.

【문제 24】 시력과 속도와의 관계를 설명한 것으로 적절한 것은?
① 터널에서 나올 때에는 시력과 별 영향이 없으므로 속도를 높인다.
② 속도가 빠를수록 가까이 있는 물체가 명확히 보인다.
③ 시력은 속도와 별로 관계가 없다.
④ 터널에 들어가면 시력이 일시 떨어지므로 미리 속도를 낮추어야 한다.

【문제 25】 과로(피로)가 운전에 미치는 영향으로 적절하지 못한 것은?
① 다른 차와의 속도감과 거리감을 맞춘다.
② 위험상태를 무시하거나 인식하는 것을 태만히 한다.

③ 눈부심에 약하다.
④ 운전조작이 난폭해진다.

【문제 26】 교통사고 현장에서 부상자 구호조치에 대한 설명으로 적절하지 못한 것은?
① 접촉차량 안에 유아나 어린이 유무를 살핀다.
② 부상자는 최대한 빨리 인근병원으로 후송한다.
③ 후송이 어려우면 호흡상태, 출혈상태 등을 관찰 위급순위에 따라 응급 처치한다.
④ 부상자가 토하려고 할 때에는 토할 수 있게 앞으로 엎드리게 자세를 조정한다.

【문제 27】 커브 길 사각에 대한 설명으로 적절하지 못한 것은?
① 커브 길에서는 장애물이 있고 없음에 따라 사각의 범위가 달라진다.
② 같은 커브 길이라도 장애물이 있으면 사각의 범위가 작아진다.
③ 좁은 커브 길에서는 대향차나 보행자를 충격하는 사고위험이 높다.
④ 좁은 커브 길에서는 즉시 정지 가능한 속도로 운전하여야 한다.

【문제 28】 비 오는 날 자동차가 고속 주행할 때 타이어가 떠올라서 얇은 수막 위를 미끄러지는 것처럼 되는 현상은?
① 충격력
② 베이퍼 록 현상
③ 하이드로플레닝 현상
④ 원심력

【문제 29】 건조한 포장도로에서 시속 100km로 주행하는 때의 가장 안전한 차간 거리는?
① 80m 이상   ② 100m 이상
③ 70m 이상   ④ 90m 이상

【문제 30】 고속도로에서 일반도로로 나갈 때 주의사항으로 적절하지 못한 것은?
① 사전에 목적지의 방향과 출구를 예고하는 안내표지에 유의한다.
② 출구로 접근할 때의 감속조치는 앞차를 따라가면 된다.
③ 브레이크를 여러 번 나누어 밟아 안전한 속도로 서서히 감속한다.
④ 일반도로에 나오면 빨리 일반도로에 적응하도록 유의한다.

【문제 31】 국도 변 마을도로에는 속도제한구역이 많다. 이런 도로에서 바른 운전태도가 아닌 것은?
① 사고의 위험이 높으므로 특히 주의한다.
② 위험한 도로이므로 신속히 통과한다.
③ 예상치 못한 사고위험이 있으므로 긴장감을 갖는다.
④ 과속사고가 많으므로 감속 운행한다.

【문제 32】 비 오는 날 운전의 위험성을 설명한 것으로 적절하지 못한 것은?
① 제동거리가 길어진다.   ② 정지거리가 짧아진다.
③ 수막현상이 발생한다.   ④ 운전자의 시야가 좁아진다.

【문제 33】 운동 중인 물체는 외부의 힘이 가해지지 않는 한 계속 운동하려는 현상은?
① 관성의 법칙   ② 마찰저항
③ 원심력   ④ 공주거리

정답   17.② 18.④ 19.② 20.④ 21.④ 22.③ 23.③ 24.④ 25.① 26.④ 27.② 28.③ 29.② 30.② 31.② 32.② 33.①

【문제 34】 터널 안에서 교통사고로 화재가 났을 때 뒤따르던 운전자의 조치사항으로 잘못된 것은?
① 차를 정지시키고 소화기를 가져다 불을 끈다.
② 차를 그 자리에 정지시키고 그 곳을 빨리 대피한다.
③ 비상등을 켜서 뒤따르는 차에게 알린다.
④ 휴대전화 또는 비상전화기를 사용하여 119에 연락한다.

【문제 35】 교통사고 처리특례법상 횡단보도 보행자 보호 의무 위반 사고가 아닌 것은?
① 보행자가 횡단보도를 횡단 중인 때 일시 정지 않고 통과 중 일어난 사고
② 횡단보도를 표시하는 횡단보도 표시선 안에서 일어난 사고
③ 비포장도로에서 횡단보도 보조표지가 표시하는 횡단보도 너비 안에서 일어난 사고
④ 자전거를 타고 횡단보도를 횡단하는 사람을 충격한 사고

【문제 36】 주취운전으로 인명피해사고를 일으킨 때 처벌기준으로 맞지 않는 것은?
① 특정범죄가중처벌에 관한 법률에 의거 처벌
② 사람을 죽게 한 때에는 1년 이상 10년 이하의 징역
③ 사람을 죽게 한 때에는 무기 또는 3년 이상의 징역
④ 사람을 다치게 한 때에는 1년 이상 15년 이하의 징역 또는 1천만 원 이상 3천만 원 이하의 벌금

【문제 37】 교통사고의 요인을 설명한 것으로 맞지 않는 것은?
① 인적요인－운전자 및 보행자의 준법의식 부족으로 발생
② 차량적요인－자동차의 정비 불량이나 구조적 결함으로 발생
③ 환경적요인－도로구조 및 안전시설 미비나 눈·비 등 기상상태로 발생
④ 법률적요인－법령의 미비나 법규 위반 단속의 미흡으로 발생

【문제 38】 심장 마사지(흉부압박) 실시 요령을 설명한 것으로 옳지 못한 것은?
① 손의 위치를 바꾸어 가며 한 번 누르고 한 번 쉬기를 반복한다.
② 가슴 압박의 깊이는 약 5cm 깊이(소아 4~5 cm) 정도를 누른다.
③ 1분에 100~120회 정도 부드럽게 누르기를 한다.
④ 상체의 체중을 이용하여 부상자의 흉골을 수직으로 내려 누른다.

【문제 39】 자동차 소유자가 말소등록을 신청하여야 하는 경우가 아닌 것은?
① 자동차의 차령이 초과된 경우
② 자동차를 장기간 동안 정비 또는 개조하기 위해 해체한 경우
③ 자동차의 용도를 폐지한 경우
④ 자동차가 멸실된 경우

【문제 40】 승합자동차는 몇 명 이상을 운송하기에 적합하게 제작된 자동차를 말하는가?
① 10인 이상　② 11인 이상
③ 12인 이상　④ 15인 이상

【문제 41】 제2종 운전면허를 받은 사람의 운전면허증 갱신 교부기간에 대한 설명으로 틀린 것은?
① 최초의 면허갱신기간이 65세 미만은 면허시험합격일을 기산으로 10년이 속하는 해의 1월 1일부터 12월 31일까지
② 그 외의 면허갱신기간은 본인의 생년월일을 기준으로 9년이 되는 날부터 3개월 이내
③ 그 외는 직전의 갱신기간이 시작되는 날을 기산으로 65세 미만은 10년이 속하는 해의 1월 1일부터 12월 31일까지
④ 면허증 갱신교부를 받지 않은 사람은 과태료 처분을 받게 된다.

【문제 42】 운전면허 취소처분 기준으로 적절하지 못한 것은?
① 단속 경찰공무원의 면허증 지시 요구를 위반한 때
② 허위 또는 부정한 수단으로 면허취득을 한 때
③ 등록되지 아니하거나 임시운행허가를 받지 아니한 자동차를 운전한 때
④ 운전면허행정처분기간 중에 운전을 한 때

【문제 43】 연습면허 소지자가 운전연습 중 인적피해 교통사고를 일으킨 경우 행정처분기준은?
① 연습면허정지 100일
② 연습운전면허 취소
③ 연습면허정지 90일
④ 연습면허정지 60일

【문제 44】 승합자동차 운전자에게 범칙금 7만 원이 부과되는 도로교통법 위반 행위가 아닌 것은?
① 신호 또는 지시 위반
② 중앙선 침범행위
③ 철길건널목 통과방법 위반
④ 승객의 차내 소란행위 방치운전

【문제 45】 어린이 보호 구역이다. 운전자의 적절한 행동은?

① 이륜차의 급제동이나 갑자기 뛰어드는 어린이에 대비한다.
② 경음기를 울리면서 신속히 통과한다.
③ 도로 우측으로 피양하여 보호한다.
④ 뒤차의 앞지르기에 대비한다.

【문제 46】 고속도로나 자동차전용도로에서 차량 고장 시 조치사항으로 올바른 행동은?

① 차량은 고장 난 지점에 그대로 둔 채 경찰서에 신고한다.
② 즉시 정차하여 보닛을 열고 고장 난 곳을 살펴본다.
③ 점진적으로 속도를 줄이면서 갓길에 정차한 후 안전조치를 신속히 한다.
④ 즉시 주행차로에 정차하여 비상점멸등을 켜고 차안에서 대기한다.

【문제 47】 대형차에 대한 주의가 필요하다. 다음 중 대형차의 특징이 아닌 것은?

① 대형차는 일반차에 비하여 제동 거리가 더욱 짧다.
② 주변 운전자들의 시야를 가린다.
③ 진로 변경 시나 회전 시 많은 공간이 점유된다.
④ 앞지르기 할 때에는 더 많은 시간이 소요된다.

정답　34.② 35.④ 36.② 37.④ 38.① 39.② 40.② 41.② 42.① 43.② 44.④ 45.① 46.③ 47.①

【문제 48】편도 2차로 도로를 주행 중 1차로가 공사 중에 있다. 왼쪽 앞차가 내 앞으로 차로를 변경하려 할 때 가장 올바른 운전방법은?

──【 도로상황 】──
• 1차로는 공사 중임
• 1차로의 차량이 끼어들려고 한다.

① 앞차와의 여유가 있으므로 가속하여 주행한다.
② 1차로의 차량이 끼어들지 못하므로 속도를 내어 주행한다.
③ 1차로의 차량이 끼어들지 모르므로 속도를 줄여서 주행한다.
④ 일시 정지하여 끼어들 수 있도록 양보한 다음 뒤 따라 서행하다.

【문제 49】한가한 주택가 도로를 시속 40km 속도로 주행 중 전방의 트럭이 속도를 줄이고 있다. 가장 올바른 운전방법은?

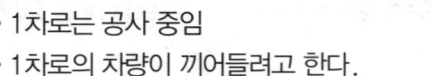

──【 도로상황 】──
• 중앙선은 황색 점선
• 횡단보도 예고 표시
• 후사경 속의 자동차

① 반대차로의 차량이 보이지 않으므로 그대로 속도를 내어 앞지르기 한다.
② 트럭이 횡단보도 보행자 등으로 인하여 멈추는 것일지도 모르므로 속도를 줄인 다음 횡단보도를 통과한 후에 전방의 상황을 고려하여 앞지르기 한다.
③ 트럭 전방 상황을 확인할 수 없으므로 반대 차로에 걸쳐 주행하면서 이상이 없을 때 앞지르기한다.
④ 트럭이 오랫동안 정지할지도 모르고 뒤의 차도 앞지르기를 준비하고 있으므로 뒤의 차를 고려하여 앞지르기 한다.

【문제 50】시속 30km 속도로 교차로에 접근 중 교차로 진입 전 진행 신호가 녹색등화에서 황색등화로 바뀌었을 때의 올바른 운전방법은?

──【 도로상황 】──
• 차량신호는 황색등화
• 후사경 속의 승용차

① 황색신호이므로 정지선에 정확히 멈추기 위해서 급브레이크를 밟는다.
② 갑자기 서게 되면 후속차와의 추돌우려가 있으므로 그대로 교차로를 통과한다.
③ 황색신호라도 다소의 여유가 있으므로 가속하여 교차로를 통과한다.
④ 갑자기 서게 되면 후속차와의 추돌우려가 있으므로 브레이크를 나누어서 밟아 점진적으로 멈춘다.

정답 48.④ 49.② 50.④

제1편 교통안전수칙 출제예상문제 - 제2회

【문제 1】"주차"에 대한 설명으로 맞지 않는 것은?
① 버스가 승객을 기다리며 계속 정지하고 있는 상태
② 시내버스가 승객을 내리고 태우기 위하여 정지한 상태
③ 화물자동차에 물건이나 짐 등을 싣기 위하여 계속 정지하는 상태
④ 승합자동차가 고장으로 계속 정지하고 있는 상태

【문제 2】교통법규에 대한 운전자의 태도로서 옳은 것은?
① 교통법규는 생활법규로 항상 지켜야 한다.
② 교통법규는 운전자만을 위하여 존재한다.
③ 교통법규는 알고 있으면 되고 편의를 위해 지키지 않아도 된다.
④ 교통법규는 운전자 이외에는 하나의 권장사항이다.

【문제 3】교통사회의 일원으로서 훌륭한 민주시민이라 할 수 없는 사람은?
① 도로라는 공간을 협조하면서 질서있게 이용하는 운전자
② 도로라는 공간을 시간차를 두고 효율적으로 이용할 줄 아는 사람
③ 교통법규를 지키지 않는 것이 습관화된 사람
④ 교통법규를 잘 지키는 사람

【문제 4】운전 중 휴대 전화기를 사용함으로써 발생할 수 있는 위험이 아닌 것은?
① 주의력이 산만하게 되어 위험발견 및 대처가 늦어진다.
② 방향지시기 등 차량 진행 변화에 따른 기계조작을 하지 못하게 된다.
③ 속도 감각이 예민하게 되어 속도조절이 용이하게 된다.
④ 기계 조작이 정확하지 않게 되고 핸들을 놓치기 쉽다.

【문제 5】다음 안전표지가 설치된 장소에서 올바른 운전방법은?

① 터널 진입 시 전조등을 켜고 운전하면 위험하다.
② 터널 진입 시 갑자기 어두워지기 때문에 미리 선글라스를 착용
③ 터널 진입 전에 미리 속도를 줄여 주의 통과하는 것이 안전
④ 터널은 전방 확인이 잘 되지 않는 곳이므로 전조등을 상향

【문제 6】다음 안전표지의 뜻으로 올바른 것은?

① 견인지역 내 주차 금지
② 주차 또는 정차할 경우 견인됨
③ 주차할 경우 견인됨
④ 정차할 경우 견인됨

【문제 7】도로교통법 상 보행자로 볼 수 있는 사람은?
① 자전거를 타고 횡단보도를 횡단하는 사람
② 도로에서 원동기장치자전거를 타고 가는 사람
③ 보도에서 휠체어에 사람을 태우고 밀고 가는 사람
④ 보도에서 자전거를 타고 가는 사람

【문제 8】보행자가 횡단보도를 통과하고 있는 때에 차의 통행방법으로 옳은 것은?
① 차의 운전자는 횡단보도 표시선 내에 정지할 수 있다.
② 교차로에서 우회전 시는 보행자가 횡단 중이라도 진행할 수 있다.
③ 횡단보도 앞 정지선에 일시 정지하여야 한다.
④ 횡단보도 정지선을 지나쳐도 보행자의 통행을 방해하지 않으면 된다.

【문제 9】어린이통학버스가 점멸등을 켜고 어린이를 승하차 시킬 때 뒤의 차는 어떻게 해야 하는가?
① 일시 정지하여 안전을 확인 후 서행한다.
② 좌측 차로로 차로 변경한 후 그대로 진행한다.
③ 어린이통학버스가 출발할 때까지 정지한다.
④ 서행으로 앞지르기 한다.

【문제 10】신호기의 황색등화가 켜지면 차마는 어떻게 해야 하는가?
① 좌회전할 수 있다.
② 서행하여야 한다.
③ 적색등화가 켜지기 전에 속도를 높여 신속히 정지선을 통과하여야 한다.
④ 교차로 또는 횡단보도 앞의 정지선에 정지하여야 한다.

【문제 11】교통안전표지에 대한 설명으로 적절하지 못한 것은?
① 교통의 안전과 원활한 소통을 확보하기 위하여 설치·관리한다.
② 도로 이용자에게 교통 상 필요한 정보를 제공하여 준다.
③ 주의표지·규제표지·지시표지·보조표지 및 노면표시가 있다.
④ 주의표지는 도로의 통행방법 등 교통안전에 필요한 지시를 하는 표지이다.

【문제 12】자동차의 앞바퀴 정렬의 중요성에 대한 설명으로 맞지 않은 것은?
① 자동차의 타이어 마모를 최소화한다.
② 조향 핸들의 조작을 안전하고 확실하게 해준다.
③ 조향 핸들에 복원성을 좋게 해준다.
④ 충격을 흡수한다.

【문제 13】DOHC(Double Head Camshaft) 엔진에 대한 설명으로 옳지 못한 것은?
① 실린더 당 흡·배기 밸브가 1개씩으로 된 방식이다.
② 실린더 당 흡·배기 밸브가 2개씩으로 된 방식이다.
③ 혼합가스를 실린더 안으로 보다 많이 공급하고 배기가스를 신속히 배출한다.
④ 엔진의 출력을 증대시킬 수 있다.

【문제 14】자동차가 회전할 때 안쪽 앞바퀴와 안쪽 뒷바퀴의 진행 흔적이 서로 다르게 되는데, 이 안쪽 앞바퀴와 안쪽 뒷바퀴의 회전 반경의 차이는?
① 뒤 오버항
② 앞 오버항
③ 외륜차
④ 내륜차

정답 1.② 2.① 3.③ 4.③ 5.③ 6.③ 7.③ 8.③ 9.① 10.④ 11.④ 12.④ 13.① 14.④

【문제 15】자동차 주행 중 엔진에서 이상한 소리가 나는 원인으로 볼 수 없는 것은?
① 엔진이 과열되었을 때 가속 페달을 밟으면 소리가 난다.
② 실린더 내부의 혼합가스가 급격히 연소하면서 일어나는 노킹현상 때문이다.
③ 노킹상태가 오래 계속되면 피스톤이 타 붙는 등 엔진 고장을 일으킨다.
④ 노킹현상은 옥탄가가 높은 휘발유를 사용한 때 발생한다.

【문제 16】안전기준이 넘는 화물을 적재하고 운행하고자 할 때 누구의 허가를 받아야 하는가?
① 주소지 관할 경찰서장
② 주소지 관할 시 · 도 경찰청장
③ 출발지 관할 경찰서장
④ 주소지 관할 시장, 군수

【문제 17】일반도로에서 차마 서로간의 통행 우선순위이다. 잘못된 것은?
① 긴급자동차가 최우선이다.
② 큰 차는 작은 차에 우선한다.
③ 비탈길에서 내려오는 차에 올라가는 차가 양보한다.
④ 비탈길에서 승객을 태운 차에 빈차가 양보한다.

【문제 18】자동차 등의 속도에 대한 설명으로 잘못된 것은?
① 법령으로 정한 자동차 등의 속도를 법정속도라 한다.
② 시 · 도 경찰청장이 위험방지 상 안전표지로 제한하는 속도를 제한속도라 한다.
③ 자동차 등의 운전자는 법정속도와 제한속도를 초과하여 운전하여서는 아니 된다.
④ 편도 2차로 이상 일반도로에서의 최고속도는 모두 70 km/h 이내이다.

【문제 19】공주거리가 길어질 우려가 있는 가장 큰 원인은?
① 비 오는 날
② 노면의 습기
③ 과로운전
④ 노면의 결빙

【문제 20】장애물을 피하기 위한 진로변경 방법으로 적절하지 못한 것은?
① 장애물 주변에 충분한 공간이 있는지 파악한다.
② 반대편에 마주 오는 차가 있는지 확인한다.
③ 비상점멸등으로 후속 차에게 신호를 한다.
④ 장애물을 피하기 위해서는 신속함이 중요하므로 발견 즉시 빠른 속도로 통과한다.

【문제 21】교통량은 한산하나 좌 · 우를 확인할 수 없는 교통신호 없는 교차로 통행방법으로 옳은 것은?
① 교차로 직전에서 일시 정지하여 안전 확인 후 진행한다.
② 한산한 교차로이므로 속도를 내어 통과한다.
③ 횡단보도에 보행자가 없으면 그대로 통과한다.
④ 교차로에 진입할 때에는 속도를 줄여 서행하여야 한다.

【문제 22】주차 위반 차량을 견인 · 이동 · 보관할 때 조치요령으로 맞지 않는 것은?
① 24시간 경과해도 인수하지 아니한 때에는 등기우편으로 통지한다.
② 성명 · 주소를 알 수 없는 때에는 14일간 경찰서 게시판에 공고한다.
③ 공고기간이 경과해도 사용자 등을 알 수 없는 때에는 일간신문에 공고한다.
④ 통지일부터 1개월이 지나도 반환요구 아니한 때에는 매각하여 국고에 입금한다.

【문제 23】비 오는 날의 안전운전요령으로 적절하지 못한 것은?
① 비가 온 다음 날 엔진 시동 후 첫 브레이크는 그 기능이 현저히 떨어지므로 주의한다.
② 비 오는 날은 수막현상이 일어나기 때문에 감속 운행하여야 한다.
③ 비가 내리기 시작한 직후에는 노면의 흙, 기름 등이 비와 섞여 더욱 미끄러우니 조심한다.
④ 비 오는 날 물웅덩이를 지난 직후에는 브레이크 기능이 현저히 떨어지니 주의한다.

【문제 24】움직이는 물체를 보거나 자신이 움직이면서 물체를 보는 것을 무엇이라 하는가?
① 시력
② 현혹
③ 동체시력
④ 시야

【문제 25】정지거리에 대한 설명으로 적절하지 못한 것은?
① 위험을 인지하고 브레이크가 걸리기까지 자동차가 그대로 달린 거리
② 위험을 발견하고 브레이크 페달을 밟아 차가 완전히 정지할 때까지의 거리
③ 공주거리와 제동거리를 합한 값으로 표시한다.
④ 자동차의 무게, 도로여건, 주행속도에 따라 차이가 있다.

【문제 26】감기, 알레르기 질환에 사용되는 약물로 중추신경의 진정작용과 함께 부주의, 혼란, 졸음 등의 부작용을 일으키고 사람에 따라 환각증세가 나타나기도 하는 약물은?
① 마약
② 대마초
③ 트랭퀼라이저
④ 항히스타민제

【문제 27】자동차 엔진에서 완전 연소되지 않고 방출되어 대기를 오염시키는 가스가 아닌 것은?
① 산소
② 탄화수소
③ 일산화탄소
④ 질소산화물

【문제 28】자동차의 중심이동에 대한 현상을 설명한 것으로 적절하지 못한 것은?
① 차에 작용하는 중력(무게)이 한 곳으로 모여 균형이 잡히는 곳을 차의 중심이라 한다.
② 차의 중심이 높은 곳에 위치할수록 불안정해진다.
③ 좌우가 균등하지 않을 경우에도 중심이 한 쪽으로 치우쳐 핸들을 놓치기 쉽다.
④ 주행 중 급브레이크를 걸면 차의 중심이 뒤로 이동하기 때문에 불안해진다.

정답 15.④ 16.③ 17.② 18.④ 19.③ 20.④ 21.① 22.④ 23.① 24.③ 25.① 26.④ 27.① 28.④

【문제 29】 고속도로를 주행하고자 할 때 타이어의 적정한 공기압력은?
① 규정된 압력으로 한다.
② 규정된 압력에서 20~30% 높게 주입한다.
③ 규정된 압력에서 10% 낮춘다.
④ 규정된 압력에서 20~30% 낮게 주입한다.

【문제 30】 고속도로의 교량구간에서 강한 옆바람이 불어와 차체가 흔들릴 때 올바른 주행방법은?
① 차체가 흔들리지 않게 핸들을 양손으로 꽉 잡고 속도를 줄인다.
② 차체가 흔들리지 않도록 핸들을 양손으로 꽉 잡고 속도를 높인다.
③ 최고속도의 100분의 50을 감속하여 운행한다.
④ 빠른 속도로 교량구간을 벗어나야 한다.

【문제 31】 긴 내리막길을 내려갈 때의 안전한 운전방법은?
① 엔진 브레이크만 사용하면서 내려간다.
② 엔진 브레이크와 풋 브레이크를 겸용하되 가급적 풋 브레이크 사용을 적게 한다.
③ 시동을 끄고 타력을 이용하여 내려간다.
④ 핸드 브레이크와 풋 브레이크를 동시에 사용한다.

【문제 32】 야간 운전 시 나타나는 현상으로 맞지 않는 것은?
① 시야확보거리가 넓다.
② 예측이 어렵다.
③ 분별력이 떨어진다.
④ 주의력 집중이 힘들다.

【문제 33】 주행 중 타이어가 펑크 난 경우 운전자의 조치방법으로 적절하지 못한 것은?
① 조금씩 속도를 떨어뜨려 천천히 도로 가장자리에 멈춰야 한다.
② 즉시 급제동하여 차량을 정지시킨다.
③ 저단기어로 변속하고 엔진 브레이크를 사용한다.
④ 핸들을 꼭 잡고 속도를 줄인다.

【문제 34】 차의 운전자가 업무상 과실 또는 중대한 과실로 사람을 사상케 한 경우 교통사고처리특례법상 처벌은?
① 2년 이하의 금고 또는 500만 원 이하의 벌금
② 3년 이하의 금고 또는 1천만 원 이하의 벌금
③ 4년 이하의 금고 또는 1천 5백만 원 이하의 벌금
④ 5년 이하의 금고 또는 2천만 원 이하의 벌금

【문제 35】 교통사고 처리특례법상 종합보험에 가입한 것으로 인정되는 경우는?
① 교통사고로 인한 손해배상금 전액을 보상하는 보험 또는 공제에 가입된 경우
② 교통사고로 인한 손해배상금 일부를 보상하는 보험 또는 공제에 가입된 경우
③ 보험계약 또는 공제계약이 무효 또는 해지된 경우
④ 보험사업자 또는 공제사업자의 보험금 또는 공제금 지급의무가 없게 된 경우

【문제 36】 교통사고 처리특례법상 보험 또는 공제에 가입된 사실을 증명하는 방법은?
① 보험 또는 공제사업자가 발급하는 서면으로 증명
② 경찰공무원이 보험회사에 조회
③ 피해자가 보험회사 또는 공제조합에 전화로 확인
④ 운전자가 항상 소지해야 하는 보험가입증서로 증명

【문제 37】 교통사고 현장에서 해야 할 일로서 적절하지 않은 것은?
① 비상점멸등을 켜서 후속차량에게 사고발생 사실을 알린다.
② 부상자 주변의 위험요소를 제거한다.
③ 휘발유가 새는지 전원 스위치가 작동중인지 여부를 살피고 전원 스위치를 끈다.
④ 척추환자는 잘못하면 영구불구가 되므로 어떤 경우에도 이동하여서는 아니 된다.

【문제 38】 부상자에 대한 체위관리에 대한 설명으로 적절하지 못한 것은?
① 체위관리는 부상자의 상태를 악화시키지 않고 안전한 상태로 눕히는 것이다.
② 부상자가 토하려고 할 때에는 반듯하게 눕혀 토하도록 한다.
③ 의식 있는 부상자는 직접 물어보면서 가장 편안한 체위로 해준다.
④ 의식 없는 부상자는 기도를 개방하고 수평자세로 눕힌다.

【문제 39】 자동차의 변경등록사유가 아닌 것은?
① 차대번호의 변경
② 소유자의 주소지 변경
③ 소유권의 변경
④ 사용본거지 변경

【문제 40】 자동차관리법에서 말하는 폐차를 올바르게 설명한 것은?
① 자동차를 산이나 공터에 버리는 것을 말한다
② 자동차를 파쇄·용해시키는 것을 말한다.
③ 자동차의 중요부품을 재활용하는 것을 말한다.
④ 자동차를 해체하여 재 사용하는 것을 말한다

【문제 41】 외국에서 받은 국제운전면허증 또는 상호인정외국면허증에 대한 설명으로 잘못된 것은?
① 입국한 날부터 1년의 기간에 한하여 국제운전면허증 또는 상호인정외국면허증으로 운전할 수 있다.
② 대여사업용 자동차는 사업용 자동차이므로 임대하여 운전할 수 없다.
③ 운전할 수 있는 자동차의 종류는 그 국제운전면허증 또는 상호인정외국면허증에 기재된 것에 한한다.
④ 국제운전면허증 또는 상호인정외국면허증으로 사업용 자동차를 운전할 수 없다.

【문제 42】 운전자가 교통사고를 일으킨 경우 벌점의 합산기준으로 맞지 않는 것은?
① 교통사고 원인이 된 법규 위반에 대한 벌점
② 사고 야기 시 교통사고 결과에 대한 벌점
③ 사고 야기 시 조치 불이행에 대한 벌점
④ 교통사고 원인이 된 법규 위반이 둘 이상인 경우에는 모두 합산적용

【문제 43】 인명피해사고 야기 도주차량을 검거한 운전자에게 특혜점수를 부여하여 그 운전자가 정지·취소처분 받게 되는 경우 1회에 한하여 누산점수에서 이를 공제하는데 그 특혜점수는?
① 50점
② 30점
③ 40점
④ 60점

【문제 44】 출석기간 또는 범칙금 납부기간 만료일로부터 60일이 경과될 때까지 즉결심판을 받지 아니한 때는 어떻게 처리하는가?
① 40일간 운전면허를 정지처분한다.
② 운전면허를 취소한다.
③ 즉결심판을 받도록 다시 한 번 최고한다.
④ 범칙금액에 100분의 50을 더한 가산금액을 납부토록 한다.

정답 29.② 30.① 31.② 32.① 33.② 34.④ 35.① 36.① 37.④ 38.② 39.③ 40.② 41.② 42.④ 43.③ 44.①

【문제 45】 교차로에서 유턴하기 전 운전행동으로 올바른 것은?

① 다른 차량이 속도를 줄일 수 있도록 방향지시등을 켠다.
② 방향지시등과 수신호를 동시에 한다.
③ 양쪽 방향의 안전을 확인한다.
④ 반대방향에서 우회전하는 차량에 주의한다.

【문제 46】 터널 진입 전이다. 운전행동으로 바람직한 것은?

① 전조등을 상향한다.
② 안전거리를 충분히 유지한다.
③ 빈 차로로 진로를 변경하여 주행한다.
④ 터널 안은 노폭이 좁아서 속도감이 느리므로 속도를 높인다.

【문제 47】 다음 그림과 같이 자동차전용도로를 운전할 때 항상 지켜야 할 사항은?

① 정체중일 때에는 도로의 가장자리를 이용할 수 있다.
② 자동차의 최고속도까지 주행할 수 있는 도로이므로 신속히 주행한다.
③ 일반도로보다 빠른 속도로 주행하기 때문에 전방상황에 주의해야 한다.
④ 자동차전용도로에서는 이륜자동차의 움직임에 주의해야 한다.

【문제 48】 교차로의 직진 · 좌회전 신호에서 앞차를 따라 좌회전하려고 한다. 가장 올바른 운전방법은?

─〔 도로상황 〕─
• 좌회전 봉고 및 직진 승용차
• 후사경(룸미러) 속의 후속차량

① 앞차량의 전방 교통상황을 볼 수 없기 때문에 좌측 안쪽으로 빠져 시야를 확보하면서 천천히 좌회전한다.
② 앞차량의 전방 교통상황을 볼 수 없기 때문에 앞차와의 간격을 다소 벌려 시야를 확보하면서 천천히 좌회전한다.
③ 앞차량의 교통상황을 볼 수 없기 때문에 바깥쪽으로 빠져나가 시야를 확보하면서 천천히 좌회전한다.
④ 뒤차량도 좌회전하고자 하므로 앞차에 붙여 신속히 좌회전한다.

【문제 49】 정체 중인 교차로에 접근중이다. 가장 올바른 운전방법은?

─〔 도로상황 〕─
• 차량 신호는 녹색
• 편도 3차로 도로의 2차로를 주행 중
• 후사경 속의 다소 멀리 보이는 후속차

① 전방에 우회전 차량이 계속 밀고 들어오고 있으므로 우선권 확보를 위해 재빨리 교차로에 진입한다.
② 보행자도 차도에 내려선 것으로 보아 신호가 바뀔 무렵이므로 재빨리 교차로에 진입한다.
③ 전방의 교차로가 정체 중이므로 녹색신호라 하더라도 정지선에서 기다리면서 상황을 보아 진입한다.
④ 전방의 교차로가 정체 중이므로 녹색신호라 하더라도 횡단보도를 통과해서 멈춘 후 상황을 보아 진입한다.

【문제 50】 시속 25km로 신호등이 없는 횡단보도에 접근하고 있다. 가장 올바른 방법은?

─〔 도로상황 〕─
• 신호등이 없는 횡단보도를 횡단하는 보행자
• 후사경 속의 자동차

① 보행자의 움직임에 주의하면서 서행으로 통과한다.
② 보행자와의 사이에는 여유가 있으므로 그대로 통과한다.
③ 일시 정지하여 보행자가 횡단한 후 통과한다.
④ 경적으로 주의를 주면서 가속하여 통과한다.

정답 45.③ 46.② 47.③ 48.② 49.③ 50.③

제1편 교통안전수칙 출제예상문제 - 제3회

【문제 1】 일시 정지에 관한 설명 중 틀린 것은?
① 차 또는 노면전차가 일시적으로 그 바퀴를 완전히 정지시키는 것
② 긴급자동차는 일시 정지해야 할 곳에서 일시 정지하지 않을 수도 있다.
③ 일시 정지 표지가 설치되어 있는 곳에서는 일시 정지한다.
④ 차 또는 노면전차가 즉시 정지할 수 있는 느린 속도로 진행하는 것도 일시 정지라 할 수 있다.

【문제 2】 자동차 운전자의 올바른 가치관으로 볼 수 없는 것은?
① 개인의 이익보다 사회와 공공의 이익을 먼저 생각하는 정신
② 민주주의 사회에서 개인의 자유가 으뜸이라는 생각
③ 집단의 안녕을 위하여 개인의 욕구를 자제할 줄 아는 마음
④ 말과 행동에서 거짓과 허식이 없는 성실한 마음가짐

【문제 3】 도로교통법상 초보 운전자라 함은 처음 운전면허를 받은 날부터 얼마가 경과되지 아니한 사람을 말하는가?
① 6개월 ② 1년
③ 2년   ④ 3년

【문제 4】 통고처분의 수령거부나 범칙금을 기간 내에 납부하지 않은 사람을 어떻게 처리하는가?
① 운전면허의 효력이 정지된다.
② 즉결심판에 회부한다.
③ 운전면허가 취소된다.
④ 형사입건한다.

【문제 5】 다음 안전표지가 의미하는 것은?

① 어린이 보호구역 표지
② 노인 보호 표지
③ 보행자 보행 표지
④ 노인 보행 우선 표지

【문제 6】 다음의 안전표지의 뜻으로 맞는 것은?

① 전방에 우로 굽은 도로가 있으므로 매시 30킬로미터 이내의 속도로 주행
② 전방에 미끄러운 도로가 있으므로 매시 30킬로미터 이내의 속도로 주행
③ 전방에 우좌로 이중 굽은 도로가 있으므로 매시 30킬로미터 이내의 속도로 주행
④ 전방에 우회전 도로가 있으므로 매시 30킬로미터 이내의 속도로 주행

【문제 7】 운전면허 정지처분 일수의 감경 또는 누산점수 공제사유가 아닌 것은?
① 인적피해 교통사고 야기 도주차량의 검거 또는 신고하여 검거하게 한 경우
② 특별한 교통안전교육을 이수한 경우
③ 교통안전봉사활동에 종사하는 모범운전자
④ 어린이의 교통지도 등 봉사활동을 하는 녹색어머니회 회원

【문제 8】 주취운전으로 인한 운전면허 취소처분 기준으로 옳지 않은 것은?
① 음주측정 불응으로 2회 이상 면허취소처분 받은 사람이 다시 주취운전한 때
② 혈중알코올농도 0.03% 이상 주취상태에서 운전 중 교통사고로 사람을 사상한 경우
③ 혈중알코올농도 0.08% 미만 주취상태에서 운전한 경우
④ 주취운전으로 2회 이상 면허정지·취소처분 받은 사람이 다시 주취운전한 때

【문제 9】 무단 횡단자를 발견하였을 때 올바른 운전방법은?
① 교차로 부근에서는 보행자 보호의무가 있으나 그 외에는 보호의무가 없다.
② 신호 위반하거나 무단횡단자는 보호할 의무가 없다.
③ 무단횡단하는 보행자도 보호하여야 한다.
④ 일방통행로에서는 무단횡단자를 보호할 의무가 없다.

【문제 10】 보행자가 차도를 통행할 수 있는 경우로 잘못된 것은?
① 사회적으로 중요한 행사에 따른 시가행진인 경우 차도의 우측을 통행하여야 한다.
② 학생의 대열 등은 차도의 우측으로 통행할 수 있다.
③ 사다리, 목재 등 보행자의 통행에 지장을 줄 물건을 운반중인 사람은 차도의 우측을 통행할 수 있다.
④ 말, 소 등 큰 동물을 몰고 가는 사람은 차도의 우측으로 통행할 수 있다.

【문제 11】 어린이 보호구역 안에서의 제한 또는 금지사항으로 잘못된 것은?
① 주 출입문과 연결된 도로에는 노상주차장의 설치를 금지한다.
② 운행속도를 매시 40km 이내로 제한한다.
③ 이면도로를 일방통행로로 지정 운영한다.
④ 자동차 등의 통행속도를 30km 이내로 제한한다.

【문제 12】 교통신호에 대한 설명으로 적절하지 못한 것은?
① 모든 운전자와 보행자는 신호기의 신호에 따라 통행하여야 한다.
② 운전자는 자기가 가는 방향의 신호를 정확하게 확인하고 진행하여야 한다.
③ 가변차로의 가변신호등은 교통신호로 볼 수 없다.
④ 주변신호만을 보거나 신호 확인 없이 앞차만 따라 진행하지 않도록 하여야 한다.

【문제 13】 신호등의 황색등화가 점멸할 때 옳은 통과방법은?
① 일시 정지한 후 다른 교통에 주의하면서 진행하여야 한다.
② 다른 교통 또는 안전표지에 주의하면서 진행하여야 한다.
③ 빠른 속도로 교차로를 벗어나야 한다.
④ 정지선에서부터 서행하여야 한다.

【문제 14】 윤활유의 방청작용에 대한 설명으로 가장 적절한 것은?
① 엔진 내부의 각 회전부분 등의 마찰을 적게 하여 마멸을 감소한다.
② 엔진 각부의 마찰열을 흡수하여 마찰부분의 손상을 방지한다.
③ 엔진 내부의 금속부분의 산화 및 부식 등을 방지하여 금속부를 보존한다.
④ 엔진에서 발생하는 충격을 흡수하고 마찰 등의 소음을 감소시킨다.

정답 1.④ 2.② 3.③ 4.② 5.② 6.③ 7.④ 8.③ 9.③ 10.① 11.② 12.③ 13.② 14.③

【문제 15】 자동차용 배터리 중 증류수의 보충이 필요 없고 관리가 용이한 배터리는?
① MR 배터리
② MF 배터리
③ MV 배터리
④ MC 배터리

【문제 16】 앞에서 보았을 때 앞바퀴 위쪽이 아래보다 약간 바깥쪽으로 기울어지게 정렬된 것은?
① 캐스터
② 킹핀
③ 캠버
④ 토인

【문제 17】 자동차 클러치 페달의 유격에 대한 설명으로 적절하지 못한 것은?
① 일반적으로 20~30mm가 적당하다.
② 불필요한 회전에 의한 베어링의 소손을 방지한다.
③ 클러치 페달의 유격이 없으면 제동이 민감해진다.
④ 클러치판의 미끄러짐을 방지한다.

【문제 18】 운전하기 전 반드시 준비하여야 할 휴대서류로 볼 수 없는 것은?
① 운전면허증
② 자동차등록증
③ 의료보험증
④ 책임 및 종합보험가입영수증

【문제 19】 차의 운전자가 주차장에 들어가기 위하여 보도를 횡단하고자 할 때 올바른 운전방법은?
① 보행자가 신속히 통과하도록 신호한다.
② 보행자보다 먼저 통과한다.
③ 보도직전 일시 정지하여 보행자의 통행을 방해하여서는 아니 된다.
④ 경음기를 사용하여 보행자에게 알린 후 통과한다.

【문제 20】 화물의 적재방법 중 이륜차는 적재장치 길이에 얼마를 더한 길이만큼 적재할 수 있는가?
① 30cm
② 40cm
③ 50cm
④ 60cm

【문제 21】 일반도로에서의 자동차 등의 법정속도로 잘못된 것은?
① 편도 2차로 이상 도로의 최고속도는 80km/h 이내이고 최저속도는 규제 않는다.
② 편도 1차로의 도로는 최고속도 60km/h 이내이고 최저속도는 규제 않는다.
③ 편도 4차로 이상 도로의 최고속도는 90km/h 이내이고 최저속도는 규제 않는다.
④ 일반도로에서는 최저속도를 규제하지 아니 한다.

【문제 22】 차의 운전자가 일시 정지하여야 할 장소가 아닌 곳은?
① 교통정리가 없고 교통이 빈번한 교차로
② 철길건널목
③ 보행자가 보행중인 신호등 없는 횡단보도
④ 가파른 비탈길의 내리막

【문제 23】 앞지르기의 순서로 가장 적절한 것은?
① 안전확인 → 좌측 방향지시기 → 앞지르기 → 우측 방향지시기 → 진로변경 및 신호종료
② 좌측 방향지시기 → 안전확인 → 앞지르기 → 우측 방향지시기 → 진로변경 및 신호종료

③ 안전확인 → 우측 방향지시기 → 앞지르기 → 좌측 방향지시기 → 진로변경 및 신호종료
④ 우측 방향지시기 → 안전확인 → 앞지르기 → 좌측 방향지시기 → 진로변경 및 신호종료

【문제 24】 교통정리가 없는 교차로에 우선순위가 같은 두 대의 차가 동시에 진입 시 우선순위는?
① 좌회전 차가 우선
② 우측 도로의 직진차가 우선
③ 좌측 도로의 직진차가 우선
④ 우회전 차가 우선

【문제 25】 주차 위반 과태료 부과처분에 대한 이의제기는 누구에게 하여야 하는가?
① 경찰청장
② 시장 등
③ 시·도 경찰청장
④ 관할 경찰서장

【문제 26】 뒤차의 전조등 불빛이 운전자의 눈을 부시게 하는 경우 어떻게 해야 하는가?
① 미등을 깜빡거린다.
② 시선을 약간 우측으로 한다.
③ 경음기를 울린다.
④ 후사경을 눈부심 방지로 조절한다.

【문제 27】 밝은 장소에서 갑자기 어두운 장소로 이동하면 잠시 시력을 잃었다가 회복되는 현상은?
① 시야
② 암순응
③ 현혹
④ 명순응

【문제 28】 알코올이 운전에 미치는 영향으로 볼 수 없는 것은?
① 반응 동작의 지연과 시력의 약화로 장애물의 인지가 늦어진다.
② 이성과 판단력을 떨어뜨린다.
③ 준법의식을 약화시킨다.
④ 대담한 행동으로 자신 있는 운전을 한다.

【문제 29】 주로 대뇌의 지각, 운동 중추의 병적 흥분을 억제하는 효과의 약물로 복용 시 정상적인 기능마저 상실되는 약물이다. 맞지 않는 것은?
① 진정제
② 카페인
③ 수면제
④ 신경안정제

【문제 30】 자동차 사각에 대한 설명으로 적절하지 못한 것은?
① 앞차를 따라갈 때에는 그 앞차의 전방에 사각이 생긴다.
② 앞차가 대형차일수록 사각의 범위가 넓어진다.
③ 뒤차에 의한 사각은 전방으로 진행 시에도 위험하다.
④ 앞차와의 거리가 짧을수록 사각의 범위도 넓어진다.

【문제 31】 긴 내리막길에서 풋 브레이크를 지나치게 사용하면 마찰열이 브레이크라이닝의 재질을 변화시켜 마찰계수가 떨어지면서 브레이크가 듣지 않는 현상은?
① 페이드 현상
② 베이퍼 록 현상
③ 스탠딩 웨이브 현상
④ 하이드로플레닝 현상

【문제 32】 고속도로의 오르막길 고갯마루 부근에 저속차량의 통행을 위하여 설치한 차로는?
① 가속차로
② 오르막 차로
③ 감속차로
④ 주행차로

정답 15.② 16.③ 17.③ 18.③ 19.③ 20.① 21.③ 22.④ 23.① 24.② 25.② 26.② 27.② 28.④ 29.② 30.③ 31.① 32.②

【문제 33】 고속도로 주행 중 급제동이나 급핸들 조작을 하여서는 안 되는 이유는?
① 자동차 브레이크 파열을 가져오므로
② 타이어에 무리가 있고 차량의 하중이 앞에 걸리므로
③ 자동차가 전도되거나 뒤차와 추돌하므로
④ 뒤차 운전자에게 피로를 주게 됨으로

【문제 34】 오르막길을 오르다가 앞선 차 뒤에 정차하고자 할 때 가장 올바른 정차 방법은?
① 앞차와의 간격을 멀리 두고 정차한다.
② 가급적 안전거리를 충분히 유지하여 정차한다.
③ 앞차에 근접하여 정차
④ 적당한 거리를 두고 정차하면 된다.

【문제 35】 야간 운전의 위험성에 대한 설명으로 맞지 않는 것은?
① 시야의 범위가 좁아진다.
② 속도감이 증가한다.
③ 마주 오는 차의 전조등 불빛으로 물체의 증발현상이 발생한다.
④ 술에 취한 사람이 도로에 뛰어드는 경우가 있다.

【문제 36】 교통사고에 대한 설명으로 바르지 못한 것은?
① 교통사고는 차의 교통으로 인하여 사람을 사상하거나 물건을 손괴한 것이다.
② 중상사고는 3주 이상 치료를 요하는 의사의 진단 있는 사고이다.
③ 사망사고는 교통사고 발생 시로부터 72시간 이내 사망자 있는 사고이다.
④ 경상사고는 3주 미만 1주 이상 치료를 요하는 의사의 진단이 있는 사고이다.

【문제 37】 도주 또는 중요법규 12개항 위반에 해당되지 않는 사고로서 합의 또는 종합보험에 가입 되어도 처벌하는 경우는?
① 업무상 과실치사죄
② 중과실치상죄
③ 업무상 과실치상죄
④ 중과실로 다른 사람의 차를 손괴한 죄

【문제 38】 교통사고를 일으킨 운전자의 형사처벌 내용으로 맞지 않는 것은?
① 교통사고 처리특례법상 사람을 사상한 때 5년 이하 금고 또는 2천만 원 이하 벌금
② 도로교통법상 타인의 재물을 손괴한 때 2년 이하 금고 또는 5백만 원 이하 벌금
③ 특정범죄가중처벌에 관한 법률상 사람을 죽게 하고 도주한 때 무기 또는 5년 이상 징역
④ 특정범죄가중처벌에 관한 법률상 사람을 다치게 하고 도주한 때 2년 이상 징역

【문제 39】 교통사고 처리특례법상 치료비 외에 우선 지급할 손해배상 지급기준액으로 틀린 것은?
① 부상의 경우 위자료 전액과 휴업손해액의 100분의 50에 해당하는 금액
② 후유장애의 경우 위자료 전액과 상실수익액의 100분의 30에 해당하는 금액
③ 대물손해의 경우 대물배상액의 100분의 50에 해당하는 금액
④ 위자료가 중복되는 경우에는 보험회사 약관이 정하는 지급기준에 따라 지급한다.

【문제 40】 부상자의 이동에 대한 설명으로 적절하지 못한 것은?
① 사고현장의 화재나 자동차 통행 등 위험 시 이동한다.
② 그대로 두면 부상상태가 악화되는 경우 이동한다.
③ 목뼈 등 골절이 의심되면 전문 의료인이 올 때까지 이동하면 안 된다.
④ 부상자의 상태에 따라 안전한 방법으로 이동한다.

【문제 41】 운전면허를 받은 사람의 정기적성검사 기간에 대한 설명으로 잘못된 것은?
① 최초의 적성검사 기간은 면허시험 합격일을 기산으로 65세 미만은 10년이 속하는 해의 1월 1일부터 12월 31일까지
② 그 외의 정기적성검사 기간은 직전의 운전면허증 갱신일부터 기산하여 65세 미만은 10년이 속하는 해의 1월 1일부터 12월 31일까지
③ 그 외의 적성검사 기간은 생년월일을 기준으로 7년이 되는 날부터 3월 이내
④ 65세 이상 75세 미만인 자는 5년마다, 65세 미만자는 10년마다 적성검사를 받아야 한다.

【문제 42】 인공호흡 실시방법에 대한 설명으로 적절하지 못한 것은?
① 심장 마사지를 실시 후 하는 것이 효과적이다.
② 먼저 기도를 개방하여야 한다.
③ 머리를 젖힌 손의 검지와 엄지로 코를 막는다.
④ 가슴 상승이 눈으로 확인될 정도로 1초 동안 인공호흡을 2회 실시한다.

【문제 43】 자동차의 매매 또는 상속받은 때에 신청하는 등록은?
① 이전등록
② 신규등록
③ 변경등록
④ 말소등록

【문제 44】 자동차관리법에서 말하는 중고자동차를 올바르게 설명한 것은?
① 자동차를 구입하여 1년 이상이 지난 자동차
② 자동차를 구입하여 2만km 이상 운행한 자동차
③ 자동차를 신규 등록하여 사실상 그 성능을 유지할 수 없을 때까지의 자동차
④ 자동차를 신규 등록하여 무상 보증기간이 지난 자동차

【문제 45】 어린이통학버스 차량이 우측에서 어린이를 하차시키고 있다. 운전자의 올바른 행동은?

① 뒤에 차는 기다린다.
② 모든 차는 경적을 울리며 지나간다.
③ 모든 차는 서행한다.
④ 어린이통학버스 옆을 지날 때에는 일시 정지 후 잘 살핀 후 서행하며 지나간다.

【문제 46】 터널 안을 주행 중이다. 운전행동으로 적절하지 못한 것은?

① 밝은 곳에서 어두운 터널에 들어가면 눈의 적응이 잘 안된다.
② 감속이나 제동에 특별히 주의하지 않으면 앞차와 추돌사고가 나기 쉽다.
③ 진로변경이 금지되어 있으므로 차로를 변경해서는 안된다.
④ 터널 안은 어둡기 때문에 앞차와의 간격을 좁히고 주행한다.

정답 33.③ 34.② 35.② 36.④ 37.① 38.④ 39.② 40.③ 41.③ 42.① 43.① 44.③ 45.④ 46.④

【문제 47】 도로를 시속 70킬로미터 이내로 주행중 무인단속카메라를 발견하였다. 옳은 운전방법은?

① 급제동하여 속도를 줄인다.
② 전방을 주의하면서 그대로 통과한다.
③ 차로를 변경하여 피하면서 주행한다.
④ 시속 75킬로미터로 주행해도 위반은 아니다.

【문제 48】 시속 50km 상태로 황색점멸 신호가 있는 교차로를 접근 중이다. 교차로를 직진하려고 할 때 가장 올바른 운전방법은?

─────{ 도로상황 }─────
• 차량 신호는 황색점멸
• 오른쪽 도로에 승용차(일시 정지 상태)
• 전방 화물차 좌회전
• 후사경 속의 자동차

① 속도를 낮추어 서행하면서 트럭 앞과 도로 좌우의 상황을 살펴보며 안전하게 주행한다.
② 트럭 앞쪽에서 반대 차로의 차가 좌회전해 들어올지 모르므로 오른쪽으로 재빠르게 교차로를 통과한다.
③ 오른쪽 교차로에 승용차는 일시 정지해 있으므로 그대로 진행한다.
④ 신호가 황색점멸이므로 반드시 일시 정지하여 안전을 확인한 다음 진행한다.

【문제 49】 터널 안을 주행 중이다. 이 상황에서 가장 적절하지 않는 운전방법은?

─────{ 도로상황 }─────
• 편도 2차로 도로
• 차선은 백색 실선

① 터널 안에서 다른 차에 앞지르기를 유발하면 위험하므로 앞차와의 차간거리를 다소 좁힌다.
② 전조등을 켜서 전방을 잘 살펴보는 한편 자신의 위치도 파악한다.
③ 터널 안에서는 진로변경이 금지되어 있기 때문에 차로변경을 하지 않도록 한다.
④ 터널 안에서는 차간거리나 속도감각이 떨어지므로 특히 앞차의 제동등에 유의하며 주행한다.

【문제 50】 주택가 이면도로를 시속 30km로 주행중이다. 골목길 끝에서 좌회전하려고 한다. 이 상황에서 가장 올바른 운전방법은?

─────{ 도로상황 }─────
• 차로가 설치되지 않은 좁은 도로
• 주택가 이면도로의 어린이와 유아 통행

① 골목길 끝에서 차량이 좌회전해서 들어오면 보행자에 방해받아 내 방향으로 들어올 수 있으므로 다소 가속하여 골목길 끝에 먼저 다가선다.
② 다른 차는 없으므로 그대로 주행하여 골목길에서 멈춰선 다음 안전을 확인하며 좌회전한다.
③ 좌측에서 어린이와 유모차를 끄는 보행자가 다가오고 있으므로 차의 좌측으로부터 안전거리를 유지하며 서행한다.
④ 좌측에서 어린이와 유모차를 끄는 보행자가 다가오고 있으므로 경적을 울려 주의를 주면서 신속하게 통과한다.

정답 47.② 48.① 49.① 50.③

제1편 교통안전수칙 출제예상문제 - 제4회

【문제 1】 정차에 해당되는 것은?
① 화물자동차가 짐을 싣기 위해 계속 정지하고 있는 상태
② 5분을 초과하지 않고 정지하는 것으로 운전자가 즉시 출발할 수 있는 상태
③ 5분 이상 엔진의 시동을 꺼두고 정지하여 즉시 출발할 수 없는 상태
④ 불러봐도 들리지 않는 곳에 운전자가 떠나 운전할 수 없는 상태

【문제 2】 공공의 질서와 개인의 자유를 올바르게 설명한 것은?
① 공공의 질서를 위하여 개인의 자유는 희생시킨다.
② 공공의 질서와 개인의 자유는 상호 보완관계에 있다.
③ 공공의 자유와 개인의 자유는 상호 대립적이다.
④ 공공의 질서보다 개인의 자유가 우선한다.

【문제 3】 자동차를 운전하는 운전자의 사명으로 옳지 못한 것은?
① 남의 생명을 내 생명같이 존중하는 마음을 가져야 한다.
② 운전자는 공인의 신분임을 자각하고 행동하여야 한다.
③ 종합보험에 가입한 경우 교통사고의 책임을 면할 수 있다.
④ 운전은 혼자 하는 것이 아니라 다른 사람과 함께함을 잊지 말아야 한다.

【문제 4】 보행자에게 물을 튀게 하는 운전자는 어떠한 성향을 가졌는가?
① 다른 차나 보행자와 조화를 유지할 줄 아는 성향
② 자신의 의도를 상대방에게 전달하고 상대방의 의도를 알고 행동하는 성향
③ 자기 편리한대로 빨리 운전할 줄 아는 성향
④ 다른 교통이나 연도주민에 대하여 배려할 줄 아는 성향

【문제 5】 다음 안전표지 설명으로 올바른 것은?

① 일방통행 표지
② 우회전도로 통행할 것을 지시하는 표지
③ 자전거만 우회도로로 통행하도록 지시하는 표지
④ 주차장이 있는 곳을 알리는 표지

【문제 6】 다음 도로표지의 성명으로 틀린 것은?

① 주유는 할 수 있으나 차량정비는 불가능하다.
② 숙박과 식사가 가능하다.
③ 전방 500m 앞에 금강휴게소가 있다.
④ 자동차 주차와 차량정비도 가능하다.

【문제 7】 보행자의 도로 횡단방법으로 가장 적절한 것은?
① 횡단보도가 없는 곳에서는 손을 들고 횡단하면 된다.
② 육교 밑으로 횡단할 때는 차량이 없는 때 신속히 횡단한다.
③ 자기 편리한 곳으로 횡단하되 차량 바로 앞이나 뒤로 횡단한다.
④ 최단거리로 횡단하되 차량이 지나간 다음 횡단한다.

【문제 8】 어린이 통학버스로 신고할 수 있는 최저 승차 정원의 기준은?
① 9인승 이상   ② 7인승 이상
③ 17인승 이상 ④ 12인승 이상

【문제 9】 신호등의 신호 순서로 맞지 않는 것은?
① 사색등화는 적색 및 녹색화살표 → 황색 → 녹색 → 황색 → 적색등화
② 삼색등화는 녹색 → 황색 → 적색등화
③ 보행등의 이색등화는 녹색등화 → 녹색등화의 점멸 → 적색등화
④ 사색등화는 녹색 → 황색 → 적색 및 녹색 호살표시 → 적색 및 황색 → 적색등화

【문제 10】 전방의 적색신호등이 점멸하고 있을 때 차마의 통행방법은?
① 반드시 일시 정지한 후 다른 교통에 주의하면서 서행한다.
② 주의하면서 계속 진행한다.
③ 좌회전차량은 서서히 좌회전할 수 있다.
④ 교차로 직전 또는 정지선 직전에 정지하여야 한다.

【문제 11】 클러치 페달에 발을 올려놓고 주행할 때 일어나는 현상으로 볼 수 없는 것은?
① 연료소모가 늘어난다.
② 기어변속이 용이하여 연료소모가 적다.
③ 클러치판이 빨리 마모된다.
④ 클러치가 밀착되지 않아 미끄럼이 일어나 추진력이 약화된다.

【문제 12】 레버를 당기면 와이어에 의해 좌·우의 뒷바퀴가 고정되는 기계식 제동방식을 사용하는 브레이크는?
① 풋 브레이크
② 엔진 브레이크
③ 핸드 브레이크
④ ABS 브레이크

【문제 13】 자동차의 제원 중 크기를 나타내는 용어의 설명으로 적절하지 못한 것은?
① 전장 : 자동차 길이를 자동차 중심면과 접지면에 평행하게 측정한 때의 최대길이
② 전폭 : 자동차의 너비를 자동차 중심면과 직각으로 측정한 때의 최대너비
③ 전고 : 화물 적재상태에서 접지면에서 최고부까지의 높이
④ 축거 : 앞·뒤 차축의 중심거리, 전륜 또는 후륜이 2축인 경우 중간점에서 측정

【문제 14】 여름철 자동차의 와이퍼 작동상태의 점검사항이 아닌 것은?
① 유리면과 접촉하는 브레이드의 마모상태
② 모터 작동상태의 정상여부
③ 서리제거용 열선의 정상 작동여부
④ 노즐의 분출구 및 분사각도의 정상여부

【문제 15】 승용자동차에 어린이를 승차시킬 때 가장 적절한 승차 위치는?
① 운전석 옆에 승차시키고 좌석안전띠를 맨다.
② 조수석 뒷좌석 어린이 보조시트에 승차시킨다.
③ 운전석 뒷좌석 어린이 보조시트에 승차시킨다.
④ 운전석 뒷좌석에 승차시키고 좌석안전띠를 맨다.

정답 1.② 2.② 3.③ 4.③ 5.② 6.① 7.④ 8.① 9.① 10.① 11.② 12.③ 13.③ 14.③ 15.③

【문제 16】 차로의 설치기준을 설명한 것으로 적절하지 못한 것은?

① 좌회전용 차로 등 부득이한 때에는 270cm 이상으로 설치할 수 있다.
② 횡단보도, 교차로 및 철길건널목 부분에는 차로를 설치할 수 없다.
③ 차로의 너비는 3m 이상으로 설치하여야 한다.
④ 차로를 설치하고자 할 때에는 중앙선을 표시하여야 한다.

【문제 17】 차의 운전자가 앞지르기하고자 하는 경우 확인할 사항이 아닌 것은?

① 반대방향 및 좌측 후방의 교통
② 우측 후방의 교통
③ 앞차의 속도와 진로
④ 앞차의 앞쪽 교통

【문제 18】 이상기후 시 감속 기준으로 맞는 것은?

① 노면이 젖어있는 때 20% 감속
② 눈이 20mm 미만 쌓인 때 50% 감속
③ 안개로 인하여 가시거리가 100m 이상인 때 50% 감속
④ 노면이 얼어붙은 때 20% 감속

【문제 19】 차의 수신호방법으로 적절하지 못한 것은?

① 정지하려할 때에는 팔을 차체 밖으로 내어 45도 위로 편다.
② 우회전 시는 왼팔을 좌측 밖으로 내어 팔꿈치를 굽혀 수직으로 올린다.
③ 뒤차를 앞지르기 시킬 때에는 왼팔을 차체 밖으로 수평으로 펴서 손을 앞뒤로 흔든다.
④ 좌회전 시는 왼팔을 수평으로 펴서 차체 좌측 밖으로 내민다.

【문제 20】 교차로 통과요령에 대한 설명으로 적절하지 못한 것은?

① 우회전 시는 미리 우측가장자리를 따라 서행하여야 한다.
② 좌회전 시는 도로의 중앙선을 따라 교차로 중심 바깥쪽으로 서행하여야 한다.
③ 안전표지로 진행방향이 지정되어 있는 때에는 그에 따라 통행하여야 한다.
④ 앞차가 진로변경 신호를 하는 때에는 그 차의 진로를 방해하여서는 아니 된다.

【문제 21】 교통정리 없는 교차로에 진입할 때의 주의사항으로 볼 수 없는 것은?

① 통행 우선순위를 잘못 알거나 무시하는 차량이 있으므로 주의한다.
② 황색신호가 점멸하는 때에는 좌우를 살피며 서행한다.
③ 적색신호가 점멸하는 때에는 일시 정지한 후 안전을 확인하고 진행한다.
④ 통행순서가 우선인 경우에는 속도를 높여 신속히 통과한다.

【문제 22】 영업용 택시가 야간에 도로를 운행할 때 켜야 하는 등화는?

① 전조등, 차폭등, 미등, 번호등
② 전조등, 차폭등, 번호등, 실내조명등
③ 전조등, 차폭등, 미등, 번호등, 실내조명등
④ 전조등, 미등, 번호등, 실내조명등

【문제 23】 철길건널목 통과 중 차량이 고장 난 경우 운전자의 조치로 옳지 못한 것은?

① 신속하게 현장에서 차량의 고장여부를 확인하고 수리한다.

② 기어를 1단으로 하고 스타팅 모터의 힘으로 건널목 밖으로 이동시킨다.
③ 비상 신호 그 밖의 방법으로 철도공무원 등에게 알린다.
④ 승객을 신속히 하차시켜 대피시킨다.

【문제 24】 운전자가 위험을 느끼고 브레이크를 밟아 브레이크가 듣기 시작하기까지 걸리는 시간은?

① 인지시간   ② 제동시간
③ 지각반응시간   ④ 정지시간

【문제 25】 약물복용 운전에 대한 설명 중 잘못된 것은?

① 약물과 술을 동시에 복용할 때는 운전하지 말아야 한다.
② 약을 지을 때에는 운전 중임을 미리 알리는 것이 좋다.
③ 약물복용은 대뇌와 중추신경에 치명적인 영향을 주어 사고위험이 높다.
④ 어떤 약물이든 복용한 상태에서 운전을 하여도 된다.

【문제 26】 커브 길을 동일한 속도로 주행할 때 상대적으로 차체의 균형을 잃기 쉬운 차량은?

① 무게 중심이 높은 차   ② 무게 중심이 낮은 차
③ 무게 중심이 중간인 차   ④ 무게 중심과 상관없음

【문제 27】 차체의 상·하 축의 둘레로 흔들리는 것으로서 조향 핸들을 급히 조작할 경우나 레일 위나 미끄럼이 생기기 쉬운 노면을 달릴 때 발생하기 쉬운 현상은?

① 피칭   ② 롤링
③ 요잉   ④ 바운싱

【문제 28】 커브 도로를 돌아갈 때 원심력에 관한 설명으로 적절하지 못한 것은?

① 차량 중량이 무거울수록 원심력이 커진다.
② 속도가 빠를수록 원심력이 커진다.
③ 원심력이 발생하면 차가 커브 바깥쪽으로 미끄러진다.
④ 커브 반경이 크면 원심력이 커진다.

【문제 29】 고속도로 진입 시 우선순위로서 맞지 않는 것은?

① 고속도로에 진입하려는 차보다 이미 고속도로를 주행 중인 차가 우선한다.
② 긴급출동 중인 소방자동차가 진입하는 때에는 그 소방차가 우선한다.
③ 고속도로에 진입하려고 가속차로에 접근한 자동차는 이미 고속도로를 주행 중인 차에 우선한다.
④ 교통단속 중인 경찰용 자동차가 진입하는 때에는 그 경찰용 자동차가 우선한다.

【문제 30】 야간에 고속도로에서 자동차 고장 시 고장자동차의 표지(안전삼각대)와 섬광신호등의 설치 위치는?

① 고장표지는 고장차량 후방에서 접근하는 자동차의 운전자가 확인할 수 있는 위치에, 섬광신호등은 사방 500m 지점에서 식별할 수 있는 후방에 설치
② 고장표지는 고장차량 후방에서 접근하는 자동차의 운전자가 확인할 수 있는 위치에, 섬광신호등은 300m 후방에 설치
③ 고장표지는 고장차량 후방 200m, 섬광신호등은 400m 후방에 설치
④ 고장표지는 고장차량 후방 200m, 섬광신호등은 500m 후방에 설치

정답 16.① 17.② 18.① 19.① 20.② 21.④ 22.③ 23.① 24.③ 25.④ 26.① 27.③ 28.④ 29.③ 30.①

106

【문제 31】 커브 길에서 안전운전방법으로 적절하지 못한 것은?
① 차가 커브를 돌 때 뒷바퀴가 더 바깥쪽으로 돌며 보행자를 충격하니 주의한다.
② 커브를 돌 때에는 중앙선을 침범하지 않도록 조심한다.
③ 반대방향차가 중앙선을 넘어올지 모른다는 생각을 하며 대비하는 운전을 한다.
④ 커브 길 진입 전 충분히 속도를 줄인다.

【문제 32】 눈·비 오는 날 고속도로 주행방법으로 맞지 않는 것은?
① 비 오는 날 고속주행은 수막현상으로 제동·조향효과가 감소되므로 감속 운행한다.
② 눈이 내리는 도로에서는 체인이나 스노타이어를 사용하고 운행한다.
③ 눈·비가 올 때에는 앞차와의 안전거리를 가깝게 한다.
④ 비 오는 날에는 전방교통 확인이 어려우므로 주의한다.

【문제 33】 부상자의 기도확보에 대한 설명으로 적절하지 못한 것은?
① 엎드려져 있는 사람은 몸이 뒤틀리지 않도록 그대로 둔다.
② 기도확보는 공기가 입과 코를 통하여 폐에 도달할 수 있는 통로를 확보하는 것이다.
③ 기도에 이물질 또는 분비물이 있는 경우 제거한다.
④ 의식이 없고 혀가 늘어진 경우 머리를 뒤로 젖히고 턱을 끌어올려 목구멍을 넓힌다.

【문제 34】 제한속도를 매시 30km를 초과하여 운전 중 3명의 중상사고를 일으킨 경우의 처벌은?
① 피해자와 합의하면 공소권 없음으로 처리된다.
② 종합보험에 가입되었으면 공소권 없음으로 처리된다.
③ 피해자의 명시한 의사에 반하여 처벌할 수 없다.
④ 피해자의 의사와 관계없이 처벌한다.

【문제 35】 자동차손해배상책임보험에 대한 설명으로 적절하지 못한 것은?
① 자동차를 소유한 사람이 의무적으로 가입하여야 하는 보험이다.
② 교통사고가 발생한 경우 타인의 손해에 대하여는 무한으로 보상한다.
③ 사고발생 시 차량 소유자, 운전자의 부모, 배우자, 자녀 등의 피해는 보상받지 못한다.
④ 교통사고가 발생한 경우 타인에 대한 손해를 보상한다.

【문제 36】 운전은 운전의 3단계 과정을 반복하는 것인데 이 과정으로 볼 수 없는 것은?
① 도로상에서 각종 정보를 받아들이는 인지단계
② 인지된 정보를 분석하여 운전행동을 결정하는 판단단계
③ 조작에 의하여 자동차가 정지하는 제동단계
④ 판단한 정보를 실제 운전행동으로 옮기는 조작단계

【문제 37】 부상자의 의식상태 관찰 및 조치방법으로 맞지 않는 것은?
① 말을 걸어보거나 팔을 꼬집거나 눈동자를 확인해 본다.
② 의식이 있을 때에는 구급차가 곧 온다는 등 안심시킨다.
③ 의식이 없을 때에는 우선 구급차가 빨리 오도록 재촉한다.
④ 의식이 없을 때에는 우선 기도를 확보한다.

【문제 38】 출혈이 있는 부상자에 대한 지혈법으로 맞지 않는 것은?
① 직접압박 지혈법   ② 드레싱 지혈법
③ 간접압박 지혈법   ④ 지혈대 지혈법

【문제 39】 자동차 등록번호판의 관리방법에 대한 설명으로 맞는 것은?
① 훼손된 등록번호판은 시·도지사의 허가 없이 뗄 수 있다.
② 봉인이 훼손 또는 분실된 경우에는 재교부 받을 수 없다.
③ 자동차 등록번호판이 훼손된 경우에는 재신청하여 교부받을 수 있다.
④ 등록번호판을 가리거나 알아보기 곤란하게 한 경우 처벌할 수 없다.

【문제 40】 자동차의 정기검사는 유효기간 만료일 전후 며칠 이내 받아야 하는가?
① 만료일 전후 각각 31일 이내
② 만료일 전후 각각 15일 이내
③ 만료일 전후 각각 20일 이내
④ 만료일 전후 각각 25일 이내

【문제 41】 수시적성검사 대상자로 볼 수 없는 것은?
① 정신질환 또는 간질로서 전문의가 정상적인 운전을 할 수 없다고 인정하는 사람
② 다리, 머리, 척추나 그 밖의 신체장애로 앉아 있을 수 없는 사람
③ 마약, 대마 등으로 전문의가 정상적인 운전을 할 수 없다고 인정하는 사람
④ 신체상 질환으로 장기간 병원에 입원 중인 사람

【문제 42】 운전면허 행정처분에 대한 이의 신청절차를 설명한 것으로 잘못된 것은?
① 운전면허의 취소·정지처분에 이의 있는 사람은 60일 이내에 시·도 경찰청장에게 이의신청할 수 있다.
② 시·도 경찰청장은 운전면허행정처분심의위원회의 심의·의결을 거쳐 감경할 수 있다.
③ 이의신청결과 그 결과를 통보받은 사람은 90일 이내에 행정심판을 청구할 수 있다.
④ 이의신청한 사람은 이의신청결과를 통보받기 전에 행정심판을 청구할 수 없다.

【문제 43】 음주운전으로 적발되어 혈중알코올농도 0.08% 미만으로 측정된 경우 정지처분 벌점기준은?
① 벌점 90점   ② 벌점 110점
③ 벌점 100점   ④ 벌점 80점

【문제 44】 범칙금납부기간 내에 내지 않은 운전자가 즉결심판 직전에 내려 할 때의 금액은?
① 원래의 금액
② 원래 금액에 20%를 더한 금액
③ 원래 금액에 50%를 더한 금액
④ 원래 금액에 70%를 더한 금액

【문제 45】 다음과 같은 도로상황에서의 올바른 운전방법은?

① 전방에 횡단보도 노면표시가 있으므로 보행자의 안전에 유의해야 한다.
② 전방에 차량이 없으므로 속도를 높여 진행한다.
③ 버스가 전용차로로 진입할 때 충돌사고의 염려는 없으므로 현재 속도를 그대로 유지한다.
④ 버스전용차로 노면 표시가 있으므로 우회전하고자 하더라도 진입해서는 안된다.

정답   31.① 32.③ 33.① 34.④ 35.② 36.③ 37.③ 38.② 39.③ 40.① 41.④ 42.④ 43.③ 44.③ 45.①

【문제 46】보행자가 횡단보도를 걸어가고 있을 때 운전방법으로 가장 옳은 것은?

① 경음기를 울려 보행자가 신속하게 횡단하도록 한다.
② 무단횡단하는 보행자는 보호할 의무가 없다.
③ 전방을 잘 살펴 정지선 직전에 일시 정지하여 보행자가 횡단한 후 출발한다.
④ 속도를 줄이면서 보행자를 피해서 지나간다.

【문제 47】어린이 보호구역을 통과할 때의 운전 행동으로 적절하지 않은 것은?

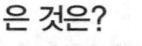

① 어린이 통행이 빈번하므로 안전에 유의한다.
② 통행시간을 제한하고 있는 경우 제한시간 내에 통행하여서는 아니된다.
③ 전방에 위험이 보이지 않으므로 속도를 줄이지 않는다.
④ 규정속도를 초과하지 않는다.

【문제 48】시내도로를 시속 40km로 주행하고 있다. 이 상황에서 특히 주의해야 할 것은?

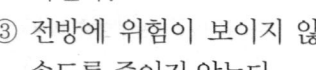

─┤ 도로상황 ├─
• 우측 차로 전방에 주행하는 이륜차
• 여유있게 접근하는 특수차량
• 우측 차로 전방에 버스가 있음

① 버스 앞으로 무단 횡단할지도 모르는 보행자
② 우측 이륜차의 갑작스런 차로변경
③ 앞 승용차의 급정지
④ 버스의 갑작스런 출발

【문제 49】농촌지역의 도로를 시속 40km의 속도로 주행하고 있다. ㅏ자형 교차로에서 직진하려고 할 경우 가장 올바른 운전방법은?

─┤ 도로상황 ├─
• 편도 1차로 지방도로
• 신호기가 없는 ㅏ자형 교차로
• 반대방향 차는 좌회전 신호를 보내며 교차로에 접근 중
• 우측도로에도 차가 교차로에 접근하고 있다.

① 반대방향의 차가 좌회전 신호를 보내고 있지만 직진인 내쪽이 우선이므로 속도를 낮추지 않고 그대로 진행한다.
② 좌회전 차가 먼저 교차로에 진입하여 좌회전할지 모르므로 경적이나 전조등으로 주의를 주면서 가속하여 진행한다.
③ 반대방향 차의 좌회전 또는 우측도로 차의 진입이 예상되므로 서행으로 교차로에 접근 후 다른 차의 상황을 보며 통과한다.
④ 신속하게 교차로에 접근하여 반대방향 차가 좌회전을 마친 후 즉시 진행한다.

【문제 50】교외 지방도로를 시속 60km로 진행 중이다. 뒤에서 트럭이 앞지르기하려고 한다. 가장 올바른 운전방법은?

─┤ 도로상황 ├─
• 편도 1차로 지방도로
• 내차 뒤에서 트럭이 진행
• 반대편 전방 50m 거리에서 승용차가 접근 중

① 뒤차가 앞지르게 하기에는 위험한 상황이므로 가속하여 앞지르기를 막는다.
② 뒤차가 앞지르게 하기에는 위험한 상황이므로 현재의 속도로 주행하다가 반대편 차가 진행하면 속도를 낮춰 앞지르게 한다.
③ 그대로 진행하면 위험한 상황이므로 브레이크를 밟아 급히 감속하여 뒤차가 내 앞으로 들어올 수 있도록 한다.
④ 신속히 브레이크를 밟아 감속하면서 차를 길 가장자리로 붙여 뒤차가 앞으로 빠져 나갈 수 있도록 한다.

정답 46.③ 47.③ 48.② 49.③ 50.②

제1편 교통안전수칙 출제예상문제 - 제5회

【문제 1】 보도와 차도가 구분되지 아니한 도로에 보행자를 위하여 경계를 표시한 도로의 가장자리 부분은?
① 정·주차 구역
② 횡단보도
③ 길가장자리 구역
④ 안전지대

【문제 2】 교통안전수칙에 포함될 내용으로 볼 수 없는 것은?
① 도로교통 안전에 관한 법령의 규정
② 자동차 등의 취급방법과 안전운전에 필요한 지식
③ 자동차의 정비기술과 점검요령에 관한 사항
④ 도로교통상 위험과 장해를 방지·제거하여 교통안전과 원활한 소통확보에 필요한 사항

【문제 3】 운전자가 갖지 않아도 되는 가치관은?
① 개인주의
② 질서의식
③ 준법정신
④ 공익정신

【문제 4】 운전자의 습관형성에 대한 설명이다. 옳지 못한 것은?
① 습관은 후천적으로 형성되는 조건반사 현상이다.
② 어떤 행동을 반복하여 습관화되면 무의식 중 그 습관이 행동으로 나타난다.
③ 습관은 본능에 가까운 강력한 힘을 발휘하게 된다.
④ 나쁜 습관이 몸에 배게 되면 나중에 고치지 못하게 된다.

【문제 5】 다음 안전표지에 관한 설명으로 맞는 것은?

① 승합자동차만 통행할 수 있는 도로에 설치한다.
② 모든 승합자동차의 통행을 제한한다.
③ 승차 정원 30명 이상 승합자동차의 통행을 제한한다.
④ 통행을 금지하는 도로 구간 또는 장소의 전면이나 좌측에 설치한다.

【문제 6】 다음 그림과 같은 도로표지의 뜻은?

① 고속도로 101번, 일반국도 43번
② 고속도로 101번, 지방도 43번
③ 지방도 101번, 일반국도 43번
④ 지방도 101번, 고속도로 43번

【문제 7】 보도와 차도가 구분되지 아니한 도로에서 보행자의 통행원칙은?
① 도로의 중앙부분
② 도로의 좌측부분
③ 도로의 우측 또는 길가장자리 구역
④ 보행자가 편리한 대로 통행

【문제 8】 차마의 통행이 허용된 보행자전용도로에서 차마의 통행방법으로 옳지 못한 것은?
① 보행자의 통행에 방해되지 않도록 통행한다.
② 경음기를 사용하며 최대한 빠르게 통과한다.
③ 일시 정지 후 좌우를 살피면서 주의하며 통과한다.
④ 차마는 보행자 걸음걸이 속도로 통행한다.

【문제 9】 노인보호구역 지정·관리에 대한 내용으로 옳지 못한 것은?
① 노인보호구역에는 차마의 통행을 제한하거나 금지할 수 없다.
② 노인보호구역은 교통사고의 위험으로부터 노인을 보호하기 위하여 지정한다.
③ 노인 복지회관 주변도로에 노인보호구역을 지정·운영할 수 있다.
④ 차마의 운전자는 노인보호구역에서는 안전에 유의하면서 운행하여야 한다.

【문제 10】 차량 신호등이 적색등화일 때 자동차의 통행방법에 대한 설명으로 적절하지 못한 것은?
① 정지선이나 횡단보도 및 교차로의 직전에 정지하여야 한다.
② 신호에 따라 진행하는 다른 차마의 교통을 방해하지 않는 경우에도 우회전할 수 없다.
③ 신호에 따라 진행하는 다른 차마의 교통을 방해하지 아니하고 우회전할 수 있다.
④ 교차로 직전에 정지하여야 한다.

【문제 11】 신호등이 없는 교차로에서 통행에 방해받지 않고 통과할 수 있는 것은?
① 직진
② 우회전
③ 좌회전
④ 유턴

【문제 12】 자동변속기 차량의 변속 레버 위치 및 사용에 대한 설명으로 틀린 것은?
① N - 엔진 브레이크가 필요한 때에 사용
② P - 주차(Parking) 및 엔진 시동 시
③ D - 전진주행(Drive) 시
④ R - 후진(Reverse) 시

【문제 13】 자동차 앞바퀴의 타이어를 새 것으로 교환했을 때 반드시 해야 할 일은?
① 핸들의 유격을 다시 조정한다.
② 앞바퀴 정렬을 다시 조정한다.
③ 휠 디스크에 기름을 칠해야 한다.
④ 휠 밸런스를 다시 조정해야 한다.

【문제 14】 자동차의 조향 핸들을 최대로 꺾은 상태에서 저속으로 선회할 때 제일 바깥쪽 바퀴가 접지면 중심에 그리는 반경은?
① 앞 오버항
② 최소 회전 반경
③ 뒤 오버항
④ 윤거

【문제 15】 자동차 엔진 스위치를 작동하였으나 시동되지 않을 때의 시동 요령은?
① 엔진 스위치를 연속 작동시킨다.
② 잠시 쉬었다가 작동시켜 본다.
③ 클러치 페달을 꽉 밟고 스위치를 연속 작동시킨다.
④ 액셀러레이터 페달을 펌프질하고 스위치를 작동시킨다.

【문제 16】 일반도로에서 승차 및 적재의 안전기준을 초과한 경우는?
① 승차정원 9명인 승합차에 10경이 승차한 때
② 화물차 길이의 11분의 1의 화물을 적재한 경우
③ 화물차가 화물을 4(4.2)m까지 적재한 때
④ 적재중량 4톤 화물차에 4.3톤을 적재한 때

정답 1.③ 2.③ 3.① 4.④ 5.③ 6.① 7.③ 8.② 9.① 10.② 11.② 12.① 13.② 14.② 15.② 16.①

【문제 17】일반도로의 버스전용차로를 부득이하게 이용할 수 있는 경우로서 옳지 못한 것은?
① 택시가 승객의 승 · 하차를 위하여 일시 통행하는 경우
② 도로의 파손, 공사 등으로 전용차로가 아니면 통행할 수 없는 경우
③ 차의 통행량이 많아 심하게 정체된 경우
④ 긴급자동차가 그 본래의 용도로 운행하는 경우

【문제 18】경광등을 켜지 않거나 사이렌을 울리지 않아도 긴급자동차로 볼 수 있는 것은?
① 절도범을 추격 중인 수사경찰 자동차
② 응급환자 수송 중인 119 구급자동차
③ 화재진압 출동 중인 소방자동차
④ 속도위반 차량을 단속 중인 경찰자동차

【문제 19】일반도로에서 대형자동차가 대형자동차를 견인하는 때의 법정 최고속도는?
① 시속 10km 이내
② 시속 30km 이내
③ 시속 25km 이내
④ 시속 20km 이내

【문제 20】운행 중 방향지시등이 고장 난 경우 뒤차에게 좌회전 · 유턴할 때의 수신호 방법으로 옳은 것은?
① 왼팔을 수평으로 펴서 차체의 좌측 밖으로 내민다.
② 왼팔을 좌측 밖으로 내어 팔꿈치를 굽혀 수직으로 내민다.
③ 팔을 차체 밖으로 내어 45도 밑으로 편다.
④ 팔을 차체 밖으로 내어 45도 밑으로 펴서 손바닥을 뒤로 향하게 하여 앞뒤로 흔든다.

【문제 21】교차로에서 우회전 방법으로 적절하지 못한 것은?
① 교차로에 이르기 전 20m 전방에서 우회전 지시등을 켜야 한다.
② 미리 도로의 우측가장자리로 서행하여야 한다.
③ 우회전 시는 신호에 따라 횡단하는 보행자의 통행을 방해하여서는 아니 된다.
④ 우회전이 끝날 때까지 계속 신호하여야 한다.

【문제 22】차도의 우측 가장자리에 표시된 황색실선의 의미는?
① 주차만 금지
② 진로변경 금지
③ 주차허용 표시
④ 주 · 정차 금지

【문제 23】밤에 앞차의 바로 뒤를 따라가는 때 등화조작요령으로 가장 적절한 것은?
① 전조등 불빛을 정상으로 하고 전조등을 껐다 켰다 한다.
② 전조등 불빛을 위로 향하게 한다.
③ 전조등 불빛을 아래로 하고 전조등 불빛의 밝기를 함부로 조작하지 않는다.
④ 전조등 밝기를 상황에 따라 높였다 낮추었다 한다.

【문제 24】시야에 대한 설명 중 잘못된 것은?
① 시야란 눈의 위치를 바꾸지 않고 좌우를 볼 수 있는 범위를 말한다.
② 색채를 구분할 수 있는 시야는 더욱 넓어진다.
③ 시야 바깥쪽일수록 더욱 확인이 어려워진다.
④ 속도가 빠를수록 시야는 좁아진다.

【문제 25】제동거리에 대한 설명으로 옳은 것은?
① 지각반응시간 동안 달려간 거리이다.
② 공주거리와 정지거리를 합한 거리이다.

③ 위험을 느끼고 브레이크를 밟아 브레이크가 작동할 때까지 달려간 거리이다.
④ 브레이크가 듣기 시작하여 정지할 때까지 자동차가 이동한 거리이다.

【문제 26】신경안정제나 각성제를 복용했을 때 인체에 주는 영향을 설명한 것으로 잘못된 것은?
① 지각반응력의 저하
② 지속적인 피로회복
③ 주의력과 판단력의 둔화
④ 일시적인 졸음현상

【문제 27】내리막길에서 연료절약을 위해 동력을 끄고 타력으로 운행 시 자동차에 미치는 영향은?
① 연료 소비량을 줄일 수 있어 경제적이다.
② 연료 소비량을 줄일 수 있고 안전하다.
③ 클러치 각 부분에 손실이 많고 매우 위험하다.
④ 위험성이 없고 승차감이 좋다.

【문제 28】자동차의 진동 중 앞부분이 상 · 하(세로방향)로 진동하는 운동으로서 급브레이크를 걸었을 때 발생하는데 계속되지 않고 잠시 후 없어지는 현상은?
① 롤링
② 피칭
③ 요잉
④ 바운싱

【문제 29】고속도로 운행계획 수립 시 고려사항이 아닌 것은?
① 목적지의 숙박시설 확보
② 충분한 여유시간을 고려한 운행계획의 수립
③ 운행 전 충분한 휴식과 금주
④ 운행경로에 위험지역이나 공사구간 유무와 우회도로 파악

【문제 30】고속도로에서 안전과 원활한 소통을 확보하기 위하여 금지하는 행위는?
① 자동차 고장으로 길가장자리 구역에 주차하는 행위
② 2차로 주행차량이 1차로에서 앞지르기하는 행위
③ 횡단 · 유턴 · 후진하는 행위
④ 터널 통과 시에 전조등을 켜는 행위

【문제 31】언덕이나 산길 또는 낭떠러지 부근 도로에서 안전운전 방법으로 옳지 못한 것은?
① 언덕길에서는 내려가는 차가 올라가는 차에게 양보한다.
② 한쪽이 낭떠러지로 된 도로에서는 낭떠러지 쪽의 차가 일시 정지하여 양보한다.
③ 언덕길에서는 빈차가 사람 또는 화물을 실은 차에게 양보한다.
④ 산길에서는 길 가장자리가 내려 앉거나 움푹 패인 곳에 접근하지 않도록 한다.

【문제 32】주택가 골목길에서의 안전운행 방법으로 적절하지 못한 것은?
① 공이 날아오면 뒤이어 어린이가 달려 나올 것을 예상하고 이에 대비한다.
② 주차차량 사이에서 갑자기 어린이가 달려 나올 수 있다는 것을 예측하고 서행한다.
③ 위험이 느껴지는 보행자를 발견하면 안전하다고 판단될 때까지 계속 주시한다.
④ 잠시 정차 후 출발할 때에는 후사경만으로 좌우를 확인하면 된다.

정답 17.③ 18.④ 19.③ 20.① 21.① 22.④ 23.③ 24.② 25.④ 26.② 27.③ 28.② 29.① 30.③ 31.① 32.④

【문제 33】 눈길이나 빙판길에서의 안전운전 요령으로 적절하지 못한 것은?
① 스노 타이어 또는 체인 착용
② 언덕길은 4단 기어로 운행
③ 출발 시 2단 기어와 반 클러치 사용
④ 급출발·급핸들·급제동 금지

【문제 34】 교통사고 처리특례법의 중요내용으로 적절하지 못한 것은?
① 교통사고로 인한 업무상 과실치사상죄 또는 중과실치사상죄의 특례를 규정하였다.
② 사망·도주·중요 위반 12개항 사고 외에는 피해자와 합의 시 처벌할 수 없도록 하였다.
③ 사망·도주·중요 위반 12개항 사고 외에는 종합보험가입 시 처벌할 수 없도록 하였다.
④ 재물손괴 사고도 중요법규 12개항 위반 시에는 합의여부 불문 처벌하도록 하였다.

【문제 35】 교통사고 처리특례법상 합의에 대한 설명으로 적절하지 못한 것은?
① 자동차종합보험에 가입된 때에는 합의된 것으로 본다.
② 중상자 5명은 합의되고 경상자 1명만 합의 안 된 경우 합의된 것으로 본다.
③ 합의 당사자는 교통사고를 일으킨 가해 운전자와 그 피해자이다.
④ 조건부 처벌 불원의사표시는 합의되지 않는 것으로 본다.

【문제 36】 자동차종합보험에 대한 설명으로 적절하지 못한 것은?
① 교통사고가 발생 시 책임보험의 최고 한도액을 초과하는 손해를 보상하는 보험이다.
② 대인, 대물, 자손, 자차 등 교통사고로 인한 손해를 일괄적으로 보상한다.
③ 특례가 인정되는 보험에는 자가용 차·업무용차·사업용 차 보험 등이 있다.
④ 책임보험과 종합보험은 모두 교통사고 처리특례법의 특례가 인정된다.

【문제 37】 응급처치 구조활동의 4대원칙으로 맞지 않는 것은?
① 현장을 조사하고 부상자를 구출하여 안전한 장소로 이동한다.
② 부상자의 기도개방 여부, 호흡실시 여부, 혈액순환 여부 등 1차 기본조사를 실시한다.
③ 생명이 위급한 환자에 대하여는 2차 기본조사를 실시한다.
④ 응급의료기관에 신속히 연락한다.

【문제 38】 부상자의 구토상태 관찰 및 조치방법으로 적절하지 못한 것은?
① 입속에 오물이 있는지를 확인한다.
② 기도가 열려 있는지 확인한다.
③ 기도가 막혔으면 머리를 앞으로 숙인다.
④ 입안에 피나 토한 음식물이 목구멍을 막고 있으면 손가락으로 긁어낸다.

【문제 39】 새로 자동차를 구입한 경우에 며칠 이내에 관할관청에 등록해야 하는가?
① 20일　② 15일
③ 30일　④ 10일

【문제 40】 자동차 등록번호판의 용도별 도색 구분으로 맞지 않는 것은?
① 비사업 일반용의 번호판은 분홍빛 흰색 바탕에 보라색, 검정색 글자
② 비사업 외교용의 번호판은 감청색 바탕에 흰색 글자
③ 사업용 일반용 차의 번호판은 황색 바탕에 검정색 글자
④ 사업용 대여사업차의 번호판은 황색 바탕에 백색 글자

【문제 41】 임시운전증명서의 유효기간에 대한 설명으로 적절하지 못한 것은?
① 유효기간은 20일 이내, 필요 시 1회에 한하여 20일 이내 연장 가능하다.
② 운전면허취소·정지 대상자의 경우 40일 이내, 필요 시 20일 이내 연장 가능하다.
③ 유효기간은 30일 이내, 필요 시 1회에 한하여 30일 이내 연장 가능하다.
④ 임시운전증명서는 그 유효기간 중 운전면허증과 같은 효력이 발생한다.

【문제 42】 운전면허 행정처분에 대한 용어의 정의로 적절하지 못한 것은?
① "벌점"은 행정처분자료로 활용하기 위하여 법규 위반 또는 사고야기에 대하여 그 위반의 경중, 피해정도에 따라 배점되는 점수를 말한다.
② "누산점수"는 매 위반 사고 시 벌점의 누적 합산치에 상계치를 뺀 점수를 말한다.
③ "처분벌점"은 누산점수에 이미 처분이 집행된 벌점의 합계치를 뺀 점수를 말한다.
④ "처분벌점"은 누산점수에 상계치를 뺀 점수로 행정처분에 필요한 벌점을 말한다.

【문제 43】 교통사고 야기 시 사고결과에 따른 벌점기준으로 맞지 않는 것은?
① 사망 1명마다 벌점 90점씩 부과(사고발생 시로부터 72시간 내에 사망)
② 부상신고 1명마다 벌점 3점씩 부과(5일 미만의 의사 진단이 있는 사고)
③ 경상 1명마다 벌점 5점씩 부과(3주 미만 5일 이상 의사진단 있는 사고)
④ 중상 1명마다 벌점 15점씩 부과(3주 이상의 의사 진단 있는 사고)

【문제 44】 범칙금 납부 절차로서 적절하지 못한 것은?
① 범칙금 납부 통고서를 받은 사람은 10일 이내에 금융기관에 납부
② 납부기간 내 미납자는 만료일 다음날부터 20일 이내 범칙금에 100분의 20 가산납부
③ 가산금 미납자는 납부기간 만료일부터 30일 이내 100분의 50을 더한 금액을 납부하거나 즉결심판을 받도록 통지(둘 중 택일)
④ 100분의 50을 더한 금액을 미납 시는 납부기간 만료일부터 50일 이내에 즉심회부

【문제 45】 좌측 승용차가 방향지시등을 켜고 우로 진로를 변경할 때의 적절한 운전행동은?

① 속도를 늦추어 진입을 허용한다.
② 일시 정지하여 안전거리를 확보한다.
③ 경음기를 울리면서 신속히 다가선다.
④ 속도를 높여 좌로 진로를 변경한다.

정답　33.②　34.④　35.②　36.④　37.③　38.③　39.④　40.④　41.③　42.④　43.②　44.④　45.①

【문제 46】정류장에서 정차 중이던 버스가 좌측 방향지시등을 켜고 있는 때의 올바른 운전행동은?

① 뒤의 차는 정적을 울리며 앞지르기한다.
② 전조등을 깜빡이면서 진로 변경한다.
③ 속도를 줄이면서 진로를 양보한다.
④ 비상점멸등을 켜고 일시 정지한다.

【문제 47】주택가 주변 편도 1차로의 도로를 주행하고 있다. 가장 올바른 운전방법은?

① 오르막길이므로 과속하여 고속으로 오르막까지 진행한다.
② 앞차의 뒤를 바짝 따라 붙는다.
③ 갑작스러운 위험에 대비하여 경음기를 계속 울리면서 진행한다.
④ 주택가이므로 갑자기 나올 보행자에 대비하여 서행한다.

【문제 48】신호기가 설치되지 않는 교차로에서 우회전하고자 한다. 가장 올바른 운전방법은?

┤ 도로상황 ├
• 우회전하려는 전방의 트럭
• 후사경 속의 이륜차
• 우회전 방향에 횡단 보행자

① 우회전 시 오른쪽 뒤에서 다가오는 이륜차와 접촉사고의 위험이 있으므로 이륜차를 먼저 보내고 우회전한다.
② 전방의 트럭이 횡단보도 앞에서 갑자기 멈출 수 있으므로 앞차와 보행자 움직임에 주의하면서 서행으로 우회전한다.
③ 우회전 시 뒤에서 오는 이륜차가 통과하면 말려들 위험이 있으므로 통과하지 못하도록 보도와의 간격을 좁히면서 우회전한다.
④ 우회전하는 전방 트럭만 주시하면서 뒤따라 우회전한다.

【문제 49】일방통행로를 주행하고 있다. 동승자를 내려주기 위해 잠시 정차하려고 한다. 가장 올바른 운전방법은?

┤ 도로상황 ├
• 주택가 이면도로
• 길가장자리 구역선은 황색실선
• 좌측 후방에 주차 장소가 있음

① 교차로 밖에 공간이 없으므로 인도에 걸쳐 정차한다.
② 이 부근은 주·정차 금지 장소이므로 정차할 수 있는 곳을 찾는다.
③ 좌측 후방의 주차차량 바로 앞에 후진하여 정차한다.
④ 전방의 인도에 주차한 차량 부근에 정차한다.

【문제 50】교외 도로를 시속 60km 속도로 진행 중 급커브 길에 접근해야 할 경우 올바른 운전방법은?

┤ 도로상황 ├
• 좌로 굽은 편도 1차로 도로
• 후시경 속의 승용차

① 마주 오는 차가 없으므로 현 주행속도 그대로 주행한다.
② 마주 오는 차가 중앙선을 넘어올 수 있으므로 경음기를 울려 주의시키며 그대로의 속도로 주행한다.
③ 커브를 다 통과하기 전에 커브 레일에 부딪칠 수 있으므로 중앙선에 붙여 주행한다.
④ 시야확보가 어렵고 커브 앞쪽의 상황을 알 수 없으므로 속도를 줄이고 다소 우측으로 붙여 주행한다.

정답 46.③ 47.④ 48.② 49.② 50.④

제2편 전문학원 관계법령 출제예상문제 - 제6회

【문제 1】 제1종 보통면허로 운전할 수 없는 자동차는?
① 적재중량 15톤 이하 화물차
② 12톤 미만의 화물자동차
③ 15명승 이하 승합자동차
④ 승용자동차

【문제 2】 사업용 자동차를 운전할 수 없는 운전면허는?
① 제1종 대형면허
② 제1종 보통면허
③ 제1종 특수면허
④ 제1종 보통연습면허

【문제 3】 제1종 대형면허시험의 채점기준 중 5점씩 감점되는 항목이 아닌 것은?
① 십자형 교차로에서 신호 위반 하거나 정지선을 침범하여 정지할 때마다
② 교차로 내에서 이유 없이 20초 이상 정차한 때
③ 지정속도 매시 20km를 초과한 때(기어변속 코스를 제외한다)
④ 교차로에서 정지신호 시 정지 불이행한 때

【문제 4】 제2종 소형면허 및 원동기장치자전거 면허의 실격기준으로 잘못된 것은?
① 운전미숙으로 20초 이내에 출발하지 못한 때
② 좁은 길 코스 통과 시 검지선을 접촉하거나 발이 땅에 닿은 때
③ 시험 중 안전사고를 일으키거나 코스를 벗어난 때
④ 시험과제를 하나라도 이행하지 아니한 때

【문제 5】 제1종 소형면허 소지자가 제1종 대형면허시험에 응시하는 경우 면제되는 시험은?
① 학과시험, 장내기능시험
② 적성시험, 학과시험
③ 적성시험, 장내기능시험
④ 학과시험, 도로주행시험

【문제 6】 운전면허의 효력이 발생하는 때는?
① 교통안전교육을 받은 때
② 운전면허증을 발급받은 때
③ 도로주행시험에 합격한 때
④ 장내기능시험에 합격한 때

【문제 7】 제1종 대형면허의 장내기능시험 코스 중 도로 폭이 가장 좁은 코스는?

 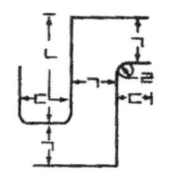   

 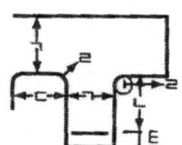   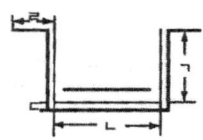

【문제 8】 제1·2종 보통연습면허 장내기능 코스의 출발 코스에서 종료 코스까지 총 연장거리는?
① 800m 이상
② 600m 이상
③ 300m 이상
④ 부지 형태에 따름

【문제 9】 도로주행채점기준 중 법정 최고속도를 10km/h 초과하여 10m 이상 주행한 때 감점기준은?
① 실격
② 5점 감점
③ 10점 감점
④ 7점 감점

【문제 10】 자동차운전전문학원의 의의를 설명한 것으로 적절하지 못한 것은?
① 자동차운전에 관한 교육수준을 높이고 운전자의 자질향상을 위하여 설립되었다.
② 등록된 학원 중 법정요건을 갖춘 학원에 대하여 시·도 경찰청장이 지정한 학원이다.
③ 운전면허시험의 핵인 기능시험(기능검정)을 실시하는 공공적 성격의 교육기관이다.
④ 자동차운전학원에서도 기능검정을 실시케 하여 안전운전자 양성에 동참하고 있다.

【문제 11】 자동차운전학원에 대한 설명으로 적절하지 못한 것은?
① 자동차운전학원은 자동차 등의 운전에 관한 지식과 기능을 교육하는 교육시설이다.
② 자동차운전학원은 도로교통법의 규정에 의하여 시·도 경찰청에게 등록된 학원이다.
③ 자동차운전학원은 자동차운전전문학원으로 지정되기 전 단계의 운전교육시설이라 할 수 있다.
④ 자동차운전학원에서는 교육을 이수한 사람에 대하여 기능검정을 실시할 수 있다.

【문제 12】 자동차운전전문학원 지정의 목적을 설명한 것으로 적절하지 못한 것은?
① 교육수준을 높이고 준법의식과 예의를 몸에 익힌 안전한 운전자를 양성함에 있다.
② 운전자 양성에 부족함 없는 인적체제, 시설·설비 및 적정한 운영이 행하여져야 한다.
③ 교육생들이 운전면허시험에 쉽게 합격토록 함을 목적으로 하고 있다.
④ 안전한 운전자양성에 전념할 것이라는 시·도 경찰청장의 기대가 담겨있다.

【문제 13】 자동차운전학원 등록 신청 시 원칙에 기재할 사항으로 적절하지 못한 것은?
① 학원설립의 목적·명칭 및 위치에 관한 사항
② 강사의 명단 및 배치내역에 관한 사항
③ 교육기간·휴강일·수강료 및 이용료에 관한 사항
④ 교육생의 교육과정별 정원 및 교육과정과 교육시간 등에 관한 사항

【문제 14】 자동차운전학원 등록신청 시 신청서에 기재할 사항으로 적절하지 못한 것은?
① 설립·운영자의 인적사항(법인인 경우는 그 법인의 임원을 말한다)
② 시설·설비 및 교육과정
③ 강사의 명단 및 배치내역
④ 수강료 및 이용료에 관한 사항

정답 1.① 2.④ 3.③ 4.② 5.② 6.② 7.④ 8.③ 9.① 10.④ 11.④ 12.③ 13.② 14.④

【문제 15】 자동차운전전문학원 지정을 받기 위한 운영기준으로 적절하지 못한 것은?
① 「지정 전 학원」 승인 일부터 6월간 전문학원과 같은 기준의 교육을 하여야 한다.
② 승인 일부터 6월간 그 학원 수료자의 연습면허시험합격률이 80% 이상이어야 한다.
③ 승인 일부터 6월간 그 학원 수료자의 연습면허시험합격률이 60% 이상이어야 한다.
④ 학과 및 기능교육은 정원의 범위 내에서 실시되어야 한다.

【문제 16】 전문학원 지정기준 중 「지정 전 학원」으로 승인된 날부터 6월간 그 학원 수료자의 연습운전면허시험 합격기준으로 맞는 것은?
① 50% ② 60%
③ 80% ④ 90%

【문제 17】 전문학원 설립·운영자가 교육생의 등록을 거부할 수 있는 사유로 맞지 않는 것은?
① 접수일 현재 연령 미달이나 기능검정일까지 적령이 될 수 있는 사람
② 운전면허 적성검사에 합격할 수 없다고 인정되는 사람
③ 전문학원 원칙에서 정하는 교육방법과 시간 등에 따라 교육을 받을 수 없는 사람
④ 신원이 확인되지 아니하는 사람

【문제 18】 전문학원에서 보통면허를 받고자 할 때의 도로주행교육 시간은?
① 6시간 ② 10시간
③ 20시간 ④ 25시간

【문제 19】 운전학원의 시설·설비 등을 변경할 때 시·도 경찰청장에게 신고 안 해도 되는 경우는?
① 강의실의 변경 ② 휴게실·양호실의 변경
③ 기능교육장의 변경 ④ 정비장의 변경

【문제 20】 전문학원의 1일 최대 기능교육회수는?
① 10회 ② 12회
③ 20회 ④ 24회

【문제 21】 자동차운전전문학원의 기능교육방법으로 볼 수 없는 것은?
① 모의 운전장치에 의한 교육
② 기능강사의 동승교육
③ 교육생 단독교육
④ 학감의 동승교육

【문제 22】 장애인 기능교육용 자동차 및 도로주행교육용 자동차는 각각 몇 대씩 확보해야 하는가?
① 2대 이상 ② 1대 이상
③ 3개 이상 ④ 4대 이상

【문제 23】 전문학원에서 도로주행교육을 실시하기 위한 도로의 기준으로 적절하지 못한 것은?
① 총 주행거리 5km 이상에 교통안전시설이 정비되고 주행여건이 양호한 도로이어야 한다.
② 1구간이 400m이고 시속 40km 이상의 속도로 주행할 수 있어야 한다.
③ 3회 이상 차로변경이 가능한 편도 2차로 이상의 도로가 있어야 한다.
④ 좌·우회전 및 직진이 1회 이상 가능한 교차로가 있어야 한다.

【문제 24】 자동차운전학원 강사의 준수사항으로 적절하지 못한 것은?
① 교육자로서 품위를 유지하여야 하고 수강사실을 허위로 기록해서는 아니 된다.
② 거짓 또는 부정한 방법으로 운전면허를 받도록 알선·교사·방조해서는 아니 된다.
③ 운전교육과 관련 금품·향응이나 그 밖의 부정한 이익을 받아서는 아니 된다.
④ 자동차운전학원의 강사는 사정에 따라 연수교육을 받지 않아도 된다.

【문제 25】 자동차운전전문학원의 강사자격기준이다. 맞는 것은?
① 특정범죄가중처벌법을 위반하여 금고 이상의 형의 선고를 받고 그 집행이 끝나거나 집행이 면제된 날부터 2년이 지나지 아니한 사람
② 교통사고처리특례법을 위반하여 금고 이상의 형의 선고를 받고 그 집행유예기간 중에 있는 사람
③ 강사의 자격취소·정지기분에 따라 강사자격증이 취소된 날부터 3년이 지난 사람
④ 자동차 등의 운전에 필요한 자동차를 운전할 수 있는 운전면허를 받지 아니하거나, 운전면허를 받은 날부터 2년이 지나지 아니한 사람

【문제 26】 자동차운전전문학원의 학과교육 강사 배치기준으로 적절한 것은?
① 강의실 1실 당 1명 이상을 두어야 한다.
② 1일 학과교육 매 8시간 당 1명 이상을 두어야 한다.
③ 교육생 264인당 1명 이상을 두어야 한다.
④ 강의실 면적 60㎡ 당 1명 이상을 두어야 한다.

【문제 27】 제1종 대형면허의 장내기능 코스 중 횡단보도 코스의 설치기준으로 잘못된 것은?
① 횡단보도의 너비는 5m로 하고 횡단보도 표시 설치
② 횡단보도의 너비는 4m로 하고 횡단보도 표시 설치
③ 정지선 이르기 전 1m 이상 5m 이내 지점에 횡단보도 표지와 일시정지 표지 등 설치
④ 횡단보도 이르기 전 2m 지점에 30cm너비의 정지선 표시

【문제 28】 전문학원 강사 등이 자격증을 달지 아니하고 교육한 때의 처분기준으로 틀린 것은?
① 1차 위반 시 1개월 이내 시정명령
② 2년 이내 2차 위반 시 시정명령
③ 2년 이내 3차 위반 시 운영정지 10일
④ 2년 이내 3차 위반 시 운영정지 20일

【문제 29】 전문학원의 소형면허 기능교육시간은?
① 5시간 ② 10시간
③ 15시간 ④ 20시간

【문제 30】 전문학원 대형면허 및 구난차면허의 장내기능교육시간은?
① 15시간 ② 10시간
③ 5시간 ④ 20시간

【문제 31】 자동차운전전문학원의 교육시간 인정기준에 대한 설명으로 적절하지 못한 것은?
① 교육생이 10분 이상 지각한 경우 그 시간은 교육받지 않는 것으로 한다.
② 강사가 질병 등으로 교육 도중 수업을 중단한 경우 교육시간으로 인정해야 한다.
③ 비디오 등 시청각 교육은 교육시간의 2분의 1 이하로 하여야 한다.
④ 교육을 위한 강사의 기자재 준비시간 등은 교육시간으로 인정하지 않는다.

정답 15.② 16.② 17.① 18.① 19.④ 20.③ 21.④ 22.② 23.③ 24.④ 25.③ 26.② 27.① 28.③ 29.② 30.② 31.②

【문제 32】 전문학원의 장내기능교육 중 동승교육 지도방법으로 적절하지 못한 것은?
① 기능강사는 설립자로부터 교육용 차량을 배정받아 일일점검 등 준비하여야 한다.
② 기능 1단계 교육 중(또는 2단계 교육)의 교육생이 원하는 경우 동승교육을 한다.
③ 기능강사는 운전자 옆 좌석에 동승하여 준법의식 등이 몸에 밸 수 있도록 지도한다.
④ 교육도중 안전사고 방지를 위하여 충분한 안전거리를 확보한다.

【문제 33】 자동차운전전문학원의 모의운전장치에 의한 교육방법으로 적절하지 못한 것은?
① 기능교육 1단계 교육 중 제1종 및 제2종 보통연습면허의 경우는 최소교육시간외 모의운전장치로 교육할 수 있다.
② 모의운전장치 교육은 2시간을 초과 않는 범위 내에서 실시할 수 있다.
③ 강사 1명이 동시에 지도할 수 있는 교육생은 7명 이내로 한다.
④ 모의운전장치 1대로 시간당 교육할 수 있는 인원은 1명으로 한다.

【문제 34】 전문학원에서 도로주행교육을 위한 지정도로 신청절차로 맞지 않는 것은?
① 전문학원은 도로주행검정용 도로를 2개 이상 선정 시·도 경찰청장에게 지정승인 신청하여야 한다.
② 지정신청서에 도로주행기능검정 도로가 표시된 축척 5천분의 1 지도를 첨부한다.
③ 시·도 경찰청장은 신청이 적정한 때는 도로주행검정실시도로 지정서로 통지한다.
④ 지정통지 시 요일·시간대 및 통행량에 따라 기능검정시간·장소를 제한할 수 있다.

【문제 35】 전문학원 강사가 교육생에게 폭언, 폭행 등으로 물의를 일으킨 경우의 처분으로 맞는 것은?
① 1차 위반 시 자격정지 4개월
② 2년 이내 2차 위반 시 자격정지 7개월
③ 2년 이내 3차 위반 시 자격 취소
④ 2년 이내 3차 위반 시 자격정지 1년

【문제 36】 전문학원 강사 및 기능검정원의 자격정지·취소처분 시 의견 청취에 대한 설명으로 맞지 않는 것은?
① 시·도 경찰청장은 강사 등의 자격을 정지·취소하는 때에는 의견을 청취하여야 한다.
② 주소불명 등으로 의견 진술의 기회를 줄 수 없는 경우 정지·취소처분할 수 없다.
③ 강사 등의 자격을 취소·정지처분한 때에는 처분결과를 통지하여야 한다.
④ 자격의 취소·정지처분 통지를 받은 날부터 10일 이내 자격증을 반납하여야 한다.

【문제 37】 전문학원 강사 및 기능검정원의 자격증 발급에 대한 설명으로 잘못된 것은?
① 강사·기능검정원자격시험에 합격하고 연수교육 받은 사람에게 자격증을 발급한다.
② 강사 또는 기능검정원의 자격증은 경찰청장이 발급한다.
③ 자격증을 분실하거나 헐어 못쓰게 된 때 도로교통공단에서 재발급 신청한다.
④ 강사 또는 기능검정원의 자격증은 시·도 경찰청장이 재발급한다.

【문제 38】 자동차운전전문학원 기능검정원의 역할에 대한 설명으로 적절하지 못한 것은?
① 운전면허 기능시험에 준하는 기능검정 업무를 담당하는 사람이다.
② 기능검정의 중요성 때문에 강사자격이 있어드 강사를 겸임할 수 없다.
③ 강사자격이 있는 경우 기능검정에 지장 없는 범위 내에서 강사를 겸임할 수 있다.
④ 강사를 겸임하는 경우 자신이 교육한 교육생에 대하여 교육 종료일부터 1년 이내에 도로주행검정을 실시할 수 없다.

【문제 39】 기능검정원 자격증을 받은 사람으로 기능검정원이 될 수 있는 사람은?
① 교통사고로 금고 이상 형을 선고받고 형의 집행이 종료된 날부터 2년이 안된 사람
② 도주사고로 금고 이상 형을 선고받고 형의 집행이 종료된 날부터 2년이 지난 사람
③ 거짓으로 기능검정 합격사실을 증명하여 자격증이 취소된 날부터 3년이 안된 사람
④ 기능검정용 자동차를 운전할 수 있는 면허를 받은 날부터 3년이 안된 사람

【문제 40】 전문학원에서 기능검정원의 임무로 적절하지 못한 것은?
① 학감의 지시·명령에 따라 교육을 종료한 사람에 대하여 기능검정을 실시한다.
② 기능검정은 운전면허 기능시험 방법과 채점기준에 준하여 엄정하고 공평하게 행한다.
③ 기능검정에 합격한 사람에게는 수료증 또는 졸업증을 발급한다.
④ 기능검정에 합격한 사람에 대하여 그 합격사실을 서면으로 증명한다.

【문제 41】 장내 기능검정은 학과 및 기능교육을 이수한 날부터 몇 개월 이내에 받아야 하는가?
① 규정된 기한이 없다.
② 3개월 이내에 받아야 한다.
③ 6개월이 경과되지 않아야 한다.
④ 1년 이내에 받아야 한다.

【문제 42】 자동차운전에 필요한 장내기능검정 사항으로 맞지 않는 것은?
① 운전장치를 조작하는 능력
② 자동차 등의 구조에 관한 초보적인 지식
③ 운전 중의 지각 및 판단능력
④ 교통법규에 따라 운전하는 능력

【문제 43】 교통안전교육기관의 운영책임자에 대한 설명으로 잘못된 것은?
① 교통안전교육기관의 장은 강사 중에 최고 연장자를 운영책임자로 임명할 수 있다.
② 기관의 장이 운영책임자를 임명한 때에는 강사를 지도·감독하고 교육업무가 공정하게 이루어지도록 관리하여야 한다.
③ 교통안전교육기관 운영책임자는 강사를 제외한 소속직원 중에서 임명하여야 한다.
④ 기관의 장이 운영책임자를 선임 또는 해임할 때는 경찰청장에게 통보하여야 한다.

정답 32.① 33.③ 34.② 35.③ 36.② 37.④ 38.② 39.② 40.③ 41.③ 42.② 43.①

【문제 44】특별교통안전 권장교육의 교육과정을 설명한 것으로 잘못된 것은?

① 법규준수교육(권장)
② 벌점감경교육
③ 자동차관리 및 정비기술에 관한 교육
④ 고령운전교육

【문제 45】교통안전교육 또는 특별교통안전교육을 이수한 사람에게 발급하는 증명서는?

① 수료증
② 졸업증
③ 교육이수증명서
④ 교육확인증

【문제 46】교통안전교육기관에서 실시하는 특별교통안전 의무교육의 교육과정으로 볼 수 없는 것은?

① 음주운전교육
② 교정교육
③ 배려운전교육
④ 법규준수교육

【문제 47】교통안전교육기관 강사의 자격기준에 대한 설명으로 적절하지 못한 것은?

① 도로교통 관련 행정 업무에 2년 이상 종사한 경력이 있는 사람으로서 교통안전교육 강사자격교육을 받은 사람
② 경찰청장이 발급한 학과강사 자격증을 소지하고 있는 사람
③ 도로교통 관련 행정업무에 2년 이상 근무한 경력이 있는 사람
④ 교육업무에 2년 이상 종사한 경력이 있는 사람으로서 교통안전 교육강사 자격교육을 받은 사람

【문제 48】교통안전교육기관의 강사의 결격사유가 아닌 것은?

① 성폭력범죄의 처벌 등에 관한 특례법 제2조의 죄로 금고 이상의 형을 선고 받고 집행 중인 사람
② 교통사고 등으로 금고이상 형의 선고를 받고 집행종료·면제된 후 2년이 지난 사람
③ 도주사고 등으로 금고이상 형의 선고를 받고 집행유예기간 중에 있는 사람
④ 자동차를 운전할 수 있는 운전면허를 받지 않았거나 초보운전자

【문제 49】최근 5년 이내 음주운전 1회 위반으로 운전면허가 취소된 사람이 운전면허를 다시 받고자 하는 경우의 교육방법과 교육시간은?

① 강의·시청각교육 및 토의 등 8시간(2회×4시간)
② 강의·시청각교육 및 토의 등 12시간(3회×4시간)
③ 강의·시청각교육 및 토의 등 16시간(4회×4시간)
④ 강의·시청각교육 및 토의 등 48시간(12회×4시간)

【문제 50】교통사고로 면허정지처분 받은 사람이 법규준수교육을 마치고 경찰서장에게 교육확인증을 제출한 경우 감경되는 정지일수는?

① 제출한 날부터 정지기간에서 30일 감경
② 제출한 날부터 정지기간에서 20일 감경
③ 제출한 날부터 정지기간에서 10일 감경
④ 제출한 날부터 정지기간에서 40일 감경

정답 44.③ 45.④ 46.② 47.③ 48.② 49.② 50.②

제2편 전문학원 관계법령 출제예상문제 - 제7회

【문제 1】 운전면허의 구분에 대한 설명으로 옳지 않은 것은?
① 제1종 운전면허에는 대형, 보통, 소형, 특수면허가 있다.
② 제2종 면허에는 보통, 소형, 경형, 원동기면허가 있다.
③ 제2종 면허에는 보통, 소형, 원동기면허가 있다.
④ 연습운전면허에는 제1종과 제2종 보통연습면허가 있다.

【문제 2】 제1종 대형면허로 운전할 수 있는 자동차는?
① 대형견인차
② 3톤 이상의 지게차
③ 구난차
④ 콘크리트 믹서 트럭

【문제 3】 총중량 750kg을 초과하는 피견인자동차를 견인할 수 있는 운전면허는?
① 제1종 대형면허가 있으면 견인할 수 있다.
② 제2종 보통면허가 있으면 견인할 수 있다.
③ 제1종 특수면허(구난차 면허)가 있으면 견인할 수 있다.
④ 견인하는 자동차를 운전할 수 있는 면허 외에 특수면허(소형 및 대형견인차 면허)가 있어야 한다.

【문제 4】 제2종 보통운전면허를 받을 수 있는 사람은?
① 마약·대마·알코올 관련 장애 등으로 정상적인 운전을 할 수 없다고 인정되는 사람
② 치매·정신분열병 등의 정신질환으로 정상적인 운전을 할 수 없다고 인정되는 사람
③ 다리·머리·척추 등 신체장애로 앉아 있을 수 없는 사람
④ 듣지 못하는 사람

【문제 5】 운전면허가 취소되었으나 즉시 운전면허에 응시할 수 있는 경우로 틀린 것은?
① 적성검사를 받지 않고 1년이 경과하여 면허가 취소된 사람
② 운전면허 갱신교부를 받지 않고 갱신기간이 경과하여 운전면허가 취소된 사람
③ 제1종 면허를 받은 사람이 적성검사에 불합격하여 제2종 면허를 받고자하는 사람
④ 누산벌점 초과 등으로 운전면허가 취소된 사람

【문제 6】 신체장애인에 대한 적성시험의 합격기준으로 잘못된 것은?
① 조향장치나 그 밖의 장치를 조작할 수 있는 신체 또는 정신장애가 없어야 한다.
② 보조수단을 사용하여 정상적인 운전을 할 수 있다고 인정되어야 한다.
③ 신체장애정도에 따라 적합하게 제작승인 된 자동차를 사용하여 정상적인 운전을 할 수 있다고 인정되어야 한다.
④ 운전학원에서 10시간 이상 학과교육을 받은 사실이 인정되어야 한다.

【문제 7】 자동차운전에 필요한 기능시험(장내기능시험)에 대한 시험과제로 맞지 않는 것은?
① 교통법규에 따라 운전하는 능력
② 자동차운전에 필요한 법령 등의 지식
③ 운전 중의 지각 및 판단능력
④ 운전장치를 조작하는 능력

【문제 8】 제1종 대형면허 장내기능 코스의 출발 코스에서 종료 코스까지 총 연장거리는?
① 800m 이상
② 900m 이상
③ 700m 이상
④ 부지 형태에 따름

【문제 9】 장내 기능시험과제 중 돌발사고 발생 시 급정지 운행요령을 바르게 설명한 것은?
① 돌발등이 켜지면 2초 이내 급정지하고 3초 이내 비상점멸등을 켜고 대기 후 진행
② 돌발등이 켜지면 2초 이내 급정지하고 5초 이내 비상점멸등을 켜고 대기 후 진행
③ 돌발등이 켜지면 3초 이애 급정지하고 3초 이내 비상점멸등을 켜고 대기 후 진행
④ 돌발등이 켜지면 1초 이내 급정지하고 3초 이내 비상점멸등을 켜고 대기 후 진행

【문제 10】 제1·2종 보통연습면허시험의 감점기준 중 5점 감점되는 항목인 것은?
① 시험관의 지시를 받고 기어변속을 하지 못한 경우
② 좌석안전띠를 착용하지 아니한 경우
③ 시동을 꺼뜨릴 때마다, 2000RPM 이상 엔진 회전 시마다
④ 직각주차코스의 전진 시 검지선 미 접촉, 지정시간 초과 및 검지선 접촉 시마다

【문제 11】 제1종 대형면허의 「기어변속 코스의 전진」에 대한 채점기준으로 잘못된 것은?
① 기어변속을 하지 아니하고 통과 시 10점 감점한다.
② 속도 매시 20km 미만 시 10점 감점한다.
③ 자동변속장치 자동차의 경우는 제외한다.
④ 속도 매시 20km 미만 시 5점 감점한다.

【문제 12】 제1종 특수면허 중 구난차 시험 코스의 채점기준으로 잘못된 것은?
① 피견인차의 연결·분리방법 미숙 또는 연결·분리 시간 5분 초과시마다 10점 감점
② 굴절코스 견인통과 시 지정시간 3분 초과 또는 검지선 접촉시마다 10점 감점
③ 곡선코스 견인통과 시 지정시간 3분 초과 또는 검지선 접촉시마다 10점 감점
④ 방향전환코스 견인 통과 시 확인선 미접촉 지정시간 3분 초과시마다 5점 감점

【문제 13】 도로주행시험에 불합격한 경우 재응시 기간으로 맞는 것은?
① 도로주행연습 5시간 이상 받고 5일 지나야 재응시
② 도로주행연습 3시간 이상 받고 3일이 지나야 재응시
③ 도로주행연습 5시간 이상 받고 3일이 지나야 재응시
④ 불합격한 날부터 3일이 지나야 재응시 할 수 있다.

정답 1.② 2.④ 3.④ 4.④ 5.④ 6.④ 7.② 8.③ 9.① 10.① 11.④ 12.④ 13.④

【문제 14】 도로주행시험의 채점기준 중 10점씩 감점해야 하는 경우가 아닌 것은?
① 출발 전 주차브레이크를 해제하지 않고 출발한 경우
② 차량승차 전 차량주변의 안전을 확인하지 않은 경우
③ 통상적으로 출발하여야 할 상황인데도 기기조작 미숙으로 20초 이내에 출발하지 아니한 경우
④ 교통정리가 행하여지고 있지 아니하고 좌우를 확인할 수 없는 교차로에서 일시 정지를 하지 않은 경우

【문제 15】 도로주행시험 중 시험을 중단하고 실격처리 해야 하는 경우가 아닌 것은?
① 3회 이상 출발불능 또는 응시자가 시험을 포기하는 의사를 표시한 경우
② 2회 이상 클러치 조작불량으로 인하여 엔진이 정지된 때
③ 교통사고를 야기하거나 운전능력 부족으로 교통사고를 일으킬 위험이 현저한 경우
③ 신호 위반 또는 중앙선을 침범한 때

【문제 16】 장내기능시험 또는 도로주행시험의 판정기준으로 잘못된 것은?
① 도로주행시험에 출석 아니한 사람은 다음 시험에 그 응시표로 응시할 수 있다.
② 도로주행시험은 응시자 개인별로 시험이 끝난 후 현장에서 합격여부를 판정한다.
③ 시험에 출석하지 아니한 사람은 불합격으로 한다.
④ 기능시험이 끝난 후 응시자 개인별로 합격여부를 판정한다.

【문제 17】 운전면허증 재발급신청에 대한 설명으로 잘못된 것은?
① 운전면허증을 잃어버린 때에는 도로교통공단에 신청하여 재발급 받을 수 있다.
② 운전면허증이 헐어 못쓰게 된 경우 재발급 받을 수 있다.
③ 운전면허증을 도난당한 때는 관할 경찰서장의 도난사실 확인증명을 첨부해야 한다.
④ 헐어 못쓰게 된 경우에는 그 면허증을 첨부하여야 한다.

【문제 18】 제2종 보통면허 소지자가 제1종 대형면허시험에 응시하는 경우 면제되는 시험은?
① 적성시험
② 장내기능시험
③ 학과시험
④ 적성 및 장내기능시험

【문제 19】 자동차운전학원의 등록에 관한 설명으로 적절하지 못한 것은?
① 조건부 등록기간 중에 시설·설비를 갖추고 강사를 확보한 후 학원 등록을 신청한다.
② 시·도 경찰청장은 등록신청을 받은 경우 기준에 적합하면 등록을 받아야 한다.
③ 학과교육 및 기능교육 중 일부의 교육과정을 분리하여 등록할 수 있다.
④ 시·도 경찰청장은 학원 등록을 받은 때에는 등록증을 교부하여야 한다.

【문제 20】 자동차운전학원의 등록사항 중 변경이 생긴 경우 변경등록 할 사항이 아닌 것은?
① 설립·운영자의 변경
② 학과 및 기능강사 등의 변경
③ 시설·설비 등의 변경
④ 명칭 또는 위치의 변경

【문제 21】 자동차운전전문학원 관련 용어 설명으로 적절하지 못한 것은?
① 「전문학원」은 기능검정을 실시토록 지정한 학원이다.
② 「학감」은 전문학원에서 학과 및 기능에 관한 교육과 학사운영을 하는 사람이다.
③ 「강사」는 기능교육과 기능검정을 실시하는 사람이다.
④ 「기능검정원」은 기능검정을 실시하는 사람이다.

【문제 22】 전문학원의 지정기준 중 「지정 전 승인학원」으로 승인된 날부터 몇 개월간 그 학원 수료자의 도로주행운전면허시험 합격률이 몇% 이상 되어야 하는가?
① 7개월간 50%
② 8개월간 60%
③ 6개월간 60%
④ 9개월간 80%

【문제 23】 자동차운전전문학원 학감의 자격요건에 해당하는 사람은?
① 미성년자 또는 피 성년후견인
② 학원 등의 교육·검정 등 업무에 5년 이하 근무한 경력이 있는 사람
③ 법률 또는 판결에 의하여 자격이 상실하거나 정지된 사람
④ 학원 등의 교육·검정 등 업무에 5년 이상 근무한 경력이 있는 사람

【문제 24】 자동차운전전문학원의 수강신청 절차로 잘못된 것은?
① 교육을 받고자하는 자는 수강신청서와 수강료를 전문학원에 제출하여야 한다.
② 전문학원은 수강신청을 받으면 학사관리 전산시스템을 이용 교육생 원부에 등록해야 한다.
③ 수강신청을 받으면 수강증과 수강료 영수증을 교부하고 수강일자를 지정해야 한다.
④ 수강신청하는 교육생에 대하여 어떠한 이유로든 등록을 거부해서는 아니 된다.

【문제 25】 자동차운전전문학원 기능검정원의 운전경력기준은?
① 면허를 받은 날부터 1년이 지난 사람
② 면허를 받은 날부터 2년이 지난 사람
③ 면허를 받은 날부터 3년이 지난 사람
④ 면허를 받은 날부터 4년이 지난 사람

【문제 26】 자동차운전전문학원의 교육실시 방법에 대한 설명으로 적절하지 못한 것은?
① 수강신청 접수순서에 따라 교육반을 편성하여야 한다.
② 학과·기능 및 도로주행교육을 구분 실시하되 각각 3월 이내 수료토록 하여야 한다.
③ 학과교육은 1명이 1일 6시간을 초과해서는 아니 된다.
④ 기능교육은 1명이 1일 4시간을 초과해서는 아니 된다.

【문제 27】 자동차운전전문학원의 사무실 등 부대시설의 설치기준으로 잘못된 것은?
① 사무실에는 교육생이 제출한 서류 등의 접수창구와 휴게실을 설치하여야 한다.
② 교육용 자동차의 일상점검에 필요한 정비장을 갖춰야 한다.
③ 포장된 주차시설을 갖출 것
④ 정원 500명 이상인 학원은 20m² 이상의 휴게실과 양호실을 별도로 설치해야 한다.

정답 14.② 15.② 16.① 17.③ 18.③ 19.③ 20.② 21.③ 22.③ 23.④ 24.④ 25.③ 26.③ 27.④

【문제 28】 자동차운전전문학원의 도로주행 교육용 자동차 확보기준으로 옳은 것은?
① 장내 기능교육장에서 동시에 교육이 가능한 최대의 자동차대수의 3배를 초과금지
② 장내 기능교육용 자동차 10대당 8대 이내로 확보
③ 장내 기능교육용 자동차 10대당 6대 이내로 확보
④ 도로주행 코스 길이 500m 당 1대씩 확보

【문제 29】 기능강사 자격증을 받은 사람으로 전문학원의 기능강사가 될 수 없는 사람은?
① 교통사고로 금고 이상의 형을 선고받고 집행유예기간 중에 있는 사람
② 도주사고로 금고이상의 형의 선고를 받고 집행이 종료된 후 2년이 지난 사람
③ 기능교육용 자동차를 운전할 수 있는 운전면허를 받은 날부터 2년이 지난 사람
④ 강사 자격이 취소된 날부터 3년이 지난 사람

【문제 30】 자동차운전전문학원 기능강사의 준수사항으로 적절하지 못한 것은?
① 교육자로서의 품위를 유지하고 성실히 안전운전자 양성에 노력하여야 한다.
② 운전교육과 관련 교육생이 감사의 뜻으로 제공하는 향응 등은 받을 수 있다.
③ 허위 또는 부정한 방법으로 운전면허를 받도록 알선·교사·방조해서는 아니 된다.
④ 수강사실을 허위로 기록해서는 아니 된다.

【문제 31】 대형견인차 면허시험 코스의 넓이는?
① 2,610m² 이상
② 1,610m² 이상
③ 3,610m² 이상
④ 2,330m² 이상

【문제 32】 학원 등이 강사의 인적사항과 교육과목을 게시하지 아니한 때의 과태료는?
① 300만 원
② 100만 원
③ 200만 원
④ 500만 원

【문제 33】 전문학원 지정을 받지 아니하고 수료증 또는 졸업증을 교부한 사람에 대한 처벌은?
① 2년 이하의 징역이나 1,000만 원 이하의 벌금
② 2년 이하의 징역이나 500만 원 이하의 벌금
③ 3년 이하의 징역이나 1,000만 원 이하의 벌금
④ 3년 이하의 징역이나 500만 원 이하의 벌금

【문제 34】 전문학원 기능검정원이 교육생에게 금품 등을 강요하거나 수수한 때의 처분으로 맞는 것은?
① 1차 위반 시 자격정지 3개월
② 1차 위반 시 자격정지 5개월
③ 2년 이내 2차 위반 시 자격정지 8개월
④ 2년 이내 2차 위반 시 자격취소

【문제 35】 전문학원에서 기능검정을 실시함에 있어 학감의 책임을 설명한 것으로 잘못된 것은?
① 전문학원의 장내 기능검정과 도로주행 기능검정은 학감의 책임아래 행하여진다.
② 학감은 수검자의 학과 및 장내·도로주행교육 등의 종료여부를 확인하여야 한다.
③ 기능검정원이 유고 시는 기능강사 중 대행자를 선정 기능검정을 하게 할 수 있다.
④ 기능검정원이 합격사실을 증경한 사람에 대하여 수료증·졸업증을 교부하여야 한다.

【문제 36】 전문학원의 장내기능검정 시 미리 준비하여야 할 사항이다. 아닌 것은?
① 기능코스 점검
② 부정응시자 조사
③ 통제실 채점기 점검
④ 기능검정용 자동차 점검

【문제 37】 전문학원의 기능검정 실시에 대한 설명으로 잘못된 것은?
① 소정의 교육을 마친 사람에 대하여 행한다.
② 자격증을 받은 기능검정원이 행한다.
③ 사정이 있는 등 필요한 경우 학감이 직접 행할 수 있다.
④ 합격자에 대하여 합격사실을 서면으로 증명하여야 한다.

【문제 38】 도로주행검정에 사용되는 자동차가 갖추어야 할 요건으로 볼 수 없는 것은?
① 교통사고로 인한 손해배상금 전액을 보상하는 보험에 가입되어 있어야 한다.
② 기능검정원이 위험방지를 위해 별도의 제동장치 등 필요한 장치를 하여야 한다.
③ 도로주행검정용 자동차에 「주행검정」표지와 규정에 의한 도색을 하여야 한다.
④ 「주행검정」표지는 주행검정용 자동차의 앞 뒤 유리창에 부착해야 한다.

【문제 39】 전문학원 강사 등의 연수교육에 대한 설명으로 잘못된 것은?
① 연수교육은 학원·전문학원 직원의 자질향상 및 법령개정 등 필요 시 실시한다.
② 학원 또는 전문학원 설립·운영자는 특별한 사유가 없는 한 이에 응하여야 한다.
③ 교육대상자는 학원 또는 전문학원의 설립·운영자, 강사, 기능검정원, 학감 등이다.
④ 설립·운영자는 강사 및 기능검정원이 교육 받을 수 있도록 조치하여야 한다.

【문제 40】 전문학원의 강사자격 취소기준이 아닌 것은?
① 교육 중 교육생에게 폭언, 폭행 등으로 물의를 일으킨 때
② 교통사고 또는 도주사고로 금고 이상의 형을 선고받은 때
③ 강사의 자격 정지기간 중에 교육을 실시한 때
④ 허위 또는 부정한 방법으로 강사 자격증을 교부받은 때

【문제 41】 전문학원의 기능강사가 출석사항을 조작한 경우 1차 위반 시 행정처분기준으로 맞는 것은?
① 자격정지 1개월
② 자격정지 3개월
③ 자격정지 6개월
④ 자격정지 2개월

정답 28.① 29.① 30.② 31.② 32.② 33.② 34.④ 35.③ 36.② 37.③ 38.④ 39.③ 40.① 41.③

【문제 42】 전문학원 기능검정원의 자격취소기준이 아닌 것은?
① 허위로 기능검정 합격사실을 증명한 때
② 교육생에게 금품 등을 강요하거나 이를 수수한 때
③ 교통사고 또는 도주사고로 금고 이상의 선고를 받은 때
④ 허위 · 부정한 방법으로 자격증을 교부받은 때

【문제 43】 학원 및 전문학원의 등록 또는 지정취소 처분기준으로 맞지 않는 것은?
① 허위 부정한 방법으로 학원의 등록을 한 때
② 허위 부정한 방법으로 전문학원의 지정을 받은 때
③ 정당한 사유 없이 개원 예정일부터 2개월이 지날 때까지 학원을 개원하지 아니 한 때
④ 학원의 운영정지 명령을 위반하고 계속 운영하는 때

【문제 44】 전문학원이 교육시간을 지키지 아니한 때의 처분기준으로 틀린 것은?
① 2년 이내 2차 위반 시 운영정지 15일
② 2년 이내 2차 위반 시 운영정지 20일
③ 2년 이내 3차 위반 시 운영정지 30일
④ 1차 위반 시 운영정지 10일

【문제 45】 전문학원이 장부 및 서류 등을 갖추지 아니한 때의 처분기준으로 잘못된 것은?
① 1차 위반 시 1개월 이내 시정명령
② 2년 이내 2차 위반 시 시정명령
③ 2년 이내 3차 위반 시 운영정지 20일
④ 2년 이내 3차 위반 시 운영정지 10일

【문제 46】 전문학원이 기능검정 불합격자에게 수료증 · 졸업증을 준 때 처분기준으로 맞는 것은?
① 1차 위반 시 운영정지 90일
② 2년 이내 2차 위반 시 등록 및 지정취소
③ 2년 이내 2차 위반 시 운영정지 120일
④ 2년 이내 3차 위반 시 운영정지 180일

【문제 47】 전산시스템에 의한 교육생원부 등의 관리방법에 대한 설명으로 잘못된 것은?
① 학원의 교육생원부는 전산시스템으로 관리할 수 있다.
② 학원설립자는 전산시스템의 고장에 대비 CD에 교육생원부를 복사 · 보관하여야 한다.
③ 전산시스템 고장 등으로 교육생원부에 수기로 기록 시는 서면으로 설립자 또는 학감의 승인을 받아야 한다.
④ 전산시스템으로 관리하는 교육생원부는 교육이 끝나는 날부터 5년간 보관하여야 한다.

【문제 48】 교통안전교육기관의 시설 · 설비 기준으로 틀린 것은?
① 강의실의 면적은 60m² 이상 135m² 이하로 하되 책상 · 의자 등을 갖춰야 한다.
② 사무실에는 교육생이 제출한 서류 등의 접수창구와 휴게실을 갖춰야 한다.
③ 화장실, 급수시설, 채광시설, 환기시설, 냉 · 난방시설, 방음시설 등을 갖춰야 한다.
④ 교육생 정원 500명 미만인 경우에도 별도의 휴게실과 양호실을 갖춰야 한다.

【문제 49】 처분벌점 40점 미만인 사람이 권장교육 중 벌점감경 교육을 마치고 경찰서장에게 교육확인증을 제출한 경우 감경되는 벌점은?
① 제출한 날부터 20점
② 제출한 날부터 10점
③ 제출한 날부터 30점
④ 제출한 날부터 모두

【문제 50】 거짓이나 부정한 방법으로 학원등록을 하거나 전문학원지정을 받은 사람에 대한 처벌은?
① 2년 이하의 징역이나 500만 원 이하의 벌금
② 2년 이하의 징역이나 1,000만 원 이하의 벌금
③ 3년 이하의 징역이나 500만 원 이하의 벌금
④ 3년 이하의 징역이나 1,000만 원 이하의 벌금

정답 42.② 43.④ 44.① 45.④ 46.② 47.④ 48.④ 49.① 50.①

제2편 전문학원 관계법령 출제예상문제 - 제8회

【문제 1】 운전면허의 구분 중 제1종 운전면허의 종별로 볼 수 없는 것은?
① 제1종 대형면허
② 제1종 보통면허
③ 제1종 소형면허
④ 제1종 보통연습면허

【문제 2】 제1종 보통면허로 운전할 수 있는 자동차는?
① 덤프 트럭
② 아스팔트 살포기
③ 15인승 이하 승합자동차
④ 노상안정기

【문제 3】 적재용량 3000L 초과의 위험물 등을 운반할 수 있는 운전면허는?
① 제1종 대형면허
② 제1종 보통면허
③ 제1종 특수면허
④ 제2종 보통면허

【문제 4】 운전면허를 4년간 받을 수 없는 응시 결격자는?
① 주취운전, 음주측정불응 등으로 2회 이상 위반하여 운전면허가 취소된 사람
② 주취운전으로 운전 중 2회 이상 교통사고를 일으켜 운전면허가 취소된 사람
③ 중앙선 침범으로 사람을 사상하고 도주하여 면허가 취소된 사람
④ 허위 부정한 방법으로 면허를 취득한 사람

【문제 5】 자동차 운전면허시험 응시원서의 유효기간은?
① 최초의 학과시험일로부터 1년간
② 필기시험에 합격할 때까지
③ 응시원서 접수일로부터 1년간
④ 도로주행시험에 최종 합격할 때까지

【문제 6】 운전면허 학과시험 중 자동차 등의 법령지식에 관한 시험사항으로 볼 수 없는 것은?
① 도로교통법 및 동법에 의한 명령에 규정된 사항
② 교통사고처리특례법 및 같은 법에 의한 명령에 규정된 사항
③ 자동차 등의 기본적인 점검요령에 관한 사항
④ 교통안전수칙과 교통안전교육에 관한 지침에 규정된 사항

【문제 7】 기능시험(장내기능시험)에 사용되는 자동차의 종별로 잘못 된 것은?
① 제1종 대형면허의 시험용 자동차는 승차정원 30인 이상의 승합자동차
② 제1종 소형면허의 시험용 자동차는 3륜화물자동차
③ 제2종 보통연습면허의 시험용 자동차는 승용자동차(일반형 또는 승용 겸 화물형)
④ 제2종 보통면허의 시험용 자동차는 외관이 승용차와 유사한 3톤 이하의 화물자동차

【문제 8】 제1종 대형면허 장내기능시험 코스 중 굴절 코스의 폭은?
① 3m
② 4.7m
③ 2.5m
④ 5.2m

【문제 9】 제1종 특수면허 중 구난차면허의 기능시험 코스 별 시험방법을 잘못 설명한 것은?
① 굴절 코스·곡선 코스 및 방향전환 코스가 있으며 각각 분리하여 코스별로 행한다.
② 굴절 코스와 곡선 코스는 견인차에 피견인차를 5분 이내 연결 검지선 접촉 없이 전진 통과해야 한다.
③ 방향전환 코스는 피견인차를 5분 이내 분리하여 검지선 접촉 없이 통과해야 한다.
④ 각 코스의 지정시간은 3분 이내이고 총 지정시간은 25분 이내에 종료해야 한다.

【문제 10】 제1종 대형면허의 「곡선 코스 전진·통과」에 대한 채점기준으로 잘못된 것은?
① 전진으로 진입하여 검지선 접촉 없이 2분 이내에 통과하면 감점 없다.
② 검지선 접촉 시마다 7점 감점한다.
③ 검지선 접촉 시마다 5점 감점한다.
④ 지정시간 2분 초과 시마다 5점 감점한다.

【문제 11】 제1종 대형면허의 「十자형 교차로 통과」에 대한 채점기준으로 잘못된 것은?
① 좌우회전 시 방향지시등을 켜지 않을 때마다 5점 감점한다.
② 정지신호에 정지 불이행 시 5점 감점한다.
③ 교차로 내에서 20초 이상 이유 없이 정차할 때 10점 감점한다.
④ 교차로 내에서 20초 이상 이유 없이 정차한 때 5점 감점한다.

【문제 12】 제1종 및 제2종 보통연습면허의 기능시험 실격기준으로 옳지 않는 것은?
① 점검이 시작될 때부터 종료될 때까지 좌석안전띠를 착용하지 않은 경우
② 신호교차로에서 신호 위반을 한 경우
③ 경사로 정지구간 이행 후 30초 이상 통과하지 못한 때
④ 특별한 사유 없이 출발선에서 20초 이내 출발하지 못한 때

【문제 13】 도로주행시험의 과제로 맞는 것은?
① 도로에서 교통법규에 따라 운전하는 능력과 운전장치를 조작하는 능력
② 도로교통법령에 대한 지식의 유무
③ 자동차 등의 구조와 정비기술에 대한 기본적인 능력
④ 교통안전수칙에 대한 지식의 숙지 여부

【문제 14】 도로주행시험의 채점기준 중 7점씩을 감점하여야 하는 경우가 아닌 것은?
① 다른 통행차량에 배려 없이 연속해서 진로변경하는 경우
② 진로변경 시 변경신호를 전혀 하지 아니한 때
③ 진로변경 금지장소에서 진로를 바꾼 때
④ 보행자가 통행하고 있는 횡단보도 앞(정지선)에 일시 정지하지 아니한 때

정답 1.④ 2.③ 3.① 4.③ 5.① 6.③ 7.④ 8.② 9.④ 10.② 11.④ 12.④ 13.① 14.④

【문제 15】 도로주행시험관의 준수사항으로 적절하지 못한 것은?

① 시험을 실시하기 전에 시험 진행방법 및 실격되는 경우 등을 설명해야 한다.
② 출발점에서부터 앞서가는 차와는 충분한 안전거리가 유지되도록 해야 한다.
③ 응시자의 긴장을 풀어주기 위하여 시험과 관련 없는 대화도 할 수 있다.
④ 다음 번호의 응시자를 동승시키는 등 공정한 평가를 위하여 노력해야 한다.

【문제 16】 운전면허시험에 합격한 사람은 며칠 이내에 운전면허증을 발급 받아야 하는가?

① 합격일로부터 7일 이내
② 합격일로부터 15일 이내
③ 합격일로부터 30일 이내
④ 면허증 발급 신청일로부터 20일 이내

【문제 17】 자동차운전전문학원에서 졸업증을 받은 사람이 면제받을 수 있는 시험은?

① 필기시험
② 도로주행시험
③ 장내기능시험
④ 적성시험

【문제 18】 군사분계선 이북지역에서 운전면허를 받은 사실이 인정된 사람이 제2종 보통면허를 받고자 할 때 면제받는 시험은?

① 필기시험, 장내기능시험   ② 필기시험, 도로주행시험
③ 적성시험, 장내기능시험   ④ 장내기능시험

【문제 19】 자동차운전학원의 강사 배치기준으로 적절하지 못한 것은?

① 학과강사는 강의실 1실당 2명 이상
② 제1종 대형면허, 제1종·제2종 보통면허의 기능강사는 각각 교육용 자동차 10대당 3명 이상
③ 제1종 및 제2종 보통연습면허 교육용 자동차가 각각 10대 미만인 경우는 1명 이상
④ 도로주행 기능강사는 교육용 자동차 1대 당 1명 이상

【문제 20】 자동차운전학원을 등록할 수 있는 사람은?

① 금치산자 또는 한정치산자
② 파산자로서 복권되지 아니한 자
③ 금고 이상의 형의 선고를 받고 집행이 종료되거나 받지 않게 된 후 3년이 경과한 사람
④ 법원의 판결에 의하여 자격이 정지 또는 상실된 사람

【문제 21】 자동차운전전문학원의 지정 신청절차를 설명한 것으로 적절하지 못한 것은?

① 법정 시설·설비와 법정 구비서류를 갖추어 시·도 경찰청장에게 지정 신청한다.
② 시·도 경찰청장은 지정 신청이 적정한 때에는 「전문학원지정전 운영승인서」를 교부한다.
③ 승인한 날부터 6개월간 그 학원 수료자의 연습면허 합격률과 운영기준을 평가한다.
④ 평가결과 6개월간 연습면허합격률이 50% 이상이면 「전문학원」으로 지정한다.

【문제 22】 자동차운전전문학원 지정기준 중 인적기준에 해당되지 않는 사람은?

① 학감(설립자가 학감을 겸임하는 경우 부학감)
② 전문학원으로 지정 받은 학원의 설립자
③ 경찰청장으로부터 자격증을 받은 학과교육 강사·기능교육 강사
④ 경찰청장으로부터 자격증을 받은 기능검정원

【문제 23】 경찰청장이 실시하는 기능검정원 자격증 취득시험에 응시할 수 없는 사람은?

① 교통사고로 금고 이상 형의 선고를 받고 집행이 종료된 날부터 2년이 지난 사람
② 거짓으로 기능검정 합격사실을 증명하여 자격이 취소된 날부터 3년이 안된 사람
③ 기능검정용 자동차를 운전할 수 있는 운전면허를 받은 날부터 3년이 지난 사람
④ 연령이 27세 이상인 사람

【문제 24】 자동차운전전문학원의 강사에 대한 설명으로 적절하지 못한 것은?

① 전문학원에는 학과교육 강사와 기능교육 강사를 두어야 한다.
② 학과교육 강사는 자동차 등의 운전에 필요한 법령·지식을 지도하는 사람이다.
③ 기능교육 강사는 자동차 등의 운전에 필요한 운전기능을 지도하는 사람이다.
④ 학과교육 강사는 자격증이 있어야 하나 기능강사는 자격증이 없어도 된다.

【문제 25】 전문학원에서 보통연습면허를 받고자 할 때의 학과 및 장내기능교육 시간은?

① 학과교육 10시간, 기능교육 6시간
② 학과교육 5시간, 기능교육 3시간
③ 학과교육 3시간, 기능교육 4시간
④ 학과교육 5시간, 기능교육 13시간

【문제 26】 전문학원에서 보통면허를 받고자할 때의 도로주행교육 시간은?

① 25시간   ② 10시간
③ 13시간   ④ 6시간

【문제 27】 기능교육장을 2층으로 하는 경우 반드시 1층에 위치하여야 하는 코스가 아닌 것은?

① 기어변속 코스   ② 십자형 교차로 코스
③ 출발 코스와 종료 코스   ④ 굴절 코스

【문제 28】 자동차운전전문학원의 교육용 자동차에 관한 사항 중 잘못된 것은?

① 교육 중 교육생의 과실로 인해 발생한 사고에 대해 전액 손해 보상 받을 수 있는 보험에 가입할 것
② 강사가 위험을 방지할 수 있도록 별도의 제동장치 등 필요한 장치를 갖출 것
③ 전문학원의 경우 장애인 기능교육용 자동차 및 도로주행교육용 자동차를 각각 2대 이상 확보할 것
④ 제2종 소형 또는 원동기장치자전거 운전교육 시 필요한 보호 장구를 갖출 것

 **정답** 15.③ 16.③ 17.② 18.④ 19.① 20.③ 21.④ 22.② 23.② 24.④ 25.③ 26.④ 27.④ 28.③

【문제 29】 자동차운전전문학원의 기능검정원 배치기준으로 적절한 것은?
① 운전전문학원 교육생 정원200명 당 1명 이상을 배치하여야 한다.
② 도로주행교육용 자동차 10대 당 8명 이상을 배치하여야 한다.
③ 장내 기능교육용 강사 수의 80%를 배치하여야 한다.
④ 도로주행코스 길이 500m당 1명을 배치하여야 한다.

【문제 30】 자동차운전전문학원의 기능교육장 부지면적기준으로 맞지 않는 것은?
① 기능교육장부지면적은 6,600m² 이상이어야 한다.
② 제1종 대형면허 기능교육장을 병설하는 경우 2,000m² 이상을 추가 확보해야 한다.
③ 강의실 등 부대시설 포함한 전문학원 전체의 부지면적이 6,600m² 이상이면 된다.
④ 원동기장치자전거 기능교육장을 병설하는 경우 1,000m² 이상을 추가 확보해야 한다.

【문제 31】 전문학원의 보통연습면허의 도로주행교육 내용으로 잘못된 것은?
① 도로주행교육 시간은 6시간이다.
② 수동변속기 면허와 자동변속기 면허의 도로주행교육시간은 다르다.
③ 도로주행교육용 자동차에 도로주행 강사가 동승하여 지도한다.
④ 도로주행교육 내용은 도로주행 시의 운전자의 마음가짐 등 5개 항목이다.

【문제 32】 전문학원의 장내기능교육 중 단독교육 실시방법으로 적절하지 못한 것은?
① 기능 2단계 교육 중인 교육생은 교육생 단독으로 운전연습을 하게 할 수 있다.
② 단독교육 시는 대상인원을 고려 기능강사 1명을 배치하여야 한다.
③ 단독교육을 원하지 않거나 위험하다고 인정되는 사람은 단독교육을 실시할 수 없다.
④ 단독교육을 원하지 않더라도 운전기능 향상을 위해 단독 연습토록 해야 한다.

【문제 33】 전문학원에서 대형 면허반의 기능교육은 몇 시간 교육받아야 단독교육을 실시할 수 있는가?
① 3시간 이상
② 4시간 이상
③ 5시간 이상
④ 6시간 이상

【문제 34】 학원 또는 전문학원의 교육생 정원에 대한 내용으로 맞지 않는 것은?
① 제1종·제2종 보통연습면허의 경우 기능교육장 면적 400m²당 1인 이내이다.
② 도로주행교육을 받는 교육생의 정원이 장내기능교육의 정원의 3배를 초과하지 않아야 한다.
③ 정원은 기능교육장 일시 수용인원에 1일 최대 회수(20회)를 곱하여 산정한다.
④ 정원 또는 일시 수용능력인원을 초과하여 교육하여서는 아니 된다.

【문제 35】 전문학원에서 기능검정을 실시하는 기능검정원의 임무를 설명한 것으로 잘못된 것은?
① 기능검정원은 기능시험 채점기준에 따라 장내 및 도로에서 기능검정을 실시한다.
② 기능검정 합격자에 대하여는 합격사실을 서면으로 증명하여야 한다.
③ 국가가 실시하던 기능시험을 기능검정원이 채점하므로 엄정하게 행하여야 한다.
④ 기능검정 불합격자는 불합격한 날부터 5일이 지나야 재검정할 수 있다.

【문제 36】 전문학원의 기능검정 실시방법에 대한 설명으로 잘못된 것은?
① 장내기능검정은 전문학원의 기능교육장에서 실시한다.
② 기능검정 방법과 채점기준은 운전면허 기능시험에 준하여 실시한다.
③ 기능검정은 3월 이내 학과 및 장내기능교육을 이수한 사람에 대하여 실시한다.
④ 기능검정 불합격자는 불합격한 날부터 3일이 지나야 재검정 받을 수 있다.

【문제 37】 전문학원에서 도로주행 기능검정을 받을 수 있는 사람은?
① 도로주행교육을 이수한 날부터 6개월이 경과하지 아니한 사람
② 도로주행교육을 이수하고 3개월이 경과하지 아니한 사람
③ 도로주행교육을 이수한 사람 중 연습운전면허의 유효기간이 경과하지 아니한 사람
④ 연습운전면허를 받은 날부터 1년이 지난 사람

【문제 38】 도로주행 기능검정원의 채점방법에 대한 설명으로 맞지 않는 것은?
① 기능검정원은 검정차량에 수검자와 동승하여 태블릿 pc로 자동채점한다.
② 기능검정과정 중 감점사항은 즉시 수검자에게 고지하여 주의를 환기시킨다.
③ 기능검정원은 도로주행시험용차에 동승하여 태블릿 pc로 자동채점하는 방식으로 한다.
④ 자동채점기의 고장으로 전자채점이 곤란한 경우에는 기능검정원이 직접 기록채점한다.

【문제 39】 전문학원 기능검정원 등 자격시험 합격한 사람에게 자격증 발급은?
① 경찰청장
② 시·도 경찰청장
③ 전문학원연합회 회장
④ 도로교통공단

【문제 40】 전문학원의 강사가 1차 위반을 한 경우 자격 취소기준이 아닌 것은?
① 강사의 자격증을 다른 사람에게 빌려준 때
② 교육생에게 금품 등을 강요하거나 이를 수수한 때
③ 강사의 자격정지기간 중에 교육을 실시한 때
④ 기능교육에 사용되는 자동차의 운전면허가 취소된 때

【문제 41】 전문학원 강사가 안전사고 예방을 위한 필요한 조치를 게을리 한 때의 처분으로 맞는 것은?
① 1차 위반 시 자격정지 2개월
② 2년 이내 2차 위반 시 자격정지 3개월
③ 2년 이내 3차 위반 시 자격 취소
④ 2년 이내 3차 위반 시 자격정지 3개월

【문제 42】 전문학원 기능검정원이 1차 위반을 한 경우 자격취소기준이 아닌 것은?
① 장내기능시험 전자채점기를 조작한 때
② 기능검정원의 자격증을 다른 사람에게 빌려준 때
③ 기능검정에 사용되는 자동차의 운전면허가 취소된 때
④ 기능검정원의 자격이 정지기간 중에 기능검정을 실시한 때

정답 29.① 30.③ 31.② 32.④ 33.④ 34.① 35.④ 36.③ 37.③ 38.② 39.① 40.② 41.④ 42.①

【문제 43】 허위 · 부정한 방법으로 전문학원의 지정을 받은 때 행정처분 기준은?

① 운영정지 1개월
② 운영정지 2개월
③ 지정취소
④ 운영정지 6개월

【문제 44】 학원 및 전문학원이 연습면허를 받지 아니한 사람에게 도로주행교육을 실시한 때의 처분기준으로 틀린 것은?

① 1차 위반 시 운영정지 20일
② 2년 이내 2차 위반 시 운영정지 40일
③ 2년 이내 3차 위반 시 운영정지 60일
④ 2년 이내 3차 위반 시 운영정지 70일

【문제 45】 전문학원이 운전교육생을 모집하기 위한 연락사무소를 설치한 경우 1차 위반 시 행정처분기준은?

① 운영정지 10일
② 운영정지 20일
③ 운영정지 30일
④ 운영정지 40일

【문제 46】 학원 또는 전문학원의 유사명칭 사용에 대한 설명으로 맞지 않는 것은?

① 학원 등록을 하지 않고 학원과 유사명칭을 사용한 상호게시 또는 광고행위
② 학원 등록을 하지 않고 도로주행 교육용 차에 학원과 비슷한 표시를 하는 행위
③ 전문학원이 아닌 학원이 전문학원 또는 이와 비슷한 용어를 사용하는 행위
④ 연습면허 소지자의 무상지도를 위해 학원과 유사명칭 사용 시는 위법이 아니다.

【문제 47】 전산시스템에 관리하는 교육생원부는 교육 끝난 날부터 몇 년을 보관하여야 하는가?

① 2년
② 3년
③ 4년
④ 5년

【문제 48】 교통안전 교육 강사의 자격기준이다. 맞지 않는 것은?

① 교통사고처리특례법 제3조 제1항의 죄를 저질러 금고 이상의 형을 선고 받고 그 집행이 진행 중인 사람 또는 그 집행유예기간 중에 있는 사람
② 특정범죄 가중처벌 등에 관한 법률 제5조의3, 제5조의11제1항 및 제15조13에 따른 죄를 저질러 금고 이상의 형의 선고 또는 집행유예를 선고 받고 그 집행이 면제된 날부터 2년이 지난 사람
③ 성폭력범죄의 처벌 등에 관한 특례법 제2조에 따른 성폭력범죄로 금고 이상의 형을 선고 받고 그 집행이 면제된 날부터 2년이 지난 사람
④ 아동 · 청소년의 성보호에 관한 법률 제2조제2호에 따른 아동 · 청소년 대상 성범죄로 금고 이상의 형을 선고 받고 그 집행이 면제된 날부터 2년이 지난 사람

【문제 49】 특별교통안전 의무교육의 교육구분에 대한 설명으로 옳은 것은?

① 배려운전교육은 보복운전이 원인이 되어 운전면허효력 정지처분 또는 취소 처분을 받은 사람이 받는 교육
② 교통소양교육은 교통사고예방, 주취운전의 위험 및 안전운전요령에 대하여 실시
③ 현장참여교육은 고령운전자 등에 실제로 참여하는 등 고령운전교육을 받은 사람 가운데 원하는 사람에게 실시
④ 교정교육은 교통사고를 일으킨 사람에 대하여 의무적으로 실시하는 교육

【문제 50】 전문학원 아닌 학원이 전문학원 표시를 하는 유사명칭을 사용한 사람에 대한 처벌은?

① 2년 이하의 징역이나 500만 원 이하의 벌금
② 2년 이하의 징역이나 300만 원 이하의 벌금
③ 1년 이하의 징역이나 500만 원 이하의 벌금
④ 1년 이하의 징역이나 300만 원 이하의 벌금

정답 43.③ 44.④ 45.① 46.④ 47.② 48.① 49.① 50.④

제2편 전문학원 관계법령 출제예상문제 - 제9회

【문제 1】 제1종 대형면허로 운전할 수 없는 자동차는?
① 승합자동차　② 구난차 등
③ 화물자동차　④ 긴급자동차

【문제 2】 제1종 소형면허로 운전할 수 없는 자동차는?
① 3륜 화물자동차
② 3륜 승용자동차
③ 원동기장치자전거
④ 적재중량 4톤 이하의 화물자동차

【문제 3】 연습면허를 받은 사람이 도로에서 운전연습 시 주의사항으로 볼 수 없는 것은?
① 사업용 자동차를 운전하는 등 주행연습 이외의 목적으로 사용하여서는 아니 된다.
② 주행연습 시는 다른 사람이 알 수 있도록 차에 「주행연습」 표지를 붙여야 한다.
③ 연습면허는 도로에서 운전연습을 허용하는 면허이므로 단독으로 연습할 수 있다.
④ 연습용 자동차를 운전할 수 있는 면허를 받은 날부터 2년이 경과한 사람과 함께 승차하여 그의 지도를 받아야 한다.

【문제 4】 운전면허를 3년간 받을 수 없는 운전결격자는?
① 주취운전 중 2회 이상 교통사고를 일으켜 운전면허가 취소된 사람
② 면허정지기간 중 운전으로 운전면허가 취소된 사람
③ 음주측정 불응으로 1회 이상 위반하여 운전면허가 취소된 사람
④ 운전면허 결격기간 중 운전으로 1회 이상 위반하여 취소된 사람

【문제 5】 운전면허 적성시험 중 색채식별능력 검사에 대한 설명으로 옳은 것은?
① 붉은색 · 청색 · 노란색의 색채식별능력이 있어야 한다.
② 붉은색 · 녹색 · 노란색의 색채식별능력이 있어야 한다.
③ 정기적성검사와 수시적성검사 시에도 색채식별능력검사에 합격하여야 한다.
④ 정기적성검사 시에는 제1종 운전면허 소지자만 색채식별검사를 한다.

【문제 6】 학과시험 합격 시에 발생하는 효력으로 잘못 설명된 것은?
① 필기시험에 합격한 사람은 장내기능시험에 응시할 수 있는 효력이 있다.
② 필기시험 합격한 사람은 5회에 한하여 장내기능시험에 응시할 수 있다.
③ 필기시험 합격사실의 유효기간은 합격한 날부터 1년 이내이다.
④ 필기시험에 합격한 사람이 자동차운전전문학원에서 소정의 장내기능교육을 이수하면 장내기능검정에 응시할 수 있다.

【문제 7】 장내기능시험 코스 설치 방법에 대한 설명으로 적절하지 못한 것은?
① 도로의 폭은 7m 이상으로 하고 3m부터 3.5m까지 폭의 2개 차로 이상을 설치한다.
② 10~15cm 너비의 중앙선을 설치한다.
③ 중앙선으로부터 3m 지점에 10~15cm 너비의 길가장자리선을 설치한다.
④ 연석은 길가장자리선으로부터 10cm 이상 간격으로 높이 10cm, 너비 10cm 이상으로 설치한다.

【문제 8】 제1종 대형면허 장내기능시험 코스 중 교통신호 있는 교차로 코스의 구조에 대한 설명으로 잘못된 것은?
① 교차로 모퉁이의 반경은 6m 이상으로 한다.
② 교차로 입구 4방향에는 4색 신호등을 3~4m 높이로 설치한다.
③ 교차로 4방향에 2m 너비의 횡단보도와 횡단보도에 이르기 전 2m 지점에 30cm 너비의 정지선을 설치한다.
④ 정지선에 이르기 전 12m 이상 지점에 교차로 표지와 횡단보도 예고 표지를 설치한다.

【문제 9】 제1종 · 제2종 보통면허시험의 채점기준 중 15점 감점하는 항목으로 맞는 것은?
① 중앙선, 차선 또는 길가장자리 구역선을 접촉하는 경우
② 곡선 코스 전진통과 시 지정시간 2분을 초과하거나 검지선을 접촉 시마다
③ 시동을 꺼뜨릴 때 마다
④ 굴절 코스 전진통과 시 지정시간 2분을 초과하거나 검지선을 접촉 시마다

【문제 10】 제1종 대형면허의 「평행주차 코스의 주차」에 대한 채점기준으로 잘못된 것은?
① 후진으로 진입하여 전 · 후진으로 확인선을 앞 · 뒤 바퀴로 동시에 접촉 주차하였다가 전진으로 검지선 접촉 없이 2분 이내 출발 시 감점 없다.
② 전 · 후 확인선 미 접촉 시 5점 감점한다.
③ 주차장에 전진으로 진입 시 10점 감점한다.
④ 지정시간 2분 초과 시마다, 검지선 접촉 시마다 5점 감점한다.

【문제 11】 제2종 소형 및 원동기장치자전거 면허의 채점기준으로 잘못된 것은?
① 굴절 코스는 검지선 접촉 시마다 발이 땅에 닿을 때마다 10점 감점한다.
② 곡선 코스는 검지선 접촉 시마다 발이 땅에 닿을 때마다 5점 감점한다.
③ 좁은 길 코스는 검지선 접촉 시마다 발이 땅에 닿을 때마다 10점 감점한다.
④ 연속진로전환 코스는 검지선 또는 라바콘을 접촉 시마다 발이 땅에 닿을 때마다 10점 감점한다.

【문제 12】 도로주행시험 응시자격 설명으로 적절하지 않는 것은?
① 제1종 보통면허시험은 제1종 보통연습면허를 받은 사람에 대하여 실시한다.
② 제2종 보통면허시험은 제2종 보통연습면허를 받은 사람에 대하여 실시한다.
③ 연습운전면허를 받고 6시간 이상 도로주행연습을 한 사람에 대하여 실시한다.
④ 연습면허의 유효기간 안에는 6시간 이상 도로주행연습을 받지 않아도 된다.

【문제 13】 도로주행채점기준 중 7점을 감점하여야 하는 경우는?
① 안전표지 등으로 지정된 서행장소에서 서행하지 아니한 때
② 좌 · 우회전 할 수 없는 교차로에 들어가려고 하는 경우
③ 진로변경 금지장소에서 진로변경한 경우
④ 진로변경을 하고자 하는 경우 안전을 확인하지 아니한 경우

정답　1.②　2.④　3.③　4.①　5.②　6.②　7.④　8.④　9.①　10.②　11.②　12.④　13.③

【문제 14】 도로주행시험의 합격기준으로 옳은 것은?

① 제1종 · 제2종 보통면허의 합격기준은 동일하지 않다.
② 제1종 보통면허는 100점을 만점으로 하여 90점 이상을 합격으로 한다.
③ 제2종 보통면허는 100점을 만점으로 하여 80점 이상을 합격으로 한다.
④ 제1종 · 제2종 보통면허 공히 100점을 만점으로 하되 70점 이상을 합격으로 한다.

【문제 15】 운전면허증의 유효기간에 대한 설명으로 맞는 것은?

① 운전면허증에 기재된 적성검사기간 만료일부터 3개월 전까지
② 운전면허증에 기재된 적성검사기간 만료일 까지
③ 운전면허증에 기재된 적성검사기간 만료일부터 6개월 이내
④ 운전면허증에 기재된 적성검사기간 만료일부터 1년 이내

【문제 16】 적성검사를 받지 아니하여 제1종 보통면허를 취소당한 후 5년 이내에 같은 면허를 받고자 하는 경우 면제되는 시험은?

① 장내기능시험, 학과시험   ② 장내기능시험, 도로주행시험
③ 학과시험, 도로주행시험   ④ 적성시험, 도로주행시험

【문제 17】 도로주행시험에 사용되는 자동차가 갖추어야 할 요건으로 볼 수 없는 것은?

① 시험관이 위험을 방지할 수 있는 별도의 제동장치 등 필요한 장치를 하여야 한다.
② 교통사고로 인한 손해배상금 전액을 보상하는 보험에 가입되어 있어야 한다.
③ 주행시험 자동차에 「주행시험」표지를 부착하고 규정에 의한 도색을 하여야 한다.
④ 「주행시험」표지는 주행시험용 자동차의 앞 뒤 유리창에 부착하여야 한다.

【문제 18】 자동차운전학원의 조건부 등록신청은 누구에게 해야 하는가?

① 경찰청장   ② 시 · 도 경찰청장
③ 시 · 도지사   ④ 시 · 도교육감

【문제 19】 학원에서 대형면허 및 대형견인차 및 구난차면허를 받고자 할 때의 학과 및 장내기능교육 시간은?

① 학과교육 20시간, 기능교육 15시간
② 학과교육 25시간, 기능교육 15시간
③ 학과교육 3시간, 기능교육 10시간
④ 학과교육 5시간, 기능교육 6시간

【문제 20】 자동차운전학원에서 보통면허를 받고자 할 때의 도로주행교육시간은?

① 25시간   ② 20시간
③ 13시간   ④ 6시간

【문제 21】 자동차운전전문학원 지정을 받을 수 있는 경우는?

① 등록이 취소된 전문학원 설립자가 취소된 날부터 3년 이내에 설립 · 운영하는 학원
② 강사 · 배치기준 위반으로 취소된 날부터 3년 이내 같은 장소에 설립 · 운영하는 학원
③ 교육운영기준 위반으로 취소된 날부터 3년 이내 같은 장소에 설립 · 운영하는 학원
④ 2월 이상 무단 휴업으로 취소된 날부터 3년 이내 같은 장소에 설립 · 운영하는 학원

【문제 22】 전문학원의 설립 · 운영자가 학감을 겸임하는 경우에 학감의 업무를 보좌하는 사람은?

① 기능검정원   ② 학과교육 강사
③ 부학감   ④ 기능교육 강사

【문제 23】 학감이 자동차운전전문학원의 교육 및 기능검정의 적정관리를 위하여 추진할 사항으로 적절하지 못한 것은?

① 교육생에 대하여 자동차운전에 필요한 법령 · 지식 등의 교육실시
② 전문학원 직원의 자질향상을 위한 자체교육의 실시
③ 교육진도 및 교육실시 상황파악과 창의적인 교육방법의 연구개선
④ 기능검정기준에 따른 공정한 관리와 수료증 · 졸업증 발급에 따른 책임인식

【문제 24】 학원 및 전문학원의 승용자동차 및 승용 겸 화물자동차의 사용 유효기간은?

① 2년   ② 1년
③ 3년   ④ 3년 6월

【문제 25】 전문학원에서 교육생 1명이 1일 기능교육 받을 수 있는 최대 시간은?

① 5시간   ② 6시간
③ 4시간   ④ 8시간

【문제 26】 자동차운전전문학원의 학과강의실의 설치기준으로 맞지 않는 것은?

① 학과강의실의 면적은 60m² 이상 135m² 이하로 설치하여야 한다.
② 학과강의실 면적 1m²당 수용인원 1인을 초과하지 않도록 하여야 한다.
③ 학과강의실의 면적은 50m² 이상 135m² 이하로 설치하여야 한다.
④ 도로교통 법령 · 지식에 관한 강의를 위하여 책상 · 의자와 보충교재를 갖추어야 한다.

【문제 27】 자동차운전전문학원의 장내기능교육용 자동차의 확보기준으로 옳은 것은?

① 부지면적 500m² 당 1대 초과금지
② 부지면적 300m² 당 1대 초과금지
③ 부지면적 400m² 당 1대 초과금지
④ 부지면적 330m² 당 1대 초과금지

【문제 28】 학과강사 자격증을 받은 사람으로 전문학원의 학과강사가 될 수 없는 사람은?

① 도주사고로 금고이상의 형을 선고 받고 집행유예기간 중에 있는 사람
② 성폭력 범죄의 처벌 등에 관한 성폭력 범죄로 금고 이상의 형의 선고를 받고 그 집행이 종료된 후 2년 이 지난 사람
③ 기능교육용 자동차를 운전할 수 있는 운전면허를 받은 날부터 2년이 지난 사람
④ 교통사고로 금고 이상의 형의 선고를 받고 그 집행이 종료된 후 2년이 지난 사람

【문제 29】 자동차운전전문학원의 기능검정원, 강사의 학력기준으로 옳은 것은?

① 학과교육 강사는 전문대학 졸업 이상의 학력이 있어야 한다.
② 기능교육 강사는 고등학교 졸업 이상의 학력이 있어야 한다.
③ 기능검정원은 전문대학 졸업 이상의 학력이 있어야 한다.
④ 기능검정원, 학과강사, 기능강사 모두 학력제한이 없다.

정답 14.④ 15.② 16.② 17.④ 18.② 19.③ 20.④ 21.④ 22.③ 23.① 24.① 25.③ 26.③ 27.② 28.① 29.④

126

【문제 30】 자동차운전학원의 기능교육장을 2층으로 하는 경우의 설치기준으로 맞지 않는 것은?
① 1층에 확보해야 하는 부지면적은 2,300m² 이상이어야 한다.
② 2층에 확보해야 하는 면적은 3,000m² 이상 되어야 한다.
③ 상·하 연결차로를 분리할 경우에는 각각 3.5m 이상이어야 한다.
④ 상·하 연결차로의 너비는 7m 이상이어야 한다.

【문제 31】 자동차운전전문학원의 장내기능교육 실시방법을 설명한 것으로 잘못된 것은?
① 운전면허 종별 교육 과목 및 교육 시간에 따라 장내기능교육 코스에서 실시한다.
② 교육시간은 50분을 1시간으로 하되 1명이 1일 5시간을 초과하지 않아야 한다.
③ 면허 종별로 동승교육·단독교육·개별 코스 및 모의운전장치 교육으로 구분 실시한다.
④ 개별 코스 교육은 교육생의 운전능력이 부족하다고 판단되는 코스에 중점 실시한다.

【문제 32】 전문학원 모의 운전장치에 의한 교육은 기능강사 1명당 교육생 몇 명을 동시에 지도할 수 있는가?
① 6명 이내 ② 4명 이내
③ 3명 이내 ④ 5명 이내

【문제 33】 전문학원에서 도로주행교육 실시방법으로 적절하지 못한 것은?
① 도로주행교육 강사는 교육 중 강사 자격증을 패용하여야 한다.
② 도로주행교육용 자동차에 도로주행교육 강사가 동승 지도하여야 한다.
③ 교육시간은 50분을 1시간으로 하되 1일 1명당 4시간을 초과하지 않아야 한다.
④ 도로주행교육 기간은 2개월 이내에 수료하여야 한다.

【문제 34】 자동차운전전문학원에서 실시하는 기능검정에 대한 설명으로 적절하지 못한 것은?
① 전문학원에서 운전면허 기능시험에 준하여 행하는 기능시험을 기능검정이라 한다.
② 기능검정에는 장내 기능검정과 도로주행 기능검정이 있다.
③ 장내 기능검정은 학감이 기능교육장에서 운전면허기능시험에 준하여 채점한다.
④ 도로주행 기능검정은 지정된 도로에서 운전면허도로주행시험에 준하여 행한다.

【문제 35】 전문학원의 장내 기능검정 실시방법에 대한 설명으로 잘못된 것은?
① 장내 기능검정은 기능검정용 자동차 10대까지 동시에 실시할 수 있다.
② 장내 기능검정은 전문학원의 교육장에서 기능검정채점기로 실시한다.
③ 기능검정원은 검정실시 전 수검자확인 및 진행방법과 안전사고 방지 교육을 실시한다.
④ 기능검정원은 기능검정 합격자에 대하여 합격사실을 서면으로 증명하여야 한다.

【문제 36】 전문학원에서 장내 기능검정을 직접 실시하는 사람은?
① 학감 ② 기능검정원
③ 장내기능강사 ④ 도로주행 기능강사

【문제 37】 전문학원의 기능검정원이 도로주행 기능검정 시 준수사항으로 적절하지 못한 것은?
① 기능검정 실시 전 진행방법·실격사항 등 주의사항을 수검자에게 설명하여야 한다.
② 출발점에서부터 앞서가는 차와의 충분한 안전거리가 유지되도록 하여야 한다.
③ 다음 번호의 수검자를 동승시키는 등 공정한 평가를 위하여 노력하여야 한다.
④ 수검자의 긴장을 풀어주기 위하여 기능검정과 관련 없는 대화도 하여야 한다.

【문제 38】 전문학원에서 실시하는 도로주행 검정에 합격한 사람에게 주는 증명서는?
① 수료증
② 졸업증
③ 학원 수료 증명서
④ 교육이수 증명서

【문제 39】 학원 또는 전문학원의 휴원 또는 폐원신고에 대한 절차로 잘못된 것은?
① 폐원하는 경우 폐원일로부터 10일 이내 시·도 경찰청장에게 신고하여야 한다.
② 1개월 이상 휴원하는 때는 휴원일부터 7일 이내 시·도 경찰청장에게 신고하여야 한다.
③ 폐원하는 경우에는 등록증 또는 지정증과 학원 등의 서류 및 장부 등 학사관리자료 일체를 첨부하여야 한다.
④ 폐원하는 경우 폐원일로부터 7일 이내 시·도 경찰청장에게 신고하여야 한다.

【문제 40】 전문학원 강사가 교육생에게 금품 등을 강요하거나 이를 수수한 경우 1차 위반 시 행정처분기준은?
① 자격정지 1개월
② 자격정지 2개월
③ 자격정지 6개월
④ 자격취소

【문제 41】 전문학원 강사가 동승교육을 하여야 하는 때 동승교육을 하지 아니한 때의 처분으로 맞는 것은?
① 1차 위반 시 자격정지 2개월
② 2년 이내 2차 위반 시 자격정지 2개월
③ 2년 이내 2차 위반 시 자격정지 3개월
④ 2년 이내 3차 위반 시 자격정지 6개월

【문제 42】 전문학원의 기능검정원이 부정한 운전면허 취득행위에 도운 때의 처분기준으로 맞는 것은?
① 1차 위반 시 자격정지 2개월
② 1차 위반 시 자격정지 3개월
③ 2년 이내 2차 위반 시 자격정지 6개월
④ 2년 이내 2차 위반 시 자격취소

【문제 43】 전문학원이 강사 및 기능검정원 배치기준을 위반한 때 처분기준으로 잘못된 것은?
① 2년 이내 3차 위반 시 운영정지 90일
② 2년 이내 2차 위반 시 운영정지 40일
③ 2년 이내 3차 위반 시 운영정지 60일
④ 1차 위반 시 운영정지 20일

정답 30.② 31.② 32.④ 33.④ 34.③ 35.① 36.② 37.④ 38.② 39.① 40.③ 41.② 42.④ 43.①

【문제 44】 학원 또는 전문학원이 출석사항을 조작한 때의 처분기준으로 맞는 것은?

① 1차 위반 시 운영정지 30일
② 2년 이내 2차 위반 시 운영정지 60일
③ 2년 이내 3차 위반 시 운영정지 90일
④ 2차 위반 시 등록 및 지정취소

【문제 45】 학원·전문학원이 관계공무원 등의 출입·검사를 거부, 방해 또는 기피한 때의 처분기준으로 틀린 것은?

① 1차 위반 시 운영정지 20일
② 2년 이내 2차 위반 시 운영정지 40일
③ 2년 이내 3차 위반 시 운영정지 60일
④ 2년 이내 3차 위반 시 등록 및 지정취소

【문제 46】 학사관리 전산시스템을 통한 시·도 경찰청장의 중점 확인·점검할 사항이 아닌 것은?

① 교육생 정·현원현황 수정기록
② 교육수강·교육평가·기능검정 수정기록(수기전산입력내용 포함)
③ 학감·강사·기능검정원 및 교육생의 지문 재등록 또는 오류발생기록
④ 프로그램 수정기록 및 프로그램 사용권한 부여 기록 등

【문제 47】 전문학원의 보고·검사 및 명령 등 지도감독에 관한 사항으로 옳지 못한 것은?

① 시·도 경찰청장은 학원의 시설·설비와 교육에 관한 통계자료를 보고하게 할 수 있다.
② 시·도 경찰청장은 관계공무원으로 하여금 시설·설비, 장부 등을 검사하게 할 수 있다.
③ 시·도 경찰청장은 검사결과 필요한 사항에 대하여 시정명령 등을 할 수 있다.
④ 출입·검사하는 관계공무원은 학원의 요구가 없을 시는 증표를 보이지 않아도 된다.

【문제 48】 특별교통안전교육을 실시하는 목적으로서 가장 적절한 것은?

① 운전자로서의 기본소양을 습득하여 올바른 운전자가 되기 위하여
② 면허정지처분 일수를 감경받기 위하여
③ 범칙금액을 감액받기 위하여
④ 교육통지서를 받았기 때문에

【문제 49】 최근 5년 동안 2번 음주운전으로 운전면허 취소된 사람의 교육방법과 교육시간은?

① 강의 및 시청각교육 등 4시간
② 강의 및 시청각교육 등 6시간
③ 강의 및 시청각교육 등 8시간
④ 강의 및 시청각교육 등 16시간

【문제 50】 교통안전교육 강사가 수강내역을 교통안전교육기관장에게 허위로 보고한 때의 벌칙은?

① 2년 이하의 징역이나 400만 원 이하의 벌금
② 2년 이하의 징역이나 500만 원 이하의 벌금
③ 1년 이하의 징역이나 500만 원 이하의 벌금
④ 1년 이하의 징역이나 300만 원 이하의 벌금

정답 44.④ 45.④ 46.③ 47.④ 48.① 49.④ 50.②

제2편 전문학원 관계법령 출제예상문제 - 제10회

【문제 1】 연습운전면허에 대한 설명으로 잘못된 것은?
① 연습운전면허에는 제1종 보통연습면허와 제2종 보통연습면허가 있다.
② 연습운전면허를 받은 날부터 1년간 유효하다.
③ 연습운전면허를 받은 사람은 단독으로 도로에서 운전연습을 할 수 있다.
④ 연습운전면허를 받은 사람이 본 운전면허를 받으면 그 효력이 소멸된다.

【문제 2】 제1종 특수(대형견인차)면허로 운전할 수 없는 자동차는?
① 견인형 특수자동차   ② 10명 이하의 승합자동차
③ 승용자동차   ④ 12톤 미만의 화물자동차

【문제 3】 제1종 대형면허를 취득할 수 있는 최소연령 및 운전경력기준은?
① 만 20세 이상으로 운전경력 2년 이상
② 만 19세 이상으로 운전경력 1년 이상
③ 만 21세 이상으로 운전경력 1년 이상
④ 만 21세 이상으로 운전경력 2년 이상

【문제 4】 운전면허를 5년간 받을 수 없는 운전결격자로 맞지 않는 것은?
① 주취운전 2회 이상 교통사고로 운전면허가 취소된 사람
② 주취운전으로 사람을 사상하고 도주한 사실로 운전면허가 취소된 사람
③ 공동위험행위로 사람을 사상하고 도주한 사실로 운전면허가 취소된 사람
④ 무면허운전으로 사람을 사상하고 도주한 사실로 운전면허가 취소된 사람

【문제 5】 제1종 운전면허 응시자의 적성시험 중 시력(교정시력 포함)검사의 합격기준은?
① 두 눈을 동시에 뜨고 잰 시력이 0.8이상이고 양쪽 눈의 시력이 각 0.5이상
② 두 눈을 동시에 뜨고 잰 시력이 0.7이상
③ 한 쪽 눈을 보지 못하는 사람은 다른 쪽 시력이 0.7이상이고 시야가 150도 이상
④ 두 눈을 동시에 뜨고 잰 시력이 0.7이상이고 양쪽 눈의 시력이 각 0.6이상

【문제 6】 학과시험은 면허종별 구분 없이 법령지식 ( )%, 자동차 등의 점검요령 등 ( )%의 비율로 출제하고 있다. 맞는 것은?
① 90 : 10   ② 95 : 5
③ 96 : 4   ④ 94 : 6

【문제 7】 장내기능시험의 채점방식에 대한 설명으로 맞는 것은?
① 장내기능시험은 전자채점기에 의하여 감점방식으로 채점한다.
② 장내기능시험은 감점방식과 득점방식으로 혼용하여 채점한다.
③ 장내기능시험은 기능시험관 또는 기능검정원이 동승하여 채점한다.
④ 장내기능시험의 채점방식은 득점방식으로 채점한다.

【문제 8】 제1종 대형면허 장내기능시험 코스 중 경사로 코스의 구조에 대한 설명으로 잘못된 것은?
① 높이는 1.5m 이상으로 한다.
② 방호벽은 길가장자리선에서 밖으로 30cm 이상 높이로 한다.
③ 정상부의 길이는 4m 반경 15~16m 곡선으로 한다.
④ 오르막 경사도는 10~12.5%이고 내리막 경사도는 6.5~9%로 한다.

【문제 9】 제1종 대형면허의 채점기준 중 10점씩 감점하는 항목이 아닌 것은?
① 평행주차 코스의 주차 시 전·후 확인선 미 접촉 또는 전진으로 진입 시
② 기어변속 코스에서 기어변속 않고 통과하거나 시속 20km 미만 시 (자동변속기 제외)
③ 방향전환 코스에서 확인선 미 접촉 또는 지정시간 2분 초과 시마다
④ 경사로 코스에서 경사로 검지구역 내에 정지 후 출발 시 50cm 이상 밀린 때

【문제 10】 제1종 대형면허의 「방향전환 코스」에 대한 채점기준으로 잘못된 것은?
① 두 바퀴로 확인선 미 접촉 시 10점 감점한다.
② 전진으로 진입 차고의 확인선을 뒷바퀴로 접측한 후 전진으로 돌아나올 때까지 검지선 접촉 없이 2분 이내 통과 시 감점없다.
③ 지정시간 2분 초과 시마다 5점 감점한다.
④ 검지선 접촉 시마다 5점 감점한다.

【문제 11】 보통연습면허의 「운전장치 조작」에 대한 채점기준 중 5점씩 감점하는 항목이 아닌 것은?
① 시작될 때부터 종료까지 좌석안전띠를 매지 않은 경우
② 시험관의 지시를 받고 기어변속을 하지 못한 경우
③ 시험관의 지시를 받고 전조등을 조작하지 못한 경우
④ 시험관의 지시를 받고 방향지시등을 조작하지 못한 경우

【문제 12】 장내기능시험의 운전면허종별 합격기준으로 틀린 것은?
① 제1종 대형면허는 100점 만점에 감점결과 90점 이상이다.
② 제1종·제2종 보통면허는 100점 만점에 감점결과 80점 이상이다.
③ 제2종 소형면허·원동기장치자전거면허는 100점 만점에 감점결과 90점 이상이다.
④ 제1종 특수면허는 100점 만점에 감점결과 90점 이상이다.

【문제 13】 도로주행시험 도로의 기준으로 적절하지 못한 것은?
① 총 주행거리 5km 이상으로 교통량에 비해 폭이 넓고 주행여건이 양호한 도로여야 한다.
② 시속 40km이상 주행 가능한 1구간 200m의 지시속도구간이 있어야 한다.
③ 교통안전표지가 설치된 횡단보도가 있어야 한다.
④ 차로변경이 가능한 편도 2차로 이상 도로가 있어야 한다.(일부구간으로도 가능)

【문제 14】 도로주행시험의 채점기준 중 7점을 감점하여야 하는 경우는?
① 앞차가 다른 차를 앞지르고자하는 경우 앞지르기 시작하거나 앞지르기하려 한 경우
② 신호기가 표시하는 신호를 위반한 때
③ 서행하여야 할 장소에서 서행하지 아니한 때
④ 법령 또는 안전표지 등으로 지정되어 있는 최고속도를 10km/h 초과한 때

정답 1.③ 2.④ 3.② 4.① 5.① 6.② 7.① 8.② 9.③ 10.① 11.① 12.① 13.② 14.①

【문제 15】 운전면허증의 효력발생시기에 대한 설명으로 옳은 것은?
① 운전면허의 효력은 본인 또는 대리인이 운전면허증을 교부받은 때부터 발생한다.
② 운전면허의 효력은 운전면허시험에 합격한 날부터 발생한다.
③ 운전면허증에 기재된 교부일자로부터 효력이 발생한다.
④ 운전면허시험에 합격한 다음날부터 효력이 발생한다.

【문제 16】 운전면허 학과시험에 합격한 사람은 합격일로부터 (　)년 이내에 실시하는 운전면허 시험에 응시하면 그 합격한 시험을 면제받을 수 있는가?
① 1년
② 2년
③ 3년
④ 1년 6월

【문제 17】 도로주행시험관의 채점방법에 대한 설명으로 맞지 않는 것은?
① 시험관은 시험차량에 응시자와 동승하여 도로주행시험채점표에 수기로 채점한다.
② 시험과정 중 감점사항은 즉시 응시자에게 고지하여 주의를 환기시킨다.
③ 감점사유가 발생 시에는 채점표에 정확히 표시(√)하여야 한다.
④ 시험 종료 후 응시자가 채점내역에 이의 제기하면 그 내용을 설명해 주어야 한다.

【문제 18】 자동차운전학원의 등록기준에 관한 설명으로 잘못된 것은?
① 운전면허 종별에 따른 교육과목, 교육시간, 운영기준 등은 전문학원과 차이가 없다.
② 강의실, 기능교육장, 교육용 자동차 등 교육에 필요한 시설·설비를 갖추어야 한다.
③ 법령에 적합한 학과강사와 기능강사를 배치기준에 맞게 배치하여야 한다.
④ 학과교육, 장내기능교육 및 도로주행교육 등을 규정에 적합하게 실시하여야 한다.

【문제 19】 자동차운전학원의 교육과정·교육방법의 기준을 설명한 것으로 적절하지 못한 것은?
① 교육은 규정에 따른 정원의 범위 안에서 실시하여야 한다.
② 학과·기능 및 도로주행교육은 구분 실시하고 각각 6월 이내에 수료하여야 한다.
③ 학과교육은 50분을 1시간으로 하되 1일 1명 당 7시간을 초과하지 않아야 한다.
④ 기능교육은 50분을 1시간으로 하되 1일 1명 당 4시간을 초과하지 않아야 한다.

【문제 20】 자동차운전학원에서 보통연습면허를 받고자 할 때의 도로주행교육 시간은?
① 6시간
② 13시간
③ 20시간
④ 25시간

【문제 21】 자동차운전에 관한 지식 및 기능에 관하여 종합적이고 체계적으로 초보자의 교육과 기능검정을 실시하는 공공적 성격을 갖는 교육기관은?
① 자동차운전학원
② 자동차운전전문학원
③ 도로교통공단
④ 자동차정비학원

【문제 22】 자동차운전전문학원의 학감업무로 볼 수 없는 것은?
① 강사·기능검정원의 자체교육
② 기능검정원 및 강사의 지식·기능유무 확인
③ 수료증 및 졸업증의 발행
④ 기능검정의 채점

【문제 23】 자동차운전전문학원 기능검정원 결격요건이다. 아닌 것은?
① 차의 교통으로 업무상과실치상죄 또는 중과실치상죄로 금고 이상의 형을 선고 받고 그 집행이 끝나거나 집행이 면제된 날부터 2년이 지나지 아니한 사람
② 교통사고를 발생 후 경찰관서에 신고 및 사고 발생 시의 조치를 아니하고 도주(특가법 제5조의3)하여 금고 이상의 형을 선고받고 그 집행이 끝나거나 집행이 면제된 날부터 2년이 지나지 아니한 사람 또는 그 집행유예기간 중에 있는 사람
③ 아동·청소년의 성보호에 관한 법률 제2조 제2호의 죄(19세 미만의 아동·청소년에 대한 강간.강제추행죄)로 금고 이상의 형을 선고받고 그 집행이 끝나거나, 집행이 면제된 날부터 2년이 지난 사람
④ 성폭력범죄의 처벌 등에 관한 특례법 제2조(미성년자의 약취유인죄 등)의 죄로 금고 이상의 형의 선고를 받고 그 집행이 끝나거나 집행이 면제된 날부터 2년이 지나지 아니한 사람

【문제 24】 자동차운전전문학원의 도로주행검정 및 도로주행교육용 자동차의 기준으로 틀린 것은?
① 운전면허시험장의 도로주행시험에 사용되는 자동차와 구조·성능이 같아야 한다.
② 자동차대수는 기능교육장에서 동시 교육이 가능한 최대대수를 초과 않아야 한다.
③ 시·도 경찰청장의 확인받은 도로주행자동차는 자동차정기검사를 받지 않아도 된다.
④ 도로주행표지 등을 설치하고 도색과 학원 명 및 고유번호를 표시하여야 한다.

【문제 25】 전문학원에서 제1종 대형 또는 대형견인차면허를 받고자 할 때의 학과 및 기능교육시간은?
① 학과교육 3시간, 기능교육 10시간
② 학과교육 6시간, 기능교육 10시간
③ 학과교육 7시간, 기능교육 10시간
④ 학과교육 8시간, 기능교육 10시간

【문제 26】 자동차운전전문학원의 기능교육장 개별 코스 설치에 대한 설명으로 맞지 않는 것은?
① 기능교육장에는 주기능교육장 이외에 개별 코스를 설치할 수 있다.
② 개별 코스는 제1종 대형면허 경우 굴절·곡선·방향전환·평행주차·경사로 및 전·후진 코스를 설치할 수 있다.
③ 주기능교육장 면적의 30%만 정원산정기준으로 인정한다.
④ 개별 코스에서는 1명의 강사가 3시간 이내에서 5명의 교육생과 함께 교육할 수 있다.

【문제 27】 전자채점기의 검지선을 감지하는 공기압센서는 어느 부분에 설치해야 하는가?
① 황색실선의 내측 부분
② 황색실선의 외측 부분
③ 황색실선의 가운데 부분
④ 황색실선의 모든 부분

【문제 28】 자동차운전전문학원에서 학감이 강사를 선임 배치하는 절차로 적절하지 못한 것은?
① 전문학원설립·운영자는 강사 자격증을 가진 사람 중에 적합한 자를 선임 신고한다.
② 학감은 강사의 지식과 기능 유무를 확인하여야 한다.
③ 학감은 강사자격증을 가진 사람 중에서 적합한 자를 선임 신고한다.
④ 시·도 경찰청장은 심사하여 자격 미달자가 있는 경우 그 선임취소를 명할 수 있다.

정답　15. ①　16. ①　17. ②　18. ①　19. ②　20. ①　21. ②　22. ④　23. ③　24. ③　25. ①　26. ④　27. ②　28. ③

【문제 29】 자동차운전전문학원의 강사 또는 기능검정원을 선임 신고한 경우 근무 개시일은?
① 시·도 경찰청장에게 선임신고를 접수시킨 때부터 근무시킬 수 있다.
② 학감이 설립자의 승인을 받은 날부터 근무시킬 수 있다.
③ 시·도 경찰청장의 승인공문이 전문학원에 도착한 날부터 근무시켜야 한다.
④ 시·도 경찰청장의 승인결재가 난 날부터 근무시킬 수 있다.

【문제 30】 자동차운전전문학원의 학과교육 실시방법에 대한 설명으로 잘못된 것은?
① 원칙에 의거 교육반을 편성하되 교육내용이 같을 경우 반구별 없이 교육할 수 있다.
② 교육방법은 교육여건에 따라 교육단계·순서에 관계없이 할 수 있다.
③ 의사, 간호사 및 인명구조원 자격증 소지자도 응급처치교육을 받아야 한다.
④ 학과강사는 교육생의 본인여부를 매시간 확인 후 교육생원부에 날인하여야 한다.

【문제 31】 전문학원의 장내기능교육 중 개별 코스 교육방법으로 적절하지 못한 것은?
① 개별 코스는 제1종 대형면허 경우 굴절·곡선·방향전환·평행주차·경사로 및 전·후진코스를 설치할 수 있다.
② 장내기능교육 중 제1단계 교육에서 교육생의 운전능력이 부족하다고 판단되는 코스에 대하여 교육할 수 있다.
③ 기능강사 1명이 5명의 교육생을 동시에 지도할 수 있다.
④ 교육생 1명당 4시간의 범위 내에서 실시할 수 있다.

【문제 32】 자동차운전전문학원의 교육생 정원의 산정기준으로 맞지 않는 것은?
① 정원은 기능교육장 일시 수용능력 인원에 1일 최대회수(20회)를 곱하여 산정한다.
② 제1종·제2종 보통연습면허의 경우 기능교육장 면적 300m²당 1인 이내로 한다.
③ 제1종 대형면허의 경우 해당 기능교육장 면적 800m²당 1인 이내로 한다.
④ 제2종 소형 및 원동기장치자전거면허의 경우 50m²당 1인으로 한다.

【문제 33】 전문학원에서 도로주행교육 실시방법으로 적절하지 못한 것은?
① 연습면허를 받은 사람에 대하여 교육하되 단계별로 실시한다.
② 교육시간은 50분을 1시간으로 하되 1일 1명당 4시간을 초과하지 않아야 한다.
③ 시·도 경찰청장의 지정 승인을 받은 도로에서 교육하여야 한다.
④ 운전면허를 받은 사람도 1일 1명당 4시간을 초과하지 않아야 한다.

【문제 34】 자동차운전전문학원의 기능교육장의 부지면적기준으로 맞는 것은?
① 6,500m² ② 7,000m²
③ 6,600m² ④ 8,000m²

【문제 35】 전문학원에서 장내기능검정 실시를 위한 준비사항으로 맞지 않는 것은?
① 운전면허 종별로 구조·성능이 우수한 장내기능검정용 자동차의 확보
② 기능검정 실시 하루 전에 기능 코스, 통제실, 검정용 자동차, 채점기 등의 점검
③ 기능검정 실시 1시간 전에 기능검정코스, 통제실, 검정용 자동차, 채점기 등 점검
④ 검정실시 전에 안전 확보를 위하여 관계직원을 기능 코스의 안전지대에 1명씩 배치

【문제 36】 전문학원에서 장내기능검정 채점은 어떤 방법으로 하는가?
① 운전면허 기능시험에 준하여 학감과 기능검정원이 함께 수기로 채점한다.
② 기능검정원이 장내기능검정 채점표에 수기로 채점한다.
③ 기능검정원이 전자채점기에 의하여 채점한다.
④ 기능검정원이 전자채점기 또는 수기로 혼용하여 채점한다.

【문제 37】 전문학원에서 도로주행기능검정 실시방법에 대한 설명으로 적절하지 못한 것은?
① 학감은 수료대상자수, 졸업예정일 등 감안하여 실시토록 배려하여야 한다.
② 기능검정원은 수강증·신분증과 검정신청서를 대조하여 부정 응시자를 막아야 한다.
③ 기능검정원은 기능검정의 공정성확보를 위해 다음 차례 수검자를 동승시켜야 한다.
④ 기능검정원은 도로주행시험 채점표에 의거 전자채점기로 채점한다.

【문제 38】 전문학원의 수료증에 대한 설명으로 잘못된 것은?
① 학감은 장내기능검정에 합격한 사람에 대하여 수료증을 교부하여야 한다.
② 수료증의 유효기간은 교부받은 날부터 1년간이다.
③ 수료증을 잃어버렸거나 헐어 못쓰게 된 때에는 학감에게 신청 다시 받을 수 있다.
④ 수료증을 받은 사람이 연습운전면허시험에 응시하면 장내기능시험이 면제된다.

【문제 39】 전문학원 학감·강사 및 기능검정원의 강사업무겸임에 대한 설명으로 잘못된 것은?
① 강사가 다른 종류의 자격증을 가진 경우 지장 없는 범위 내에서 겸임할 수 있다.
② 기능검정원이 강사자격증을 가진 경우 검정업무에 지장 없는 범위 내에서 강사업무를 겸임할 수 있다.
③ 학감은 학과강사 자격증이 있는 경우 학과교육과정의 제1교시를 강의할 수 있다.
④ 기능검정원은 자신이 교육한 교육생에 대하여 언제든지 도로주행검정을 실시할 수 있다.

【문제 40】 전문학원의 학과강사가 강사자격 정지 기간에 학과교육을 실시한 경우의 처분은?
① 자격이 2개월간 정지된다. ② 자격이 6개월간 정지된다.
③ 자격이 3개월간 정지된다. ④ 자격이 취소된다.

【문제 41】 전문학원 강사가 기능시험 전자채점기를 조작하는 등 부정한 운전면허 취득 행위를 도운 때의 처분으로 맞는 것은?
① 1차 위반 시는 자격정지 3개월
② 2년 이내 2차 위반 시는 자격정지 6개월
③ 2년 이내 3차 위반 시는 자격 취소
④ 2년 이내 2차 위반 시는 자격 취소

【문제 42】 전문학원 기능검정원이 장내기능시험 전자채점기를 조작한 때의 처분으로 맞는 것은?
① 1차 위반 시 자격정지 3개월
② 1차 위반 시 자격정지 5개월
③ 2년 이내 2차 위반 시 자격취소
④ 2년 이내 2차 위반 시 자격정지 1년

정답 29.③ 30.③ 31.③ 32.③ 33.④ 34.③ 35.② 36.③ 37.④ 38.② 39.④ 40.④ 41.④ 42.③

【문제 43】 학원 또는 전문학원이 변경등록을 하지 아니하고 부정하게 학원을 운영한 때 처분기준으로 틀린 것은?

① 1차 위반 시 1개월 이내 시정명령
② 2년 이내 2차 위반 시 운영정지 10일
③ 2년 이내 2차 위반 시 운영정지 30일
④ 2년 이내 3차 위반 시 20일

【문제 44】 학원 등의 종사자가 전문학원 등에 불이익을 줄 목적으로 위반한 경우 학원 등의 행정처분 기준으로 맞는 것은?

① 운영정지 20일
② 운영정지 40일
③ 운영정지 60일
④ 행정처분을 감면할 수 있다.

【문제 45】 기능검정원이 허위로 기능검정 합격 사실을 증명한 때 전문학원의 행정처분기준으로 맞는 것은?

① 1차 위반 시 운영정지 30일
② 2년 이내 2차 위반 시 운영정지 60일
③ 2년 이내 2차 위반 시 지정 및 등록 취소
④ 2년 이내 3차 위반 시 지정 및 등록 취소

【문제 46】 학사관리 전산시스템을 통한 시·도 경찰청장의 학원 등 지도감독사항이 아닌 것은?

① 교육생의 일시수용 정·현원
② 교육생원부(대장)정리사항
③ 교육평가 및 기능검정사항
④ 학원의 시설·설비 관리사항

【문제 47】 전산시스템에 의한 교육생의 수강 사실 인정에 대한 설명으로 잘못된 것은?

① 강의개시 후 10분 이내 지문인식으로 입실이 확인되고 강의종료 후 1시간 이내 지문인식기에 의해 퇴실이 확인되어야 한다.
② 교육확인은 시스템 교육생원부에 강사의 기명 또는 인영으로 확인된 것에 한한다.
③ 도로주행교육은 입·퇴실확인 불가로 교육종료 후 3시간 이내 강사가 입력한다.
④ 지문인식기로 입·퇴실확인 불가 시는 수기용 교육생원부에 교육시간 기입 날인한다.

【문제 48】 학과시험에 응시하기 전에 받아야 하는 교통안전 교육시간은?

① 1시간
② 4시간
③ 5시간
④ 10시간

【문제 49】 음주운전 외의 교통사고로 운전면허 정지된 사람의 특별교통안전 의무교육방법과 교육시간은?

① 강의 및 시청각교육 등 5시간
② 강의 및 시청각교육 등 6시간
③ 강의 및 시청각교육 등 8시간
④ 강의 및 시청각교육 등 4시간

【문제 50】 특별교통안전교육을 실시하는 기관으로 맞는 것은?

① 자동차운전전문학원
② 자동차운전학원
③ 교통안전공단
④ 한국도로교통공단

정답 43.③ 44.④ 45.③ 46.④ 47.③ 48.① 49.② 50.④

제3편 기능교육 실시요령 출제예상문제 -제11회

【문제 1】 건전한 교통문화를 정착시키기 위한 전문학원의 바람직한 교육방향은?
① 운전기능만을 숙달시킴으로써 곧 사회에 대한 책임을 성취한다.
② 학과교육은 학과시험문제 풀이로 하고 운전기능위주로 교육을 실시한다.
③ 체계적인 운전교육을 통하여 교통도덕이 몸에 밴 안전한 운전자를 양성한다.
④ 전문학원도 기업체이므로 공 기능보다 영리를 우선으로 운영한다.

【문제 2】 학습의 심리학적 의미를 설명한 것으로 맞지 않는 것은?
① 유기체가 동일한 상황을 반복 경험함으로써 환경에 적응하는 형태로 변하는 것이다.
② 환경의 변화에 적응하기 위하여 일어나는 행동의 변용을 말한다.
③ 현실에 대한 어떤 행동의 변용이라는 결과를 중시한다.
④ 학습이란 반드시 의식적인 행동으로 인하여 이루어져야 하는 것을 말한다.

【문제 3】 여러 가지 문제를 해결하는데 기억이나 지각 등 사고에 의하여 해결하는 학습형태는?
① 사고력이 중심이 되는 학습형태
② 기억과 연습이 중심이 되는 학습형태
③ 연습이 중심이 되는 학습형태
④ 관찰과 기억이 중심이 되는 학습형태

【문제 4】 계속적이고 반복적인 교육에 의하여 의식적인 조작행동이 무의식적인 조작행동으로 숙달되는 과정을 체계적으로 설명한 학설과 관계없는 것은?
① 조건반사설
② 러시아의 생리학자 파블로프의 개에 대한 타액반응 실험
③ 시행착오설
④ 일정한 훈련을 받으면 동일한 반응이나 새로운 행동의 변화를 가져올 수 있다는 학설

【문제 5】 시행착오설에 대한 여러 가지 법칙과 관련이 없는 것은?
① 폐쇄의 법칙   ② 준비의 법칙
③ 효과의 법칙   ④ 연습의 법칙

【문제 6】 기능교육에 있어서 「동기부여」에 대한 설명으로 맞지 않는 것은?
① 동기란 어떠한 자극이 사람의 마음을 움직여 행동을 실행에 옮기도록 하는 것이다.
② 행동을 실행에 옮기도록 이끄는 것을 동기유발 또는 동기부여라 한다.
③ 동기부여에는 외적 동기부여와 내적 동기부여가 있다.
④ 외적 동기부여는 주체적인 호기심, 성취욕, 명예욕 등으로 일어난다.

【문제 7】 동기부여를 위하여 「경쟁심을 이용하는 방법」에 대한 설명으로 가장 적절한 것은?
① 진도가 늦은 교육생에게 경쟁에서 뒤지고 있다는 생각을 갖도록 한다.
② 진도가 늦은 교육생에게 격려와 관심으로 의욕을 보충해주는 노력을 한다.
③ 진도가 늦은 교육생에게 불안감과 초조감을 불러일으킨다.
④ 다른 사람은 나보다 앞서고 있다는 생각을 갖도록 한다.

【문제 8】 개인차에 따른 학습지도방법을 설명한 것으로 적절하지 못한 것은?
① 동일한 조건에서 학습해도 똑같은 결과를 얻을 수 없는 것은 교육생 개인차 때문이다.
② 교육생 개개인의 능력과 개인차에 따른 적절한 교육이 중요하다.
③ 교육생의 실제 교육진도를 관찰하면서 그 교육생에 맞는 교육을 해야 한다.
④ 교육생에게 자신의 적성(겁이 많다. 운동신경이 둔하다.)을 묻는 것은 삼가야 한다.

【문제 9】 기억의 과정 중 행동이나 경험의 수행에서 신경계에 흔적을 형성하는 현상은?
① 파지   ② 기명
③ 망각   ④ 재인

【문제 10】 연습방법 중 전습법과 분습법에 대한 설명으로 맞지 않는 것은?
① 전습법은 단순한 과제를 전체를 하나로 묶어 학습하는 방법이다.
② 분습법은 단순한 과제를 부분적으로 나누어 학습하는 방법이다.
③ 전습법과 분습법은 학습내용과 과제의 양을 기준으로 분류한 것이다.
④ 분습법에는 순수한 분습법, 점진적 분습법, 탄복적 분습법이 있다.

【문제 11】 연습방법 중 분습법의 장점 및 효과에 대한 설명으로 잘못된 것은?
① 길고 복잡한 학습에 적당하다.
② 학습이 빠르다.
③ 범위가 적어서 적당하다.
④ 의미가 있는 학습자료에 적당하다.

【문제 12】 집중연습법의 의미와 효과적인 경우를 설명한 것으로 맞지 않는 것은?
① 학습내용을 쉬지 않고 계속해서 하는 연습방법
② 연습하기 전에 준비운동 같은 것이 필요할 때
③ 잘 알고 있거나 어느 정도 이해가 되고 있는 과제일 때
④ 학습자의 준비도가 낮고 많은 노력이 필요할 때

【문제 13】 학습의 전이조건이 아닌 것은?
① 동일요소와 일반화에 의한 전이
② 학습목표에 의한 전이
③ 학습자의 지능에 의한 전이
④ 학습방법에 의한 전이

【문제 14】 어떤 기능을 충실히 연습하면 그와 유사한 다른 기능에 적극적 전이가 일어나는 것은?
① 학습자의 지능에 의한 전이
② 학습태도에 의한 전이
③ 학습방법에 의한 전이
④ 학습 분량에 의한 전이

정답 1.③ 2.④ 3.① 4.③ 5.① 6.④ 7.② 8.④ 9.② 10.② 11.④ 12.④ 13.② 14.④

【문제 15】 교육생이 싫어하는 강사상으로 맞지 않는 것은?
① 성미가 까다롭고 웃는 일이 없으며 잔소리가 심하다.
② 불공평하고 특정한 사람만 좋아하고 누구를 막론하고 지나치게 원망한다.
③ 엘리트의식이 강하여 교만하고 교육생 개개인에 대한 관심이 없다.
④ 강제적이고 표준적이며 너무 엄격하다.

【문제 16】 특별한 형태로 짜여진 교재에 의하여 학습자료를 제시하고 개별학습을 시켜 특정한 학습목표까지 무리없이 확실하게 도달시키기 위한 학습방법은?
① 토의법
② 프로그램 학습
③ 촉진학습법
④ 강의법

【문제 17】 전문학원 집단학습의 단점이 아닌 것은?
① 교육생은 수동적이며, 효과적 수강태도를 교육생 스스로 유지할 수밖에 없다.
② 교육생이 가진 의문에 대하여 적절한 예측이 가능하다.
③ 교육생의 반응이 다음 단계의 교육내용과 방법 결정에 반영되는 일이 거의 없다.
④ 교육내용은 교육생의 이해와 관계없이 진행되고 강사의 지식에만 의존하고 있다.

【문제 18】 기능교육의 기본적인 이념이라고 할 수 없는 것은?
① 안전운전자 양성을 위한 기능강사의 도덕성과 전문성의 연마
② 안전운전에 대한 지식과 기능을 갖춘 바람직한 교통사회인 육성
③ 면허취득이 주목적이므로 한번에 합격할 수 있는 교육의 추진
④ 남에게 폐를 끼치지 않고 양보와 배려할 줄 아는 교통예절의 체질화교육

【문제 19】 바람직한 운전자 양성을 위하여 강사에게 가장 중하게 요구되는 것은?
① 청렴성과 정직성
② 용감성과 대담성
③ 공평성과 획일성
④ 도덕성과 전문성

【문제 20】 개인차에 따른 기능교육의 숙달속도와 소요시간 관계를 4가지 유형으로 분류한 것이다. 맞지 않는 것은?
① 젊고 착실한 사람은 교육시간 경과에 따라 숙달속도가 꾸준히 향상된다.
② 급한 성격의 젊은이는 처음에는 급격히 숙달되다가 한계에 이르면 침체된다.
③ 여자는 교육시간에 비하여 숙달속도가 느리나 나중에는 빨라진다.
④ 나이 많은 사람은 처음에는 숙달속도가 매우 느리나 익숙해지면 급속히 향상된다.

【문제 21】 급한 성격의 젊은이는 기능교육목표 도달까지 소요시간과 숙달속도가 어떻게 나타나는가?
① 순조로운 발전을 한다.
② 한 걸음씩 서서히 능숙하게 된다.
③ 처음에는 급속히 발전하나 어느 한계에 이르면 침체된다.
④ 처음에는 진도가 느리나 노력해서 차에 익숙해지면 급속히 발전한다.

【문제 22】 여성에 대한 기능교육 소요시간에 따라 나타나는 숙달속도의 현상은?
① 교육시간 경과에 따라 숙달속도가 꾸준히 향상된다.
② 처음에는 숙달속도가 매우 느리나 익숙해지면 급속히 향상된다.
③ 처음에는 숙달속도가 급격히 향상되지만 어느 한계에 이르면 침체된다.
④ 교육시간에 비하여 숙달속도가 느리거나 시간 경과에 따라 일정하지 않다.

【문제 23】 우리나라 여성운전자가 남성운전자와 다른 일반적 특징이 아닌 것은?
① 대형 교통사고 발생률이 높다.
② 돌발 상황에 대비하는 판단능력과 반응 동작이 둔하다.
③ 성격이 섬세하고 불안의식이 강하여 안전운전의식이 높다.
④ 속도가 느리기 때문에 교통 상 장애를 유발하기도 한다.

【문제 24】 기능교육의 명확한 지도와 조언방법으로 가장 적절한 것은?
① 간결하고 구체적이며 부드럽게 설명한다.
② 장황하게 깊이 있게 설명한다.
③ 감정적으로 지시하거나 조언을 한다.
④ 처음 자동차를 대하기 때문에 대충 설명하고 익숙해지면 자세히 설명한다.

【문제 25】 기능교육의 효과적 교육방법으로 가장 적절한 것은?
① 반복적 교육보다 진도에 충실한 교육이 가장 효과적이다.
② 실기를 바탕으로 한 이론의 반복적 교육이 효과적이다.
③ 실기만을 바탕으로 한 반복적 교육이 가장 효과적이다.
④ 이론을 바탕으로 한 실기의 반복적 교육이 효과적이다.

【문제 26】 기능교육결과 나타나는 효과의 양적진보 5단계를 순서대로 바르게 나열한 것은?
① 사전학습단계-진보정체단계-급격한 진보단계-진보향상단계-원숙한 진보단계
② 사전학습단계-진보향상단계-진보정체단계-급격한 진보단계-원숙한 진보단계
③ 사전학습단계-진보정체단계-진보향상단계-급격한 진보단계-원숙한 진보단계
④ 사전학습단계-급격한 진보단계-진보정체단계-진보향상단계-원숙한 진보단계

【문제 27】 기능교육의 양적진보 중 운전기능의 질적진보가 양적진보를 따라가지 못하는 단계는?
① 제2단계의 진보향상단계
② 제3단계의 진보정체단계
③ 제4단계의 급격한 진보단계
④ 제5단계의 원숙한 진보단계

【문제 28】 연습효과 중 양적진보단계로 운전조작의 중요한 시기에 해당되며 수강생의 의욕과 시간적 흐름에 따라 급속한 진보의 향상이 보이는 단계는?
① 1단계(사전학습단계)
② 2단계(진보향상단계)
③ 4단계(급격한 진보단계)
④ 5단계(원숙한 진보단계)

정답 15.④ 16.② 17.② 18.③ 19.④ 20.③ 21.③ 22.④ 23.① 24.① 25.④ 26.② 27.② 28.②

【문제 29】 기능교육효과의 질적진보 중 미숙련기에 해당하는 것은?
① 동작이 느리고 어색하며 원활하게 연결이 되지 않는다.
② 의식적인 운전조작에서 무의식적인 조작으로 향상한다.
③ 각각의 동작이 연결되면서 어색한 동작과 불필요한 동작은 줄어들기 시작한다.
④ 기어변속을 할 때 일일이 기어레버를 눈으로 확인하는 동작이 생략된다.

【문제 30】 기능교육 효과의 연습곡선 중 고원상태(Plateau)에 대한 설명으로 옳지 못한 것은?
① 고원상태를 극복해도 학습의 성과는 미미하다.
② 고원상태에 이르면 강사, 교육생 모두 싫증을 느끼고 비관적이다.
③ 고원상태란 운전연습시간을 늘려도 진보나 성과가 오르지 않는 상태이다.
④ 고원상태는 동기부여의 저하, 피로, 포화, 급격한 변화 등에 의하여 일어난다.

【문제 31】 기능연습의 회수간격은 어떻게 조정하는 것이 가장 효과적인가?
① 1일 1시간 정도씩 매일 연습
② 1일 2시간 정도씩 매일 연습
③ 1일 3시간 정도씩 매일 연습
④ 1일 4시간 정도씩 매일 연습

【문제 32】 기능강사가 초기연습단계에서 강조해야 할 운전예절로서 맞지 않는 것은?
① 운전면허는 운전을 허용한다는 뜻이며 안전을 보장하는 것이 아님을 인식시킨다.
② 도로는 모든 이용자의 공유공간이므로 자기중심적인 사고로 운전하도록 한다.
③ 교통법규는 안전규칙이며 서로간의 약속이므로 반드시 지킬 것을 강조한다.
④ 운전 중 우선순위가 애매한 때에는 양보하는 것이 최선임을 이해시킨다.

【문제 33】 기능강사가 도로주행교육 중 교통사고방지를 위하여 유의할 사항으로 맞지 않는 것은?
① 교육전반은 후반보다 정신적·신체적 피로가 쌓여 판단력이 떨어지므로 주의
② 주행 중 필요한 지시나 조언을 할 때는 운전에 방해되지 않도록 시기선택에 주의
③ 교육과 관계없는 잡담이나 지시 등은 집중력을 떨어뜨리므로 삼가도록 주의
④ 노인, 어린이, 자전거 등 교통취약요인에 대하여 특히 주의

【문제 34】 기능강사가 야간운전 시 방어운전에 대하여 중점 지도할 사항으로 맞지 않는 것은?
① 야간에 졸음운전은 음주운전보다 더 위험하니 주의하도록 한다.
② 마주 오는 차가 하향등을 켜고 접근할 때에는 반드시 일시 정지토록 한다.
③ 신호 없는 교차로 통과 시는 전조등 불빛을 변환하여 자신의 존재를 알리도록 한다.
④ 커브 길에서 상대방의 전조등 불빛을 보면 서행 또는 일시 정지토록 한다.

【문제 35】 운전기능 4단계교육법의 교육순서로 맞는 것은?
① 교육준비단계 → 조작요령설명단계 → 효과확인단계 → 운전연습단계
② 교육준비단계 → 운전연습단계 → 조작요령설명단계 → 효과확인단계
③ 교육준비단계 → 조작요령설명단계 → 운전연습단계 → 효과확인단계
④ 조작요령설명단계 → 교육준비단계 → 효과확인단계 → 운전연습단계

【문제 36】 운전기능 4단계 교육법 중 제4단계인 효과 확인단계의 유의사항으로 맞지 않는 것은?
① 연속된 2~3회의 실기 연습결과를 평가하여 장단점과 보완사항을 알린다.
② 보충지도는 초기단계에 많이 하고 점차적으로 적게 한다.
③ 지시나 조언은 성숙도에 따라 조금씩 늘려 빨리 익히도록 한다.
④ 보충지도에서도 수정되지 않는 점은 별도 기록유지 후 계속 보충지도한다.

【문제 37】 운전기능 4단계교육법 중 정확한 순서에 따라 교육의 요점을 강조하는 단계는?
① 제3단계 실질지도연습단계
② 제4단계 효과의 확인 및 보충지도단계
③ 제2단계 교육내용 및 조작 설명단계
④ 제1단계 기능교육의 준비단계

【문제 38】 기능교육의 통일적 운용에 대하여 검토되어야 할 사항으로 맞지 않는 것은?
① 교육계획과 진행방법의 의사통일을 위해 강사의 교양훈련, 토론회 등을 갖는다.
② 교육계획은 교과서를 중심으로 학과교육과 균형 및 일체화되도록 배려해야 한다.
③ 강사의 개인경험과 상식에 따른 교육지도는 통일적지도의 일환이다.
④ 기능강사가 작성하는 교안은 교육생의 개인차, 진도 등에 따라 작성해야 한다.

【문제 39】 기능교육평가 상 착안 사항으로 맞지 않는 것은?
① 개인적인 감정에 이끌려 안이하거나 지나치게 엄격한 판정을 삼간다.
② 평가기준에 있는 사항은 필요시 일부 생략하거나 지나쳐도 된다.
③ 각 기능강사간의 판정에 따른 격차와 마찰을 최소화한다.
④ 평가결과에 따라 다음 교육으로 가거나 보충교육을 실시한다.

【문제 40】 전문학원의 장내기능교육과 도로주행교육은 하루 몇 시간씩 받을 수 있는가?
① 각각 3시간 이내
② 각각 4시간 이내
③ 각각 5시간 이내
④ 각각 8시간 이내

【문제 41】 전문학원의 제1종 대형면허 및 대형견인차 및 구난차면허반의 장내기능교육 시간은?
① 10시간
② 5시간
③ 15시간
④ 20시간

정답 29.① 30.① 31.① 32.② 33.① 34.② 35.③ 36.③ 37.① 38.③ 39.② 40.② 41.①

【문제 42】 전문학원 교육생에 대한 기능교육방법이 아닌 것은?
① 동승교육
② 연수교육
③ 단독교육
④ 모의운전장치에 의한 교육

【문제 43】 전문학원의 모의운전장치에 의한 교육방법으로 맞지 않는 것은?
① 기능교육과정의 운전조작장치교육은 2시간을 초과하지 않는 범위 내에서 실시할 수 있다.
② 모의운전장치 1대로 시간당 교육할 수 있는 인원은 1명으로 한다.
③ 기능강사 1명이 동시에 지도할 수 있는 교육생은 5명 이내로 한다.
④ 모의운전장치교육은 제2종 보통연습면허에 한하여 실시할 수 있다.

【문제 44】 전문학원에서 제1종 대형면허 및 구난차면허에 대한 교육방법으로 맞지 않는 것은?
① 기능교육과정 중 5시간 이상 교육받은 경우는 교육생 단독교육을 할 수 있다.
② 제1종 대형면허의 기능교육시간은 10시간이고 제1종 구난차면허는 15시간이다.
③ 교육생 단독교육 시는 기능강사 1명당 교육용 자동차 5대 이하로 한다.
④ 제1종 대형면허와 대형견인차 및 구난차면허의 기능교육시간은 동일하게 10시간이다.

【문제 45】 기능강사가 교육생이 차에 타고 출발하기까지 지도할 사항으로 맞지 않는 것은?
① 안전하게 자동차에 승차하는 방법과 하차하는 방법을 지도한다.
② 올바른 운전자세와 운전석과 후사경의 조정방법을 지도한다.
③ 교육용 자동차의 점검요령과 고장 시의 조치요령을 지도한다.
④ 운전장치의 기능과 원리를 이해시키고 올바른 조작방법을 지도한다.

【문제 46】 기능강사가 제1종 대형면허의 방향전환코스 통과요령에 대한 지도방법으로 맞지 않는 것은?
① 후진으로 방향을 전환하거나 차고에 주차하는 능력을 익히기 위한 코스이다.
② 전진으로 들어가서 후진으로 차고에 진입 뒷바퀴로 확인선을 접촉 후 되돌아 나온다.
③ 후진할 때 안전확인과 내륜차의 원리를 이해시켜 안전운전요령을 지도한다.
④ 방향전환코스의 통과요령을 익숙할 때까지 반복 지도하여 숙달시킨다.

【문제 47】 자동차 운전과정 중 「관찰」에 대한 설명으로 맞지 않는 것은?
① 관찰은 운전을 위한 정보를 입수하는 과정이다.
② 정보는 대부분 청각에 의해 입수되고 있다.
③ 관찰은 전·후방은 물론 측방 등 넓은 범위에서 이루어져야 한다.
④ 정보는 대부분 시각에 의하여 입수하고 있다.

【문제 48】 자동차 운전과정 중 「행동」에 대한 설명으로 옳지 못한 것은?
① 행동이란 판단에 의해 결정된 정보를 실제 운전장치조작에 적용하는 과정이다.
② 행동의 기본은 올바른 순서로 확실하게 조작하는 것이다.
③ 행동을 하기 전에 행동을 예고하는 일은 사고발생의 위험이 된다.
④ 올바른 순서로 조작하기 위해서는 끊임없는 연습의 반복에 의하여 형성된다.

【문제 49】 자동차가 회전 시 뒷바퀴가 미끄러져 정상적인 진로보다 회전반경이 작아지는 현상은?
① 언더 스티어(Under steer)
② 리버스 스티어(Reverse steer)
③ 뉴트럴 스티어(Neutral steer)
④ 오버 스티어(Over steer)

【문제 50】 자동차의 내륜차에 대한 설명으로 맞지 않는 것은?
① 내륜차의 최대치는 축거의 약 1/2 정도 된다.
② 핸들 각도가 클수록 내륜차도 커진다.
③ 커브안쪽으로 회전하는 앞바퀴가 뒷바퀴보다 회전반경이 큰 차이를 내륜차라 한다.
④ 내륜차는 핸들을 최대로 돌렸을 때 최대치가 된다.

정답 42.② 43.④ 44.② 45.③ 46.③ 47.② 48.③ 49.④ 50.①

제3편 기능교육 실시요령 출제예상문제 -제12회

【문제 1】 교통사고의 요인 가운데 교통사고 발생률이 가장 높은 요인은?
① 환경적 요인 ② 차량적 요인
③ 인적 요인 ④ 도로요인

【문제 2】 학습의 교육학적 의미를 설명한 것으로 적절하지 못한 것은?
① 결과적으로 아무런 변화가 없어도 잘되게 하려고 시도해 본 과정을 중시한다.
② 심리학적 의미는 결과를 중시하지만 교육학적 의미는 과정을 중시한다.
③ 교육학적 의미는 결과를 중시하지만 심리학적 의미는 과정을 중시한다.
④ 일반적으로 알지 못하고 하지 못하던 것을 알게 하고 하게 하는 것이 학습이다.

【문제 3】 학습형성의 여러 가지 이론으로 볼 수 없는 것은?
① 조건반사설 ② 통찰설
③ 시행착오설 ④ 관찰설

【문제 4】 쥐가 입구에서 출구까지 복잡한 미로를 여러 번의 실패 끝에 빠져 나와 먹이를 먹게 된 뒤부터는 시행착오 없이 쉽게 미로를 빠져 나와 먹이를 먹게 된다는 학설은?
① 조건반사설 ② 통찰설
③ 시행착오설 ④ 관찰설

【문제 5】 학습과정의 피드백(Feedback)에 관한 설명으로 맞지 않는 것은?
① 학습자 자신이 학습목표를 설정하고 행동하여 그 목표와의 오차를 평가한다.
② 자기자신이 피드백 정보를 얻고 자신의 힘으로 그 정보를 처리한다.
③ 강사는 학습자에게 진전사항을 알려주지 않아야 더 효과적인 진행이 이루어진다.
④ 전문학원 강사의 가장 중요한 학습방법이라고 할 수 있다.

【문제 6】 동기부여와 운전교육에 대한 내용으로 잘못된 것은?
① 교육생에게 학습의욕을 일으켜 적극적인 학습참여로 교육효과를 거두는 것이다.
② 운전교육에서 기초적인 지식·예절 등 기본적인 학습에 더욱더 동기부여가 필요하다.
③ 동기를 유발할 수 있는 요인은 흥미, 상벌, 칭찬, 질책, 경쟁 등이 있다.
④ 동기유발 요인 중 칭찬보다 잘못에 대한 질책이 바른 지도를 위해 더 효과적이다.

【문제 7】 동기부여로 교육생의 학습효과를 높이기 위한 방안으로 볼 수 없는 것은?
① 상과 벌을 준다. ② 적절한 연습 목표를 설정토록 한다.
③ 경쟁심을 불러일으킨다. ④ 학습결과를 알려주지 않는다.

【문제 8】 기억과 망각에 관련된 용어의 해설로서 맞지 않는 것은?
① 재인 : 과거에 경험했던 사실을 완전히 잊어버리는 현상
② 망각 : 학습된 행동이 지속되지 않고 소실되는 현상
③ 기명 : 행동이나 경험의 수행이 신경계에 흔적을 남기는 현상
④ 파지 : 과거의 학습행동이 지속되어 현재와 미래의 행동에 영향을 주는 현상

【문제 9】 망각을 진행시키는 요인은?
① 시간 ② 피로 ③ 수면 ④ 운동

【문제 10】 전습법과 분습법을 선택할 때 교육생 측면에서 고려한 요인이 아닌 것은?
① 전습법은 전체동작을 기억해 낼 수 있는 능력이 있을 때 선택한다.
② 전습법은 기술이 숙달되었을 때 선택한다.
③ 분습법은 초보자일 때와 기억력에 한계가 있을 때 선택한다.
④ 분습법은 장시간 주의를 집중할 수 있을 때 선택한다.

【문제 11】 연습방법 중 전습법의 장점 및 효과에 대한 설명으로 맞지 않는 것은?
① 망각이 적다. ② 연습 초기에 효과적이다.
③ 연합(병합)이 생긴다. ④ 시간과 노력이 적다.

【문제 12】 분산연습법이 집중 연습법보다 효과적인 이유를 설명한 것으로 맞지 않는 것은?
① 연습시간 동안 소모된 에너지를 보충할 수 있는 휴식시간이 있다.
② 휴식시간을 통해 연습시간의 지루함이나 권태감을 없앤다.
③ 교육생을 더욱더 연습에 주의를 집중할 수 있게 한다.
④ 학습과제가 유익하고 생산적이 된다.

【문제 13】 학습의 전이에 관한 조건으로 올바르지 않은 것은?
① 교육생의 지능이 높을수록 소극적인 전이가 일어난다.
② 어떤 학습원리를 이해하면 그것이 새로운 장면에 적용되어 전이가 일반화된다.
③ 어떤 기능에 연습분량이 많으면 그와 유사한 다른 기능에서 적극적 전이가 일어난다.
④ 동일한 요소가 있으면 있을수록 학습전이가 많이 일어난다.

【문제 14】 교육생에게 학습결과를 알려줌으로써 학습효과에 미치는 영향으로 가장 효과적인 것은?
① 결과를 알려주지 않고 방치하는 경우
② 학습할 때마다 결과를 계속 알려주고 잘못된 부분을 찾아 질책하는 경우
③ 필요한 때만 알려주는 경우
④ 학습할 때마다 결과를 계속 알려주고 잘한 점을 칭찬하는 경우

【문제 15】 교수법의 형태 중 강의법에 대한 설명으로 맞지 않는 것은?
① 공동학습의 한 형태로 학습의 사회화를 꾀하는 민주적인 방식이다.
② 고대 희랍시대부터 현재까지 사용해온 가장 기본적인 방법이다.
③ 교육생은 설명을 듣고 필기하고 암기하는 등 강사 중심의 교육방법이다.
④ 강사가 교육내용을 선정하여 그것을 전달하는 방법이다.

【문제 16】 전문학원 교육의 특성으로 볼 수 없는 것은?
① 학습목적의 동일성 ② 교육생의 개인적 차이
③ 강사 자질의 동일성 ④ 교육생의 심리적 특성

【문제 17】 전문학원 개별학습의 단점이 아닌 것은?
① 교육생이 강사의 지도능력에 의존할 수 밖에 없다.
② 교육생에 대한 선입관과 편견을 갖게 되어 브적절한 지도가 되기 쉽다.
③ 많은 교육생의 지도로 인한 피로·권태로 교육생에 대한 응대가 나빠질 수 있다.
④ 교육생은 확실한 목적 의식아래 활동적으로 행동할 수 있다.

【문제 18】 자동차운전전문학원 기능교육의 목적으로 적절하지 못한 것은?
① 안전하고 바람직한 운전자 양성
② 운전면허시험 합격위주의 교육
③ 바른 운전예절을 갖춘 교통사회인으로 육성
④ 다른 운전자와 보행자를 배려할 줄 아는 교통예절의 고취

정답 1.③ 2.③ 3.④ 4.② 5.③ 6.④ 7.④ 8.① 9.① 10.④ 11.② 12.④ 13.① 14.④ 15.① 16.③ 17.④ 18.②

【문제 19】기능교육이 체계적으로 이루어져야 하는 이유로서 가장 적절한 것은?
① 운전면허시험에 단 한번에 합격할 수 있도록 하기 위하여
② 일정한 교육과정을 단계적으로 상호 관련시켜 최종목표에 도달하기 위하여
③ 교육생의 운전습득능력에 따라 일부 과목을 생략하기 위하여
④ 혼잡도로에서 요령 있게 빨리 빠져나갈 수 있는 기술을 습득하기 위하여

【문제 20】기능교육 목표수준 도달까지의 소요시간 차가 가장 두드러지게 나타나는 요인은?
① 직업과 성격
② 성별과 연령
③ 학력과 직업
④ 연령과 성격

【문제 21】기능교육의 소요시간에 따라 숙달정도가 처음에는 매우 느리나 익숙해지면 급속히 향상 되는 사람은?
① 젊고 착실한 사람
② 성격이 급한 젊은이
③ 여성
④ 나이 많은 사람

【문제 22】나이 많은 사람은 기능교육 소요시간에 따라 숙달속도가 어떻게 나타나는가?
① 처음에는 급속히 발전하나 도중에 교육이 침체되는 현상을 보인다.
② 처음에는 진도가 느리나 노력하여 차에 익숙해지면 급속히 발전한다.
③ 조금씩 서서히 향상되다가 시간의 경과에 따라 일정하지 않게 된다.
④ 기능교육시간이 경과함에 따라 숙달되는 속도도 꾸준히 향상된다.

【문제 23】기능교육에 있어서 기본적 유의사항이 아닌 것은?
① 계획적인 교육
② 교육생의 원에 따른 교육
③ 명확한 지도와 조언
④ 개인차를 고려한 교육

【문제 24】교육생의 교육효과를 향상시키기 위한 방법으로 가장 바람직한 것은?
① 교육생의 자유로운 행동을 묵인하는 등 방임적인 방법으로 교육한다.
② 교육생의 작은 운전행동에 이르기까지 주의 깊게 관찰하면서 지도한다.
③ 강사가 좋아하는 교육생을 기준으로 하여 교육한다.
④ 교육생에게 강사의 권위를 내세워 엄격하게 지도한다.

【문제 25】기능교육에 임하는 기능강사의 바람직한 자세가 아닌 것은?
① 기초적인 이론을 설명한 후 기능실습을 하는 등 기본원칙에 의한 교육을 한다.
② 교육생의 성격, 성별, 연령 등 개인차에 따른 적절한 교육을 한다.
③ 자동차 부품의 명칭 등은 장황하고 깊이 있게 설명한다.
④ 적절한 엄격함도 안전운전을 위함이라는 인상을 심어주면 효과가 있다.

【문제 26】기능교육결과 나타나는 효과의 양적진보를 단계별로 설명한 것으로 맞지 않은 것은?
① 사전 학습단계는 운전기능에 무지하거나 일부지식을 익힌 단계
② 진보향상단계는 운전연습의 초기단계로 운전자세와 운전조작습관의 형성단계
③ 진보의 정체단계는 운전연습의 능률이 오르지 않는 단계
④ 원숙한 진보단계는 정체단계를 극복하고 급진전상태에 돌입하는 단계

【문제 27】기능교육효과의 양적 진보단계 중 진보 정체단계에서 정체현상을 극복하는 방법으로 잘못된 것은?
① 진보향상단계에서 다시 시작
② 연습에 대한 강사의 격려
③ 적절한 휴식
④ 운전동작의 개선

【문제 28】연습효과 중 양적 진보단계로 교육생마다 정도의 차이는 있을 수 있지만 잠재적인 학습이 이루어진 상태에 해당하는 단계는?
① 제1단계 : 사전학습단계
② 제2단계 : 진보향상단계
③ 제3단계 : 진보의 정체단계
④ 제4단계 : 급격한 진보단계

【문제 29】질적 진보단계에서 미숙련기에 해당하는 운전동작으로 맞지 않는 것은?
① 엔진시동이 된 후에도 엔진 시동스위치를 돌리고 있다.
② 클러치와 액셀러레이터 페달의 조작동작이 고르지 않아 시동이 자주 꺼진다.
③ 운전자세나 동작에 있어서 부드럽고 연결성이 있게 된다.
④ 방향지시등을 켜고 한참 후에 차로를 바꾸거나 켜놓은 채로 계속 주행한다.

【문제 30】기능교육 시 운전연습과 휴식은 어떻게 조정하는 것이 가장 능률적인 배분인가?
① 2시간 연습하고 1시간 휴식한다.
② 1일 2시간씩 매일 연습한다.
③ 계속적으로 반복 연습한다.
④ 1시간 연습하고 10분간 휴식한다.

【문제 31】기능연습에 있어서 분습법과 집중법의 선택시기를 설명한 것으로 맞지 않는 것은?
① 운전연습에서 진보의 향상단계와 진보의 정체단계에서는 분습법이 효과적이다.
② 운전연습에서 급격한 진보단계에서는 집중법이 효과적이다.
③ 운전연습의 회수간격은 분습법보다 집중법이 더 효과적이다.
④ 분습법은 운전연습을 하고 휴식시간에 자신의 나쁜 습관을 교정할 수 있다.

【문제 32】기능강사가 도로주행교육 시 안전운전을 중점 지도해야 하는 이유로서 맞지 않는 것은?
① 운전면허시험에 합격할 수 있는 요령을 최종 지도해야 하기 때문이다.
② 안전하고 바람직한 운전자 양성을 위한 최종단계이기 때문이다.
③ 지금까지의 모든 과정이 실행되는 가장 중요한 종합운전과정이기 때문이다.
④ 정확한 운전조작은 물론 운전예절이 몸에 밴 안전운전자를 배출하기 위해서이다.

【문제 33】방어운전에 대한 설명으로 맞지 않는 것은?
① 방어운전은 다른 차나 보행자의 행동으로부터 스스로를 보호하려는 운전방법이다.
② 방어운전은 소극적인 운전방법으로 자신은 물론 타인의 생명도 지키는 운전방법이다.
③ 모든 운전자는 방어운전요령을 익혀 사고를 내지 않고 당하지 않도록 해야 한다.
④ 좌석안전띠나 에어백 등의 안전장치도 자신의 생명을 완전하게 지켜주지 못한다.

【문제 34】전문학원의 기능교육에 대한 설명으로 맞지 않는 것은?
① 운전기능을 의식적인 조작에서 무의식적인 조작으로 바꾸어가는 과정이다.
② 운전면허시험합격만을 목적으로 운전기능에 대하여 연습하는 과정이다.
③ 학과교육과 일체화로 준법의식을 갖춘 안전운전자를 양성하는 과정이다.
④ 남에게 폐를 끼치지 않고 양보할 줄 아는 예절바른 운전자를 육성하는 과정이다.

【문제 35】운전기능 4단계교육법 중 제1단계인 준비단계의 유의사항으로 맞지 않는 것은?
① 교육생이 배우기 쉽고 강사가 가르치기 쉬운 분위기와 환경을 조성한다.
② 효과적인 교육을 위해 교안을 작성한다.
③ 교육생이 운전기능에 대하여 알고 있는 수준을 확인한다.
④ 교육생의 긴장감을 조장하여 운전 중 사고를 일으키지 않도록 한다.

정답 19.② 20.② 21.④ 22.② 23.② 24.② 25.③ 26.④ 27.① 28.① 29.③ 30.④ 31.③ 32.① 33.② 34.② 35.④

【문제 36】 운전기능 4단계교육법 중 교육 분위기조성 및 교안의 결정 단계는?
① 제4단계인 효과의 확인 및 보충단계
② 제3단계인 실질지도 연습단계
③ 제1단계인 기능교육의 준비단계
④ 제2단계인 교육내용 및 조작 설명단계

【문제 37】 운전기능 4단계교육법 중 마지막 단계인 효과 확인 시 유의사항으로 맞지 않는 것은?
① 수강생의 운전조작 수준을 본인에게 알려준다.
② 보충지도는 초기단계에는 적은 시간을 할애하고 점차적으로 늘려나간다.
③ 보충지도에서도 수정할 수 없는 점은 별도로 기록을 유지, 차후 계속 보완한다.
④ 최종단계에서 비록 결함이 있어도 좋은 점은 칭찬하여 웃는 얼굴로 마무리한다.

【문제 38】 기능습득이 불충분한 교육생에게 보충교육이 필요한 이유로서 맞지 않는 것은?
① 기능이 불완전한 상태에서 다음 과정으로 가면 효과적인 교육이 이루어질 수 없다.
② 보충교육을 생략하면 잘못된 행태가 습관으로 굳어져 진도가 더 늦어질 수 있다.
③ 교육생의 자존심을 상하게 하므로 불충분하더라도 다음과정으로 진행하여야 한다.
④ 보충교육은 불충분한 기능을 바로 잡는 교육이므로 절대 필요하다.

【문제 39】 운전기능에 대한 보충교육의 필요성을 가장 적절하게 설명한 것은?
① 운전면허 기능시험에 반드시 합격할 수 있도록 하기 위하여
② 전문학원의 수입을 높이고 학원수료생의 합격률을 높이기 위하여
③ 보충교육 없이 다음 단계로 진행하면 결함이 더욱 커져 시간만 낭비하므로
④ 기능숙달이 늦거나 안 되는 사람에 대하여 교육포기를 종용하기 위하여

【문제 40】 전문학원 보통연습면허의 장내기능교육시간은?
① 6시간 ② 4시간 ③ 13시간 ④ 10시간

【문제 41】 전문학원의 제1종 대형면허 기능교육 중 동승교육 방법에 대한 설명으로 맞지 않는 것은?
① 동승교육은 기능강사가 교육생과 함께 기능교육용 자동차에 타고 지도하는 교육이다.
② 기능교육과정 중 1단계교육과정에 있는 교육생에 대하여 동승 지도한다.
③ 기능교육과정 중 2단계교육과정에 있는 교육생은 동승교육 할 수 없다.
④ 기능강사는 운전자세, 준법의식, 안전운전의식이 몸에 배도록 교정 지도한다.

【문제 42】 전문학원의 소형면허 기능교육 시간은?
① 기본조작 8시간, 응용주행 10시간
② 기본조작 10시간, 응용주행 8시간
③ 기본조작 5시간, 응용주행 5시간
④ 기본조작 8시간, 응용주행 8시간

【문제 43】 전문학원의 제1종 대형면허 장내 기능교육장 설치기준 설명으로 맞지 않는 것은?
① 기능교육장의 면적은 학과교육장 등을 포함하여 6,600㎡ 이상이어야 한다.
② 출발 코스, 경사로코스 등 기능교육 코스가 규정에 적합하게 설치되어 있어야 한다.
③ 장내 기능교육장의 총 연장거리는 700m 이상이어야 한다.
④ 도로 폭은 7m(3m~3.5m 너비의 2개 차로)이상이어야 한다.

【문제 44】 전문학원의 도로주행교육 실시방법으로 맞지 않는 것은?
① 도로주행교육 과정에서 법규준수 및 교통예절이 몸에 배도록 지도한다.
② 연습면허를 받은 사람에 대하여 면허 종별에 따라 실시한다.
③ 도로주행강사가 교육용 자동차에 교육생과 동승하거나 교육생 단독교육 할 수 있다.
④ 돌발 상황에 대비하여 기능강사가 운전하는 이상의 긴장과 주의를 기울여야 한다.

【문제 45】 기능강사가 제1종 대형면허의 경사로 코스 통과요령에 대한 지도방법으로 맞지 않는 것은?
① 오르막 정지구간에 3초 이상 정지한 후 30초 이내에 출발 통과하도록 지도한다.
② 정지했다가 출발 시 후방으로 50cm 이상 밀리지 않도록 지도한다.
③ 엔진을 꺼뜨리지 않고 출발하도록 클러치, 브레이크 등의 조작요령을 지도한다.
④ 정지했다가 출발 시 후방으로 50cm 이상 밀린 때는 실격처리 됨을 지도한다.

【문제 46】 제1종 대형면허의 장내기능교육 합격 및 실격기준으로 맞지 않는 것은?
① 합격기준은 100점 만점에 감점결과 80점 이상이다.
② 특별한 사유 없이 출발선에서 30초 이내 출발하지 못하면 실격된다.
③ 특별한 사유 없이 교차로 내에서 30초 이상 정차하면 실격된다.
④ 출발에서 종료 시까지 총 지정시간을 5초 초과하면 실격처리 된다.

【문제 47】 자동차 운전이 이루어지는 과정에 대한 설명으로 잘못된 것은?
① 운전은 관찰 → 인지 → 판단 → 조작의 과정을 통해 이루어진다.
② 운전 중의 자동차는 자연의 법칙과 물리적인 힘에 지배를 받지 않는다.
③ 운전자·자동차·도로 중 어느 하나의 결함이 있어도 교통사고로 이어질 수 있다.
④ 관찰은 전방은 물론 후방과 측방 등 넓은 범위에서 이루어져야 한다.

【문제 48】 주행 중인 차에 걸리는 힘의 중심방향에 대한 설명으로 가장 옳은 것은?
① 가속 또는 감속 시 걸리는 방향이 일정하다.
② 가속 시에는 차체 앞부분이고 감속 시에는 차체 뒷부분이다.
③ 이론적으로는 어떤 경우에도 차의 중심에 걸린다.
④ 가속 시에는 차체 뒷부분이고 감속 시에는 차체 앞부분이다.

【문제 49】 자동차가 회전 시 앞바퀴가 미끄러져 정상적인 진로보다 회전반경이 커지는 현상은?
① 언더 스티어(Under steer) ② 오버 스티어(Over steer)
③ 뉴트럴 스티어(Neutral steer) ④ 리버스 스티어(Reverse steer)

【문제 50】 자동차의 외륜차에 대한 설명으로 옳지 못한 것은?
① 커브바깥쪽으로 회전하는 앞바퀴가 뒷바퀴보다 회전반경이 큰 차이를 외륜차라 한다.
② 핸들을 최대로 돌린 상태에서 커브바깥쪽 앞바퀴가 그리는 원호의 반경을 최소회전반경이라 한다.
③ 커브길 주행 시 안쪽바퀴는 적게 돌고 바깥쪽 바퀴는 크게 돌아간다.
④ 외륜차보다 내륜차가 약간 크다.

정답 36.③ 37.② 38.③ 39.③ 40.② 41.③ 42.③ 43.① 44.④ 45.④ 46.④ 47.② 48.④ 49.① 50.④

제3편 기능교육 실시요령 출제예상문제 -제13회

【문제 1】 학습의 의미에 대한 설명으로 맞는 것은?
① 피로나 약물 등으로 일시적으로 변하는 것을 말한다.
② 선천적으로 형성되어 있는 행동이 자연적으로 일어나는 변화를 말한다.
③ 의식적인 행동이 아니더라도 경험에 의하여 행동이 변해가는 과정을 말한다.
④ 신경계통의 성숙으로 자연적으로 일어나는 변화를 말한다.

【문제 2】 관찰한 결과에 대하여 연구하고 기억하여 새로운 지식을 획득하는 형태는?
① 연습이 중심이 되는 학습형태
② 기억과 연습이 중심이 되는 학습형태
③ 사고력을 중심으로 하는 학습
④ 관찰과 기억이 주축이 되는 학습형태

【문제 3】 조건반사설에 대한 설명으로 맞지 않는 것은?
① 개에게 종소리를 들려주며 먹이 주기를 반복하면 종소리만 들어도 침을 흘리는 현상
② 학습 성립과정을 볼 때 생리적 조건화에서만 조건반사설이 성립
③ 사람이 김장김치나 레몬을 연상하면 입안에 타액이 분비되는 현상
④ 러시아의 생물학자 파블로프에 의하여 주장된 학습이론

【문제 4】 문제 상황에 대한 전체적 예상이 성립함으로써 돌연 문제가 해결된다는 학습이론은?
① 통찰설   ② 시행착오설
③ 관찰설   ④ 조건반사설

【문제 5】 학습자의 학습 준비도에 대한 설명으로 맞지 않는 것은?
① 강사는 수업 후에 학습자의 준비도를 파악 부족분을 참고해 지도한다.
② 학습준비란 어떤 학습에 성공하기 위한 학습자의 성숙정도이다.
③ 학습이 효과적으로 이루어지기 위해 필요한 학습자의 준비상태이다.
④ 준비도의 결정요인은 성숙, 생활연령, 정신연령, 선행경험정도, 개인차 등이다.

【문제 6】 동기부여를 위한 「질책」이 효과를 거두기 위하여 유의할 사항으로 잘못된 것은?
① 질책의 효과로 소극적인 전이가 일어나야 한다.
② 강사와 교육생간에 상호 이해하고 인간관계가 좋아야 한다.
③ 교육생이 잘못을 인정하고 각오하는 질책정도 이내이어야 한다.
④ 잘못된 일이 일어난 직후이어야 한다.

【문제 7】 학습의 동기부여에 대한 설명으로 적절하지 못한 것은?
① 학습에 있어서 동기를 일으키면 일으킨 만큼 학습속도가 빨라진다.
② 학습결과를 알려주고 학습하면 학습효과가 훨씬 높아진다.
③ 대체로 동기가 강하면 학습량이 적고 질도 낮아진다.
④ 학습동기가 강하게 유발되면 학습하고자하는 유인 때문에 오류를 적게 범한다.

【문제 8】 과거에 경험했던 상황과 비슷한 상황에 부딪쳤을 때 떠오르는 현상은?
① 파지   ② 재인
③ 재생   ④ 기명

【문제 9】 망각을 방지하는 방법으로 맞지 않는 것은?
① 최초의 학습을 가능한 한 완전하게 한다.
② 학습 직후 적절한 계획을 세워 반복해서 연습한다.

③ 학습방법을 학습내용과 일치시키지 않는다.
④ 학습내용에 의미 있는 논리적 관계를 설정한다.

【문제 10】 학습내용과 과제의 양을 기준으로 분류한 방법은?
① 전습법과 분산법   ② 전습법과 분습법
③ 집중법과 분산법   ④ 집중법과 분습법

【문제 11】 교육생측면에서 집중연습법을 선택할 때 고려할 사항이 아닌 것은?
① 복잡한 과제일 때
② 부분 동작들로 구성된 과제일 때
③ 준비운동을 필요로 하는 과제일 때
④ 주의가 산만하거나 집중력이 약할 때

【문제 12】 기능교육에 있어서 학습의 전이에 대한 설명으로 적절하지 못한 것은?
① 과거의 학습경험이 새로운 학습을 촉진하거나 방해하는 것을 학습의 전이라 한다.
② 학습의 전이에는 적극적(+) 전이와 소극적(-) 전이의 두 종류가 있다.
③ 적극적(+) 전이는 과거의 학습경험이 새로운 학습에 도움을 주는 것을 말한다.
④ 소극적(-) 전이는 과거의 학습경험이 새로운 학습을 보완하는 것을 말한다.

【문제 13】 교육생의 지능이 높으면 적극적 전이가 일어나고 낮으면 소극적 전이가 일어나는 것은?
① 학습방법에 의한 전이   ② 학습태도에 의한 전이
③ 학습자의 지능에 의한 전이 ④ 학습의 분량에 의한 전이

【문제 14】 학습지도의 준비사항이 아닌 것은?
① 목표의 설정   ② 교안의 작성
③ 교육생의 요구수준의 확인   ④ 학습 진행방법의 연구

【문제 15】 빠른 진도로 학습하기 위하여 더 많은 재료를 마련하고 다양한 학습경험과 한층 고도의 종합적 사고와 능력을 요구하는 학습방법은?
① 프로그램   ② 토의법
③ 촉진학습법   ④ 강의법

【문제 16】 전문학원의 집단학습과 개별학습에 대한 설명으로 적절하지 못한 것은?
① 집단학습은 집단을 대상으로 하는 강의법으로 가장 오래된 지식전달방법이다.
② 집단학습은 목적의식을 가진 성인집단을 대상으로 하는 경우보다 능률적이다.
③ 개별교육은 개별로 교육하는 방식으로 전문학원 기능교육은 개별학습에 의존한다.
④ 개별교육은 교육생이 수동적이며 효과적 태도는 교육생 스스로 유지해야 한다.

【문제 17】 로빙거(J. H. Lobinger)가 제시하는 좋아하는 선생님 상으로 맞지 않는 것은?
① 강제적이며 표준적이며 엄격하여 잘못을 용서하지 않는다.
② 자신이 가르치는 것이 무엇이며 그 목표와 이상을 알아야 한다.
③ 학생들이 원하는 것을 알며 학생들을 보다 더 이해하려고 노력한다.
④ 민주적인 태도로 학생들과 동료 같은 친교 속에 들어갈 수 있어야 한다.

정답 1.③ 2.④ 3.② 4.① 5.① 6.① 7.③ 8.② 9.③ 10.② 11.④ 12.④ 13.③ 14.③ 15.③ 16.④ 17.①

【문제 18】 강사가 건전한 교통문화를 정착시키기 위하여 가장 먼저 선행되어야 할 사항은?
① 운전면허시험 합격을 위하여 운전기능에 대한 중점교육
② 운전면허시험에 합격할 수 있도록 교통법령의 암기교육
③ 안전운전에 대한 지식과 운전기능을 갖춘 교통사회인이 되도록 하는 교육
④ 정상적인 운전에 지장이 없는 체격조건을 구비시키기 위한 교육

【문제 19】 개인차에 따른 기능교육의 숙달속도와 소요시간 관계를 4가지 유형으로 분류한 것이다. 맞지 않는 것은?
① A형 – 순조로운 발전형
② B형 – 급속히 발전 후 도중 침체형
③ C형 – 완만한 발전형
④ D형 – 처음과 끝이 일정한 형

【문제 20】 젊고 착실한 사람이 기능교육 목표도달까지 소요시간과 숙달속도는 어떻게 나타나는가?
① 교육시간 경과에 따라 숙달속도가 꾸준히 향상된다.
② 처음에는 숙달속도가 급격히 향상되지만 한계에 이르면 침체된다.
③ 교육시간에 비하여 숙달속도가 느리거나 일정하지 않다.
④ 처음에는 숙달속도가 매우 느리나 익숙해지면 급속히 향상한다.

【문제 21】 기능교육의 소요시간에 따라 숙달정도가 처음에는 급격히 향상되지만 한계에 이르면 침체되는 계층은?
① 젊고 착실한 사람
② 성격이 급한 젊은이
③ 여성
④ 나이 많은 사람

【문제 22】 초보운전자인 여성운전자의 일반적 특성 중 단점을 설명한 것으로 맞지 않는 것은?
① 성격이 섬세하고 불안의식이 강하여 법규를 준수하려는 의식이 높다.
② 위험한 상황을 회피하거나 피해를 최소화하기 위한 반응 동작이 둔하다.
③ 돌발적인 사태에 직면했을 때 판단하는 능력이 남성보다 낮다.
④ 여성의 경우가 일반적으로 남성보다 운전속도가 느리다.

【문제 23】 기능교육의 명확한 지도와 조언방법으로 맞지 않는 것은?
① 자동차부품의 명칭과 기능 등을 간결하고 구체적으로 설명한다.
② 필요 시 실물을 보여주고 기능을 이해하도록 설명한다.
③ 어려운 기계적인 설명을 이해할 때까지 장황하게 설명한다.
④ 가능하면 일상생활과 관련된 현상과 비교하여 쉽게 설명한다.

【문제 24】 기능교육의 반복적 연습 실시 방법으로 맞지 않는 것은?
① 이론을 바탕으로 실제적인 운전연습을 반복 실시하여 몸에 배도록 한다.
② 교육생의 운전조작 행동 중 결함을 파악하여 반복적으로 교정 지도한다.
③ 반복교육이란 단순한 반복적 운전행동을 의미한다.
④ 반복연습은 의식적인 조작행동이 무의식적 조작행동으로 발전시킨다.

【문제 25】 반복적인 기능교육을 통하여 나타나는 연습효과를 설명한 것으로 맞지 않는 것은?
① 기능교육의 효과는 양적진보와 질적진보 두 가지로 구분할 수 있다.
② 양적진보는 주행거리, 운전조작 실수회수, 코스통과여부 등 기능향상정도를 말한다.
③ 질적인 진보는 숙련정도에 따라 미숙련기, 반숙련기, 숙련기 등으로 구분된다.
④ 질적인 진보는 겉으로 들어나나 양적인 진보는 자신도 느끼기 어렵다.

【문제 26】 기능교육효과 중 생리적 기계적 한계에 도달하여 눈에 보이는 진보가 적은 단계는?
① 원숙한 진보단계
② 진보정체단계
③ 진보향상단계
④ 급격한 진보단계

【문제 27】 기능교육의 연습효과가 겉으로 드러나지 않고 자신도 느끼지 못하는 진보는?
① 양적 진보
② 급속 진보
③ 질적 진보
④ 반복 진보

【문제 28】 기능교육효과의 양적인 진보와 질적인 진보를 설명한 것으로 맞지 않는 것은?
① 질적인 진보는 숙련정도에 따라 구분된다.
② 질적인 진보는 겉으로 드러나지 않고 본인도 쉽게 알 수 없다.
③ 양적인 진보는 기능향상의 정도를 나타낼 수 있다.
④ 양적인 진보는 겉으로 드러나지 않아 잘 알 수 없다.

【문제 29】 운전기능의 숙련정도를 나타내는 질적진보의 진보과정으로 볼 수 없는 것은?
① 숙련기
② 반숙련기
③ 미숙련기
④ 진보의 향상기

【문제 30】 실험결과 운전연습과 휴식시간을 어떻게 배분하는 것이 가장 능률적으로 나타났는가?
① 2시간마다 30분간 휴식
② 1시간마다 15분간 휴식
③ 1시간마다 10분간 휴식
④ 3시간마다 30분간 휴식

【문제 31】 기능강사가 도로주행교육 시 중점 지도해야 할 운전예절로서 맞지 않는 것은?
① 교통법규를 지키는 마음자세
② 제동장치의 조작상태
③ 보행자의 보호
④ 다른 교통에 대한 양보와 배려

【문제 32】 기능강사가 도로주행교육 시 안전운전을 위하여 중점 지도할 사항으로 맞지 않는 것은?
① 정상적인 교통을 방해하지 않는 원활한 운전
② 위험을 예측하는 운전
③ 복잡한 도로에서 빨리 빠져나갈 수 있는 운전기술
④ 예측하지 못한 돌발 상황 발생 시 인지·판단·조작 능력

【문제 33】 기능강사가 일반도로에서 방어운전에 대하여 중점 지도할 사항으로 맞지 않는 것은?
① 녹색신호에 뛰어나오는 차나 보행자에 대비하여 안전을 확인 후 운행토록 한다.
② 공이 굴러오면 어린이가 갑자기 뛰어나오는 경우가 있으니 대비토록 한다.
③ 신호 없는 교차로에서 갑자기 달려 나오는 차에 대비하여 서행토록 한다.
④ 횡단보도를 횡단하는 보행자가 있는 경우 서행하도록 한다.

【문제 34】 기능교육 4단계교육법을 설명한 것으로 맞지 않는 것은?
① 제1단계는 학습의욕을 갖게 함과 동시에 교안작성 등 효과적인 교육의 준비단계이다.
② 제2단계는 교육내용과 운전조작방법을 설명하여 흥미를 고조시키는 단계이다.
③ 제3단계는 실제로 운전을 지도하는 단계로 기능교육의 핵심단계이다.
④ 제4단계는 정확한 순서에 따라 조작의 요점을 강조하면서 교육하는 단계이다.

정답 18.③ 19.④ 20.① 21.② 22.① 23.③ 24.③ 25.④ 26.① 27.③ 28.④ 29.④ 30.③ 31.② 32.③ 33.④ 34.④

【문제 35】운전기능 4단계교육법 중 제3단계인 실제지도 연습단계의 유의사항으로 맞지 않는 것은?
① 정확한 순서에 따라 조작의 요점을 강조하면서 조작하게 한다.
② 실수나 잘못 등은 재발방지 차원에서 엄중히 경고한다.
③ 지시나 조언은 성숙도에 따라 줄여가며 스스로 판단할 수 있도록 유도한다.
④ 반복연습은 조작의 기본에서 응용하는 쪽으로 점차 수준을 높여나 간다.

【문제 36】운전기능 4단계교육법 중 운전조작방법 설명에 따라 교육생의 흥미를 고조시키는 단계는?
① 제2단계 교육내용 및 조작 설명단계
② 제4단계 효과의 확인 및 보충지도단계
③ 제3단계 실질지도 연습단계
④ 제1단계 기능교육의 준비단계

【문제 37】기능교육계획의 중요 운용사항으로 볼 수 없는 것은?
① 기능교육의 통일성 있는 지도
② 교육생의 운전경력 확인
③ 기능교육 후의 강평과 기록
④ 운전능력 불완전한 자 보충교육

【문제 38】장내 기능교육의 평가 및 확인의 목적을 설명한 것으로 옳지 못한 것은?
① 다음 단계의 기능으로 갈 것인지, 불충분한 항목을 연장 교육할 것인지 판단케 한다.
② 평가와 확인은 다른 강사가 담당하더라도 중복 없이 다음 교육이 이어지게 한다.
③ 기능강사 자신의 교육방법이나 내용, 부족한 점을 찾아내어 반성하는데 있다.
④ 교육생으로 하여금 각 단계별 자신의 기능습득 여부를 파악케 한다.

【문제 39】전문학원의 장내 기능교육과 도로주행교육은 각각 몇 개월 이내에 수료해야 하는가?
① 각각 3개월 이내
② 각각 4개월 이내
③ 각각 5개월 이내
④ 각각 6개월 이내

【문제 40】전문학원의 보통연습면허 도로주행교육 시간은?
① 5시간
② 6시간
③ 15시간
④ 20시간

【문제 41】전문학원 기능교육 중 단독교육 방법에 대한 설명으로 맞지 않는 것은?
① 단독교육은 교육용 자동차에 교육생 단독으로 승차하여 운전연습하는 것이다.
② 단독교육 시는 교육대상 인원을 고려하여 기능강사 1명 이상을 배치하여야 한다.
③ 단독교육 시는 기능교육 보조원을 배치하여 기능강사를 보조할 수 있다.
④ 단독교육을 희망하지 않는 사람도 기능숙달을 위하여 단독교육을 실시해야 한다.

【문제 42】전문학원의 원동기장치자전거 면허의 기능교육 시간은?
① 기본조작 4시간, 응용주행 4시간
② 기본조작 5시간, 응용주행 5시간
③ 기본조작 5시간, 응용주행 10시간
④ 기본조작 4시간, 응용주행 6시간

【문제 43】전문학원에서 모의운전장치 1대로 시간 당 교육할 수 있는 교육인원은?
① 5명 이내
② 3명 이내
③ 1명 이내
④ 10명 이내

【문제 44】학원 기능강사의 배치기준으로 맞지 않는 것은?
① 제1종·제2종 보통연습면허의 교육용 자동차가 각각 10대 미만인 경우에는 1명 이상
② 도로주행기능교육 강사는 도로주행교육용 자동차 1대당 1명 이상
③ 제1종 대형면허는 교육용 자동차 10대당 3명 이상
④ 제2종 소형 및 원동기장치자전거 면허는 교육용 자동차 10대당 5명 이상

【문제 45】기능강사가 제1종 대형면허 굴절 코스 통과요령에 대하여 지도하는 방법으로 맞지 않는 것은?
① 굴절 코스는 골목의 모퉁이 길에서 회전하는 능력을 익히기 위한 과제임을 설명한다.
② 굴절 코스는 직진으로 진입하여 검지선 접촉 없이 3분 이내 통과토록 지도한다.
③ 굴절 코스에서는 차를 천천히 운전하는 요령과 올바른 진로선택 능력을 지도한다.
④ 진행하고 싶은 방향으로 핸들을 돌리면 된다는 원칙을 이해시켜 습관화 되게 한다.

【문제 46】전문학원의 도로주행 교육과제 중 반드시 시행하지 않아도 되는 과제는?
① 경사로 정지 및 통과 1회
② 차로변경 1회
③ 횡단보도 일시 정지 및 통과 1회
④ 교차로에서 직진·좌회전·우회전 각 1회

【문제 47】자동차 운전과정 중 「판단」에 대한 설명으로 가장 타당한 것은?
① 입수한 정보를 이미 기억하고 있는 지식과 결부시켜 다음 행동을 결정하는 과정이다.
② 교통 상 정보를 전방 시야와 후방 시야를 통해 입수하는 과정이다.
③ 시각과 청각에 의해 정보를 입수하는 과정이다.
④ 결정된 행동을 실제로 운전장치 조작에 적용하는 과정이다.

【문제 48】회전 중인 자동차의 원심력에 관한 설명으로 옳지 못한 것은?
① 원심력이란 커브 길을 돌 때에 바깥쪽으로 미끄러지려고 하는 힘이다.
② 원심력이 강하고 마찰력이 약하면 차가 옆으로 미끄러진다.
③ 원심력도 강하고 마찰력도 강하면 차가 전복하는 원인이 된다.
④ 원심력은 커브반경이 클수록 커지고 속도의 제곱에 비례해서 적어진다.

【문제 49】자동차가 커브 길을 돌아갈 때에 가장 안전한 운전방법은?
① 슬로 인(Slow-in) → 패스트 인(Fast-in)
② 슬로 인(Slow-in) → 패스트 아웃(Fast-out)
③ 패스트 인(Fast-in) → 슬로 아웃(Slow-out)
④ 슬로 아웃(Slow-out) → 패스트 아웃(Fast-out)

【문제 50】자동차 운전과 시야에 관한 설명으로 맞지 않는 것은?
① 시야란 눈의 위치에 따라 가장 잘 보이는 시력의 범위를 말한다.
② 차의 속도가 빨라질수록 운전자가 확인할 수 있는 시야는 좁아진다.
③ 피로할 때에는 동체시력이 저하되므로 운전하지 않는 것이 좋다.
④ 시야란 눈의 위치를 바꾸지 않고 좌우를 볼 수 있는 범위를 말한다.

정답 35.② 36.① 37.② 38.③ 39.① 40.② 41.④ 42.① 43.③ 44.④ 45.② 46.① 47.① 48.④ 49.② 50.①

기능강사 필기시험 총정리문제

발 행 일	2025년 8월 10일 개정11판 1쇄 인쇄 2025년 8월 20일 개정11판 1쇄 발행
저　　자	대한교통안전연구회
발 행 처	크라운출판사 http://www.crownbook.com
발 행 인	李尙原
신고번호	제 300-2007-143호
주　　소	서울시 종로구 율곡로13길 21
공 급 처	02) 765-4787, 1566-5937
전　　화	02) 745-0311~3
팩　　스	02) 743-2688, (02) 741-3231
홈페이지	www.crownbook.co.kr
ISBN	978-89-406-5015-8 / 13550

판권
본사
소유

특별판매정가　16,000원

이 도서의 판권은 크라운출판사에 있으며, 수록된 내용은 무단으로 복제, 변형하여 사용할 수 없습니다.
Copyright CROWN, ⓒ 2025 Printed in Korea

이 도서의 문의를 편집부(02-6430-7006)로 연락주시면 친절하게 응답해 드립니다.